工业和信息化部"十四五"规划教材

U0727154

可靠性统计分析

（第 2 版）

马小兵　杨　军　编著

北京航空航天大学出版社

内 容 简 介

本书是一部专门为高等院校质量与可靠性相关专业的本科生编写的教材,全书以模型和方法为导向,系统阐述了可靠性统计分析的理论、方法和应用。全书内容包括可靠性统计分析基本概念、可靠性数据初步整理、常用的失效时间分布模型、可靠性指标的点估计方法、可靠性指标的区间估计方法、失效分布的拟合优度检验、应力-强度干涉模型与参数估计方法、系统可靠性评估方法以及可靠性统计的贝叶斯方法。这些内容均具有重要的理论基础和广泛的工程应用。本书包含大量的模型推导以及相关结论,也可供在相关领域从事可靠性设计、制造、试验和管理的工程技术人员参考。

图书在版编目(CIP)数据

可靠性统计分析 / 马小兵,杨军编著. -- 2 版. --
北京 :北京航空航天大学出版社,2024.3
ISBN 978 - 7 - 5124 - 4407 - 2

Ⅰ. ①可… Ⅱ. ①马… ②杨… Ⅲ. ①可靠性－统计
分析－高等学校－教材 Ⅳ. ①TB114.3

中国国家版本馆 CIP 数据核字(2024)第 094702 号

可靠性统计分析(第 2 版)
马小兵 杨 军 编著

策划编辑 蔡 喆   责任编辑 蔡 喆
*
北京航空航天大学出版社出版发行

北京市海淀区学院路 37 号(邮编 100191)   http://www.buaapress.com.cn
发行部电话:(010)82317024   传真:(010)82328026
读者信箱:goodtextbook@126.com   邮购电话:(010)82316936
北京建筑工业印刷有限公司印装   各地书店经销
*
开本:787 mm×1 092 mm   1/16   印张:16.75   字数:429 千字
2024 年 5 月第 2 版   2024 年 5 月第 1 次印刷   印数:2 000 册
ISBN 978 - 7 - 5124 - 4407 - 2   定价:59.00 元

前　　言

可靠性数据的统计分析是可靠性工程中开展设计分析、试验评估、管理决策的重要基础。本书系统论述了可靠性统计分析的理论、方法和应用,是为高等院校质量与可靠性相关专业本科生教育培养而专门编写的一部教材。

全书以可靠性数据的统计分析方法流程为主线,首先介绍了可靠性工程中故障相关数据的典型特征和表现形式,进而从工程需求和统计理论出发介绍了可靠性数据的初步分析和深入分析方法,然后采用由统计理论到泛化应用的方式介绍了可靠性指标分析的统计模型和方法,最后从实际应用的角度介绍了系统可靠性的综合评估与可靠性数据的贝叶斯(Bayes)统计方法。本书从可靠性统计理论出发,在力求讲清楚概念的基础上,系统地介绍可靠性统计模型与方法原理,同时增加了一些国内外该领域的重要研究与应用成果。

全书共 10 章。第 1 章介绍可靠性统计分析的基本概念、可靠性数据的收集方法和要求等。第 2 章介绍常用的可靠性指标及其概率解释。第 3 章介绍可靠性数据的初步整理,包括直方图法、平均秩公式等。第 4 章介绍常用的连续及离散分布,连续分布包括指数分布、Weibull 分布、正态分布与对数正态分布、BS 分布等;离散分布包括二项分布、超几何分布、泊松分布等。第 5 章介绍可靠性指标的点估计方法,包括极大似然估计、线性估计、最小二乘估计等。第 6 章介绍可靠性指标的区间估计方法,包括枢轴量法、基于极大似然估计的渐近正态法、线性估计法、Bootstrap 法等。第 7 章介绍应力强度干涉模型及容限系数的概念和方法。第 8 章介绍常用分布的拟合优度检验方法,包括通用检验法和专用检验法。第 9 章介绍系统可靠性综合评估方法,包括 LM 法、MML 法、SR 法等。第 10 章介绍可靠性统计的 Bayes 方法。第 11 章介绍了 R 语言的可靠性统计应用。

为更好地理解相关内容,本书末尾给出了附录和附表,介绍了统计学基本知识以及一些重要的系数表。

本书可作为高等学校质量与可靠性专业本科生课程的配套教材,也可作为安全工程、工业工程等可靠性相关专业课程的选用教材,亦可作为从事质量与可靠性的工程技术人员了解和掌握可靠性数据分析基础理论的参考书籍。

全书第 1、2、4、6、7、11 章由马小兵编写,第 3、5、8、9、10 章由杨军编写,全书由马小兵统稿。此外,教材初稿曾以讲义的形式多次被北航可靠性与系统工程学院本科生上课使用,后又在初稿基础上广泛吸收读者的意见和建议,经过全面修改和补充而成,在此谨向广大读者表示深切的谢意。

由于作者水平有限,内容疏漏以及不妥之处在所难免,请广大读者批评指正。

目　　录

第1章 绪 论

1.1 可靠性统计分析的目的和意义

1.1.1 什么是可靠性统计分析

可靠性是指产品在规定的时间内和规定的条件下,完成规定功能的能力,这种能力的表示通常归结于一个概率值。现实中,对产品的可靠性水平仅进行定性分析远不能满足工程需求,必须进行可靠性的定量分析。事实上,当给出可靠性的各种定量指标后,就有可能对产品的可靠性提出明确统一的指标要求。这包括两方面的含义:

其一是根据统一要求及产品的需要和可能,在设计和生产时就考虑可靠性因素,利用有效的工程理论和概率统计方法来分析产品的可靠性,这是一种演绎的方法。

其二是当产品生产出来以后,按照一定的方法进行试验,利用统计模型方法对获得的可靠性数据进行处理来评估产品的可靠性,这是归纳的方法。

可靠性统计分析就是通过对产品可靠性数据的分析来推断其可靠性水平的统计学方法。

可靠性的定量表示有其自身的特点。首先,可靠性很难只用一个量来表示。实际上,可靠性是产品全部的可靠性数量指标的总称。在不同的场合,应使用不同的数量指标来表示产品的可靠性。如产品从开始使用到某一时刻 t 的这段时间内,维持规定功能的能力就可用一个称为可靠度的量来表示,这一量越大,表示产品完成规定功能的能力越强,即产品越可靠。因此,可靠度可作为表示产品可靠性的一个数量指标。但是并非任何场合使用这个指标都方便,例如对一批照明灯来说,往往用平均寿命作为指标更直观,即灯从开始使用到丧失规定功能这段时间的长短;而对航空发动机这样可修复的复杂产品,通常关心它两次故障间的平均工作时间有多长。但对一批电子元器件则更需要了解在某个时刻对应的失效率有多大。当然还有许多其他可靠性指标,所有这些都有必要一一给以定量表示。

可靠性的定量表示也有它的随机性特点。对一个特定的产品来说,在某个特定时刻只能处于故障或不故障这两种状态之一,不存在任何其他的中间状态,因此产品的规定功能或判断产品是否故障的技术指标必须十分明确。由概率论可知,在一定条件下可能发生也可能不发生的事件称为随机事件。"一个产品在规定的时间内不故障"就是一个随机事件,随机事件的发生与否带有偶然性,因此在讨论可靠性的数量特征时,通过使用概率论和数理统计的方法,确定产品的可靠性数量指标都归结为统计推断问题。

需要注意,在本书中经常用到"单元"和"系统"两个词汇。一般来说,"单元"是指作为单独研究或单独试验对象的任何元器件、零件,甚至一台完整的设备;而"系统"是指设备、技能以及能担当或保障某项任务执行的各因素的总和。本书在使用"单元"时,是泛指的词,它可以指系统、设备,也可以指组成系统或设备的单元;而在使用"系统"时,不仅包括了组成系统的各单元,还包括了各单元间的可靠性结构。

综上所述,可靠性统计分析是通过收集系统或单元产品在研制、试验、生产和维修中所产生的可靠性数据,并依据系统的功能或可靠性结构,利用概率论与统计学方法,给出系统的各种可靠性数量指标的定量估计。它是一种既包含可靠性理论与统计学方法,又包含物理分析的工程处理方法。

1.1.2　可靠性统计分析的目的和任务

可靠性数据的统计分析贯穿于产品研制、试验、生产、使用和维修的全过程,进行可靠性统计分析的目的和任务也是根据在产品研制、试验、生产、使用和维修等过程中所开展的可靠性工程活动的需求而决定的。在研制阶段,可靠性统计分析用于对所进行的各项可靠性试验的结果进行评估,以验证产品可靠性设计的有效性。如进行可靠性增长试验时,应根据试验结果对参数进行评估,分析产品的故障原因,找出薄弱环节,提出改进措施,以使产品可靠性得到逐步增长。研制阶段结束进入生产前,应根据可靠性鉴定试验的结果,评估其可靠性水平是否达到设计的要求,为生产决策提供管理信息。在投入批生产后应根据验收试验的数据评估可靠性,检验其生产工艺水平能否保证产品所要求的可靠性水平。在投入使用的早期,应特别注意使用现场可靠性数据的收集,及时进行分析与评估,找出产品的早期故障及其主要原因,进行改进或加强质量管理,加强可靠性筛选,大大降低产品的早期故障率,提高产品的可靠性。在使用中应定期对产品进行可靠性分析和评估,对可靠性低下的产品进行改进,使之达到设计所要求的指标。

1.1.3　可靠性统计分析的工程意义

随着可靠性、维修性工作的深入开展,可靠性统计分析工作越来越显示出其重要的价值和作用。在现代武器装备的质量中,可靠性占有突出的重要地位。可靠性只能通过设计与生产过程的可靠性活动获得,它是可靠性设计、可靠性试验和可靠性管理的结果。可靠性统计分析给可靠性设计和可靠性试验提供了基础,为可靠性管理提供了决策依据。可靠性统计分析的任务是定量评估产品可靠性,其提供的信息,将作为"预防、发现和纠正可靠性设计以及元器件、材料和工艺等方面缺陷"的参考,这是可靠性工程的重点。因而,借助有计划、有目的地收集产品寿命周期各阶段的数据,经过分析,发现产品可靠性的薄弱环节,并进行分析、改进设计,可以使产品的质量与可靠性水平不断改进和提高。因此,可靠性数据的收集和分析在可靠性工程中具有重要地位。

在产品的寿命周期中,可靠性数据的收集与分析伴随着各阶段可靠性工程活动而进行。初期研制阶段需要收集和分析同类产品的可靠性数据,以便对新产品的设计进行可靠性预测,这种预测有利于进行方案的对比和选择。

设计阶段的可靠性研究和试验产生的数据用于分析产品的初始可靠性、故障模式和可靠性增长规律,并为产品的改进和定型提供科学的依据。

为控制生产阶段的产品质量,必须定期进行抽样检查与试验,以确保产品合格与否,从而用其指导生产并保证质量。由于生产阶段产品数量和试验数量大大增加,此时所进行的可靠性数据的分析和评估,更加准确地反映了产品的设计和制造水平。

使用阶段收集和分析的可靠性数据,对产品的设计和制造的评价最权威,因为它反映的使用及环境条件最真实,参与评估的产品数量较多,其评估结果反映了产品趋向成熟期或到达成熟期时的可靠性水平,是该产品可靠性工作的最终检验,也是今后开展新产品的可靠性设计和改进原产品设计的最有价值的参考。由此看来,可靠性统计分析在可靠性工程的各项活动中是一项基础性的工作,始终发挥着重要作用。

1.2　可靠性统计分析的内容和方法

1.2.1　可靠性统计分析的主要内容

在工程中,进行可靠性统计分析的主要内容包括:单元可靠性统计分析与评估,系统可靠性综合评估,可修系统可靠性统计分析与评估,单元及系统的可用性评估等。其中,本书主要介绍前两部分内容,不涉及后两部分内容。

1. 单元可靠性统计分析与评估

单元是系统的基础,系统也可看作一个单元。因此,要进行系统的统计分析和可靠性评估,首先要进行单元的可靠性统计分析。其基本出发点是,根据单元的试验数据,运用各种统计推断的方法,给出单元的可靠性水平的定量估计,若单元的可靠性符合某种分布规律(如指数、正态、对数正态、威布尔分布等),应给出分布参数的估计。这里有一点须注意,单元的寿命试验数据往往是截尾样本,不是完全样本,其统计推断比较困难。

2. 系统可靠性综合评估

当需要对系统级产品进行可靠性评估时,如果像单元一样须根据系统的试验数据来进行统计推断,其在工程上存在很大困难,甚至是不可能的。因为在工程中,系统试验一般符合金字塔式试验程序,如图 1.1 所示。

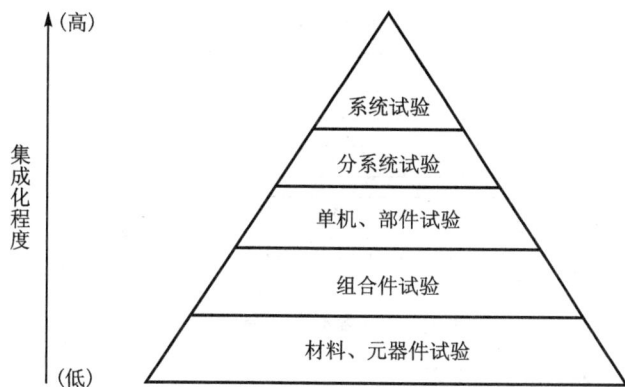

图 1.1　金字塔式试验程序

由图 1.1 可见,一般"级"越高,试验的工程难度越大,所需费用越高,因此"级"越高,试验数量越少,全系统的试验数量就更少。要评定系统可靠性,必然面临信息量不足的问题。这就需要在评定系统可靠性时,充分利用系统以下各级的可靠性数据,以扩大信息量;另一方面,若能利用系统以下各级信息,就有可能使全系统一级的试验数量减少,从而节省产品的研制经费,缩短研制周期。

为解决上述问题,提出了系统可靠性评估与综合。它实质上是根据已知的系统可靠性结构(如串联、并联、混联、表决、树形及网络系统),利用系统以下各级的试验信息,自下而上直到全系统逐级确定其可靠性的估计。

1.2.2　可靠性统计分析的基本方法

1. 经典统计分析

从可靠性数据的统计分析中找出产品寿命分布的规律,是分析产品寿命和故障、预测故障发展、研究失效机理及制定维修策略的重要手段。通过所收集的产品数据,根据产品失效机理、工程经验和数据预处理等方式对数据失效分布模型进行初步选择。

确定了产品的失效分布,就可根据数理统计的基本方法,对不同产品的可靠性数据进行参数估计,然后再由失效分布和可靠性参数的关系,估计可靠性设计和分析中所需的各项参数。可靠性统计分析流程如图 1.2 所示。

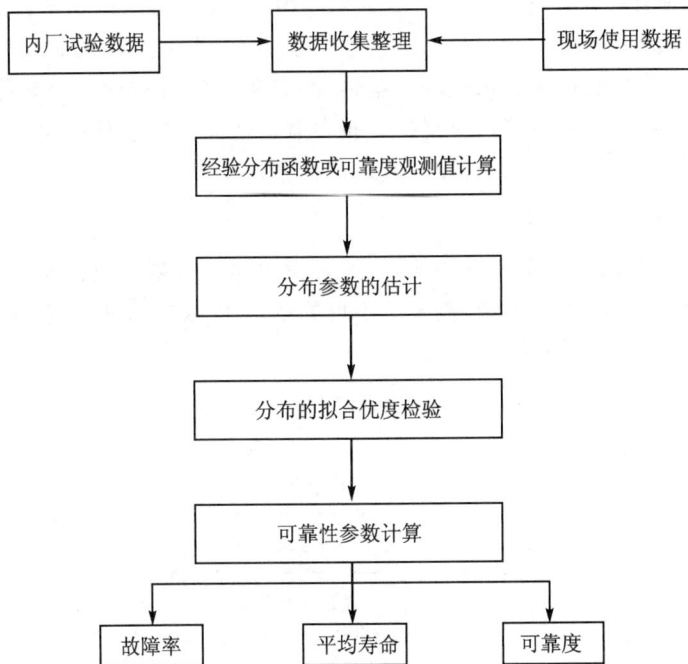

图 1.2　可靠性统计分析流程

2. Bayes 统计分析

Bayes 统计也是可靠性统计分析的一种常用方法,它是通过利用产品先验信息(历史或经验数据信息)并综合当前试验信息对产品的可靠性进行推断的一种统计分析方法。由于 Bayes 方法能够利用先验信息,该方法在某些特定情形下具有经典统计无法替代的优点,使得该方法与经典统计共同形成了可靠性统计分析的基础理论。Bayes 方法运用的关键是选取合理的先验分布。

1.3　可靠性数据的来源及特点

1.3.1　收集可靠性数据的目的

　　广义地说,可靠性数据是指在产品寿命周期各阶段的可靠性工作及活动中所产生的能够反映产品可靠性水平及状况的各种数据,可以是数字、图表、符号、文字和曲线等形式。根据本书内容及可靠性统计分析的目的,我们所指的可靠性数据为系统或产品在工作中的故障或维修信息。收集可靠性数据是为了在产品寿命周期内有效地利用数据,为改进产品的设计、生产提供信息;为管理提供决策依据;为保证产品的可靠性服务。具体说来,其目的如下:

　　① 根据可靠性数据提供的信息,改进产品的设计,制造工艺,提高产品的固有可靠度,并为新技术的研究与研制提供信息。

　　② 根据现场使用提供的数据,改进产品的维修性,使产品结构合理,维修方便,提高产品的使用可用度。

　　③ 根据可靠性数据预测系统的可靠性与维修性,开展系统的可靠性设计和维修性设计。

　　④ 根据可靠性数据进行产品的可靠性分析及可靠性参数评估。

　　⑤ 根据可靠性数据进行产品保修策略制定。

1.3.2　可靠性数据的来源

　　广义的可靠性数据是指反映装备或产品在不同寿命阶段可靠性状况及其变化规律的数据、报告和资料的总称。

　　可靠性数据可以来源于产品寿命周期各阶段的一切可靠性活动,如研制阶段的可靠性试验、可靠性评审报告;生产阶段的可靠性验收试验、制造、装配、检验记录,元器件、原材料的筛选与验收记录,返修记录;使用中的故障数据、维护、修理记录及退役、报废记录等。

　　在产品故障频发(可靠性低)的状态下,通过试验室的试验可以很容易地获得数据。但当产品的可靠性提高之后,故障并不轻易发生,通过试验室试验取得数据就很困难。为了解决这个问题,可以采用加速试验等方法来缩短试验时间。但这样又产生了加速试验数据如何与现场使用数据相对应等问题。在这种情况下,现场数据得到了重视,应当收集产品在现场使用状态下发生故障与缺陷的有关信息,并对其进行分析。

1.3.3　可靠性数据的特点

1. 时间性

　　可靠性数据多以时间来描述,产品的无故障工作时间反映了它的可靠性。这里的时间概念是广义的,包括周期、距离(里程)、次数等,如汽车的行驶里程、发动机循环次数等。

2. 随机性

　　产品何时发生故障是不确定的,通常把它归为随机性,所以描述其故障发生时间的变量是随机变量。

3. 有价性

　　从两个方面来看,可靠性数据都是有价的。由于数据的收集需花费大量的财力和物力,所以它本身的获取就是有价的。另外,经分析和处理后的可靠性数据,对可靠性工作的开展和指导具有很高的价值,其所创造的效益是可观的。

4. 时效性

可靠性数据的产生和利用与产品寿命周期的各阶段有密切的关系,各阶段产生的数据反映了该阶段产品的可靠性水平,所以数据的时效性很强。

5. 可追溯性

随着时间的推移,可靠性数据反映了产品可靠性发展的趋势和过程,如经过改进的产品其可靠性得到了增长,当前的数据与过去的数据有关,所以数据本身还具有可追溯性的特点。

1.4　可靠性数据的分类

试验数据和现场数据通常来自不同的寿命阶段。现场数据只能在产品投入使用后得到,而试验数据主要在产品的研制阶段和生产阶段获取。这两种数据是评估产品寿命各阶段的可靠性水平的重要依据。由于数据产生的条件不同,它们各有优劣且各具特色,所用的数据收集、处理分析的方法也不同。

充分利用试验数据和现场数据,并将它们有效结合,对分析产品的可靠性水平有重要作用,如在运七飞机及其机载设备的定寿延寿工作中,采用现场使用数据与厂内可靠性试验数据相结合的方法,有效地分析了飞机及其机载设备的可靠性,保证了运七飞机的安全飞行。

1.4.1　试验数据与现场数据

本书所指的可靠性数据主要从两方面得到,其一是从试验室进行的可靠性试验中得到;其二是从产品实际使用现场中得到。从试验室得到的数据叫试验数据,而从现场得到的数据则叫现场数据。

1. 试验数据

试验数据,即产品在试验条件下得到的数据,具有质量优良的特点。一方面,试验条件为试验者制定,因此试验条件是已知的、确定的、可控的,产品失效数据来自于同一总体。另一方面,由于数据的收集者,往往也是数据的分析者,对试验目的、方法完全了解,亲自参与到试验中去观测、记录数据,因此所获得的数据的不确切性要小得多。如果试验条件的制定和方案的实施能较真实地模拟使用中的条件,那么得到的数据将是可靠的,而且由于试验条件受人为控制,对试验中发生的故障现象的研究将会更深入。

试验数据可以来自可靠性试验、寿命试验或加速寿命试验,也可来自功能试验、环境试验、定期试验或综合试验等。

2. 现场数据

现场数据,即产品在实际使用条件下产生的数据。在工程实际中,产品从开始工作至故障的时间(故障前工作时间)及开始工作至统计之时尚未故障的工作时间(无故障工作时间)内所产生的数据是用来评估产品使用可靠性的重要数据,应特别注意收集。现场数据是极其珍贵的,它反映了产品在实际使用环境和维护条件下的情况,比试验模拟条件更能代表产品的表现。一些观点认为:试验室试验需要做,但无论如何也不可能完全复现真实使用条件,同时对有些可靠性指标来说,如平均无故障工作时间(Mean Time Between Failure,MTBF),靠试验室试验则花费太多。但由于使用地区、环境条件等的差异,相同的产品其可靠性可能不同,所以现场数据波动大,处理时必须按不同情况和处理要求进行分类。以航空产品为例,同样一个机种交付空军、海军后使用情况就大不一样,其中腐蚀、盐雾、浸蚀等影响程度就大不相同。

在现场数据中,对产品实际工作时间的记录是需要注意的,很多产品在使用中无法记录其实际工作时间,只知其工作的日历时间,如测试仪表之类。对于飞机上安装的设备,一般只记录飞机的飞行时间,但有些设备在飞机上并不是一直都在工作,如启动发电机、应急系统等,这就存在一个实际工作时间和记录时间之比值的问题,通常称之为运行比。运行比可等于1,也可小于1或大于1。如发动机在飞行前需进行地面开车,其工作时间将大于飞行时间,运行比将大于1。然而,对于某些产品,其故障特性与日历时间密切相关,如非金属产品和橡胶件的老化、腐蚀等,但实际工作时间并非主要因素,对这些产品的记录应以日历时间为主。

1.4.2　完全数据和删失数据

根据数据的完整程度,可靠性数据可分为完全数据和删失数据。

1. 完全数据

完全数据指在试验或实际使用中所有产品均发生失效时所得到的数据。比如,n 个样品进行寿命试验,得到所有样品失效时间 $T_1, T_2, \cdots, T_n$,则该样本为完全失效数据。完全数据表明样本提供了完整的信息。

2. 删失数据

删失数据代表部分样品失效数据有缺失或者信息不完全。数据缺失的情况包括样品在试验或者使用中被移除、损毁;一些产品的失效数据没有被记录等。信息不全的情况指部分产品确切失效时间不清楚,仅知道所在的范围。删失数据是工程实践以及可靠性试验中常见的数据。

呈现删失数据的可靠性试验,通常称为截尾试验。由于试验时间、费用以及研制需求的限制,常常导致试验不是在所有产品均失效后停止,因此截尾试验在可靠性试验中比较常见。截尾试验分为定数截尾试验、定时截尾试验和随机截尾试验。定数截尾试验和定时截尾试验中,根据样品有无替换又分为:有替换定数和定时截尾试验及无替换定数和定时截尾试验四种。

（1）定数截尾数据

以定数截尾试验为例,设试验前规定产品的故障数为 r,试验进行到故障数达到规定故障数 r 就终止,所获得数据为定数截尾数据。若试验进行中,产品故障一个就用一个好的样品替换上去继续试验到规定故障数终止,这就是有替换定数截尾试验,记为 (n, R, r),试验自始至终保持样品数不变。若试验中将故障的样品撤下不再补充,而将残存的样品继续试验到规定的故障数 r 才停止,这就是无替换定数截尾试验,记为 (n, U, r),如图 1.3 所示。

（2）定时截尾数据

以定时截尾试验为例,设试验前规定产品的试验时间 t_0,试验进行到规定的试验时间,就终止,所获得数据为定时截尾数据。试验也分有替换定时截尾试验和无替换定时截尾试验,分别记为 (n, R, t_0) 和 (n, U, t_0),如图 1.4 所示。

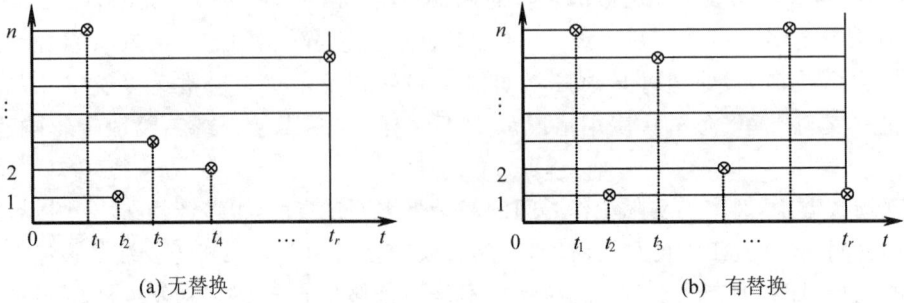

图 1.3　定数截尾试验示意

n—试验开始的受试样品数；r—规定的失效数；

t_i—样品的失效时间。

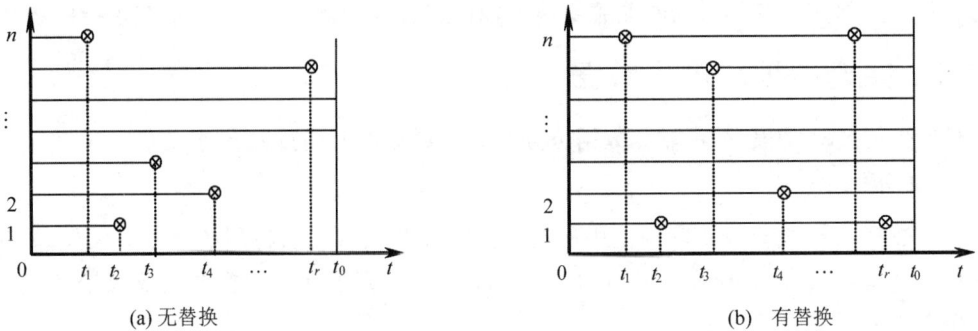

图 1.4　定时截尾试验示意

n—试验开始的受试样品数；t_0— 规定的试验时间；

t_i—失效样品的失效时间；r— 失效样品数。

（3）随机截尾数据

现场数据中，产品投入使用的时间不同；观测者记录数据时除故障时间外还有一些产品统计时仍在完好地工作；以及使用中会因某种原因产品转移他处等，形成了现场数据随机截尾的特性，这样所获得的数据为随机截尾数据。这相当于一种随机截尾试验，即产品进行可靠性试验时，由于种种原因一些产品中途撤离了试验，未做到寿终或试验终止，现场得到的这些数据可用图 1.5 表示。图中包括了一些产品的故障时间和另一些产品的无故障工作时间，即删失样品的撤离时间。

值得注意的是，这 3 类数据类型对数据随机性完整程度进行划分，本质上是对数据的一种模型化描述，不针对试验数据或现场数据。例如，虽然介绍定时截尾数据时以试验的角度进行描述，但它仍可能出现在现场数据中。比如，对于一批同时进行服役的装备没有从一开始就记录失效状况，而是在某时间点 t_0 后才开始记录失效时间，这样得到的数据可视为定时截尾数据（左删失）。

通过可靠性试验获得产品的故障数据，即可分析、评估产品的可靠性参数。为使评估结果尽量准确，最好在整个试验中采用自动监测，进行连续测试，以得到确切的故障时间，避免在最后的分析中引进较大误差。但是，连续测试不仅在技术上要求高，而且费用也贵，甚至做不到，因此不得不采取间隔测试的办法。测试的间隔时间可以相等，也可以不等，其长短与产品的寿

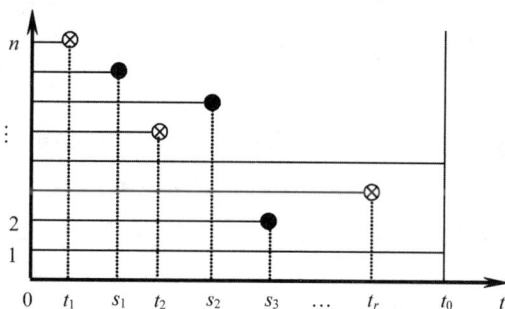

图 1.5　现场试验、随机截尾示意

⊗— 失效样品；● — 删失样品；

t_0—试验停止时间；t_i—样品失效时间；s_i— 样品删失时间。

命分布形式有关，若为指数分布，则开始测试时间短，然后加长，若为正态分布则开始测试时间长，以后缩短，主要目的是不要将故障过于集中在少数几个测试间隔内。如果一个测试间隔中有一个以上的故障，则每个故障时间按下面的方法进行计算：设某测试间隔 (t_{k-1}, t_k) 中测得故障数为 r_k，则在此间隔内的第 j 个故障时间 t_{jk} 为

$$t_{jk} = t_{k-1} + j \times \frac{t_k - t_{k-1}}{r_k + 1}, \quad j = 1, 2, \cdots, r_k$$

将试验中样品的故障时间 t_i 按其大小顺序进行排列，得到顺序统计量。对完全寿命试验，其顺序统计量为

$$0 \leqslant t_{(1)} \leqslant t_{(2)} \leqslant \cdots \leqslant t_{(n)}$$

对定数截尾试验，其顺序统计量为

$$0 \leqslant t_{(1)} \leqslant t_{(2)} \leqslant \cdots \leqslant t_{(r)}$$

对定时截尾试验，其顺序统计量为

$$0 \leqslant t_{(1)} \leqslant t_{(2)} \leqslant \cdots \leqslant t_{(r)} \leqslant t_0$$

注意：在定时截尾数据中所观测到的故障数是在各次试验中有变化的"随机变量"；反之，在定数截尾数据中试验的截尾时间成了"随机变量"。也就是说，在后者的情况下，试验何时结束是事先不知道的。因此，在工程实际中，规定试验截尾时间的定时截尾试验用得更多一些。

截尾数据和完全数据相比，所利用样本的信息不完全，对于那些删失的样本，通常不知道确切的失效时间，只能得到部分信息。例如，在定时截尾试验 (n, U, t_0) 中，通常无法知道 t_0 时刻仍未失效的产品确切的失效时间。如果只根据已获得的失效时间进行统计，由于排除了失效时间大于 t_0 的可能，这样得到的总体平均寿命会偏小。因此，还要利用未失效产品的失效时间一定大于 t_0 这一"部分信息"进行统计推断。

1.4.3　失效时间数据和退化数据

根据数据类型划分，可靠性数据可分为失效时间数据和退化数据。实际上，这两类数据也在一定程度上反映了产品的失效类型。

1. 失效时间数据

记录产品失效时间的数据为失效时间数据。对于不可修复产品来讲，失效时间就是其寿命，一个产品个体用一个寿命值来描述。这样的产品仅分正常和故障两种状态，称为二态产

品,故障规律具有二态性。通常采用随机分布模型来描述这类数据,分析和处理数据可采用概率统计学的方法。本书主要针对这类数据的统计分析方法进行介绍。

2. 退化数据

并非所有产品的故障规律均表现为二态性:一方面,一些产品从正常直至故障呈现状态演化的特点;另一方面,随着对产品故障规律认识的不断加深,以及监测技术的发展,传统认为的"二态产品"从正常到故障也是逐步演化的过程。总之,这类产品的状态变化规律呈现多阶段、多状态的特点。通常采用监测与状态相关的退化参数来反映产品的状态变化,记录产品退化特征参数的数据为退化数据。退化过程示意图如图 1.6 所示。

例如,某些机械零件工作时由于裂纹和磨损,振动特征信号逐步增大;锂电池的容量、放电时间等特征参数随着完全充放电循环次数增加而逐步减少;一些电子产品输出信号随着使用时间增大而产生漂移等。

可见,退化数据类型可能为裂纹长度、容量、功率等,具体是何种类型与所检测对象的物理性质有关。另外,这类产品的失效通常由使用需求来判定,即设定一个阈值状态。退化过程通常采用确定性函数与随机过程来描述。

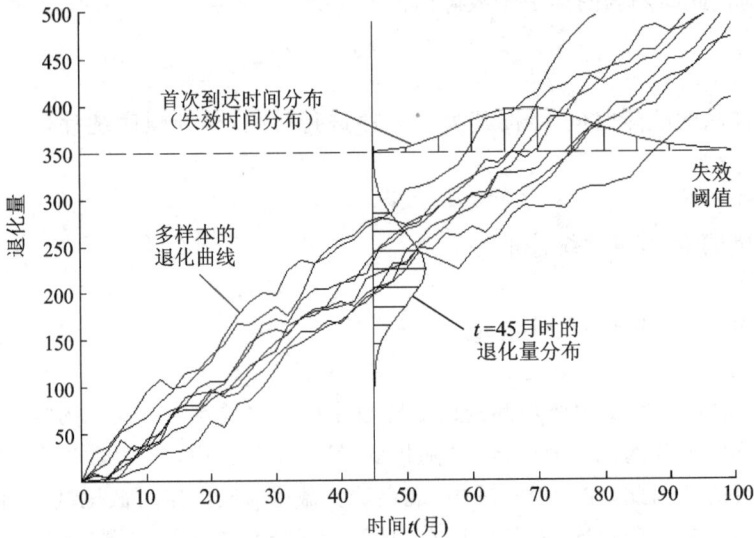

图 1.6　退化过程示意图

1.5　可靠性数据的收集要求

对可靠性数据的需求,是根据产品寿命周期内不同阶段对可靠性分析的需要决定的。这是数据收集前应做的一项重要工作。如在工程研制阶段初期的试验和电子元器件的检测数据等,反映了产品和元器件的缺陷,及时在设计的早期收集这些数据,进行纠正、改进,其效果是明显的。在研制阶段后期,如样机试验中得到的数据,反映了产品的整机在未来使用环境中的表现,其中暴露的薄弱部分正是系统的薄弱环节。这些数据对于研制部门是非常重要的,它们是故障报告、分析与纠正措施系统(Failure Reporting, Analysis and Corrective Action Systems, FRACAS)的重要组成部分。有目的、有针对性地收集这些数据,对产品可靠性增长及达到其设计要求的目标值将起到重要作用。当产品进入使用初期,对使用中的早期故障应给予重视,根据反馈信息,及时进行改进与纠正,如产品生产单位公司对产品保修期内发生的早期故障进行了跟踪与纠正,对其产品质量与可靠性的明显提高起了重要作用。在航空产品制定寿命指标时,注意产品在现场使用中的耗损型故障数据的收集,对确定产品首翻期(首次翻修期限)具有重要参考意义。

数据的需求分析,是对所要获取数据的目的进行分析的过程,数据得到后干什么用,如何使用等。有了需求分析才能确定数据的收集点、收集方式和内容。

1.5.1　数据的质和量

数据本身的质和量对统计分析的结果影响很大。从统计观点看,数据量越大分析结果越准确,因而在费用允许的条件下,获取更多的数据是数据收集的基本要求。

为保证试验数据质的要求,应特别重视试验大纲的制定。大纲中试验的环境条件、使用条件应与实际尽量接近,这样的试验结果才能反映在未来使用条件和未来环境条件下的状态。另外,为了代表产品的可靠性水平,试验中样品的抽取应遵循随机抽取的原则,对于试验周期和试验时间,一般可按标准事先进行计划和安排。只有试验方案考虑周全,才能保证试验结果的质量。

在数据的收集中,由于试验数据始终受到密切的监视,因而其数据的质是较高的,使用过程则不然。随着产品投入使用,其信息量越来越大,源源不断的数据反映了产品现场的使用可靠性,然而由于管理等方面的原因,其数据的不确切性很大,因此在对数据满足一定量要求的同时,对质的要求也很重要。数据收集应满足的基本要求如下:

1. 真实性

不论是在试验室还是使用现场,所记录的数据必须如实代表产品的状况,特别是对产品故障的描述,应针对具体产品,切忌张冠李戴。对产品发生故障的时机、原因、故障现象及造成的影响均应有明确的记录。

数据的真实性是其准确性的前提,只有对产品的状况如实记录与描述,才有助于准确判断问题。即使在现场对某次故障可能误判,但当对故障产品经过分解检查就能准确地描述这次故障的真实现象。由于技术水平及其他条件的限制,对故障的真实记录不等于是准确记录,准确与否还有待于进一步地分析与判断。

2. 连续性

可靠性数据有可追溯性的特点,随着时间的推移,它反映了产品可靠性的趋势,因此为了保证数据具有可追溯性,要求数据的记录连续。其中最主要的是产品在工作过程中所有事件发生时的时间记录及对所经历过程的描述,如产品开始工作、发生故障、中止工作的时间及对其中发生故障时的状况、返厂修理、经过纠正或报废等情况的描述。在对产品实行可靠性监控和信息的闭环管理时,连续性是对数据的基本要求。

3. 完整性

为了充分利用数据对产品可靠性进行评估,要求所记录的数据项尽可能地完整,即对每一次故障或维修事件的发生,包括故障产品本身的使用状况及该产品的历史及送修、报废等都应尽可能地记录清楚,这样才有利于对产品的可靠性进行全面分析,也有利于更好地制定对其的监控及维护措施。

以上对数据的要求,只有在信息管理体系下对数据进行严格的管理,事先确定好数据收集点,有专人负责对数据的记录,有完善的数据收集系统才能做到。因为涉及的数据收集点不止一处,一个产品的经历,只有它所到之处都给予了记录和收集,才有可能保证满足这些要求。另外,要做到这些应对人员素质有所要求,只有那些责任心强、工作认真的人才会去跟踪记录这些数据。

可见对数据的质和量的保证需要完善的信息管理体系。

1.5.2 可靠性数据的收集要求和方法

可靠性数据的收集应有周密的计划,要保证数据真实、连续和完整。试验数据的收集一般比较完善,设计人员可根据事先的要求和目的记录所需数据。由于试验中除电子元器件外,投入试验的产品一般不会很多,逐个记录这些产品在试验中的表现是必要和可行的。现场数据就不可能做到这样完善,产品一旦投入使用,所到之处都是数据的发生地,在不可能面面俱到的情况下,根据需求分析应选择重点产品和地区作为数据收集点。本节将对数据收集的程序和方法以及应注意的问题进行讨论。

1. 数据需求分析

在进行数据收集以前必须进行需求分析,明确数据收集的内容及目的,正如 1.3.1 小节中所说,不同的寿命阶段对数据的需求是不同的,因而所收集的对象和内容应随之确定。

2. 数据收集点

在不同的寿命阶段有不同的数据收集点,如内厂试验数据就应选试验室、产品生产检验点、元器件及材料筛选试验点等作为数据收集点;对于现场数据,主要是使用部门的质控室和维修部门等。在选择重点地区或部门时,以有一定的代表性为好,如使用的产品群体较大,管理较好,使用中代表了典型的环境与使用条件等。对于新投入使用的产品,应尽可能从头开始跟踪记录,以反映其使用的全过程。

3. 数据收集内容

这是数据收集系统的重要任务。根据需求制定所需收集内容的统一、规范化的表格,这将便于计算机处理,也便于在同行业或同部门内流通;有利于减少重复工作量,提高效率,也有利于明确认识,统一观点。这是一项细致的工作。对于试验数据,数据记录包括但不限于试验日历时间和地点,试验的环境条件,试验设备、测试仪器及应力施加方法,试验样本量、样机状态及累计试验时间,故障现象、分类、次数及处理情况等。对于现场数据,数据收集应包括但不限于产品的技术状态与生产质量状态,产品使用的技术要求,产品工作的环境条件,性能参数测试结果,产品工作的日历时间,故障的发生时间/次数与纠正措施,故障模式与故障机理等。

4. 数据收集方法

在建立了完善的数据收集系统以后,数据可依其传送的途径,按正常流通渠道进行,当数据收集系统运行尚不完善时,可用以下两种方式进行:一种方式是使用现场信息员,让其按所要求收集的内容,逐项填表,定期反馈;另一种方式是信息系统派专人到现场收集,按预先制定好的计划进行。两种方式收集的效果是相同的。

5. 数据收集应注意的问题

虽然现场数据反映了实际使用中产品的可靠性,但相同产品绝不是都在相同条件下使用的,因而数据收集时应区分不同条件和地区,如对腐蚀而言,南、北方差异很大,陆地和海洋的大气环境差异很大。同一产品由于安装部位不同,所处的环境应力条件差异也很大,在数据收集时应注意区别。

收集现场数据时,一般是从产品投入使用就开始跟踪记录,直至退役、报废为止。但由于产品的可靠性问题,可能需要进行改进,尤其在投入使用的初期,那么为了评估产品当前的可靠性,在处理数据时,应注意区分,不能将改进前、后的数据混同处理。在数据收集过程中,由于各种因素的影响,数据丢失现象严重,造成数据不完整和不连续,从而影响了对数据的分析。在收集数据时,应对这些情况进行了解,以便对分析结果进行修正或作为对评估方法进行研究的依据。另外,数据收集中的人为差错,只能通过对收集数据的人员进行专业培训、加强责任教育才能避免。

习题一

1.1 产品全寿命周期包括哪些阶段? 各个阶段应主要开展哪些可靠性数据分析工作?

1.2 对产品可靠性进行定量分析有哪几方面的内容? 常用的可靠性定量指标有哪些?

1.3 什么是可靠性统计分析? 简述可靠性统计分析的意义。

1.4 简述可靠性统计分析与传统概率统计分析的区别与联系。

1.5 可靠性统计分析包括哪些主要内容? 简述可靠性统计分析的一般步骤。

1.6 简述可靠性数据收集的来源,如何保证可靠性数据的数量和质量要求?

1.7 可靠性数据如何分类? 试述各类可靠性数据之间的区别与联系。

1.8 现场数据与试验数据分别有何特点? 列举形成这些特点的主要原因。

1.9 "单元"与"系统"有哪些区别与联系? 简述单元可靠性统计分析和系统可靠性统计分析间的关系。

1.10 请列举一个生活中产品可靠或不可靠的例子,并说明如何通过数据分析来衡量它是可靠或不可靠的?

第 2 章　可靠性指标及其概率解释

在工程中,为定量描述产品的可靠性,通常采用一些数量指标。这些数量指标一方面能够从某一角度表示产品的可靠性或失效时间的状态,具有明确的工程意义;另一方面,由于产品的失效时间具有不确定性,通常将其归为"随机性",采用概率统计的方法进行描述和统计推断。因此,可靠性指标也从概率或统计的角度提出,并赋予相应的概率解释。

本书使用概率和统计模型对失效时间进行描述。本章简要介绍在可靠性统计分析中常用的一些可靠性数量指标以及它们的工程意义和统计特征,具体的概念内涵、模型和方法将在后续相关章节进行讨论。

2.1　失效分布函数和平均寿命

对于不同的产品、不同的工作条件,寿命 ξ 的统计规律不同。将寿命视为随机变量时,它可以用一个分布函数 $F(t)$ 来描述,即

$$F(t) = P(\xi \leqslant t), \quad t > 0 \tag{2.1}$$

式中,$P(\xi \leqslant t)$ 表示在规定的条件下,产品的寿命不超过 t 的概率,或者说产品在 t 时刻前发生失效的概率。在可靠性中,寿命 ξ 的分布函数 $F(t)$ 称为失效分布函数或寿命分布函数。知道了 $F(t)$,则产品寿命(或可靠性)的统计分布规律就清楚了,因此,确定产品的失效分布函数 $F(t)$ 是可靠性统计分析的中心问题。

注意到分布函数是非减函数。若用它来描述产品寿命,当产品开始使用时,$F(0) = 0$,随着时间的增加,$\lim\limits_{t \to \infty} F(t) = 1$。因此,$F(t)$ 也称为产品在 t 时刻的不可靠度。图 2.1 为分布函数曲线示意图。

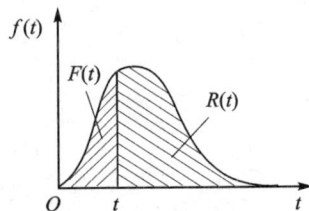

如果寿命 ξ 是连续型随机变量,必存在函数 $f(t)$,使得

$$F(t) = \int_0^t f(x) \mathrm{d}x$$

其中,$f(t)$ 称为产品的失效密度函数。显然,$f(t)$ 有下述性质:

① $f(t)$ 与 $R(t)$ 及 $F(t)$ 有以下关系(见图 2.2):

$$f(t) = F'(t) = -R'(t)$$

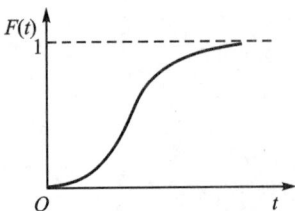

图 2.1　分布函数曲线示意图

图 2.2　失效密度曲线示意图

② 产品在 t_1 至 t_2 之间的失效概率为

$$P(t_1 < \xi \leqslant t_2) = F(t_2) - F(t_1) = \int_{t_1}^{t_2} f(t) \mathrm{d}t \qquad (2.2)$$

相应地,产品在 t 至 $t + \Delta t$ 之间的失效概率为

$$P(t < \xi \leqslant t + \Delta t) = F(t + \Delta t) - F(t) = \int_t^{t+\Delta t} f(x) \mathrm{d}x \approx f(t) \Delta t \qquad (2.3)$$

③ 产品用到时刻 t 仍然完好,这个 t 也称为产品的年龄。具有年龄 t 的产品从 t 时刻开始继续使用下去直到失效为止所经历的时间称为具有年龄 t 的产品的剩余寿命,记为 ξ_t。ξ_t 也是随机变量,其分布记为 $F_t(x)$,则有

$$F_t(x) = P(\xi_t \leqslant x) = P(\xi \leqslant t + x \mid \xi > t) = \frac{F(t+x) - F(t)}{1 - F(t)} \qquad (2.4)$$

设产品寿命 ξ 的失效密度函数为 $f(t)$,则它的数学期望

$$E(\xi) = \int_0^\infty t f(t) \mathrm{d}t$$

称为产品的平均寿命。平均寿命是标志产品平均能工作多长时间的量。如电视机、计算机、雷达、电台等,都可以用平均寿命作为其可靠性指标直观地了解它们的可靠性水平。

对于照明灯、晶体管类的不可修复产品,平均寿命就是平均寿终时间,或称平均失效前工作时间,记为 MTTF(Mean Time to Failure)。对于雷达、电机类的可修复产品,平均寿命指的是平均无故障工作时间,记为 MTBF(Mean Time Between Failures)。假如仅考虑首次失效前的一段工作时间,那么两者就没有区别。

对于完全样本,其平均寿命的估计可以用"矩估计法"。对于随机抽取的 n 个样品,经过寿命试验获得各样品发生故障的时刻分别为 $t_1, t_2, \cdots, t_n$,则这 n 个数的算术平均值

$$\bar{t} = \frac{1}{n}(t_1 + t_2 + \cdots\cdots + t_n) = \frac{1}{n}\sum_{i=1}^n t_i$$

可用来估计这批产品的平均寿命。

对于不完全样本,其平均寿命的估计需要使用寿命分布的统计推断。

例 2.1　抽取某种发报机 18 台做寿命试验,各台从开始工作到发生初次故障的时间(单位:h)为:160,290,506,680,1 000,1 300,1 408,1 632,1 632,1 957,1 969,2 315,2 400,2 912,4 010,4 315,4 378,4 500。试估计这批发报机的平均寿命,并估计其工作到平均寿命时的可靠度为多少。

解:这批发报机的平均寿命

$$\bar{t} = \frac{1}{18}(160 + 290 + \cdots\cdots + 4\ 500) = 2\ 075.8$$

发报机工作到平均寿命时的可靠度

$$\hat{R}(2\ 075.8) = \frac{7}{18} \approx 0.389$$

2.2　可靠度和可靠寿命

把产品从处于完好状态开始直到进入失效状态所经历的时间记为 ξ,称为产品的寿命。

产品可靠度的定义为产品在规定的时间 t 内和规定的条件下,完成规定功能的概率,通常记为 $R(t)$。假定 ξ 是一非负随机变量,则 $R(t)$ 的概率可表示为

$$R(t) = P(\xi > t) \tag{2.5}$$

由式(2.1)和式(2.5),容易看出 $F(t)$ 与 $R(t)$ 之间的关系:

$$F(t) = 1 - R(t), \quad t > 0$$

产品的可靠度 $R(t)$ 是时间的函数且满足 $0 \leqslant R(t) \leqslant 1$。开始使用时,产品的可靠度为 1,即 $R(0) = 1$;随着时间的增加,产品的可靠度越来越低(见图 2.3),$\lim\limits_{t \to \infty} R(t) = 0$。

在可靠度的定义中,"规定的条件"应引起特别重视,当产品的工作应力发生变化后,其可靠度函数规律是要发生变化的,这一点在进行产品可靠性统计分析时要特别注意。不同工作条件下的数据,不能简单地放在一起处理。例如,某金属膜电阻在温度为 45 ℃ 和电流为 100 mA 的状态下工作 1 000 h,其阻值变化不超过 ±3 % 的概率为 99 %,这就是说,该电阻在温度 45 ℃、电流为 100 mA 的状态下,工作 1 000 h 的可靠度为 0.99。而当温度和电流发生变化后,其工作 1 000 h 的可靠度就不再是 0.99 了。

$R(t)$ 可用频率观点来解释。如 $R(500) = 0.95$ 意味着,如果有 1 000 件这样的产品工作 500 h,则大约有 950 件能完成规定的功能,而大约有 50 件产品发生故障。同样,也可以用频率去估计 $R(t)$。假如在 $t = 0$ 时,有 N 件产品开始工作,到 t 时刻有 $n(t)$ 件产品失效,仍有 $N - n(t)$ 件产品在继续工作,则

$$\hat{R}(t) = \frac{N - n(t)}{N} = 1 - \frac{n(t)}{N}$$

产品的可靠度 $R(t)$ 表示了产品在 t 时刻,能正常工作的概率是多少。在工程中,有时要知道为保证产品正常工作的概率在某一水平 R 以上,产品可以工作多长时间,即根据

$$P(\xi > t) = R(t) = R$$

求相应的时间 t,该时间称为可靠寿命 t_R。可靠度 $R = 0.5$ 时的可靠寿命 $t_{0.5}$ 称为中位寿命,中位寿命反映了产品好坏各占一半可能性的工作时间。

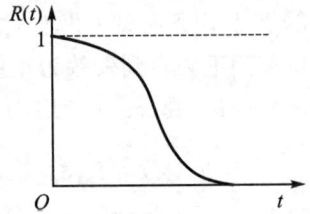

图 2.3　可靠度曲线示意图

2.3　失效率

无论是在可靠性理论还是在可靠性工程中,失效率都是一个极其重要的概念,它是描述产品可靠性规律的最主要数量指标之一。

产品失效率的定义:工作到 t 时刻尚未失效的产品,在该时刻后单位时间内产品发生失效的概率,记为 $\lambda(t)$。由定义可看出

$$\lambda(t) = \lim_{\Delta t \to 0} \frac{P(t < \xi \leqslant t + \Delta t \mid \xi > t)}{\Delta t} \tag{2.6}$$

对产品失效率的含义,可以这样理解。设在 $t = 0$ 时有 N 个产品开始工作,到时刻 t 有 $n(t)$ 个产品失效,还有 $N - n(t)$ 个产品在继续工作,假如又工作了 Δt 时间,到时刻 $t + \Delta t$ 又有 Δn 个产品失效,那么在时刻 t 尚有 $N - n(t)$ 个产品继续工作的条件下,在时间 $(t, t + \Delta t)$

内单位产品的失效概率为

$$\frac{\Delta n}{N - n(t)} = \frac{在时间(t, t + \Delta t) 内失效的产品数}{在时刻 t 仍正常工作的产品数}$$

于是产品工作到时刻 t 之后，单位时间内发生失效的频率为

$$\frac{\Delta n / (N - n(t))}{\Delta t} = \frac{\Delta n}{\Delta t (N - n(t))} = \hat{\lambda}(t) \tag{2.7}$$

这就是产品失效率 $\lambda(t)$ 的频率估计。因为频率具有稳定性，所以当 N 越大，Δt 越小时，这个估计就越精确。

根据频率解释，比较失效率 $\lambda(t)$ 与失效密度 $f(t)$ 的区别。由式 (2.3)，得

$$\hat{f}(t) = \frac{F(t + \Delta t) - F(t)}{\Delta t} = \frac{((n(t) + \Delta n)/N) - (n(t)/N)}{\Delta t} = \frac{\Delta n}{N \Delta t}$$

与式 (2.7) 比较，可以看出，$N - n(t)$ 反映了失效率 $\lambda(t)$ 的"产品工作到时刻 t 后"这个条件，与之相比 $f(t)$ 反映产品失效时间在各个点的集中程度，失效率 $\lambda(t)$ 描述失效可能的动态特征，因此，失效率有时候也被称为失效强度。

从概率的角度描述失效率时

$$P(t < \xi \leqslant t + \Delta t \mid \xi > t) = \frac{F(t + \Delta t) - F(t)}{1 - F(t)}$$

于是，导出失效率 $\lambda(t)$ 与分布密度 $f(t)$、分布函数 $F(t)$ 以及可靠度 $R(t)$ 的关系

$$\lambda(t) = \lim_{\Delta t \to 0} \frac{F(t + \Delta t) - F(t)}{\Delta t} \times \frac{1}{1 - F(t)} = \frac{F'(t)}{1 - F(t)} = \frac{f(t)}{R(t)} \tag{2.8}$$

由式 (2.8)，容易得出 $\lambda(t)$ 的其他性质：

(1) $R(t) = \exp\left\{-\int_0^t \lambda(x) \mathrm{d}x\right\}$；

(2) $f(t) = \lambda(t) \exp\left\{-\int_0^t \lambda(x) \mathrm{d}x\right\}$。

应注意，产品失效率 $\lambda(t)$ 是有量纲的，其量纲为 1/单位时间。

例 2.2　已知产品的失效密度函数 $f(t) = \lambda \mathrm{e}^{-\lambda(t - \gamma)}, t \geqslant \gamma$。试推导其失效分布函数、可靠度函数、失效率函数、平均寿命、可靠寿命。

解：该产品的失效分布函数 $F(t)$ 为

$$\begin{aligned}
F(t) &= \int_\gamma^t f(x) \mathrm{d}x = \int_\gamma^t \lambda \mathrm{e}^{-\lambda(x - \gamma)} \mathrm{d}x \\
&= -\mathrm{e}^{-\lambda(x - \gamma)} \big|_\gamma^t = 1 - \mathrm{e}^{-\lambda(t - \gamma)}, \quad t \geqslant \gamma
\end{aligned}$$

可靠度函数 $R(t)$ 为

$$R(t) = 1 - F(t) = \mathrm{e}^{-\lambda(t - \gamma)}, \quad t \geqslant \gamma$$

失效率函数 $\lambda(t)$ 为

$$\lambda(t) = \frac{f(t)}{R(t)} = \lambda, \quad t \geqslant \gamma$$

平均寿命为

$$\begin{aligned}
E(\xi) &= \int_\gamma^\infty t f(t) \mathrm{d}t = \int_\gamma^\infty \lambda t \mathrm{e}^{-\lambda(t - \gamma)} \mathrm{d}t = -t \mathrm{e}^{-\lambda(t - \gamma)} \big|_\gamma^\infty + \int_\gamma^\infty \mathrm{e}^{-\lambda(t - \gamma)} \mathrm{d}t \\
&= \gamma + \left(-\frac{1}{\lambda} \mathrm{e}^{-\lambda(t - \gamma)}\right) \Big|_\gamma^\infty = \gamma + \frac{1}{\lambda}
\end{aligned}$$

可靠寿命 $t(R)$ 为

$$t(R) = \gamma - \frac{1}{\lambda}\ln R$$

一般来说,产品的失效率是随时间变化的函数,人们从工程实践中发现,它大致分为 3 个阶段,图 2.4 反映了产品在 3 个阶段的故障规律,形象地称为浴盆曲线。

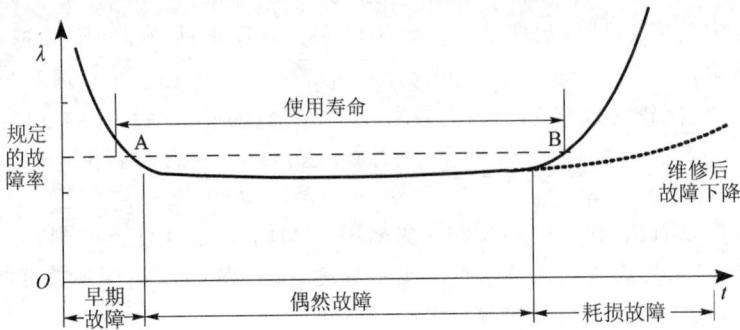

图 2.4　产品典型的故障率曲线

① 早期故障阶段:早期故障出现在产品开始工作后的较早时期,其特点是失效率较高,但随着产品工作时间的增加,失效率迅速下降。这一阶段产品故障的原因主要是由于设计和制造工艺上的缺陷所致。如原材料有缺陷、绝缘不良、装配调整不当、点焊不牢等。如果加强对原材料和工艺的检验,对产品进行有效的质量管理,就可以大大减少产品的早期故障。

为使产品的失效率尽量达到较稳定的水平,常常采用可靠性筛选技术,将有缺陷、不可靠的产品尽早暴露出来,使剩余产品有较低的失效率,接近偶然故障阶段的失效率水平。

② 偶然故障阶段:这期间产品失效率较低,而且稳定,近似为常数,故障主要由偶然因素引起。这阶段是产品的主要工作时期。

③ 耗损故障阶段:这阶段的特点是失效率迅速上升,很快导致产品报废。故障主要是由于产品老化、疲劳、耗损引起的。如果事先预计到耗损开始的时间,就可以采取预防维修或更新措施,更换某些元器件,可把上升的失效率降下来。

在进行产品的可靠性统计分析时,原则上不同阶段的故障数据不能放在一起按简单随机样本处理,但在工程实际中,产品的 3 个故障阶段并不是绝对分开的,往往在通过某一试验得到的一组故障数据中,既有早期因素引起的故障,又有偶然因素和耗损因素引起的故障,这给统计分析带来了困难,因此必须在评估前对故障模式、原因进行认真的分析。

2.4　点估计

数理统计的中心内容是根据抽取的样本对总体的某种特征作出合理的统计推断,统计推断包括估计理论和假设检验,在估计理论中最基本的是参数估计。所谓参数估计,就是从样本 $(X_1, X_2, \cdots, X_n)$ 出发,构造某些统计量 $\theta_j(X_1, X_2, \cdots, X_n)$, $j = 1, 2, \cdots, k$,对总体 X 的某些未知参数(或数字特征)θ_j 进行估计。这些统计量称为估计量。

用来估计未知参数 θ 的统计量 $\hat{\theta} = \hat{\theta}(X_1, X_2, \cdots, X_n)$ 称为参数 θ 的点估计。一个简单的

例子就是总体均值 μ 的估计 $\hat{\mu}=\dfrac{1}{n}\sum\limits_{i=1}^{n}T_i$，其中 $T_i,i=1,2,\cdots,n$ 是一次试验得到的一组样本。

点估计的目的是通过样本观测值对未知参数给出接近真值的一个估计值，根据不同试验样本的观测值得到的点估计不同，不同方法给出的点估计也不同。

常用的点估计有：矩估计、极大似然估计、最小二乘法估计、图估计等，它们在可靠性统计分析中有广泛的应用。同时，针对分布模型和数据的特点，还发展了最优线性无偏估计、简单线性无偏估计等其他点估计。根据不同的试验样本和不同的寿命分布，可选取不同的估计方法，不同方法各有优劣，如矩估计法可适应任何一个总体，不要求已知分布类型，但精度较差，且不适合于截尾子样。因此，在选取估计方法时，应注意这些问题。

注意到样本是服从总体分布的随机变量，它有可能取支撑集（概率密度大于 0 的点构成的集合）内任何值，因此，点估计量也是随机变量。每次试验估计的结果是不确定的，估计量的随机性反映了对总体信息认识的不确定性。同时正是样本的随机性才导致无法准确地获得参数真值（对于连续型随机变量有限样本，参数估计量以概率 1 不等于真值）。

确定估计量关于样本的函数是得到点估计的核心任务。原则上，一方面，点估计 $\hat{\theta}$ 可以为样本的任何函数；另一方面，$\hat{\theta}$ 是随机变量这一特点也表明了一次试验得到的估计值仅仅是 $\hat{\theta}$ 的一次实现。那么，不对估计的好坏加以限定，估计没有任何意义。因此需要确立一些优良性准则来帮助选择估计量。由于估计量是随机变量，需要根据它的分布特征来确立优良性准则。

1. 无偏性

给定样本服从的分布，对于参数 θ 的估计 $\hat{\theta}$，如果满足

$$E(\hat{\theta})=\theta,\quad\forall\theta\in\Theta$$

则称估计 $\hat{\theta}$ 为参数 θ 的无偏估计。

可以看出，无偏估计是多次统计取平均的结果，只有当进行大量重复试验，无偏性才有意义。无偏性表现了多次重复试验时估计量取值在参数真值附近上下波动，但对波动的大小不加关注。由此，应定义一个一致最小方差无偏估计（UMVUE）的概念。

设给定样本服从的分布，如果 $\hat{\theta}^{*}$ 是参数 θ 的无偏估计，且对于任意一个 θ 的无偏估计 $\hat{\theta}$，有

$$\mathrm{Var}(\hat{\theta}^{*})\leqslant\mathrm{Var}(\hat{\theta}),\quad\forall\theta\in\Theta$$

则称 $\hat{\theta}^{*}$ 是参数 θ 的一致 UMVUE。

UMVUE 代表所有无偏估计中波动最小的估计量。根据一次试验得到的估计结果是随机的，而且无法知道估计值与真值差距有多大。但是 UMVUE 的优良性是：一方面，无偏性使得它多次试验平均意义下等于参数真值；另一方面，最小方差性使得同样在平均意义下，每次试验的结果彼此之间不会相差太大，估计结果是相对稳定的。在实际中，UMVUE 是经常被希望选用的估计。

如何求解给定分布下参数 UMVUE 的方法本书不加以介绍。此外，同样针对估计波动性大小的问题，还提出了有效无偏估计的概念。关于求解 UMVUE 和有效无偏估计，可参考《高等数理统计》（茆诗松等著，2006）。

2. 相合性(一致性)

估计结果的好坏与样本容量有关。一般来说,样本量越大,得到总体的信息越多,好的估计应当越准确。这里的"好坏"与"准确"仍然是统计意义下的,却不针对单次估计结果。由此,定义相合性概念如下:

给定容量为 n 的一组样本服从的分布,对于参数 θ 的估计 $\hat{\theta}_n = \hat{\theta}_n(X_1, X_2, \cdots, X_n)$,若 $\forall \varepsilon > 0$,有

$$\lim_{n \to +\infty} P(|\hat{\theta}_n - \theta| > \varepsilon) = 0, \quad \forall \theta \in \Theta$$

记为

$$\hat{\theta}_n \xrightarrow{P} \theta$$

则称 $\hat{\theta}_n$ 依概率收敛于 θ,$\hat{\theta}_n$ 为参数 θ 的相合估计,或一致估计。

估计量的随机性使我们对总体信息的认识存在不确定性。但相合性要求表明,如果不断增大样本信息,则对总体信息认识的不确定性会逐步减小到任意精度,这与大数定律反映的规律是一致的。

自然地,如果任意增大样本量都不能使估计结果趋近于真值,即参数真值不可能得到,那么这样的估计量不能采用。因此,一个合理的估计必须满足相合性。相合性是一个估计应当满足的基本要求,不满足相合性的估计不予以考虑。

常用的点估计方法包括矩估计(ME)、极大似然估计(MLE)、最小二乘估计、线性估计等。本书第 5 章将对这些估计方法进行详细介绍。

2.5 区间估计

点估计是用一个统计量去估计未知参数 θ,用相应的统计量的样本值去估计参数值,不同的样本给出的点估计值是不同的,那么对于一次具体的抽样而言,所给出的点估计值离真值有"多远"也是不同的。为此,应估计出两个端点,以这两个端点所构成的区间来估计参数 θ,并使这个区间以比较大的概率包含参数 θ 的真值。这样,既可以回答估计值离参数真值有多远,又能提供估计精度的一个概念,这就是区间估计的问题。

设总体分布含有一未知参数 θ。若由样本确定的两个统计量 $\hat{\theta}_L(X_1, X_2, \cdots, X_n)$ 与 $\hat{\theta}_U(X_1, X_2, \cdots, X_n)$,对于给定的 $\alpha(0 < \alpha < 1)$,满足

$$P\{\hat{\theta}_L \leqslant \theta \leqslant \hat{\theta}_U\} = 1 - \alpha \tag{2.9}$$

称区间 $[\hat{\theta}_L, \hat{\theta}_U]$ 是参数 θ 的置信水平为 $1 - \alpha$ 的置信区间,$\hat{\theta}_L$ 称为置信下限,$\hat{\theta}_U$ 称为置信上限,$1 - \alpha$ 称为置信度或置信水平,α 称为显著性水平。若满足

$$P\{\hat{\theta}_U \geqslant \theta\} = 1 - \alpha$$

或

$$P\{\hat{\theta}_L \leqslant \theta\} = 1 - \alpha$$

则称 $\hat{\theta}_U$(或 $\hat{\theta}_L$)为参数 θ 的置信水平为 $1 - \alpha$ 的单侧置信上限(或单侧置信下限)。单侧置信限

可视为置信区间的一种特殊情况。

置信区间的概念是频率意义的。式(2.9)表示"若进行 N(N 很大)次独立重复试验,每次试验都会得到一个置信水平为 α 的置信区间,则置信区间覆盖参数 θ 真值的试验次数约为 $(1-\alpha)N$ 次"。

一方面,按照经典统计学的理解,参数 θ 是固定的数,因此式(2.9)左侧的含义为"置信区间覆盖参数真值",而不是"参数真值在该区间内取值"的概率。另一方面,置信限根据样本不同而不同,因此置信区间描述的是"置信区间覆盖参数真值"这一事件的概率,而不是"由一次样本得到的置信区间覆盖参数真值"的概率。置信度记成 $1-\alpha$ 是因为区间估计和假设检验关系紧密,假设检验里 α 代表第一类错误概率,称为显著性水平。图 2.5 表示置信区间的频率含义。

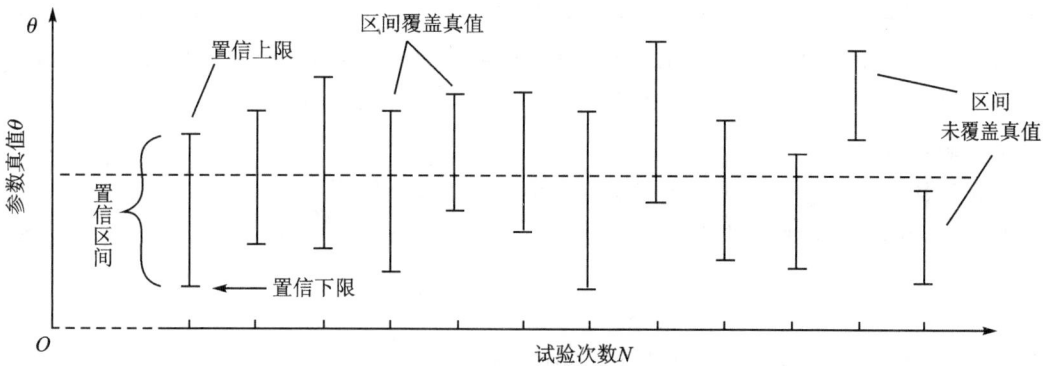

图 2.5　置信区间概念示意图

如图 2.5 所示,分别以试验次数和参数估计的置信限为横轴与纵轴,则每次试验得到的置信区间 $[\hat{\theta}_L, \hat{\theta}_U]$ 为随机的,既可能覆盖参数真值 θ,也可能不覆盖,它覆盖参数真值的概率则为置信度。从统计的角度看,不断重复试验,统计所得置信区间覆盖参数真值 θ 的试验次数,即为区间覆盖频率,随着试验次数不断增加,则覆盖频率趋近于置信度。

置信区间概念直观地描述了对参数信息认识的不确定性,并对这种认识赋予了置信度。自然地,可靠性指标是分布参数的函数(也可视为参数,相当于将原分布重新参数化),那么对这些指标的估计也是不确定的,也存在对应区间估计。因此,以可靠度为例,对于总体来讲任意时刻的可靠度是确定值,但是由于样本的随机性以及样本量有限,人们对它的估计则变成不确定的,这是数理统计的重要特点。通常,工程上关注可靠度的置信下限,从保守的角度希望可靠度下限不低于指标值。

既然置信区间反映了对参数信息认识的不确定性,那么自然希望将这种不确定性尽可能地缩小,即在满足置信度的条件下区间平均长度尽可能短,使估计具有较高的"精确度"。一般地,区间估计的置信度与精确度总是矛盾的。置信度较高一般意味着区间长度较长,这样更有可能覆盖参数真值,但精确度下降;另一方面,为保证精确度,区间长度总会较短,但是覆盖真值的可能性变低。这与假设检验无法同时减少两类错误的意思是一样的。

常用的置信限估计方法包括枢轴量法、基于渐近正态的区间估计方法、线性估计法、容限系数法和基于抽样技术的 Bootstrap 方法,本书第 6 章结合常用寿命分布模型对这些方法进行具体介绍。

习题二

2.1 10 台某种电子产品首次发生故障的时间依次为:22,47,121,134,267,289,306,389,496,567(单位:h)。试估计该产品的平均寿命以及工作到平均寿命时的可靠度。

2.2 对 1 575 只继电器进行高温老化试验,每隔 4 h 测试一次,直到 36 h 后共失效 85 台,具体数据统计如下:

表 2.1　各时间段继电器失效数目统计表

测试时间 t_i/h	4	8	12	16	20	24	28	32	36
Δt_i 内故障数/台	39	18	8	9	2	4	2	2	1

试估计 $t=0,4,8,12,16,20,24,28,32$ 的失效率各为多少? 并画出失效率曲线。

2.3 已知某产品的概率密度函数为:$f(t)=t\exp(-ct^2),t\geqslant 0$。

(1) 确定常数 c 的取值;

(2) 具体给出该产品的可靠度函数与失效率函数。

2.4 某产品的失效率函数为

$$\lambda(t)=\begin{cases}0, & 0\leqslant t<\mu \\ \lambda, & \mu\leqslant t\end{cases}\quad(单位:d)$$

试求该产品的概率密度函数、平均寿命与寿命方差。

2.5 已知产品的失效率函数为

$$\lambda(t)=ct,\quad t\geqslant 0\quad(单位:d)$$

其中,c 是常数,求其概率密度函数 $f(t)$ 与可靠度函数 $R(t)$。

2.6 已知某设备故障时间(单位:h)的概率密度函数为 $f(t)=\dfrac{1}{4}e^{-t}+\dfrac{3}{2}e^{-2t},t\geqslant 0$。

(1) 求设备的 MTTF;

(2) 求设备至少运行到 MTTF 的概率。

2.7 某产品的可靠度函数为 $R(t)=4/(2+t)^2,t\geqslant 0$(单位:d),已知该产品的质保期为 30 d,求质保期过后的 MTTF。

2.8 设某产品的寿命变量 x 服从瑞利分布,其概率密度函数形式为

$$f(x)=\frac{x}{\sigma^2}e^{-\frac{x^2}{2\sigma^2}},x\geqslant 0$$

其中,σ 为已知常数。求该产品的平均寿命和中位寿命。

2.9 某产品的失效率函数为

$$\lambda(t)=0.6(1.5+2t+3t^2)\quad(单位:/h)$$

(1) 若有 20 个该类型产品同时进行试验,则在连续使用的 1 000 h 内平均可观测到多少个产品失效?

(2) 该类型产品的平均寿命为多少?

2.10 已知某电子元件的寿命 T(单位:h)具有以下概率密度函数:

$$f(t) = \begin{cases} \dfrac{1\ 000}{t^2}, & t \geqslant 1\ 000 \\[2mm] 0, & t < 1\ 000 \end{cases}$$

若 1 只元件已正常工作了 1 200 h 没有发生失效，试计算该元件还能再正常工作 1 000 h 的概率。

2.11 某炮弹试射 8 发，测得落点纵向偏差依次为：+0.380，+0.404，+0.302，−0.203，+0.450，−0.370，+0.580，+0.602（单位：km）。经检验该批数据符合正态分布。试求在置信水平 0.9 下，落点纵向偏差均值的置信上限，以及方差的置信下限。

第3章 可靠性数据的初步整理分析

当需要从已经获得的一组可靠性数据中,对产品的可靠性指标进行推断时,根据样本量的大小以及数据中是否包含了随机截尾样本,可采用非参数统计方法进行初步整理分析。

3.1 直方图

直方图是用来整理样本数据,找出其统计规律性的一种常用方法。通过作直方图,可以求出一批数据的样本均值及样本标准差,更重要的是根据直方图的形状,可以初步判断该批数据的总体属于何种常见分布。制作直方图法的具体步骤:

① 在收集到的一批数据 $x_1, x_2, \cdots, x_n$ 中,找出其最大值 L_a 和最小值 S_m。

② 将数据分组:一般用经验公式(3.1)确定分组数 k,

$$k = 1 + 3.3 \lg n \tag{3.1}$$

③ 计算组距 Δt,即组与组之间的间隔

$$\Delta t = (L_a - S_m)/k$$

④ 确定各组分点值,即确定各组上限值和下限值。

为了避免数据落在分点上,一般将分点值取得比该批数据精确一位小数;或将分点值取成等于下限值和小于上限值,即按左闭右开区间[ )划分数据。

⑤ 计算各组的中心值

$$t_i = \frac{某组下限值 + 某组上限值}{2}$$

⑥ 统计落入各组的频数 Δr_i 和频率 ω_i

$$\omega_i = \frac{\Delta r_i}{n}$$

⑦ 计算样本均值 $\bar{t}$

$$\bar{t} = \frac{1}{n} \sum_{i=1}^{k} \Delta r_i \cdot t_i = \sum_{i=1}^{k} \omega_i t_i \tag{3.2}$$

⑧ 计算样本标准差 s

$$s = \sqrt{\frac{1}{n-1} \sum_{i=1}^{k} \Delta r_i (t_i - \bar{t})^2} \tag{3.3}$$

⑨ 作直方图

- 频数直方图:以失效时间为横坐标、各组的频数为纵坐标,作失效频数直方图,如图3.1所示。

- 频率直方图:将各组频率除以组距 Δt,取 $\omega_i/\Delta t$ 为纵坐标,失效时间为横坐标,作失效频率直方图,见图 3.2。可以看出,当样本量增大、组距 Δt 缩小时,将各直方之上方中点连成一条曲线,则它是分布密度曲线的一种近似。

在各组组距相同时(在实际处理数据时,组距也可取得不等),产品的频数直方图形状和频率直方图形状是相同的。

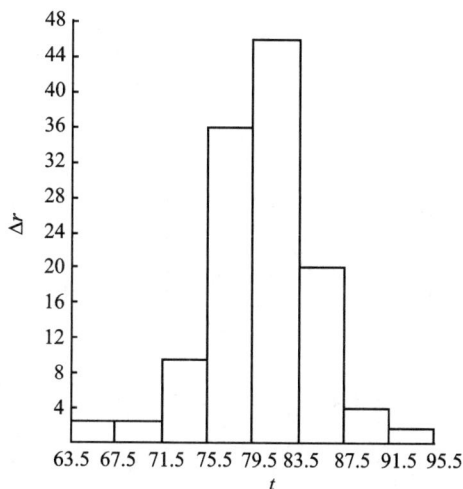

图 3.1　失效频数直方图　　　　　　　　　图 3.2　失效频率直方图

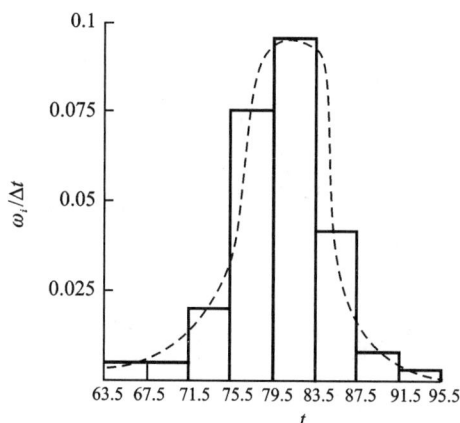

- 累积频率直方图:第 i 组的累积频率为

$$F_i = \sum_{j=1}^{i} \omega_j = \sum_{j=1}^{i} \frac{\Delta r_j}{n} = \frac{r_i}{n} \tag{3.4}$$

式中,r_i 为至第 i 组结束时的累积频数,即 $r_i = \sum\limits_{j=1}^{i} \Delta r_j$。

以累积频率为纵坐标,失效时间为横坐标,作累积频率分布图,见图 3.3。当样本量 n 逐渐增大到无穷、组距 $\Delta t \to 0$ 时,各直方之上方中点的连线将趋近于一条光滑曲线,它是累积失效分布曲线的近似。

由上述所作各直方图的形状,可以初步判断所抽取的样本服从何种分布。

⑩ 作产品平均失效率曲线:为初步判断产品的失效分布,也可作产品的平均失效率随时间变化的曲线。平均失效率 $\bar{\lambda}(\Delta t_i)$(也称为 $\bar{\lambda}(t_{i-1}, t_i)$)表示在时间区间 Δt_i 内产品的平均失效率,由式(3.5)计算

$$\bar{\lambda}(\Delta t_i) = \frac{\Delta r_i}{n_{s,i-1}\Delta t_i} \tag{3.5}$$

式中,Δr_i 指在时间区间 Δt_i 内的失效频数,也可表示为 $\Delta r(t_i)$,$n_{s,i-1}$ 指进入第 i 个时间区间(第 i 组)时的受试样品数,也可表示为 $n_s(t_{i-1})$,即至 t_{i-1} 时刻为止继续受试的样品数,有

$$n_{s,i-1} = n - r_{i-1} \tag{3.6}$$

而 r_{i-1} 指进入第 i 个时间区间时的累积失效数,也可表示为 $r(t_{i-1})$。计算得到的平均失效率曲线,如图 3.4 所示。

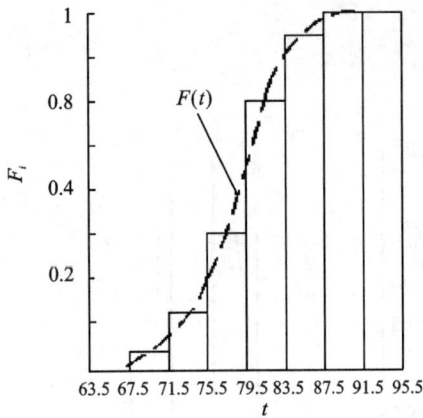

图 3.3　累积失效频率直方图

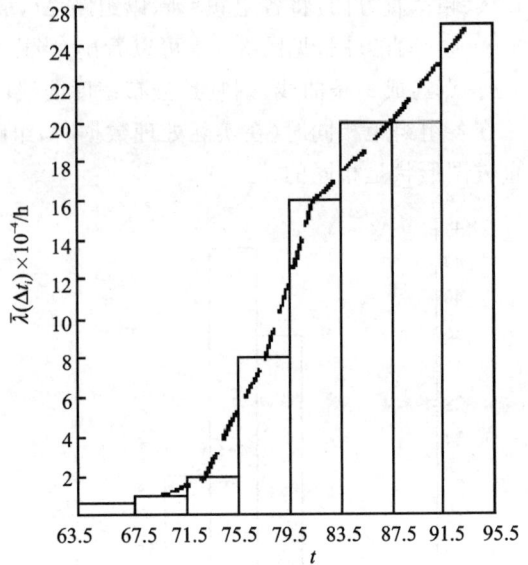

图 3.4　平均失效率直方图

例 3.1 抽查 120 个电子管开展寿命测试试验,其结果如表 3.1 所列。试求平均寿命及其标准差,并作产品直方图及平均失效率曲线,初步判断其寿命为何种分布。

表 3.1　电子管寿命数据　　　　　　　　　10^2 h

86	83	77	81	81	80	79	82	82	81	75	79	85	75	74	71	88	82	76	85
82	78	80	81	87	81	77	78	77	78	81	79	77	78	81	87	83	65	64	78
77	71	95	78	81	79	80	77	76	82	80	80	77	81	75	83	90	80	85	81
84	79	90	82	79	82	79	86	76	78	82	84	85	84	82	85	84	82	85	84
82	78	73	83	81	81	83	89	81	86	81	87	77	77	80	82	83	75	82	82
78	84	84	84	81	81	74	78	78	80	74	78	73	78	75	82	77	78	78	78

解:① 从表 3.1 中找出:最大值　　　　　$L_a = 95 \times 10^2$ h

最小值　　　　　$S_m = 64 \times 10^2$ h

② 按式(3.1)计算,得 $k = 8$(组)

$$k = 1 + 3.3 \lg 120 = 7.86 \approx 8$$

③ 组距

$$\Delta t = \frac{L_a - S_m}{k} = \frac{95 \times 10^2 - 64 \times 10^2}{8} = 3.875 \times 10^2 \approx 4 \times 10^2 \text{ h}$$

④ 列表计算,如表 3.2 所列。

⑤ 平均寿命,按式(3.2)计算,即

$$\bar{t} = \frac{1}{n} \sum_{i=1}^{k} \Delta r_i \cdot t_i = 8.025 \times 10^3 \text{ h}$$

表 3.2　电子管寿命分组数据累积频率计算表

序号	时间区间 $\times 10^2/h$	中心值 $t_i \times 10^2/h$	频数 Δr_i	频率 ω_i	$\omega_i \cdot t_i$ $\times 10^2$	$(t_i - \bar{t})$ $\times 10^2$	$\Delta r_i (t_i - \bar{t})^2$ $\times 10^2$	累积频率 F_i
1	63.5～67.5	65.5	2	0.016 67	1.091 9	−14.702 6	432.332 9	0.016 67
2	67.5～71.5	69.5	2	0.016 67	1.158 6	−10.702 6	229.091 3	0.033 33
3	71.5～75.5	73.5	10	0.083 33	6.124 8	−6.702 6	449.248 5	0.116 67
4	75.5～79.5	77.5	36	0.3	23.25	−2.702 6	262.945 7	0.416 67
5	79.5～83.5	81.5	45	0.375	30.562 5	1.297 4	75.746 1	0.791 67
6	83.5～87.5	85.5	20	0.166 7	14.252 9	5.297 4	561.248 9	0.958 33
7	87.5～91.5	89.5	4	0.033 33	2.983 0	9.297 4	345.766 6	0.991 7
8	91.5～95.5	93.5	1	0.008 33	0.778 9	13.297 4	176.820 8	1.000 0
总和			120		80.202 6		2 533.200 8	

⑥按式(3.3)计算样本标准差　$s = \sqrt{\dfrac{1}{n-1}\sum_{i=1}^{k} \Delta r_i (t_i - \bar{t})^2} = 4.498\ 8 \times 10^2\ h.$

因此,该电子管的平均寿命为 $8.025 \times 10^3\ h$,其寿命的样本标准差为 $4.498\ 8 \times 10^2\ h$。

　　⑦ 作直方图,见图 3.1、图 3.2 与图 3.3。

　　⑧ 平均失效率的计算:由式(3.5)计算,结果见表 3.3,根据计算结果作直方图,见图 3.4。

　　⑨ 电子管失效分布的初步判断:由图 3.4 可知,产品失效率随时间的增长而增加,属于耗损型失效;又由图 3.1 和图 3.2 可知,直方图形状左右对称,具有中间大、两头小的特点。由此可初步判断该批电子管的失效分布为正态分布。

表 3.3　电子管寿命分组数据平均失效率计算表

时间区间 $\times 10^2/h$	Δr_i	$n_{s,i-1}$	Δt_i	$\bar{\lambda}(\Delta t_i)$ $\times 10^{-4}/h$	时间区间 $\times 10^2/h$	Δr_i	$n_{s,i-1}$	Δt_i	$\bar{\lambda}(\Delta t_i)$ $\times 10^{-4}/h$
63.5～67.5	2	120	400	0.416 7	79.5～83.5	45	70	400	16.07
67.5～71.5	2	118	400	0.423 7	83.5～87.5	20	25	400	20
71.5～75.5	10	116	400	2.155	87.5～91.5	4	5	400	20
75.5～79.5	36	106	400	8.490	91.5～95.5	1	1	400	25

3.2　样本的经验分布函数

3.2.1　定　义

　　设总体 ξ 的一组样本观测值,将其按从小到大的顺序排列为

$$t_1 \leqslant t_2 \leqslant \cdots \leqslant t_n$$

式中,下标 i 表示其排列的顺序号,定义经验分布函数为

$$F_n(t) = \begin{cases} 0, & \text{当 } t < t_1 \\ i/n, & \text{当 } t_i \leqslant t < t_{i+1} \\ 1, & \text{当 } t \geqslant t_n \end{cases} \tag{3.7}$$

当样本观测值固定时, $F_n(t)$ 是一个分布函数, 取值范围介于 0~1 之间, 且是一个非减函数, 它只在 t_i 处有跳跃, 呈现台阶递增图形, 如图 3.5 所示。

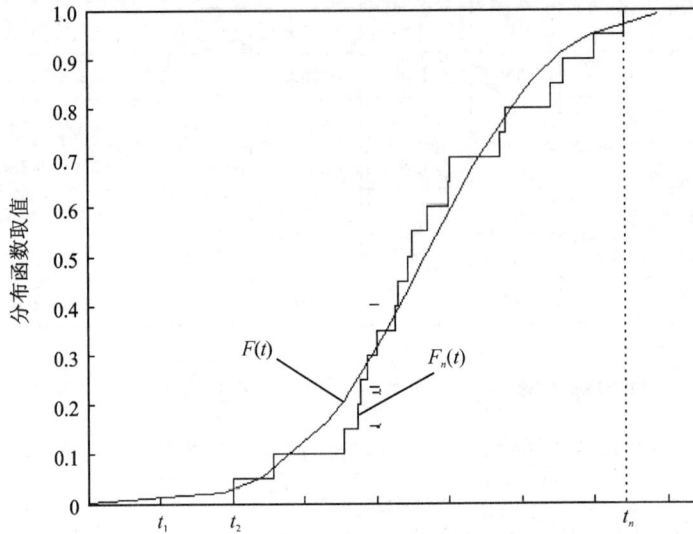

图 3.5 经验分布函数与理论分布函数示意图

从图 3.5 可知, 经验分布函数 $F_n(t)$ 可以近似真实分布 $F(t)$。其支撑集为所有样本点, 且每个样本值对应的概率相同, 即

$$P(X = t_{(i)}) = \frac{1}{n}, (i = 1, 2, \cdots, n)$$

因此, 不同经验分布的差异在于其支撑集不同, 而不同的分布形状在于支撑集元素间的"间距"不同。经验分布简单直观: 以频率代替概率, 理解分布函数的本质有助于理解 Bootstrap 方法 (见 6.4 节)。

对于不同的样本观测值, 得到的经验分布函数不同, 不过, 经验分布 $F_n(t)$ 作为总体分布 F 的模拟, 当样本量 $n \to +\infty$ 时, 经验分布函数 $F_n(t)$ 趋近于总体分布函数 F, 在数理统计学中有如下定理:

定理 3.1 (格列文科定理) 设 $x_1, x_2, \cdots, x_n$ 为来自总体 F 的独立同分布样本, 则当 $n \to \infty$ 时, $F_n(x)$ 依概率 1 均匀地收敛于 $F(x)$, 即

$$P\{\lim_{n \to \infty} \sup_{-\infty < x < +\infty} |F_n(x) - F(x)| = 0\} = 1$$

3.2.2 经验分布函数的计算

1. 完全数据的经验分布函数

对一批观测数据, 若样本量较大, 一般指 $n \geqslant 20$, 可以直接按式 (3.7) 定义计算

$$F_n(t_i) = i/n$$

其下标 i 表示样品的失效序号,称它为秩次。例如,t_5 表示在这个时间失效的样品,其失效序号为 5,秩次为 5,通俗地讲就是第 5 个失效。

在样本量较大时,根据可靠度定义,直接计算其经验分布函数

$$F_n(t) = \frac{r(t)}{n} \tag{3.8}$$

其中,$r(t)$ 为产品到时刻 t 的累积失效数,n 为样本量,即参加试验的产品数。

实践证明,当 n 较少时,用式(3.8)计算有较大的误差。为了减少误差,在小样本情况($n \leqslant 20$)下,可采用下列公式计算:

（1）海森(Hansen)公式

$$F_n(t_i) = (i - 0.5)/n \tag{3.9}$$

（2）数学期望公式

$$F_n(t_i) = i/(n + 1) \tag{3.10}$$

（3）近似中位秩公式

$$F_n(t_i) = (i - 0.3)/(n + 0.4) \tag{3.11}$$

也可以直接由中位秩表(见表 3.4)查得。

表 3.4　中位秩表

秩 i	样 本 量 n									
	1	2	3	4	5	6	7	8	9	10
1	0.500 0	0.292 9	0.206 3	0.159 1	0.129 4	0.109 1	0.094 3	0.083 0	0.074 1	0.067 0
2		0.707 1	0.500 0	0.386 4	03 147	0.265 5	0.229 5	0.202 1	0.180 6	0.163 2
3			0.793 7	0.613 6	0.500 0	0.421 8	0.364 8	0.321 3	0.287 1	0.259 4
4				0.840 9	0.685 3	0.578 2	0.500 0	0.440 4	0.393 5	0.355 7
5					0.870 6	0.734 5	0.635 2	0.559 6	0.500 0	0.451 9
6						0.890 9	0.770 5	0.678 7	0.606 5	0.548 1
7							0.905 7	0.797 9	0.712 9	0.644 3
8								0.917 0	0.819 4	0.740 6
9									0.925 9	0.836 8
10										0.933 0
秩 i	样 本 量 n									
	11	12	13	14	15	16	17	18	19	20
1	0.061 1	0.056 1	0.051 9	0.048 3	0.045 2	0.042 4	0.040 0	0.037 8	0.035 8	0.034 1
2	0.148 9	0.136 8	0.126 6	0.117 8	0.110 1	0.103 4	0.097 5	0.092 2	0.087 4	0.083 1
3	0.236 6	0.217 5	0.201 3	0.187 3	0.175 0	0.164 4	0.155 0	0.146 5	0.139 0	0.132 2
4	0.324 4	0.298 2	0.276 0	0.256 8	0.240 1	0.225 4	0.212 5	0.200 9	0.190 5	0.181 2
5	0.412 2	0.378 9	0.350 6	0.326 3	0.305 1	0.286 5	0.270 0	0.255 3	0.242 1	0.230 2
6	0.500 0	0.459 6	0.425 3	0.395 8	0.370 0	0.347 5	0.327 5	0.309 7	0.293 7	0.279 3

秩 i	样 本 量 n									
	11	12	13	14	15	16	17	18	19	20
7	0.587 8	0.540 4	0.500 0	0.465 3	0.435 0	0.408 5	0.385 0	0.364 1	0.345 3	0.328 3
8	0.675 6	0.621 1	0.574 7	0.534 7	0.500 0	0.469 5	0.442 5	0.418 4	0.396 3	0.377 4
9	0.763 4	0.701 8	0.649 4	0.604 2	0.565 0	0.530 5	0.500 0	0.472 8	0.448 4	0.426 4
10	0.851 1	0.782 5	0.724 0	0.673 7	0.630 0	0.591 5	0.557 5	0.527 2	0.500 0	0.475 5
11	0.938 9	0.863 2	0.798 7	0.743 2	0.694 9	0.652 5	0.615 0	0.581 6	0.551 6	0.524 5
12		0.943 9	0.873 4	0.812 7	0.759 9	0.713 5	0.672 5	0.635 9	0.603 2	0.573 6
13			0.948 1	0.882 2	0.824 9	0.774 6	0.730 0	0.690 3	0.654 7	0.622 6
14				0.951 7	0.889 9	0.835 6	0.787 5	0.744 7	0.706 3	0.671 7
15					0.954 8	0.896 6	0.845 0	0.799 1	0.757 9	0.720 7
16						0.957 6	0.902 5	0.853 5	0.809 5	0.769 8
17							0.960 0	0.907 8	0.861 0	0.818 8
18								0.962 2	0.912 6	0.867 8
19									0.964 2	0.916 9
20										0.9659

例 3.2 某钢厂使用 20 支氧枪,各支枪的寿命如表 3.5 所列。试求其经验分布函数。

表 3.5　氧枪寿命试验数据

序　号	1	2	3	4	5	6	7	8	9	10
时间/h	44.3	41.4	17.7	23.6	25.4	45.1	34.9	38.1	20.9	32.6
序　号	11	12	13	14	15	16	17	18	19	20
时间/h	27.5	19.1	40.8	38.8	31.1	39.0	14.0	27.1	34.6	29.3

解: 将 20 个数据由小至大排列,用海森公式、数学期望公式和近似中位秩公式,计算经验分布函数,结果列于表 3.6 中。

表 3.6　氧枪寿命试验数据累积频率计算表

失效秩次(i)	寿命 t_i/h	累 积 频 率 $F_n(t_i)$			
		$(i-0.5)/n$	$i/(n+1)$	$\dfrac{i-0.3}{n+0.4}$	查中位秩表
1	14	0.025	0.047 6	0.034 3	0.034 1
2	17.7	0.075	0.095 2	0.083 3	0.083 1
3	19.1	0.125	0.142 9	0.132 3	0.132 2
4	20.9	0.175	0.190 5	0.181 4	0.181 2
5	23.6	0.225	0.238 1	0.230 4	0.230 2

续表 3.6

失效 秩次(i)	寿命 t_i/h	累积频率 $F_n(t_i)$			
		$(i-0.5)/n$	$i/(n+1)$	$\dfrac{i-0.3}{n+0.4}$	查中位秩表
6	25.4	0.275	0.285 7	0.279 4	0.279 3
7	27.1	0.325	0.333 3	0.328 4	0.328 3
8	27.5	0.375	0.381	0.377 4	0.377 4
9	29.3	0.425	0.428 6	0.426 5	0.426 4
10	31.1	0.475	0.476 2	0.475 5	0.475 5
11	32.6	0.525	0.523 8	0.524 5	0.524 5
12	34.6	0.575	0.571 4	0.573 5	0.573 6
13	34.9	0.625	0.619	0.622 5	0.622 6
14	38.1	0.675	0.666 7	0.671 6	0.671 7
15	38.8	0.725	0.714 3	0.720 6	0.720 7
16	39.0	0.775	0.761 9	0.769 6	0.769 8
17	40.8	0.825	0.809 5	0.818 6	0.818 8
18	41.4	0.875	0.857 1	0.867 6	0.867 8
19	44.3	0.925	0.904 8	0.916 7	0.916 9
20	45.1	0.975	0.952 4	0.965 7	0.965 9

2. 右删失数据的经验分布函数

右删失是个体在试验过程中，因为各种外界因素被移出试验，但在此之前没有发生目标事件。例如，在失效试验中，试件因为试验中断而被移出试验，但在试验进行这段时间内并没有发生失效。这类数据能够提供一部分信息，即试件能够持续正常工作一段时间。

典型的右删失数据结构如表 3.7 所列。

表 3.7　典型的右删失数据结构

时间/h	0.03	0.493	0.855	1.184	1.283	1.48	1.776	2.138	2.5	2.763
失效标记	0	0	0	1	0	0	1	0	0	0

表 3.7 中每个数据包括两个参数：时间 t_i 和失效标记 δ_i，$\delta_i=1$ 代表在这个时间点样本失效，而 $\delta_i=0$ 代表在这个时间点样本右删失。

右删失数据的主要估计方法为 Product-Limit(PL) 估计，最早由 Kaplan 和 Meier 提出。定义可靠度 $\hat{R}(t)$ 的乘积限估计为

$$\hat{R}(t)=\begin{cases}1, & t\in[0,t_1)\\ \prod\limits_{i=1}^{j}\left(\dfrac{n-i}{n-i+1}\right)^{\delta_i}, & t\in[t_j,t_{j+1})\\ 0, & t\in[t_n,+\infty)\end{cases} \qquad (3.12)$$

式中，$\hat{R}(t)$为可靠度函数的 PL 估计，n 为样本量，$t_1,t_2,\cdots,t_n$ 为样本寿终时间(或删失时间)，其顺序排列(当一个删失时间和寿终时间相等时，将寿终时间排在前面)为 $t_1 \leqslant t_2 \leqslant \cdots \leqslant t_n$，$\delta_i$ 为时间 t_i 所对应的失效标记。

3.3　随机截尾情况下分布函数估计

3.3.1　残存比率法计算产品的可靠度

定义产品在时间区间(t_{i-1}, t_i)内的残存概率 $S(t_i)$，它是一个条件概率，表示在 t_{i-1} 时刻能完好工作的产品，继续工作至 t_i 时刻尚能完好工作的概率，即

$$S(t_i) = P\{\xi > t_i \mid \xi > t_{i-1}\} = \frac{P\{\xi > t_i\}}{P\{\xi > t_{i-1}\}} = \frac{R(t_i)}{R(t_{i-1})}$$

因此，产品在某时刻 t_i 的可靠度可以表示为

$$R(t_i) = R(t_{i-1}) \cdot S(t_i) \tag{3.13}$$

$S(t_i)$ 可以由样本观测值，按式(3.14)进行估计，即

$$S(t_i) = \frac{n_s(t_{i-1}) - \Delta r(t_i)}{n_s(t_{i-1})} \tag{3.14}$$

式中，$n_s(t_{i-1})$指产品在 t_{i-1} 时刻继续受试的样品数，$\Delta r(t_i)$指产品在时间区间(t_{i-1}, t_i)内的失效数，即

$$n_s(t_i) = n - \sum_{j=1}^{i} \left[\Delta r(t_j) + \Delta k(t_j) \right] \tag{3.15}$$

式中，n 指试验样本量，$\Delta k(t_i)$指在时间区间(t_{i-1}, t_i)内删除的样品数，因此，式(3.13)也可写成

$$R(t_i) = \prod_{j=1}^{i} S(t_j) \tag{3.16}$$

而

$$F_n(t_i) = 1 - R(t_i) \tag{3.17}$$

式(3.16)是计算可靠度的一个通用公式，在没有删除样品的情况下，它和按可靠度定义 $R(t_i) = n_s(t_i)/n$ 计算的结果相同。

例 3.3　在有监视测试设备的某仪器寿命试验中，测得故障发生时间和删除样品数，如表 3.8 所列，试计算其可靠度和失效分布函数。

表 3.8　某仪器寿命试验数据表

序　号	1	2	3	4	5	6	7	8	9	10	11
故障时间/h	1 300	1 692	2 243	2 278	2 832	2 862	2 931	3 212	3 256	3 410	3 651
故障数	1	1	1	1	1	1	1	1	1	1	1
删除数	4	3	4	3	3	3	4	4	4	4	3

解：计算结果如表 3.9 所列。

表 3.9　某仪器可靠度与失效分布函数表

序号	① t_i 已知	② $\Delta r(t_i)$ 已知	③ $\Delta k(t_i)$ 已知	④ $n_s(t_i)$ $n-\sum\limits_{j=1}^{i}(②_j+③_j)$	⑤ $S(t_i)$ $\dfrac{④_{i-1}-②_i}{④_{i-1}}$	⑥ $R(t_i)$ $⑤_i \cdot ⑥_{i-1}$	⑦ $F_n(t_i)$ $1-⑥_i$
0	0			50		1	0
1	1 300	1	4	45	0.98	0.98	0.02
2	1 692	1	3	41	0.978	0.958 4	0.041 6
3	2 243	1	4	36	0.976	0.935 4	0.064 6
4	2 278	1	3	32	0.972 2	0.909 4	0.090 6
5	2 832	1	3	28	0.968 7	0.881	0.119
6	2 862	1	3	24	0.964 3	0.849 5	0.150 5
7	2 931	1	4	19	0.958 3	0.814 1	0.185 9
8	3 212	1	4	14	0.947 4	0.771 3	0.228 7
9	3 256	1	4	9	0.928 6	0.716 2	0.283 8
10	3 410	1	4	4	0.888 9	0.636 7	0.363 3
11	3 651	1	3	0	0.75	0.477 5	0.522 5

例 3.4 对 100 只某种型号的电子管在高应力条件下作寿命试验,并定时地进行测试,同时抽取未失效的电子管作高应力条件下的物理性能分析。其试验情况如下:试验至 90 h 测试没有一只失效。试验到 100 h 有 2 只失效,同时随机抽取 4 只作性能分析。至 110 h 测试出 10 只失效,并抽出 7 只作性能分析。至 120 h 有 25 只失效,抽 5 只作性能分析。至 130 h 又测出 29 只失效,用 8 只作性能分析。至 140 h 又有 6 只失效,余下 4 只作性能分析,试验停止。求电子管的可靠度函数和失效分布函数。

解:按式(3.13)～式(3.17),计算结果列于表 3.10 中。

表 3.10　某电子管可靠度和失效分布函数计算表

序号	① t_i 已知	② $\Delta r(t_i)$ 已知	③ $\Delta k(t_i)$ 已知	④ $n_s(t_i)$ $n-\sum\limits_{j=1}^{i}(②_j+③_j)$	⑤ $S(t_i)$ $\dfrac{④_{i-1}-②_i}{④_{i-1}}$	⑥ $R(t_i)$ $⑤_i \cdot ⑥_{i-1}$	⑦ $F_n(t_i)$ $1-⑥_i$
0	90	0	0	100	1	1	0
1	100	2	4	94	0.98	0.98	0.02
2	110	10	7	77	0.893 6	0.875 7	0.124 3
3	120	25	5	47	0.675 3	0.591 4	0.408 6
4	130	29	8	10	0.383	0.226 5	0.773 5
5	140	6	4		0.40	0.090 6	0.909 4

3.3.2 平均秩次法计算经验分布

对于一组完全寿命试验或规则截尾的样本数据,可按其失效时间的大小排列成一组顺序统计量,其中,每一个样品的失效时间(或其寿命值)都有一个顺序号,此顺序称为秩次。对于一组不规则截尾的样本数据,由于某些尚未失效而中途撤离的样品,什么时间失效无法预计,因此,失效产品的寿命秩次不好决定,然而,我们可以估计出它们所有可能的秩次,再求出平均秩次,将平均秩次代入近似中位秩式(3.11),求出其经验分布函数。为便于理解,下面用一个实例来说明。

例如,某车轮轧制厂试制了一批新型产品,取样 6 个件在试验室作车轮运行模拟试验。有 3 件试到寿终,有 3 件未试到寿终,把 6 件车轮的"运行里程"按大小排列如表 3.11 所列。寿终的以 F 表示,未寿终的以 S 表示,并以下标表示顺序。现用此例说明失效分布函数的计算。

显然,F_1 是它们之中最短寿的一件,在 6 件试样中,它的寿命秩次为 1,代入近似中位秩公式(3.11),得

$$F_n(t_1) = \frac{1-0.3}{6+0.4} = 0.109$$

表 3.11　车轮运行模拟试验数据表

序　号	运行里程/km	寿终情况	序　号	运行里程/km	寿终情况
1	112 000	F_1	4	484 000	S_2
2	213 000	S_1	5	500 600	S_3
3	250 000	F_2	6	572 000	F_3

F_2 的寿命秩次就不明显了,它的秩次可能为 2(如果 S_1 在 250 000 km 以后寿终的话),也可能为 3(如果 S_1 在 250 000 km 以前寿终的话),当然,不可能大于 3。如果 F_2 的秩次为 3,前三个件的排列为 $F_1 S_1 F_2$;后面 3 个车轮 S_2、S_3、F_3 的寿命排列有 3! =6 种。如果 F_2 的秩次为 2,前面两件的排列为 $F_1 F_2$;后面 4 件的排列将有 4! =24 种。这样对 F_2 而言,6 个车轮的秩序排列共有 6+24=30 种;F_2 的秩为 3 的有 6 种,F_2 的秩为 2 的有 24 种。因此,F_2 的平均秩次就可求得

$$F_2 \text{ 的平均秩} = \frac{(6 \times 3) + (24 \times 2)}{6+24} = 2.2$$

将 F_2 的平均秩代入中位秩公式(3.11),得

$$F_n(t_2) = \frac{2.2-0.3}{6+0.4} = 0.297$$

F_3 的寿命秩次也依此类推,如 F_3 的秩次为 3,意味着 $S_1 S_2 S_3$ 的寿命均要大于 572 000 km,这时有 6 种排列。如 $S_1 S_2 S_3$ 中有一个的寿命小于 572 000 km,则 F_3 的秩次就为 4,这时,有 8 种排列。又如在 $S_1 S_2 S_3$ 中,有 2 个的寿命小于 572 000 km,则 F_3 的秩次为 5,这也有 8 种排列。如 S_1,S_2,S_3 等 3 个未寿终产品的寿命均小于 572 000 km,则 F_3 的秩次就等于 6,这时也有 8 种排列。因此,F_3 的平均秩次为

$$F_3 \text{ 的平均秩} = \frac{(6 \times 3) + (8 \times 4) + (8 \times 5) + (8 \times 6)}{6+8+8+8} = 4.6$$

$$F_n(t_3) = \frac{4.6 - 0.3}{6 + 0.4} = 0.672$$

上述计算十分繁杂,尤其试件量多时,排列起来太困难。因此,统计学家们给出了计算平均秩的增量公式,即

$$\Delta A_k = \frac{n + 1 - A_{k-1}}{n - i + 2} \tag{3.18}$$

$$A_k = A_{k-1} + \Delta A_k = A_{k-1} + \frac{n + 1 - A_{k-1}}{n - i + 2} \tag{3.19}$$

式中,A_k 指失效样品的平均秩次,下标 k 代表失效样品的顺序号,i 指所有产品的排列顺序号,具体可按故障时间和删除时间从小到大排列。

有了平均秩次,然后,将其代入近似中位秩公式,计算样品的累积失效分布函数

$$F_n(t_k) = \frac{A_k - 0.3}{n + 0.4}$$

下面用递推式 (3.19),计算 3 件失效样品的平均秩次:

$$A_1 = 0 + \frac{6 + 1 - 0}{6 - 1 + 2} = 1, \quad A_2 = 2.2, \quad A_3 = 4.6$$

残存比率法是由概率乘法公式得来的,因此,他适用于样本量较大的情况;而平均秩次法可用于样本量较小的情况,因为他采用了近似中位秩公式。

例 3.5 根据例 3.3 中表 3.8 的数据,用平均秩次法计算 $F_n(t)$。

解：50 个样品的所有时间(失效和删除)的顺序及失效时间排列于表 3.8 中。按式(3.19)与近似中位秩公式,计算经验分布的结果列于表 3.12 中。

表 3.12　样品经验分布函数计算表

总序号	失效序号	失效时间	按式(3.19)计算	按中位秩公式计算
i	k	t_k	A_k	$F_n(t_k)$
1	1	1 300	1	0.013 9
2~5				
6	2	1 692	2.087	0.035 4
7~9				
10	3	2 243	3.252	0.058 6
11~14				
15	4	2 278	4.542	0.084 2
16~18				
19	5	2 832	5.95	0.112 1
20~22				
23	6	2 862	7.503	0.142 9
24~26				
27	7	2 931	9.243	0.177 4

总序号	失效序号	失效时间	按式(3.19)计算	按中位秩公式计算
i	k	t_k	A_k	$F_n(t_k)$
28～31				
32	8	3 212	11.331	0.218 9
33～36				
37	9	3 256	13.976	0.271 3
38～41				
42	10	3 410	17.678	0.344 8
43～46				
47	11	3 651	24.343	0.477
48～50				

3.4　顺序统计量及相关应用

3.4.1　顺序统计量的分布

设样本 $T_1, T_2, \cdots, T_n$ 来自总体 ξ 的一个样本,其观测值为 $t_1, t_2, \cdots, t_n$,将其按观测值从小到大顺序进行排列,则称随机变量 $T_{(1)} \leqslant T_{(2)} \leqslant \cdots \leqslant T_{(i)} \leqslant \cdots \leqslant T_{(n)}$ 为顺序统计量,其中, $T_{(1)}$ 为最小顺序统计量, $T_{(n)}$ 为最大顺序统计量, $T_{(i)}$ 为第 i 个顺序统计量。

对于一次实际的寿命试验,可得到一组顺序统计量的观测值

$$t_{(1)} \leqslant t_{(2)} \leqslant \cdots \leqslant t_{(i)} \leqslant \cdots \leqslant t_{(n)}$$

注意:这一组数值是一组确定的值,它不再是顺序统计量,也不是随机变量。

定数截尾寿命试验在第 r 个失效时停止试验,其顺序统计量为

$$T_{(1)} \leqslant T_{(2)} \leqslant \cdots \leqslant T_{(i)} \leqslant \cdots \leqslant T_{(r)}$$

定时截尾寿命试验在给定的时间 t_0 时停止试验,失效 r 个,其顺序统计量为

$$T_{(1)} \leqslant T_{(2)} \leqslant \cdots \leqslant T_{(i)} \leqslant \cdots \leqslant T_{(r)} \leqslant t_0$$

顺序统计量是相互不独立的随机变量,它与样本 $T_1, T_2, \cdots, T_n$ 不同,后者是独立同分布 $(i.i.d)$ 的,在任一次试验中,它们的取值是随机的、无互相约束,但顺序统计量互相之间有约束,当第一个顺序统计量取某值时,第二个顺序统计量的取值必定大于或等于它,因此,它们之间不独立,并且分布也不同。

设总体 ξ 的分布函数为 $F(t)$,密度函数为 $f(t)$,则对样本量为 n 的样本,其第 k 个顺序统计量 $T_{(k)}$ 的分布密度函数为

$$f_{T(k)}(t) = n C_{n-1}^{k-1} [F(t)]^{k-1} [1 - F(t)]^{n-k} f(t) \tag{3.20}$$

根据多项式分布可证明式(3.20),在此先介绍多项式分布。假设进行了 n 次随机试验,每次试验的结果必定出现事件 $A_j (j = 1, 2, \cdots, m)$ 中的一个,且这些 A_j 是互斥的。则出现事件 A_j 的概率为 $P_j = P(A_j)$,且

$$P_1 + P_2 + \cdots + P_m = 1 \tag{3.21}$$

n 次试验结果相互独立。在 n 次试验中 A_j 可能出现 k_j 次，$k_j = 1, 2, \cdots, m$。设随机向量 $X_1, X_2, \cdots, X_m$，其中 $X_j = k_j$ 表示事件 A_j 恰好出现 k_j 次，与二项分布类似，可得到随机向量 $(X_1, X_2, \cdots, X_m)$ 取 $(k_1, k_2, \cdots, k_m)$ 的概率

$$P(X_1 = k_1, X_2 = k_2, \cdots, X_n = k_m) = \frac{n!}{k_1! \; k_2! \; \cdots k_m!} P_1^{k_1} P_2^{k_2} \cdots P_m^{k_m} \tag{3.22}$$

式中，$k_1 + k_2 + \cdots + k_m = n$。

该公式给出了下列诸事件的积事件出现的概率：A_1 恰好出现 k_1 次，A_2 恰好出现 k_2 次，$\cdots$，A_m 恰好出现 k_m 次。概率论中，定义随机向量 $(X_1, X_2, \cdots, X_m)$ 以公式（3.22）所确定的函数为概率函数，则称该随机向量服从多项式分布。

现在回到对式（3.20）的证明。对于任意给定的 t 值，取 $\Delta t > 0$，$(t, t + \Delta t)$ 为一有限区间，将第 k 个顺序统计量落在 $(t, t + \Delta t)$ 内的事件，记为 A，则

$$P(A) = P\{t < T_{(k)} \leqslant t + \Delta t\} \tag{3.23}$$

当 $\Delta t \to 0$ 时，以 $f_{T_{(k)}}(t)$ 表示第 k 个顺序统计量的密度函数，则式（3.23）可写成

$$P\{t < T_{(k)} \leqslant t + \Delta t\} = f_{T_{(k)}}(t) \cdot \Delta t \tag{3.24}$$

如果 $T_{(k)}$ 取值在 $(t, t + \Delta t)$ 内，那么样本 $T_1, T_2, \cdots, T_n$ 中必定有一个观测值落入此区间，有 $k-1$ 个观测值小于或等于 t，有 $n-k$ 个观测值大于 $t + \Delta t$，将上述情况分别用事件 A_1，A_2，A_3 表示（见图 3.6），即 A_1 代表有一个观测值落在 $(t, t + \Delta t)$ 区间内，其概率为

$$P(A_1) = f(t) \cdot \Delta t \tag{3.25}$$

A_2 代表观测值小于或等于 t 的事件，其概率为

$$P(A_2) = F(t) \tag{3.26}$$

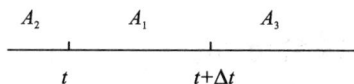

$$\begin{array}{ccc} A_2 & A_1 & A_3 \\ \hline & | & | \\ t & & t + \Delta t \end{array}$$

图 3.6　事件 A_1, A_2, A_3 的示意图

A_3 代表观测值大于等于 $t + \Delta t$ 的事件，其概率为

$$P(A_3) = 1 - F(t + \Delta t) \tag{3.27}$$

根据多项式分布，A 事件发生恰好是 A_1, A_2, A_3 等 3 个事件的积事件发生，则由式（3.23）~ 式（3.27）知，当 $\Delta t \to 0$，有

$$\begin{aligned} f_{T(k)}(t) &= \frac{n!}{(k-1)! \; 1! \; (n-k)!} \{F(t)\}^{k-1} \cdot f(t) \cdot \{1 - F(t)\}^{n-k} \\ &= n \cdot C_{n-1}^{k-1} [F(t)]^{k-1} [1 - F(t)]^{n-k} \cdot f(t) \end{aligned} \tag{3.28}$$

由此可知，当已知总体分布函数 $F(t)$ 和密度函数 $f(t)$ 时，可写出任一个顺序统计量的密度函数，如最小顺序统计量 $T_{(1)}$ 的分布为

$$f_{T(1)}(t) = n f(t) [1 - F(t)]^{n-1} \tag{3.29}$$

最大顺序统计量 $T_{(n)}$ 的分布为

$$f_{T(n)}(t) = n f(t) [F(t)]^{n-1} \tag{3.30}$$

设顺序统计量 $T_{(r)}$ 和 $T_{(k)}(r < k)$，它们联合分布的密度函数为

$$f_{T(r),T(k)}(t_r, t_k) = \frac{n!}{(r-1)!\ (k-r-1)!\ (n-k)!}[F(t_r)]^{r-1} \tag{3.31}$$
$$\cdot [F(t_k) - F(t_r)]^{k-r-1} \cdot [1 - F(t_k)]^{n-k} \cdot f(t_r)f(t_k)$$

3.4.2　样本经验分布函数的分布

由于 $T_{(k)}$ 是随机变量，因此，分布函数 $F(T_{(k)})$ 也是一个随机变量。对于不同的试验样本，它的取值是不同的。为求得 $F(T_{(k)})$ 的分布函数，对(3.28)进行变量置换 $Y = F(T_{(k)})$，并利用概率密度函数的变换，得到 Y 的密度函数 $f_Y(y)$ 为

$$f_Y(y) = \frac{n!}{(k-1)!\ (n-k)!} \cdot y^{k-1}(1-y)^{n-k} \tag{3.32}$$

式(3.32)表示贝塔分布 $\beta(k, n-k+1)$ 的密度函数，其分布函数(又称不完全贝塔函数)可表示为

$$I_y(k, n-k+1) = \int_0^y f_Y(t)\mathrm{d}t \tag{3.33}$$

回到样本经验分布函数，当失效秩次为 k 时，失效时间为 $t_{(k)}$，由于 $F(T_{(k)})$ 也是随机变量，因此，可取其某个数字特征作为估计的分布函数值。如中位秩是当 $I_y(k, n-k+1) = 0.5$ 时 $F(T_{(k)}) = y$ 的值，即方程 $\int_0^y f_Y(t)\mathrm{d}t = 0.5$ 的解，结果可近似为

$$F_n(t_{(k)}) = \frac{k-0.3}{n+0.4} \tag{3.34}$$

平均秩为贝塔分布 $\beta(k, n-k+1)$ 的数学期望

$$F_n(t_{(k)}) = \frac{k}{n+1} \tag{3.35}$$

3.4.3　各种截尾样本的联合分布

设随机变量 T 的寿命分布函数为 $F(t)$，密度函数为 $f(t)$。以下给出可靠性试验中常用的几种试验样本的联合密度函数。

1. 完全寿命试验

设 n 为试验样本量，将两个顺序统计量的联合分布推广到 n 个顺序统计量的联合分布，容易得到其联合密度函数。设 n 个顺序统计量为

$$T_{(1)} \leqslant T_{(2)} \leqslant \cdots \leqslant T_{(n)}$$

相应的观测值为 $t_1 \leqslant t_2 \leqslant \cdots \leqslant t_n$，则其联合密度函数为

$$f_{T(1),T(2),\cdots,T(n)}(t_1, t_2, \cdots, t_n) = n!\prod_{i=1}^{n} f(t_i) \tag{3.36}$$

2. 定数截尾试验

试验 n 个样品中 r 个失效，其顺序统计量为

$$T_{(1)} \leqslant T_{(2)} \leqslant \cdots \leqslant T_{(r)}$$

相应的观测值为 $t_1 \leqslant t_2 \leqslant \cdots \leqslant t_r$，则其联合密度函数为

$$f_{T(1),T(2),\cdots,T(r)}(t_1, t_2, \cdots, t_r) = \frac{n!}{(n-r)!}\Big[\prod_{i=1}^{r} f(t_i)\Big] \cdot [1 - F(t_r)]^{n-r} \tag{3.37}$$

3. 定时截尾试验

试验截止时间为 t_0，其中 r 个失效，其顺序统计量为

$$T_{(1)} \leqslant T_{(2)} \leqslant \cdots \leqslant T_{(r)} \leqslant t_0$$

相应的观测值为 $t_1 \leqslant t_2 \leqslant \cdots \leqslant t_r \leqslant t_0$，则其联合密度函数为

$$f_{T(1),T(2),\cdots,T(r)}(t_1,t_2,\cdots,t_r,t_0) = \frac{n!}{(n-r)!}\Big[\prod_{i=1}^{r} f(t_i)\Big] \cdot [1-F(t_0)]^{n-r} \quad (3.38)$$

4. 随机截尾试验

随机截尾试验，也称逐次截尾试验，可分为定数逐次截尾和定时逐次截尾。定数逐次截尾指在每个失效时间 t_i，从未失效的样品中随机抽取 b_i 个中止试验，即失效样品 r 个，删除样品为 $\sum_{i=1}^{r} b_i$ 个，$n = r + \sum_{i=1}^{r} b_i$，将总删除样品记为 K，则 $K = \sum_{i=1}^{r} b_i$。定时逐次截尾是指在失效时间以外的时刻有 K 个样品删除，若失效时间为 $t_1,t_2,\cdots,t_r$，并且对删除时间为 $\tau_1,\tau_2,\cdots,\tau_p$，在任一 τ_i 时刻，若有 b_i 个样品删除，则总删除数 $K = \sum_{j=1}^{p} b_j$，$n = r + K$。

在本书中不明确区分定数或定时逐次截尾试验时，都称为随机截尾试验。在 n 个样品中失效 r 个，失效时间依次为 $t_1,t_2,\cdots,t_r$，删除时间依次为 $\tau_1,\tau_2,\cdots,\tau_k$。其联合密度函数为

$$f_{T(1),T(2),\cdots,T(r)}(t_1,t_2,\cdots,t_r,\tau_1,\tau_2,\cdots,\tau_K) = C \cdot \prod_{i=1}^{r} f(t_i) \prod_{j=1}^{K} [1-F(\tau_j)] \quad (3.39)$$

由于每个失效时刻和删除时刻的先后顺序有可能不同，式(3.39)中的 C 不能用一个统一的表达式表示，此处暂以 C 代之，因为在实际应用中，其大小无影响。

3.4.4　常用的线性型统计量的分布

在可靠性统计分析中，线性统计量具有重要的地位。因为这类统计量常常具有良好的统计性质。尽管某些线性统计量的统计性质稍差，但由于计算方便，也经常被采用。常用的线性统计量有两种类型，一种是关于样本中的各个观测值的线性组合。如果样本为 $X_1,X_2,\cdots,X_n$，而 $a_0,a_1,\cdots,a_n$ 是已知常数，则线性型的统计量为

$$L(X) = a_0 + a_1 X_1 + a_2 X_2 + \cdots + a_n X_n \quad (3.40)$$

第二种类型是关于样本顺序统计量的线性组合。如果样本的顺序统计量是 $X_{(1)} \leqslant X_{(2)} \leqslant \cdots \leqslant X_{(n)}$，而 $b_0,b_1,\cdots,b_n$ 是已知常数，则线性型的统计量为

$$L(X_{(n)}) = b_0 + b_1 X_{(1)} + b_2 X_{(2)} + \cdots + b_n X_{(n)} \quad (3.41)$$

下面列举一些在数理统计和可靠性研究中经常遇到的重要的线性型统计量及其分布的例子。

① 令 $X_1,X_2,\cdots,X_n$ 相互独立，且 $X_i \sim N(\mu_i,\sigma_i^2)(i=1,2,\cdots,n)$，若 $a_i(i=1,2,\cdots,n)$ 不全为零，则

$$L(X) = \sum_{i=1}^{n} a_i X_i \sim N\Big(\sum_{i=1}^{n} a_i \mu_i, \sum_{i=1}^{n} a_i^2 \sigma_i^2\Big) \quad (3.42)$$

② 若 $X_i \sim N(\mu_i,\sigma_i^2)(i=1,2,\cdots,n)$，且相互独立，则

$$\bar{X} = \frac{1}{n}\sum_{i=1}^{n} X_i \sim N(\mu,\sigma^2/n) \quad (3.43)$$

③ 如果 X_1 和 X_2 相互独立,$X_i \sim N(\mu_i, \sigma_i^2)(i=1,2)$,记 $U = X_1 - X_2$,则

$$U \sim N(\mu_1 - \mu_2, \sigma_1^2 + \sigma_2^2) \tag{3.44}$$

④ 假设 X 服从指数分布,即

$$X \sim \frac{1}{\theta} e^{-x/\theta}, x \geqslant 0, \theta > 0$$

且 $X_{(1)} \leqslant X_{(2)} \leqslant \cdots \leqslant X_{(r)}$ 为其无替换定数截尾试验样本,n 为投试样品个数,令

$$\begin{cases} Y_1 = nX_{(1)}, \\ Y_i = (n-i+1)(X_{(i)} - X_{(i-1)}), & 2 \leqslant i \leqslant r \end{cases} \tag{3.45}$$

则 $Y_i(i=1,2,\cdots,r)$ 相互独立同分布于指数分布 $\frac{1}{\theta} e^{-y/\theta}, y > 0$。

⑤ 在④的假设条件下,则

$$\hat{\theta}_{r,n} = \frac{1}{r} \Big[\sum_{i=1}^{r} X_{(i)} + (n-r)X_{(r)} \Big] \tag{3.46}$$

的密度函数为

$$f_{\hat{\theta}_{r,n}}(z,\theta) = \frac{1}{(r-1)!} \Big(\frac{r}{\theta} \Big)^r z^{r-1} e^{-rz/\theta}, \qquad z \geqslant 0$$

即

$$\frac{2r}{\theta} \hat{\theta}_{r,n} \sim \chi^2(2r) \tag{3.47}$$

⑥ 假设 X 服从指数分布,即

$$X \sim \frac{1}{\theta} e^{-x/\theta}, x \geqslant 0, \theta > 0$$

且有 n 个试样同时投试,并是有替换定数截尾寿命试验,记 $X_{(i)}(i=1,2,\cdots,r)$ 为从寿命试验开始到第 i 个$(i=1,2,\cdots,r)$失效的样品失效时的累积时间,r 为规定的停止个数。令

$$\begin{cases} Y_1 = nX_{(1)} \\ Y_i = n(X_{(i)} - X_{(i-1)}), & 2 \leqslant i \leqslant r \end{cases} \tag{3.48}$$

则 $Y_i(i=1,2,\cdots,r)$ 相互独立同分布于指数分布 $\frac{1}{\theta} e^{-y/\theta}, y \geqslant 0$。

⑦ 在⑥的假设条件下

$$\hat{\theta}_{r,n} = \frac{n}{r} X_{(r)} \tag{3.49}$$

的密度函数为

$$f_{\hat{\theta}_{r,n}}(z,\theta) = \frac{1}{(r-1)!} \Big(\frac{r}{\theta} \Big)^r z^{r-1} e^{-rz/\theta}, \qquad z > 0$$

或

$$\frac{2r}{\theta} \hat{\theta}_{r,n} \sim \chi^2(2r) \tag{3.50}$$

⑧ 如果 X 服从两参数指数分布,即

$$X \sim \frac{1}{\theta} e^{-(x-\gamma)/\theta}, \qquad x \geqslant \gamma > 0, \theta > 0$$

且 $X_{(1)} \leqslant X_{(2)} \leqslant \cdots \leqslant X_{(r)}$ 为无替换定数截尾试验样本，n 为投试样品个数，则

$$Y_i = (n-i+1)(X_{(i)} - X_{(i-1)}),\ i = 1,2,\cdots,r,\ 1 \leqslant r \leqslant n \tag{3.51}$$

（其中，$X_{(0)} = \gamma$）相互独立同分布于 $f(y) = \dfrac{1}{\theta} \mathrm{e}^{-y/\theta}$；而 γ 已知时，令

$$T_{r,n} = \sum_{i=1}^{r} (X_{(i)} - \gamma) + (n-r)(X_{(r)} - \gamma) \tag{3.52}$$

则

$$2T_{r,n}/\theta \sim \chi^2(2r) \tag{3.53}$$

若令

$$T'_{r,n} = \sum_{i=1}^{r} (X_{(i)} - X_{(1)}) + (n-r)(X_{(r)} - X_{(1)}) \tag{3.54}$$

则 $X_{(1)}$ 与 $T'_{r,n}$ 独立，并且

$$2T'_{r,n}/\theta \sim \chi^2(2r-2) \tag{3.55}$$

⑨ 如果在⑥的假设条件下，X 服从两参数指数分布，即

$$X \sim \frac{1}{\theta} \mathrm{e}^{-(x-\gamma)/\theta}, \qquad x \geqslant \gamma > 0, \theta > 0$$

令

$$\begin{cases} Y_1 = n(X_{(1)} - \gamma) \\ Y_i = n(X_{(i)} - X_{(i-1)}), \quad 2 \leqslant i \leqslant r \end{cases} \tag{3.56}$$

则 $Y_i (i=1,2,\cdots,r)$ 相互独立于 $f(y) = \dfrac{1}{\theta} \mathrm{e}^{-y/\theta}$，$y \geqslant 0$。且若令

$$T'_{r,n} = n(X_{(r)} - X_{(1)}) \tag{3.57}$$

则

$$2T'_{r,n}/\theta \sim \chi^2(2r-2) \tag{3.58}$$

习题三

3.1 在可靠性数据统计分析中，可以将样本经验分布函数作为总体分布函数的近似，其依据和条件是什么？

3.2 从某型绝缘材料中随机抽取 $n = 19$ 只样品，在一定载荷环境条件下进行寿命试验，其失效时间分别为：0.19，0.78，0.96，1.31，2.78，3.16，4.15，4.67，4.85，6.5，7.35，8.01，8.27，12.00，13.95，16.00，21.21，27.11，34.95（单位：h）。

（1）计算寿命的均值和方差，并画出失效率直方图。

（2）计算样本的经验分布函数（使用平均秩公式）。

3.3 表 3.13 是经过整理后得到的分组样本：

表 3.13　分组样本数据

组　　序	1	2	3	4	5
分组区间	(37,47]	(47,57]	(57,67]	(67,77]	(77,87]
频　　数	3	4	7	4	2

试写出该组样本的经验分布函数并绘制其图像。

3.4. 从某批加速度计中随机抽取 15 个样本,从开始使用到发生故障的时间数据:16,29,34,46,50,68,69,71,73,74,76,78,80,86,93(单位:h)。分别用海森公式、平均秩公式和近似中位秩公式计算产品寿命的经验分布函数。

3.5. 某单位对 20 件产品的使用及失效时间进行了统计,并记录如表 3.14 所列。试用乘积限估计方法计算产品寿命的经验分布函数。其中,失效标记 $\delta = \begin{cases} 1, & 失效 \\ 0, & 右删失. \end{cases}$

表 3.14　失效时间和失效标记

时间/年	11	11	11	7	7	4	4	12	3	13
失效标记 δ	1	1	0	0	1	1	0	1	0	1
时间/年	13	13	13	13	16	15	15	15	16	13
失效标记 δ	1	0	1	1	1	1	0	1	1	1

3.6 某产品现场统计的可靠性数据记录如表 3.15 所列,试用残存比率法计算其可靠度 $R(t)$。

表 3.15　现场统计数据

序号	1	2	3	4	5	6	7
时间区间/h	0~100	100~200	200~300	300~400	400~500	500~600	600~700
样品删除数	7	20	17	25	21	29	13
样品失效数	3	13	6	6	2	5	1

3.7 在某新研仪器寿命试验中,测得故障发生时间和删除样品数如表 3.16 所列,试计算其可靠度和失效分布函数。

表 3.16　试验统计的故障时间

序号	1	2	3	4	5	6	7	8
故障时间/h	1 125	1 784	2 354	2 587	2 845	3 258	3 256	3 410
故障数	1	2	2	1	1	1	1	1
删除数	4	5	5	6	4	4	4	3

3.8 在利用平均秩次法计算累积失效分布函数时,如果前几个时间点都不是失效时间点,应该怎么办?

3.9 在现场统计了 20 台设备的故障数据,记录情况如下:

第 1 台:工作了 110 h 后,由于测试设备失效,观测中断;

第 2 台:工作了 115 h,未失效;

第 3 台:失效时间 200 h;

第 4 台:统计时工作了 230 h;

第 5 台:工作 235 h 失效;

第 6 台:工作 240 h 失效;

第 7 台:工作 275 h 失效;

第 8 台:工作 300 h 因故中断;

第 9 台:305 h 失效;

第 10 台:355 h 失效;

第 11 台:工作了 370 h,尚未失效;

第 12 台:380 h 失效;

第 13 台:工作 395 h 后因操作人员错误,引起失效;

第 14 台:410 h 失效;

第 15 台:工作至 460 h 停止试验;

第 16 台:505 h 失效;

第 17 台:520 h 失效;

第 18 台:680 h 失效;

第 19 台:770 h 失效;

第 20 台:工作了 1 000 h,未失效。

试用平均秩次法计算产品的累积失效分布函数 $F(t)$。

3.10 设 $X_1, X_2, \dots, X_n$ 是来自均匀分布 $U(0,1)$ 的一组样本:

(1) 给出该组样本第 k 个顺序统计量 $X_{(k)}$ 的概率密度函数,并计算其期望;

(2) 给出 $X_{(k)}$ 与 $X_{(j)}$ 的联合概率密度函数 $g(y_k, y_j)$,其中 $1 \leqslant k < j \leqslant n$。

3.11 设 $X_{(1)}$ 和 $X_{(n)}$ 分别为样本量为 n 的样本的最小和最大顺序统计量,证明:极差 $R_n = X_{(n)} - X_{(1)}$ 的分布函数如下:

$$F_{R_n}(x) = n \int_{-\infty}^{\infty} \left[F(y+x) - F(y) \right]^{n-1} p(y) \mathrm{d}y$$

其中,$F(y)$ 和 $p(y)$ 分别为总体的分布函数与密度函数。

3.12 设 $x_1, x_2, \dots, x_5$ 是来自标准正态分布的失效样本,$X_{(1)}, X_{(2)}, \dots, X_{(5)}$ 为相应的顺序统计量,试计算 $X_{(3)}$ 的期望及方差。

3.13 设 $x_1, x_2, \dots, x_{16}$ 是来自正态分布 $N(8,4)$ 的失效样本,$X_{(1)}, X_{(2)}, \dots, X_{(16)}$ 为相应的顺序统计量,试求以下概率:

(1) $P(X_{(16)} > 10)$;

(2) $P(X_{(1)} > 5)$。

3.14 假设 X 服从两参数指数分布,其概率密度函数为:

$$f(x) = \frac{1}{\theta} \mathrm{e}^{-\frac{x-\gamma}{\theta}}, \theta \geqslant 0, x \geqslant \gamma > 0$$

投入 n 个样品,直至有 r 个样品失效时停止试验,得到的无替换定数截尾样本为 $X_{(1)} \leqslant X_{(2)} \leqslant \dots \leqslant X_{(r)}$。记

$$Y_i = (n-i+1)(X_{(i)} - X_{(i-1)}), 1 \leqslant i \leqslant r$$

其中,$X_{(0)} = \gamma$,则 Y_i 相互独立且同分布于指数分布,即其概率密度函数为 $f(y) = \frac{1}{\theta} \mathrm{e}^{-\frac{y}{\theta}}$,$y \geqslant 0, \theta > 0$。试证明:

(1) 若 γ 已知,定义 $T = \sum_{i=1}^{r} [X_{(i)} - \gamma] + (n - r)[X_{(r)} - \gamma]$,则 $\dfrac{2T}{\theta} \sim \chi^2(2r)$;

(2) 若 γ 未知,定义 $T_{X_{(1)}} = \sum_{i=1}^{r} [X_{(i)} - X_{(1)}] + (n - r)[X_{(r)} - X_{(1)}]$,则 $X_{(1)}$ 与 $T_{X_{(1)}}$ 相互独立,且 $\dfrac{2T_{X_{(1)}}}{\theta} \sim \chi^2(2r - 2)$。

第4章 常用失效分布

4.1 引 言

为评估、改进产品的可靠性,需要对产品的失效规律有所认识,并加以量化描述。对于产品失效时间呈现不确定性的特点,通常将其视为随机现象,采用随机分布的方式进行描述。因此,对产品的可靠性建模和评估所用的方法很大程度上来源于概率论、数理统计、随机过程等理论。本书将不可修产品作为描述对象,其失效时间与寿命含义相同。

失效分布函数 $F(t)$ 是描述产品的随机失效规律和评估产品可靠性的基础。当考察产品失效时间时,取时间 T 为连续随机变量,$F(t)$ 为失效分布函数。当考察某产品总体的失效次数、不合格品数时,$F(t)$ 为离散型,描述产品失效次数或不合格品数的分布规律。

当考察产品失效时间 T 时,失效分布函数 $F(t)$ 定义为

$$F(t) = P(T \leqslant t)$$

即失效时间 T 小于等于 t 的概率,或者产品在 t 时刻前失效的概率。此处的 t 仅作为产品失效时间的一个"衡量刻度",它的大小和产品失效时间不相关,仅用于描述失效时间大小和分布规律的参考。分布函数这一概念已经足以刻画失效时间的分布规律,因为随机变量在任意一个区间内出现的概率总可以表示为

$$P(t_1 < T \leqslant t_2) = P(T \leqslant t_2) - P(T \leqslant t_1) = F(t_2) - F(t_1)$$

对于随机性只能描述到这里,因为人们无法预测随机变量能取什么值,只能给出取一个值或者落在一个区间的可能性(概率)大小。因此,可靠性评估工作就是根据样本尽可能准确地取确定分布函数,从而描述清楚失效规律。

失效时间 T 是一个随机变量。对于单个产品,失效时间在试验或使用前无法得知,它可能取任何正数;但对于产品总体,失效时间有确定的分布规律。假定人们通过从总体中随机抽取 n 个样本,尽管抽样结果都是随机的,但样本在各个区间内具有不同频率。随机变量在各个区间内取值可能性大小是"分布"的直观意义。在实际应用中总是假定总体的失效时间分布规律是存在且确定的。个体既然属于该总体,在无任何先验信息时,个体的失效时间是随机变量且服从该分布。

现在假定 $F(t)$ 是光滑的,如果不断增大样本量同时减小区间长度,那么由于覆盖某点 t 的区间长度不断缩小,样本落在该区间的频率不断减小趋于 0,但是频率与区间长度的比值逐渐趋于一个定值 $f(t)$,所有这样的 $f(t)$ 会构成一条曲线,该曲线为失效概率密度曲线,它表示随机变量在单位区间内出现的可能性大小。自然地,$f(t)$ 表示为

$$f(t) = \lim_{\Delta t \to 0} \frac{P(t < T \leqslant t + \Delta t)}{\Delta t} = \lim_{\Delta t \to 0} \frac{F(t + \Delta t) - F(t)}{\Delta t} = \frac{\mathrm{d}F(t)}{\mathrm{d}t}$$

若随机变量表示产品的失效时间,则密度函数描述了在对产品正常工作时间信息无任何

了解的情况下,产品在某时刻失效可能性的相对大小。另外,如果知道了一些已正常工作时间信息,例如某产品在 t_0 时刻仍能正常工作,那么该产品此时的失效时间分布为条件分布,由此可引入失效率的概念。

当已知产品的失效分布函数时,则可求出可靠度函数、失效率函数以及表示失效时间的许多特征量。即使不知道具体的分布函数,但若已知失效分布的类型,也可通过对分布的参数估计求得某些可靠性特征量的估计值。

前文提到了失效时间分布的统计理解,但是为什么失效时间会出现随机性?最直接的想法就是从物理背景角度寻找解释。其中的一种解释是:产品从生产加工结束到使用出现失效是一个损伤累积或者性能退化过程,当性能参数(逐渐)退化低于某阈值后则判定产品失效。一般地,不同产品间材料性能差异、制造加工差异、使用环境波动等原因导致失效时间的不确定性。其具体的分布类型往往与产品的类型无关,而与施加的应力类型、产品的失效机理和失效形式有关。减少中间过程的不确定性将有利于控制产品失效时间的波动性。常用的失效分布有指数分布、正态分布、对数正态分布、Weibull 分布、Gamma 分布等。这些分布的具体性质将在本章进行阐述。

由于确定产品的失效分布类型有其重要的意义,但要判断其属于哪种分布类型仍是困难的,目前所采用的方法有两个:

一是通过失效物理分析,来证实该产品的失效形式或失效机理近似地符合于某种类型的失效分布的物理背景。由于这些过程的不确定难以量化,目前这种方法多用于分类型的初始选择上。

另一种方法是通过寿命试验,利用数理统计中的判断方法来确定其分布,本书后续章节将叙述检验分布的方法。但是这种方法也不是十分有效的,如有些分布中间部分不易分辨,只有尾端才有不同,而在可靠性试验中,由于截尾子样观测数据的限制,要分辨属于哪种分布是困难的。

表 4.1 给出了常用产品失效分布类型对照表。这些例子只是近似符合某种分布,而不是绝对理想的分布。

表 4.1　常用产品失效分布类型对照表

分布类型	适 用 的 产 品
指数分布	具有恒定失效率的部件,无余度的复杂系统,经老炼试验并进行定期维修的部件
Weibull 分布	某些电容器、滚珠轴承、继电器、开关、断路器、电子管、电位计、陀螺、电动机、航空发电机、电缆、蓄电池、材料疲劳等
对数正态分布	电机绕阻绝缘、半导体器件、硅晶体管、锗晶体管、直升机旋翼叶片、飞机结构、金属疲劳等
正态分布	飞机轮胎磨损及某些机械产品

4.2　可靠度与失效率

4.1 节简要地讨论了分布的含义,描述了随机变量在某区间内取值的可能性大小。那么失效分布的概念如何与可靠性联系起来?

产品的可靠性定义为"产品在规定的条件下,在规定的时间内完成规定任务的能力"。该能力用可靠度来度量。可靠度 $R(t)$ 定义为

$$R(t) = P(T > t)$$

既然可靠度能够度量可靠性,那么它必须要反映可靠性的特点。"规定的时间"对应于 $R(t)$ 中的 t,是 4.1 节提到的"衡量标准"的意义;"完成规定任务"决定了失效时间 T 的确定,失效定义为"没有完成规定任务",什么事件定义为失效与所规定的任务紧密相关;"规定的条件"影响 $P(\cdot)$,即影响失效时间的"分布"。这里的条件包括环境、工作状况等信息。这点应当特别注意,失效分布、可靠度应该伴随着对应的工作与环境条件,条件不同分布也不同,高温与低温、高湿度与低湿度等环境条件因素对失效时间的影响很大。"规定任务"决定了失效的定义,因此也对失效时间分布有影响。例如,若只将出现失效模式 A 的时刻定义为失效时间,与出现模式 A 或 B 的时刻定义为失效时间,两种情况下的分布不一样。"完成规定任务的能力"用概率度量。

时间量 T 和 t 并不一定表示日历时间,也可以表示工作时间,因为产品一般并不会一直处于工作状态中。另一方面,不是所有产品的可靠性都用时间度量,比如疲劳寿命通常用施加周期载荷的次数描述,因为造成疲劳的原因在于周期载荷的循环次数而不是时间,与之相关的还有飞机的起落架的寿命或维修期间用起落次数的描述。

因此,将随机分布的概念套用到可靠性领域里后,一些概念有了新的解释:$R(t)$ 不仅仅是描述失效时间 T 取值分布的概念,同时赋予了描述一段时间内完成任务能力的含义。相应地,$F(t) = 1 - R(t)$ 称为不可靠度。

至此所提到的失效分布还都是静态的概念,在投入使用前,失效时间按 $F(t)$ 随机取值,其大小事先无法预知,只能在产品失效时才能确定。现在,对于一个已经正常使用 t_0 时间的产品(t_0 称为年龄),我们想知道它的失效时间分布。显然不能再用 $F(t)$ 来描述,因为该分布仍将 $\{T \leqslant t_0\}$ 事件的可能性考虑在内,而现在这一事件必须被排除,那么所有 $\{T > t_0\}$ 事件的子集所对应的概率都将增加。另外,从可靠性"三个规定"来看,条件已经改变,已经有了失效时间大于 t_0 的信息,所以分布也必然改变。因此需要确定的是 $T > t_0$ 条件下 T 的分布函数,即

$$P(T \leqslant t \mid T > t_0) = \frac{P(t_0 < T \leqslant t)}{P(T > t_0)} = \begin{cases} \dfrac{F(t) - F(t_0)}{R(t_0)}, & t \geqslant t_0 \\ 0, & t < t_0 \end{cases}$$

记 $RUL = T - t_0$ 为剩余寿命,则剩余寿命分布为

$$P(RUL \leqslant t \mid T > t_0) = \frac{P(t_0 < T \leqslant t + t_0)}{P(T > t_0)} = \frac{F(t + t_0) - F(t_0)}{R(t_0)}, \quad t \geqslant 0$$

失效时间的密度函数 $g(t|t_0)$(则剩余寿命的密度函数 $g(t + t_0|t_0)$)为

$$g(t \mid t_0) = \frac{f(t)}{R(t_0)}, \quad t \geqslant t_0$$

取 $t = t_0$,则 $g(t_0|t_0) = \dfrac{f(t_0)}{R(t_0)}$,表示产品已正常工作 t_0 时间的情况下,在接下来单位时间内发生失效的概率,这与第 2 章介绍的失效率概念相同。将 $g(t|t) \triangle \lambda(t)$ 定义为失效率。失效分布函数 $F(t)$、可靠度函数 $R(t)$、失效概率密度函数 $f(t)$ 和失效率 $\lambda(t)$ 的关系如下:

$$\begin{cases} R(t) = 1 - F(t) \\[1mm] f(t) = \dfrac{\mathrm{d}F(t)}{\mathrm{d}t} \\[2mm] \lambda(t) = \dfrac{f(t)}{R(t)} \\[2mm] R(t) = \mathrm{e}^{-\int_0^t \lambda(s)\,\mathrm{d}s} \end{cases}$$

$R(t)$ 或 $F(t)$ 与失效率 $\lambda(t)$ 或 $f(t)$ 具有一一对应的关系,因此失效率对描述失效时间的分布状况也是完备的。

在这种情况下,条件失效时间分布已经呈现出动态的概念,它随着产品使用年龄的变化而变化,自然地,所诱导出的失效率概念也是动态的。失效率 $\lambda(t)$ 随着使用时间(年龄)t 增长而变化,表示已工作 t 时间的产品随即发生失效的可能。此外,可靠度 $R(t)$ 描述的失效时间的统计规律,与之相比,失效率还反映了产品失效的本征属性,即失效可能与已使用年龄的规律。那么考虑这种"可能性"随年龄增长的变化规律,可将失效率大致分为 5 种类型:递增型(IFR)、恒定型(CFR)、递减型(DFR)、浴盆曲线型(BT)和单峰型(UBT)。

IFR 描述的是"耗损型"失效,即产品已使用年份越长,其失效的可能性越大。正态分布、Weibull 分布和 Gamma 分布均可属于 IFR 型分布。

CFR 表示失效率与年龄无关,具有"无记忆性"特点,该特点唯一确定了指数分布。指数分布常见于成熟电子产品稳定期的故障规律。

DFR 较为少见,可描述早期故障现象,可能原因是产品总体是由不同失效率产品混合而成(良品与次品),失效率高的产品易发生早期故障而被剔除,因此 DFR 表现出统计规律。

BT 多描述产品在全寿命周期内的失效率变化规律,可被分解成 DFR(不成熟期的早期失效阶段),CFR(成熟期的随机失效阶段)和 IFR(末期的耗损失效阶段)。

UBT 没有被很好解释,对数正态分布、逆高斯(IG)分布属于该类分布。

可见,分布函数 $F(t)$、可靠度 $R(t)$ 与失效率 $\lambda(t)$ 均为很重要的概念,完备地描述了失效时间的分布规律,因此本章余下部分介绍常用失效分布时,将主要从这几个方面进行讨论。

4.3　常用离散分布

离散分布常用于描述成败型产品的试验成功数或失败数,以及确定抽检方案。

4.3.1　二项分布及有关分布

1. 二项分布

对于成败型产品,如果一次试验中产品失败的概率为 p,进行 n 次独立重复的试验,其中失败 r 次($s = n - r$ 是成功次数),用随机变量 X 表示失败次数,其发生概率用参数为 (n, p) 的二项分布表示

$$P(X = x) = C_n^x p^x (1 - p)^{n-x}, \quad x = 0, 1, \cdots, n \qquad (4.1)$$

那么失败次数小于等于某值 r 的累积分布函数为

$$F(r) = P(X \leqslant r) = \sum_{i=0}^{r} C_n^i p^i (1 - p)^{n-i} \qquad (4.2)$$

由于失败与成功为对立事件,产品一次试验中的成功率 $R=1-p$,同样可用二项分布计算 n 次试验中成功次数小于等于某值 s 的累积概率

$$F(s)=P(X \leqslant s)=\sum_{i=0}^{s} C_n^i R^i (1-R)^{n-i} \tag{4.3}$$

二项分布的均值和方差分别为

$$E(X)=np \quad 与 \quad \mathrm{Var}(X)=np(1-p)$$

二项分布广泛应用于可靠性和质量控制领域。比如产品的抽样检验、一次性使用产品(如火工品、火箭、导弹)的可靠性统计分析等。

例 4.1　已知某设备工作成功的概率为 0.98,现将该设备组成的系统设计为 3 中取 2 的冗余系统,试计算系统成功的概率。

解：设 $R=0.98$ 为单机成功概率,$R(S)$ 为系统成功概率,现要求系统中 3 台设备至少有 2 台完好工作,则

$$R(S)=\sum_{i=2}^{3} C_3^i R^i (1-R)^{3-i}=R^3+3R^2(1-R)$$

$$=0.98^3+3 \times 0.98^2 \times (1-0.98)=0.998\ 8$$

当 n 较大时,二项分布的计算比较困难,可用泊松定理近似计算。

2. 负二项分布

对于批量很大的产品,预定试验次数 x,其失败次数(或成功次数)是二项分布随机变量。在有些情况下是预定失败次数 f(或成功次数 s),则它所需的试验次数 X 服从负二项分布。

对预先规定成功次数为 s 的情况,最后一次试验必定是成功的,而前 $x-1$ 次试验中恰有 $s-1$ 次成功,这里每次试验成功的概率为 R。这两个事件的联合(乘积)概率等于事件 $X=x$ 的概率,即

$$P(X=x)=C_{x-1}^{s-1} \cdot R^s \cdot (1-R)^{x-s} \tag{4.4}$$

其均值和方差分别为

$$E(X)=\frac{s}{R} \quad 与 \quad \mathrm{Var}(X)=\frac{s(1-R)}{R^2}$$

4.3.2　超几何分布

一批产品有 N 件,含有次品 D 件,若从这批产品中随机抽取 n 件,则其中所含的次品数 X 等于 x 的概率为

$$P(X=x)=\frac{C_D^x \cdot C_{N-D}^{n-x}}{C_N^n} \tag{4.5}$$

称 X 服从超几何分布,其均值和方差分别为

$$E(X)=n \cdot \frac{D}{N} \quad 与 \quad \mathrm{Var}(X)=\frac{N-n}{N-1} \cdot n \cdot \frac{D}{N} \cdot \frac{N-D}{N}$$

在工程实际中,产品总数 N 如果很大,相应的抽样数 n 较小时,超几何分布就近似于二项分布,即

$$P(X=x)=\frac{C_D^x \cdot C_{N-D}^{n-x}}{C_N^n} \approx C_n^x \cdot \left(\frac{D}{N}\right)^x \cdot \left(1-\frac{D}{N}\right)^{n-x}$$

4.3.3 泊松(Poisson)分布

如果随机变量 X 的取值为 $0,1,2,\cdots$，其概率分布为

$$P\{X=k\}=\frac{\lambda^k}{k!}\mathrm{e}^{-\lambda}, \quad k=0,1,2,\cdots \tag{4.6}$$

则称 Poisson 分布，记为 $P(\lambda)$。Poisson 分布通常用来描述产品在某固定时间区间内受到外界"冲击"的次数。

Poisson 分布具有以下性质：

① Poisson 分布的均值 $E(X)=\lambda$ 方差 $\mathrm{Var}(X)=\lambda$。

② 若 $X_1,X_2,\cdots,X_n$ 是相互独立的随机变量 $X_i\sim P(\lambda_i)$，则 $\sum\limits_{i=1}^{n}X_i\sim P(\lambda_1+\lambda_2+\cdots+\lambda_n)$，这个性质通常称为可加性。

③ Poisson 分布的正态近似，当 k 很大时

$$P\{X\leqslant k\}=\sum_{x=0}^{k}\frac{\mathrm{e}^{-\lambda}}{x!}\lambda^x\approx\Phi\left(\frac{k+0.5-\lambda}{\sqrt{\lambda}}\right) \tag{4.7}$$

式中，$\Phi(x)$ 指标准正态分布函数。

泊松定理 在 n 重贝努力试验中，事件 A 在每次试验中发生的概率为 p，出现 A 的总次数 K 服从二项分布 $B(n,p)$，当 n 很大 p 很小，$\lambda=np$ 大小适中时，二项分布可用参数为 $\lambda=np$ 的 Poisson 分布来近似。

设随机变量 X 服从二项分布 $B(n,p_n)$，如果 $\lim\limits_{n\to\infty}np_n=\lambda$，则

$$\lim_{n\to\infty}C_n^x p^x(1-p)^{n-x}=\frac{\lambda^x}{x!}\mathrm{e}^{-\lambda}$$

证明：

$$\lim_{n\to\infty}C_n^x p_n^x(1-p_n)^{n-x}=\lim_{n\to\infty}\frac{n!}{x!(n-x)!}p_n^x\sum_{k=0}^{n-x}\frac{(n-x)!}{k!(n-x-k)!}(-p_n)^k$$

$$=\lim_{n\to\infty}\sum_{k=0}^{n-x}\frac{n(n-1)\cdots(n-x-k+1)}{x!}(-1)^k p_n^{k+x}$$

$$=\lim_{n\to\infty}\sum_{k=0}^{\infty}\frac{n^{k+x}(-1)^k p_n^{k+x}}{x!\,k!}$$

$$=\lim_{n\to\infty}\frac{(np_n)^x}{x!}\sum_{k=0}^{\infty}\frac{(-np_n)^k}{k!}$$

$$=\lim_{n\to\infty}\frac{(np_n)^x\mathrm{e}^{-np_n}}{x!}$$

当 $\lim\limits_{n\to\infty}np_n=\lambda$ 时

$$\lim_{n\to\infty}C_n^x p_n^x(1-p_n)^{n-x}=\frac{\lambda^x\mathrm{e}^{-\lambda}}{x!}$$

通过泊松定理可以看到二项分布和 Poisson 分布的紧密联系。考虑二项分布的均值和方差 $E(X)=np$ 与 $\mathrm{Var}(X)=np(1-p)$，当满足 $\lim\limits_{n\to\infty}np=\lambda$ 时，$\lim\limits_{n\to\infty}p_n=0$，从而 $E(X)=\lambda$，$\mathrm{Var}(X)=\lambda$，恰好是参数为 λ 的 Poisson 分布的期望和方差。因此可以粗略认为 Poisson 分布

是一类特殊二项分布的极限状态：二项分布可以看成是有限样本中事件发生的次数分布，而当样本趋于无穷时，如果事件发生概率 p 仍为定值，则发生次数也趋于无穷；如果 p 随着 n 增大而减小，但平均发生次数为有限，则发生次数服从 Poisson 分布。

4.4　常用连续分布

产品的失效时间通常采用连续分布来描述。

4.4.1　指数分布和 Gamma 分布

1. Poisson 过程概述

Poisson 过程是一类计数过程，即描述事件累计发生次数的随机过程。

如果 $\forall t_1 < t_2 < \cdots < t_n$，有 $X(t_2) - X(t_1), X(t_3) - X(t_2), \cdots, X(t_n) - X(t_{n-1})$ 相互独立，则过程 $X(t)$ 具有独立增量；如果 $[t, t+h]$，有 $X(t+h) - X(t)$ 只与时间间隔 h 有关，而与初始时刻 t 无关，则过程 $X(t)$ 具有平稳增量。

定义 4.1：随机过程 $\{N(t), t \geq 0\}$ 是计数过程，$N(t)$ 表示 t 时间内事件发生次数，则 $N(t)$ 为（时齐）Poisson 过程，如果满足：

① $N(0) = 0$；

② $N(t)$ 具有独立平稳增量；

③ $P(N(t+h) - N(t) = 1) = \lambda h + o(h)$；

④ $P(N(t+h) - N(t) \geq 2) = o(h)$。

根据此定义，可以得到

$$P(N(t) - N(0) = n) = \frac{(\lambda t)^n \mathrm{e}^{-\lambda t}}{n!}, \quad n = 0, 1, 2, \cdots \tag{4.8}$$

式(4.8)的证明过程和 Poisson 定理的证明过程相似，读者可留做练习，图 4.1 为 Poisson 过程示意图。这个结论可替换定义中的条件③、④，从而得到 Poisson 过程的一个等价定义。通常，如果令 $N(0) = 0$，则

$$P(N(t) = n) = \frac{(\lambda t)^n \mathrm{e}^{-\lambda t}}{n!}, \quad n = 0, 1, 2, \cdots \tag{4.9}$$

式(4.8)和式(4.9)表示 t 时间内事件发生次数的分布，当 t 给定时为 Poisson 分布。注意定义中条件③、④的意义，当时间间隔 h 很小时，事件发生的概率正比于间隔长度，但超过发生一次的概率很小，即 $\lim\limits_{h \to 0} \dfrac{P(N(t+h) - N(t) = 1)}{h} = \lambda$，$\lim\limits_{h \to 0} \dfrac{P(N(t+h) - N(t) \geq 2)}{h} = 0$。这表明单位时间内事件发生的概率为定值，它与初始时刻无关，且不会超过 1 次。称 λ 为 Poisson 过程的"强度"，或者"到达速率"，它描述了该计数过程数目增长的速率。

另一方面，Poisson 过程具有独立平稳增量。独立增量性保证了在任意两个不相交的时间间隔内，两段时间内计数增长量相互独立，即下一时间间隔内的增量不受前一时间间隔增量的影响；增量平稳性保证了某时间间隔内的增量与初始时刻无关，即 Poisson 过程内挑选任意一段时间间隔任意做观察的效果都是一样的。利用增量的独立性和平稳性可以帮助人们处理很多 Poisson 过程的问题。

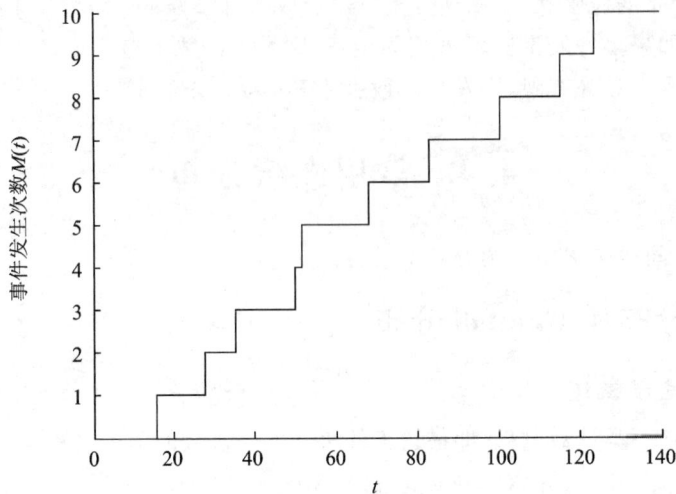

图 4.1　Poisson 过程示意($\lambda=1$)

如果上述定义中 λ 不为常数,则相应的 Poisson 过程不具有平稳性,称为非时齐 Poisson 过程。

2. 指数分布

假设一种冲击失效模型,即当所受到的冲击次数超过失效阈值时,产品发生失效。如果应力冲击次数为强度 λ 的 Poisson 过程,产品受到 1 次冲击即发生失效,则

$$F(t)=P(T<t)=P(N(t)\geqslant 1)$$
$$=1-P(N(t)=0)=1-\mathrm{e}^{-\lambda t},\ t\geqslant 0 \qquad (4.10)$$

式(4.10)表示当产品受到 1 次 Poisson 冲击即失效时,其失效时间服从指数分布,用 $E(\lambda)$ 表示。指数分布是一种相当重要的分布,在电子产品的寿命试验和复杂系统的失效时间均可用指数分布来叙述。

图 4.2～图 4.4 分别为指数分布的概率密度函数、失效分布函数和可靠度函数的示意图。

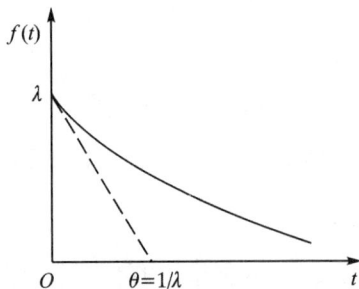

图 4.2　指数分布概率密度函数的示意

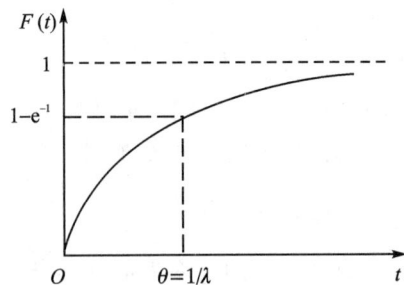

图 4.3　指数分布失效分布函数的示意

指数分布的概率密度(见图 4.2)为

$$f(t)=\lambda\mathrm{e}^{-\lambda t},\quad 0\leqslant t<\infty,\quad 0<\lambda<\infty$$

指数分布的分布函数(见图 4.3)为

$$F(t)=1-\mathrm{e}^{-\lambda t},\quad t\geqslant 0$$

指数分布的可靠度函数(见图 4.4)为

$$R(t) = 1 - F(t) = e^{-\lambda t}, \quad t \geqslant 0$$

指数分布失效率为

$$\lambda(t) = \frac{f(t)}{R(t)} = \frac{\lambda e^{-\lambda t}}{e^{-\lambda t}} = \lambda$$

可以看出,指数分布的失效率为常数,这表明失效时间服从指数分布的产品无论已经正常工作多长时间,它下一时刻失效的可能性都是相同的,也就是说产品无论工作多久从概率上都和新品一样,体现

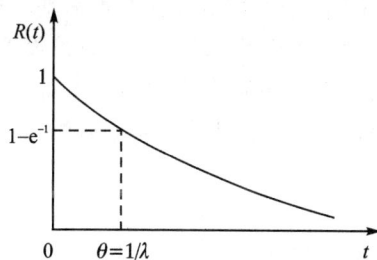

图 4.4 指数分布可靠度函数的示意

指数分布的"无记忆性",一种"偶然故障"的状态。因此,它常用于描述浴盆曲线中"偶然故障"阶段。

对于任意给定的时间段 $[0, t]$ 内:

平均失效率 $\lambda_m(t) = \dfrac{1}{t} \displaystyle\int_0^t \lambda(x) \mathrm{d}x = \dfrac{1}{t} \int_0^t \lambda \mathrm{d}x = \lambda$

可靠寿命 $t(R) = \dfrac{1}{\lambda} \ln \dfrac{1}{R}$

中位寿命 $t(0.5) = \dfrac{1}{\lambda} \ln \dfrac{1}{0.5} = \dfrac{1}{\lambda} \ln 2 = \theta \ln 2$

特征寿命 $t(e^{-1}) = \dfrac{1}{\lambda} = \theta$

指数分布的期望和方差为

$$E(T) = \frac{1}{\lambda} = \theta, \quad \mathrm{Var}(T) = \frac{1}{\lambda^2} = \theta^2$$

失效率越高,自然平均寿命就越低。由于平均寿命为失效率的倒数,通常设新参数 $\theta = \dfrac{1}{\lambda}$ 重新将指数分布参数化,这样参数 θ 可直接表示平均寿命。同时注意到,如果 $X \sim E\left(\dfrac{1}{\theta}\right)$,则 $Y = \dfrac{X}{\theta} \sim E(1)$ 为一无参分布,称 θ 为尺度参数,可看成对原分布做一个尺度变换,即 $X = \theta Y$,这样所构成的分布族为尺度参数分布族。

将尺度参数分布族扩展,引入位置尺度参数分布族的概念。通过变换 $X = \theta Y + \gamma$, $\theta > 0$, $\gamma > 0$,如果 $Y \sim F(y)$,则 $X \sim F\left(\dfrac{x - \gamma}{\theta}\right)$,这样所构成的分布族为位置尺度参数分布族。注意到变换后随机变量取值范围的变化,如果 $Y \geqslant 0$,则 $X \geqslant \gamma$。

可以看出,位置尺度参数分布族对线性变换是封闭的,即族内任一分布所对应的随机变量做线性变换后仍属于该分布族。位置参数仅是将分布进行平移,不改变分布形状;尺度参数仅是对图像进行"伸缩"变换,不改变分布位置。类似地,对于失效率也有相似的结论,即

$$\lambda(t) = \frac{\dfrac{1}{\theta} f_0\left(\dfrac{t - \gamma}{\theta}\right)}{R_0\left(\dfrac{t - \gamma}{\theta}\right)} = \frac{1}{\theta} \lambda_0\left(\frac{t - \gamma}{\theta}\right)$$

　　由于两个参数不改变失效率基本形状和单调性,因此,当分析位置尺度参数分布族的失效率形状时,对于所有的位置参数可设置为 0,尺度参数设置为 1,以简化分析。

　　下面简要介绍双参数指数分布。双参数指数分布比单参数指数分布仅多一个位置参数 γ,如图 4.5 所示,其分布密度函数为

$$f(t) = \lambda e^{-\lambda(t-\gamma)} \ \text{或} \ f(t) = \frac{1}{\theta} e^{-(t-\gamma)/\theta}, 0 \leqslant \gamma \leqslant t < \infty, 0 < \theta < \infty, 0 < \lambda < \infty$$

失效分布函数(见图 4.6)为

$$F(t) = 1 - e^{-\lambda(t-\gamma)}, \quad t \geqslant \gamma$$

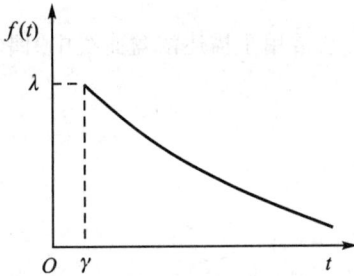

图 4.5　两参数指数分布概率密度函数　　　　图 4.6　两参数指数分布失效分布函数

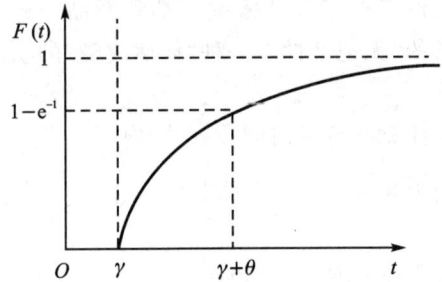

　　由于双参数指数分布属于位置尺度参数分布,仅是对单参数指数分布做平移变换,具有相似的规律,不再赘述。

　　指数分布是可靠性统计中最重要的一种分布,几乎是专门用于描述电子设备可靠性的一种分布。由于其失效率是常数,与时间无关,当产品在某种"冲击"(如电应力或温度载荷等)作用下失效,而没有这种"冲击"该产品就不失效时,可用指数分布来说明,即失效时间服从指数分布;当系统是由大量元件组成的复杂系统,若其中任何一个元件失效就会造成系统故障,且元件间失效相互独立,失效后可立即进行更换,经过较长时间的使用后,该系统可用指数分布来描述。另外,经过老练筛选,消除了早期故障,且进行定期更换的产品,其工作基本控制在偶然失效阶段,应为指数分布。

　　例 4.2　某计算机的错误率是恒定的,即每连续工作 17 d 发生一次故障。今有一项任务需要 5 h 的计算才能完成,试问该计算机解决这个问题的可靠度是多少? 求出工作 5 h 后的瞬时错误率。

　　解:计算机工作时间服从指数分布,失效率为恒定

$$\lambda = \frac{1}{\theta} = \frac{1}{17 \text{ d} \times 24 \text{ h}} = \frac{1}{408 \text{ h}} = 0.002 \ 4/\text{h}$$

工作 5 h 的可靠度为

$$R(5) = e^{-\lambda t} = e^{-0.0024 \times 5} = 0.99$$

由于指数分布的"无记忆性",5 h 后的瞬时错误率仍为 0.002 4/h。

3. Gamma 分布

　　当产品受到 1 次 Poisson 冲击即失效时,失效时间服从指数分布;更一般地,当受到 $k(k \geqslant 1)$ 次冲击才失效时,失效时间服从 Gamma 分布。这样产品失效时间等同于第 k 次冲击的到达时间。记第 k 次 Poisson 冲击到达的时刻为 S_k,则

$$F(t) = P\{S_k < t\} = P\{N(t) \geqslant k\} = 1 - \sum_{n=0}^{k-1} \frac{(\lambda t)^n}{n!} e^{-\lambda t} \tag{4.11}$$

另一方面,根据 Poisson 过程具有独立平稳增量的性质

$$
\begin{aligned}
P(t < T < t + \Delta t) &= P(t < \tau_k < t + \Delta t) \\
&= P(t < \tau_k < t + \Delta t, N(t) = k-1) \\
&= P(N(t + \Delta t) - N(t) = 1, N(t) = k-1) \\
&= P(N(t + \Delta t) - N(t) = 1) P(N(t) = k-1) \\
&= \lambda \Delta t \cdot \frac{(\lambda t)^{k-1} e^{-\lambda t}}{(k-1)!}
\end{aligned}
$$

$$f(t) = \lim_{\Delta t \to 0} \frac{P(t < T < t + \Delta t)}{\Delta t} = \lambda \frac{(\lambda t)^{k-1} e^{-\lambda t}}{(k-1)!} = \frac{\lambda^k}{(k-1)!} t^{k-1} e^{-\lambda t} \tag{4.12}$$

式(4.11)和(4.12)是等价的。另外,单独根据式(4.11)直接求导,求解仍可得到式(4.12)。如果将 k 扩展到任意正数,则式(4.12)改为

$$f(t) = \begin{cases} \dfrac{\lambda^k}{\Gamma(k)} t^{k-1} e^{-\lambda t}, & t \geqslant 0 \\ 0, & t < 0 \end{cases} \tag{4.13}$$

式中,$\Gamma(k) = \displaystyle\int_0^{+\infty} x^{k-1} e^{-x} \, dx$ 为完全 Gamma 函数,满足递推关系 $\Gamma(k+1) = k\Gamma(k)$,特别地,当 k 为正整数时,$\Gamma(k) = (k-1)!$。式(4.13)表示的 Gamma 分布记为 $Ga(k, \lambda)$。Gamma 分布的概率密度函数形状如图 4.7 所示。

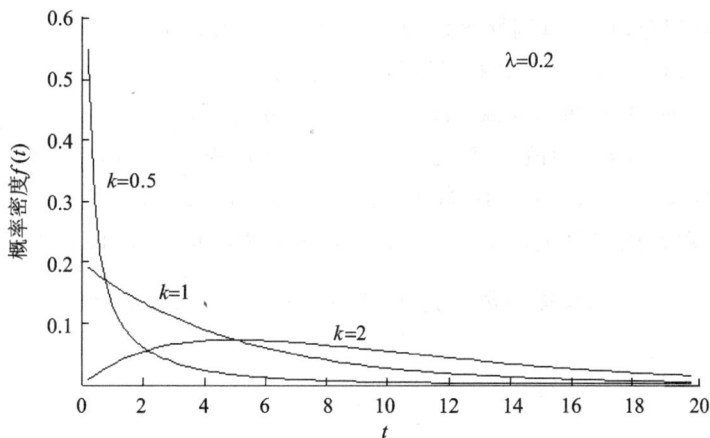

图 4.7　Gamma 分布失效概率密度

下面考察在 k 次冲击内,相邻两次冲击之间的时间间隔的分布。记 $X_k = S_k - S_{k-1}$,则

$$
\begin{aligned}
P(X_k > t) &= \int P(X_k > t \mid S_{k-1} = s) f_{S_{k-1}}(s) \, ds \\
&= \int P(N(s+t) - N(s) = 0 \mid S_{k-1} = s) f_{S_{k-1}}(s) \, ds \\
&= \int P(N(s+t) - N(s) = 0) f_{S_{k-1}}(s) \, ds
\end{aligned}
$$

$$= \int \mathrm{e}^{-\lambda t} f_{S_{k-1}}(s)\,\mathrm{d}s$$

$$= \mathrm{e}^{-\lambda t} \tag{4.14}$$

式(4.14)表明任意相邻两次冲击间隔时间服从指数分布,用类似的方法还可证明这些时间间隔相互独立,即独立同指数分布。这样立刻就得到了 Gamma 分布的两个性质:

① 如果 $X_i \sim E(\lambda)$, $i=1,2,\cdots k$, i.i.d, 则 $\sum\limits_{i=1}^{k} X_i \sim \mathrm{Ga}(k,\lambda)$。

② 如果 $X_1 \sim Ga\,(k_1,\lambda)$, $X_2 \sim Ga\,(k_2,\lambda)$, X_1、X_2 相互独立,则 $X_1 + X_2 \sim Ga(k_1+k_2,\lambda)$。

另外,当 $\lambda = \dfrac{1}{2}$ 时,$\mathrm{Ga}\left(k,\dfrac{1}{2}\right)$ 为 $\chi^2(2k)$,特别地,如果 $X \sim \mathrm{Ga}(k,\lambda)$,则 $2\lambda X \sim \mathrm{Ga}\left(k,\dfrac{1}{2}\right) \equiv \chi^2(2k)$。

当失效时间 T 服从 Gamma 分布时,其期望与方差分别为

$$E(T) = \frac{\alpha}{\lambda}, \ \mathrm{Var}(T) = \frac{\alpha}{\lambda^2}$$

失效率为

$$\lambda(t) = \frac{f(t)}{R(t)} = \frac{\dfrac{\lambda^k}{\Gamma(k)} t^{k-1} \mathrm{e}^{-\lambda t}}{\displaystyle\int_0^t \dfrac{\lambda^k}{\Gamma(k)} x^{k-1} \mathrm{e}^{-\lambda x}\,\mathrm{d}x} \tag{4.15}$$

式(4.15)含有积分,它的单调性难以通过求导判断。Ronald E. Glaser 提出了一种失效率单调性的判别法,对于 Gamma 分布可以得到以下结论:

① 当 $0<k<1$ 时,$\lambda(t)$ 单调递减(DFR, Decreasing Failure Rate)。

② 当 $k=1$ 时,$\lambda(t) = \lambda$ 为恒定值(CFR, Constant Failure Rate)。

③ 当 $k>1$ 时,$\lambda(t)$ 单调递增(IFR, Increasing Failure Rate)。

可以看出,参数 k 的取值决定了 Gamma 分布失效率的单调性,即基本形状,因此称参数 k 为形状参数;λ 或 $\theta = \dfrac{1}{\lambda}$ 为尺度参数。此外,无论 k 取何值,Gamma 分布失效率 $\lambda(t)$ 将趋于一个不为零的定值,即

$$\lim_{t \to \infty} \lambda(t) = \lim_{t \to +\infty} \frac{\dfrac{\lambda^k}{\Gamma(k)} t^{k-1} \mathrm{e}^{-\lambda t}}{\displaystyle\int_t^{+\infty} \dfrac{\lambda^k}{\Gamma(k)} x^{k-1} \mathrm{e}^{-\lambda x}\,\mathrm{d}x}$$

$$= \lim_{t \to \infty} \frac{-(k-1) t^{k-2} \mathrm{e}^{-\lambda t} + \lambda t^{k-1} \mathrm{e}^{-\lambda t}}{t^{k-1} \mathrm{e}^{-\lambda t}}$$

$$= \lim_{t \to \infty} -\frac{k-1}{t} + \lambda$$

$$= \lambda$$

这表明失效时间服从 Gamma 分布的产品无论处于磨合期还是耗损期,它的故障率都会存在一个下限或上限,最终达到一种类似于指数分布的"偶然故障"的稳定状态。

从图 4.8 中可以看出，

① 当 $0 < k < 1$ 时，k 越大，失效率下降越快，整体形状越接近水平线。

② 当 $k > 1$ 时，k 越大，失效率上升越慢，形状越平缓；当 k 超过某一个值后，曲线出现拐点，呈现先凹后凸的形状。

③ 整体来看，失效率随着 k 的变化进行"连续"的变化。

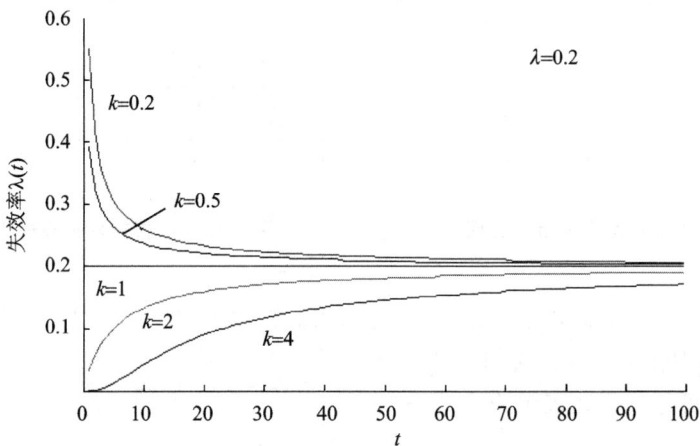

图 4.8 Gamma 分布的失效率曲线(k 为形状参数)

Gamma 分布还有一些拓展，比如，Stacy 提出了广义 Gamma 分布，其密度函数为

$$f(t) = \frac{\gamma}{\theta\,\Gamma(k)}\left(\frac{t}{\theta}\right)^{\gamma k-1} \mathrm{e}^{-\left(\frac{t}{\theta}\right)^{\gamma}}, \quad t > 0 \tag{4.16}$$

实际上，式(4.16)可看成非时齐 Poisson 过程强度为 $\lambda(t) = \frac{\gamma}{\theta}\left(\frac{t}{\theta}\right)^{\gamma-1}$ 的 k 次到达时间分布；广义 Gamma 分布的优势在于它能在不同的参数组合下表现出多个常用失效时间分布的特征。比如，在 $\gamma = 1$ 时，它为 Gamma 分布；在 $\gamma = 1, k = 1$ 时，为指数分布；在 $k = 1$ 时，为 Weibull 分布；在 $\gamma = 2, \alpha = \frac{1}{2}$ 时，为单边正态分布等。

4.4.2 正态分布和对数正态分布

1. 正态分布

正态分布的失效密度函数为

$$f(t) = \frac{1}{\sqrt{2\pi}\,\sigma}\mathrm{e}^{-\frac{1}{2}\left(\frac{t-\mu}{\sigma}\right)^2}, \quad -\infty < \mu < \infty, \quad 0 < \sigma < \infty$$

它的失效分布函数是

$$F(t) = \int_0^t \frac{1}{\sqrt{2\pi}\,\sigma}\mathrm{e}^{-\frac{1}{2}\left(\frac{x-\mu}{\sigma}\right)^2}\mathrm{d}x$$

经过标准化后

$$F(t) = \int_0^{\frac{t-\mu}{\sigma}} \frac{1}{\sqrt{2\pi}}\mathrm{e}^{\frac{-x^2}{2}}\mathrm{d}x = \Phi\left(\frac{t-\mu}{\sigma}\right)$$

设 $Z=\dfrac{t-\mu}{\sigma}$，则 $F(t)=\Phi(Z)$。正态分布的密度函数和失效分布函数的图形如图 4.9 和图 4.10 所示。其参数 μ 和 σ 分别称为均值和标准差。

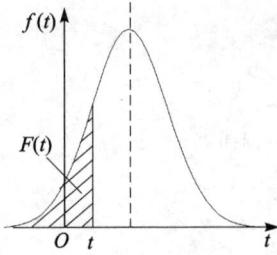

图 4.9　正态分布概率密度函数图　　　　图 4.10　正态分布的分布函数

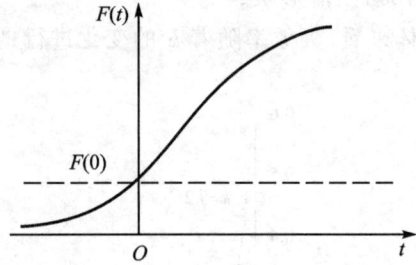

由于产品的失效时间取负值是没有意义的，因此在用正态分布描述时，随机变量的取值从 0 到 $+\infty$，这样处理在 $\mu\geqslant 3\sigma$ 时差别是很小的。

正态分布的可靠度函数表示为

$$R(t)=\int_{\frac{t-\mu}{\sigma}}^{\infty}\frac{1}{\sqrt{2\pi}}\mathrm{e}^{\frac{-x^2}{2}}\mathrm{d}x=1-\Phi\left(\frac{t-\mu}{\sigma}\right)$$

失效率函数为

$$\lambda(t)=\frac{f(t)}{R(t)}=\frac{\dfrac{1}{\sqrt{2\pi}\sigma}\mathrm{e}^{-\frac{1}{2}\left(\frac{t-\mu}{\sigma}\right)^2}}{\displaystyle\int_{\frac{t-\mu}{\sigma}}^{\infty}\frac{1}{\sqrt{2\pi}}\mathrm{e}^{\frac{-x^2}{2}}\mathrm{d}x}=\frac{\dfrac{1}{\sigma}\phi\left(\dfrac{t-\mu}{\sigma}\right)}{1-\Phi\left(\dfrac{t-\mu}{\sigma}\right)}$$

式中，$\Phi(\cdot)$ 与 $\phi(\cdot)$ 分别指标准正态分布的分布函数和密度函数。

正态分布失效率的图形见图 4.11，其失效率随时间呈上升趋势，属于失效递增型 IFR。若产品的工作失效时间 T 服从正态分布，则其平均寿命和方差为

$$E(T)=\mu,\quad \mathrm{Var}(T)=\sigma^2$$

因为 $R=1-\Phi\left(\dfrac{t(R)-\mu}{\sigma}\right)=1-\Phi(u_{1-R})$，其中 u_{1-R} 是标准正态分布的 $1-R$ 分位点，

所以 $\dfrac{t(R)-\mu}{\sigma}=u_{1-R}$，则可靠寿命

$$t(R)=\mu+\sigma\cdot u_R$$

中位寿命

$$t(0.5)=\mu$$

例 4.3 微波发射管寿命服从正态分布，其 $\mu=5\,000$ h，$\sigma=1\,500$ h。试求当任务时间为 4 100 h 时，这种管子的可靠度？ 使用到 4 400 h 时，该管子的失效率又是多少？

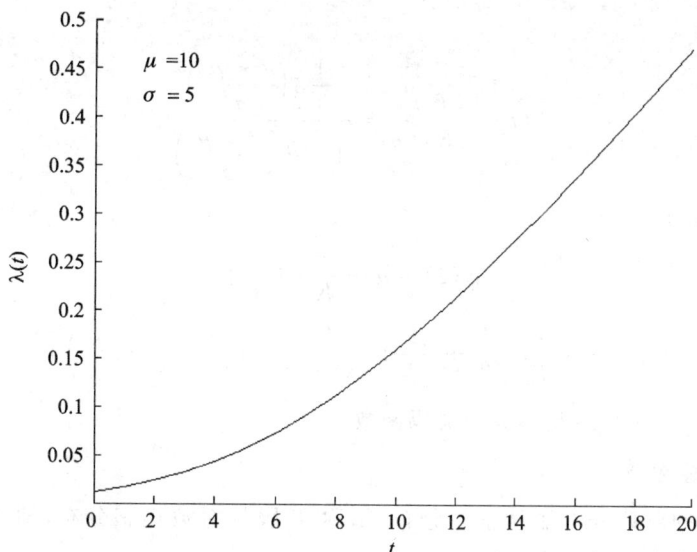

图 4.11　正态分布失效率函数

解：
$$R(4\,100)=1-\Phi\left(\frac{4\,100-5\,000}{1\,500}\right)=1-\Phi(-0.6)=0.725\,7$$

$$\lambda(4\,400)=\frac{\phi\left(\dfrac{4\,400-5\,000}{1\,500}\right)/1\,500}{1-\Phi\left(\dfrac{4\,400-5\,000}{1\,500}\right)}=\frac{\phi(-0.4)/1\,500}{1-\Phi(-0.4)}=0.374\,6\times10^{-3}/\text{h}$$

对可靠性来说,正态分布有两种基本用途。一种用于分析由于磨损(如机械装置)、老化、腐蚀而发生故障的产品,另一种用于对制造的产品及其性能进行分析及质量控制。但是由于正态分布是对称的,随机变量取值范围是$-\infty\sim+\infty$,用它来描述失效分布时,会带来误差,因此当$\mu\geqslant3\sigma$条件不符合时,可用截尾正态分布来处理。

为满足截尾正态分布的失效密度函数在$(0,+\infty)$上的积分为1,引入正规化常数K

$$K=\frac{1}{\sigma\sqrt{2\pi}}\int_0^\infty e^{-\frac{(t-\mu)^2}{2\sigma^2}}\,dt=1-\Phi\left(\frac{-\mu}{\sigma}\right)$$

因此,截尾正态分布的失效密度函数为

$$f(t)=\frac{1}{K\sigma\sqrt{2\pi}}e^{-\frac{(t-\mu)^2}{2\sigma^2}}=\frac{1}{K\sigma}\phi\left(\frac{t-\mu}{\sigma}\right)$$

它的累积失效分布函数是

$$F(t)=\int_0^t\frac{1}{K\sigma\sqrt{2\pi}}e^{-\frac{(x-\mu)^2}{2\sigma^2}}\,dx=\frac{\Phi\left(\dfrac{t-\mu}{\sigma}\right)-\Phi\left(-\dfrac{\mu}{\sigma}\right)}{1-\Phi\left(\dfrac{-\mu}{\sigma}\right)}$$

可靠度函数

$$R(t)=\int_t^\infty\frac{1}{K\sigma\sqrt{2\pi}}e^{-\frac{(x-\mu)^2}{2\sigma^2}}\,dx=\frac{1-\Phi\left(\dfrac{t-\mu}{\sigma}\right)}{1-\Phi\left(\dfrac{-\mu}{\sigma}\right)}$$

失效率函数

$$\lambda(t)=\frac{f(t)}{R(t)}=\frac{\frac{1}{\sigma}\phi\left(\frac{t-\mu}{\sigma}\right)}{1-\Phi\left(\frac{t-\mu}{\sigma}\right)}$$

其均值和方差分别是

$$E(\xi)=\mu+\frac{\sigma}{K}\phi\left(\frac{\mu}{\sigma}\right)$$

$$\text{Var}(\xi)=\frac{\sigma^2}{K}\left[\frac{1}{2}+\frac{1}{\sqrt{\pi}}\Gamma_{\frac{1}{2}(\frac{\mu}{\sigma})^2}\left(\frac{3}{2}\right)\right]-\left[\frac{\sigma}{K}\phi\left(\frac{\mu}{\sigma}\right)\right]^2$$

式中，$\Gamma_x(n)=\int_0^x u^{n-1}\mathrm{e}^{-u}\mathrm{d}u$ 是不完全伽玛函数。

2. 对数正态分布

失效时间 T 的对数 $\ln T$ 服从正态分布，则称 T 服从对数正态分布，即 $X=\ln T\sim N(\mu,\sigma^2)$，那么，对数正态分布的密度函数为

$$f(t)=\frac{1}{\sigma t\sqrt{2\pi}}\mathrm{e}^{-\frac{1}{2}\left(\frac{\ln t-\mu}{\sigma}\right)^2}$$

其失效分布函数是

$$F(t)=\int_0^t\frac{1}{\sqrt{2\pi}\sigma x}\mathrm{e}^{-\frac{1}{2}\left(\frac{\ln x-\mu}{\sigma}\right)^2}\mathrm{d}x=\Phi\left(\frac{\ln t-\mu}{\sigma}\right)$$

对数正态分布的两个参数，μ 叫对数均值，σ^2 为对数方差，其可靠度函数和失效率依次为

$$R(t)=1-F(t)=1-\Phi\left(\frac{\ln t-\mu}{\sigma}\right)$$

$$\lambda(t)=\frac{f(t)}{R(t)}=\frac{\frac{1}{\sqrt{2\pi}\cdot\sigma t}\cdot\mathrm{e}^{-\frac{1}{2}\left(\frac{\ln t-\mu}{\sigma}\right)^2}}{\int_t^\infty\frac{1}{\sqrt{2\pi}\cdot\sigma x}\cdot\mathrm{e}^{-\frac{1}{2}\left(\frac{\ln x-\mu}{\sigma}\right)^2}\mathrm{d}x}=\frac{\frac{1}{\sigma t}\phi\left(\frac{\ln t-\mu}{\sigma}\right)}{1-\Phi\left(\frac{\ln t-\mu}{\sigma}\right)}$$

对数正态分布的密度函数和失效率曲线如图 4.12 和图 4.13 所示。失效率曲线的特点是随时间先增加，达峰值后又开始减少，当时间趋于 $+\infty$ 时，失效率趋于 0。

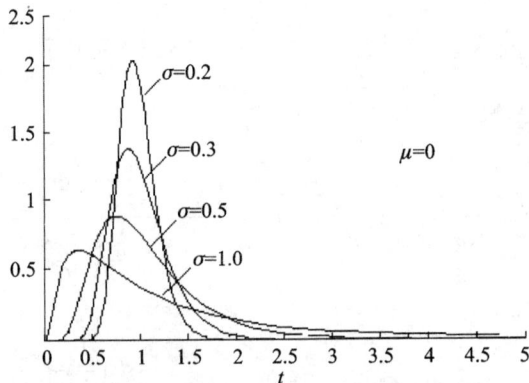

图 4.12 对数正态分布概率密度函数

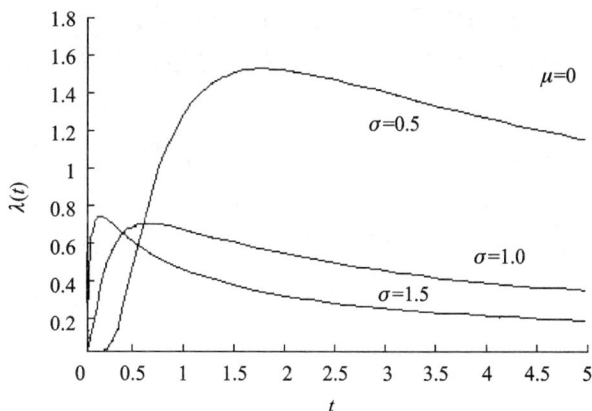

图 4.13　对数正态分布失效率函数

对数正态分布的平均寿命和方差分别为

$$E(T) = e^{\mu + \frac{\sigma^2}{2}}, \mathrm{Var}(T) = \theta^2 (e^{\sigma^2} - 1)$$

式中，$\theta = E(T)$，表示平均寿命。注意 $\sigma' = \sqrt{\mathrm{Var}(T)}$ 是对数正态分布的标准差，而参数 σ 不是其标准差。

可靠寿命

$$t(R) = e^{\mu + u_{1-R} \cdot \sigma}$$

对数正态分布近年来在可靠性领域中受到重视，某些机械零件的疲劳寿命可用对数正态分布来分析，尤其对于维修时间的分布，一般都选用对数正态分布。

例 4.4　某厂生产的直径 5 mm 的钢丝弹簧，要求承受耐剪力强度为 $30 \times 10^3 \cdot \mathrm{P/in}^2$，且弹簧在工作应力条件下承受 10^6 次载荷循环以后立即更换。根据以往的试验，该弹簧在恒定应力条件下的疲劳寿命服从参数 $\mu = 6.139\ 9, \sigma = 0.103\ 5$ 的对数正态分布，试问在更换之前，弹簧失效的可能性有多大？若要保证更换前具有 99 % 的可靠度，应在多少次循环前更换？

解：首先应计算在 10^6 次循环弹簧的失效概率

$$F(10^6) = \Phi\left(\frac{\ln 10^6 - 6.139\ 9}{0.103\ 5}\right) = \Phi(7.675\ 6) \doteq 1$$

然后计算保证可靠度为 0.99 时的可靠寿命，而

$$t(0.99) = e^{6.139\ 9 + u_{0.99} \times 0.103\ 5} = e^{6.139\ 9 + (-2.325) \times 0.103\ 5} = 364.768\ 4$$

故需在 364 次循环时更换。

4.4.3　Weibull 分布及相关分布

1. 极值分布

在实践中，经常遇到这样的问题，比如在一条金属环的链条的两端施加一个拉力，当拉力达到某个强度时，链条中的一个环断裂，因此，整个链条也就断裂。所以整个链条的使用寿命长度取决于各个金属环中最弱的金属环的寿命长度。因此，人们关心所有环寿命的极值。设有 n 个环，记第 i 个环的寿命为 $T_i (i = 1, 2, \cdots, n)$，假设每个环的寿命分布均为 $F(t)$，T_1，$T_2, \cdots, T_n$ 相互独立，它们从小到大排列为 $T_{(1)} \leqslant T_{(2)} \leqslant \cdots \leqslant T_{(n)}$，记 $T_{(1)}$ 和 $T_{(n)}$ 为环的寿命 $T_1, T_2, \cdots, T_n$ 中的最小者和最大者。

$$P\{T_{(1)}>t\}=P(\{T_1>t\}\bigcap\{T_2>t\}\bigcap\cdots\bigcap\{T_n>t\})$$
$$=P(T_1>t)\cdot P(T_2>t)\cdot\cdots\cdot P(T_n>t)$$
$$=\{1-F(t)\}^n$$

因此，$T_{(1)}$ 的分布函数 $F_{T_{(1)}}(t)=1-\{1-F(t)\}^n$ 称为最小极值分布，$T_{(n)}$ 的分布函数 $F_{T_{(n)}}(t)=\{F(t)\}^n$ 称为最大极值分布。当 $n\to\infty$ 时，$F_{T_{(1)}}(t)$ 或 $F_{T_{(n)}}(t)$ 将趋向于一个极限的分布函数，称渐近分布。不同类型的渐近分布，与 $F(t)$ 有关，特别是 $F(t)$ 两边的尾部的性质与渐近分布有直接关系。根据 $F(t)$ 的不同类型，得出 3 种较典型的渐近分布。

极小值分布：

Ⅰ型：$\qquad F_s(t)=1-\exp(-e^{(t-\gamma)/\eta})$, $\qquad\qquad -\infty<t<\infty$, $\quad\eta>0$

Ⅱ型：$\qquad F_s(t)=1-\exp\{-[-(t-\gamma)/\eta]^{-m}\}$, $\qquad -\infty<t\leqslant\gamma$, $\quad\eta,m>0$

Ⅲ型：$\qquad F_s(t)=1-\exp\{-[(t-\gamma)/\eta]^m\}$, $\qquad\quad \gamma\leqslant t<\infty$, $\quad\eta,m>0$

极大值分布：

Ⅰ型：$\qquad F_L(t)=\exp[-e^{-(t-\gamma)/\eta}]$, $\qquad\qquad\quad -\infty<t<\infty$, $\quad\eta>0$

Ⅱ型：$\qquad F_L(t)=\exp\{-[(t-\gamma)/\eta]^{-m}\}$, $\qquad\quad \gamma\leqslant t<\infty$, $\quad\eta,m>0$

Ⅲ型：$\qquad F_L(t)=\exp\{-[-(t-\gamma)/\eta]^m\}$, $\qquad -\infty<t\leqslant\gamma$, $\quad\eta,m>0$

式中 γ,η,m 分别为极值分布的位置参数、尺度参数和形状参数。极值分布常用于水文、金融领域。特别地，极小值Ⅲ型分布就是三参数 Weibull 分布，由于其分布形式简单、失效率形状多样，常用于描述寿命。三参数 Weibull 分布可通过对两参数 Weibull 分布做平移变换得到，性质相似，因此以下以两参数 Weibull 分布为例做详细讨论。

2. Weibull 分布

两参数 Weibull 分布的失效分布函数，记为 Weibull(m,η)，为

$$F(t)=1-e^{-\left(\frac{t}{\eta}\right)^m}, \quad t\geqslant0,\eta>0,m>0 \qquad (4.17)$$

失效概率密度函数为

$$f(t)=\frac{m}{\eta}\left(\frac{t}{\eta}\right)^{m-1}e^{-\left(\frac{t}{\eta}\right)^m}, \quad t\geqslant0,\eta>0,m>0 \qquad (4.18)$$

失效率函数为

$$\lambda(t)=\frac{f(t)}{R(t)}=\frac{m}{\eta}\left(\frac{t}{\eta}\right)^{m-1}, \quad t\geqslant0 \qquad (4.19)$$

Weibull 分布的概率密度形状如图 4.14 所示。Weibull 分布的失效率为幂函数形式，其单调性仅由参数 m 决定，因此称 m 为形状参数；η 为尺度参数，受产品工作时的环境应力/负载影响，负载越大，η 越小。注意到当 $m=1$ 时，Weibull 分布退化为指数分布。

根据形状参数 m 的数值可以区分产品不同的失效类型。如图 4.15 所示，当 $m>1$ 时，失效率随时间的变化为递增型——IFR；当 $m=1$，为恒定型——CFR；当 $m<1$，为递减型——DFR。Gamma 分布也有相似的结论，但不同的是：Weibull 分布失效率会逐渐增加至无穷，无上界；Gamma 分布失效率递增时存在上界。

当威布尔分布参数 $m=3\sim4$ 范围时，其与正态分布的形状很近似，如图 4.16 所示。图中虚线是正态分布密度曲线，其参数均值 $\mu=0.8963$，标准差 $\sigma=0.303$；实线是威布尔分布密度

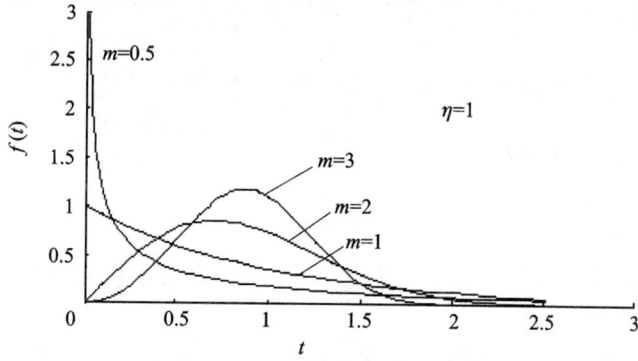

图 4.14　Weibull 分布概率密度函数

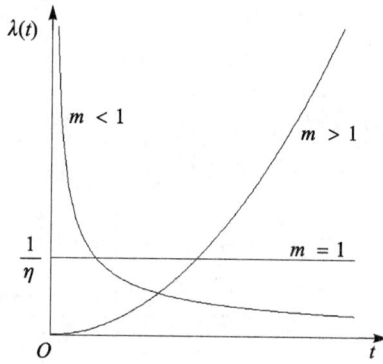

图 4.15　Weibull 分布失效率函数

曲线,参数 $m=3.25, \eta=1, \gamma=0$。

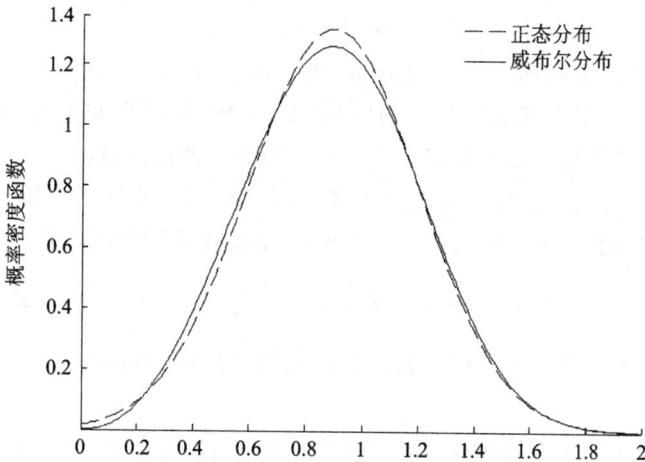

图 4.16　威布尔分布密度与正态分布密度的比较

Weibull 分布的期望和方差为

$$E(T) = \eta\Gamma\left(1 + \frac{1}{m}\right)$$

$$\mathrm{Var}(T) = \eta^2\left[\Gamma\left(1 + \frac{2}{m}\right) - \Gamma^2\left(1 + \frac{1}{m}\right)\right]$$

可靠寿命 $t(R) = \eta(-\ln R)^{1/m}$

中位寿命 $t(0.5) = \eta(\ln 2)^{1/m}$

特征寿命 $t(\mathrm{e}^{-1}) = \eta$

可以看出,η 表征失效时间的大小。事实上,分布的尺度变换会导致期望的尺度变换,因此尺度参数都有类似的意义。

例 4.5 某发射管的失效时间服从威布尔分布,其参数 $m = 2$,$\eta = 1\ 000\ \mathrm{h}$,试确定当任务时间为 $100\ \mathrm{h}$ 时,发射管的可靠度及工作 $100\mathrm{h}$ 后的失效率。

解: $R(100) = \mathrm{e}^{-\left(\frac{100}{1000}\right)^2} = 0.99$

$$\lambda(100) = \frac{2}{1\ 000} \cdot \left(\frac{100}{1\ 000}\right)^{2-1} = 0.000\ 2/\mathrm{h}$$

现在改写两参数 Weibull 分布为

$$\begin{aligned}
F_{m,\eta}(t) &= 1 - \mathrm{e}^{-\left(\frac{t}{\eta}\right)^m}, \quad t \geqslant 0 \\
&= 1 - \exp\left[-\exp\left[m\ln\left(\frac{t}{\eta}\right)\right]\right] \\
&= 1 - \exp\left[-\exp\left[\frac{\ln t - \ln\eta}{1/m}\right]\right]
\end{aligned}$$

$$F_{\mu,\sigma}(x) = 1 - \exp\left[-\exp\left[\frac{x - \mu}{\sigma}\right]\right], \quad -\infty < x < +\infty \tag{4.20}$$

式中,$x = \ln t$,$\mu = \ln\eta$,$\sigma = \dfrac{1}{m}$。可以得到结论:如果 $\ln T \sim EV(\mu, \sigma)$,即极小值 I 型分布

$$T \sim \mathrm{Weibull}(\sigma^{-1}, \mathrm{e}^\mu) \tag{4.21}$$

这样两参数 Weibull 分布就转变为极值分布(极小值 I 型分布),转换后为位置尺度参数族。由于位置尺度参数族有很多优良特性,因此转换后的 Weibull 分布也将拥有这些特性,特别地,这个变换在其做参数最优线性无偏估计时将会用到。值得注意的是,三参数 Weibull 分布无法通过这样的变换得到位置尺度参数分布,但当 m 确定时,它属于该族。

在式(4.21)的基础上,引入对数位置尺度参数分布族的概念,即:若 $\ln Y = \mu + \sigma X$ 服从位置尺度参数模型分布族,则其分布函数为 $F\left(\dfrac{\ln y - \mu}{\sigma}\right) = F\left[\ln\left(\dfrac{y}{\theta}\right)^m\right]$,式中 $m = \sigma^{-1}$ 为形状参数,$\theta = \mathrm{e}^\mu$,则 Y 服从对数位置尺度参数模型。显然,两参数 Weibull 分布属于对数位置尺度参数分布族。

Weibull 分布由于其失效率可以呈现递减型(DFR)、恒定型(CFR)和递增型(IFR)3 种形状,因此适用性较广,又由于其分布函数有显式表达式且形式简单,因此广泛应用于工程实践中。由于 Weibull 分布应用广泛,产生了很多基于 Weibull 分布的扩展分布,如逆 Weibull 分布(Mudholkar et. al,1996),对数 Weibull 分布(Gumbel,1958),修正 Weibull 分布(2002),广义 Weibull 分布(Mudholkar et. al,1994)等,其他扩展 Weibull 分布可参考文献。这些扩展分

布的优点主要是失效率形状多变,或者是通过调整参数取值能够包含多种分布类型。

3. Frechet 分布

极大Ⅱ型分布也称为 Frechet 分布。由于所有极大值分布中只有 Frechet 分布的支撑为非负集合,因此它常用于描述受最大值影响的特征量,如一些材料和结构的强度,其受最大损伤或缺陷影响。Frechet 分布也分为两参数和三参数两种形式,下面以两参数为例介绍该分布。

Frechet 分布的失效分布函数为

$$F(t) = e^{-\left(\frac{t}{\beta}\right)^{-\alpha}}, \quad t \geqslant 0, \alpha > 0, \beta > 0$$

概率密度函数为

$$f(t) = \frac{\alpha}{\beta}\left(\frac{t}{\beta}\right)^{-\alpha-1} e^{-\left(\frac{t}{\beta}\right)^{-\alpha}}, \quad t \geqslant 0, \alpha > 0, \beta > 0$$

如果 Frechet 分布用于描述失效时间,其失效率函数为

$$\lambda(t) = \frac{\dfrac{\alpha}{\beta}\left(\dfrac{t}{\beta}\right)^{-\alpha-1} e^{-\left(\frac{t}{\beta}\right)^{-\alpha}}}{1 - e^{-\left(\frac{t}{\beta}\right)^{-\alpha}}}, \quad t \geqslant 0, \alpha > 0, \beta > 0$$

可验证该分布的失效率曲线形状为单峰型(UBT),如图 4.17 所示。

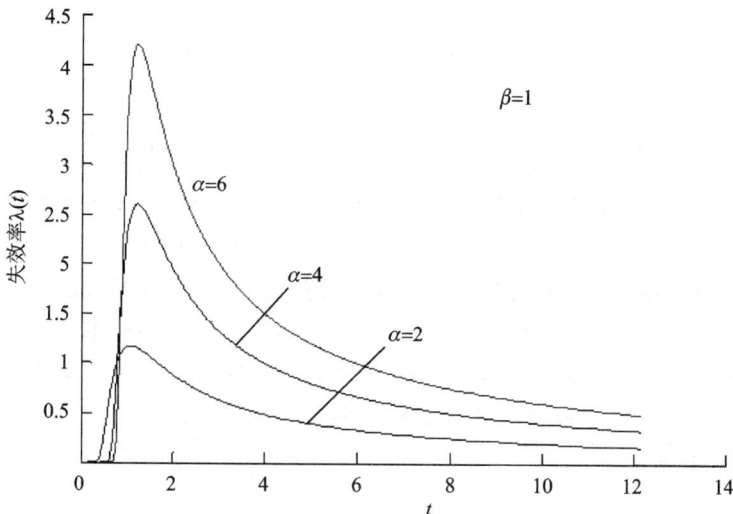

图 4.17　Frechet 分布失效率曲线

从图 4.17 中可以看出,当形状参数 α 越大时,失效率越陡,峰值越大,峰值出现时间可能越靠后,但变化相比于峰值增幅不是很明显。

类比于 Weibull 分布,Frechet 分布的期望和方差为

$$E(T) = \beta \Gamma\left(1 - \frac{1}{\alpha}\right)$$

$$\mathrm{Var}(T) = \beta^2 \left[\Gamma\left(1 - \frac{2}{\alpha}\right) - \Gamma^2\left(1 - \frac{1}{\alpha}\right)\right]$$

注意到只要将两参数 Weibull 分布的形状参数变为负数则变为两参数 Frechet 分布,因

此,如果 $X \sim \text{Weibull}(\alpha, \beta)$,则 $Y = \dfrac{1}{X}$ 服从 Frechet 分布。这恰好反映了"极小"和"极大"的关系。因此,有时也称为"逆 Weibull 分布"。

4.5　一些其他失效时间分布

4.5.1　Birnbaum - Saunders 分布

Z. W. Birnbaum & S. C. Saunders 提出了 Birnbaum - Saunders(BS)分布用于描述疲劳失效。假设每次应力循环所造成的损伤 $D_i \sim N(\mu, \sigma^2)$,且每次损伤相互独立,则 n 次应力循环后的总损伤 $D(n) = \sum\limits_{i=1}^{n} D_i \sim N(n\mu, n\sigma^2)$。

将次数 n 换成时间 t 时

$$
\begin{aligned}
F(t) = P(T < t) &= P(D(t) > D) \\
&= 1 - \Phi\left(\frac{D - t\mu}{\sigma\sqrt{t}}\right) = \Phi\left(\frac{\mu t - D}{\sigma\sqrt{t}}\right), \quad t > 0
\end{aligned}
\tag{4.22}
$$

将式(4.22)重新参数化,可以得到

$$
F(t; \alpha, \beta) = \Phi\left(\frac{1}{\alpha}\left(\sqrt{\frac{t}{\beta}} - \sqrt{\frac{\beta}{t}}\right)\right), \quad t > 0, \ \alpha, \beta > 0
\tag{4.23}
$$

式中 $\alpha = \dfrac{\sigma}{\sqrt{\mu D}}$ 为形状参数;$\beta = \dfrac{D}{\mu}$ 为尺度参数。

式(4.22)和式(4.23)为 BS 分布的分布函数。BS 分布的概率密度形状如图 4.18 所示。BS 分布有较强的适用性,因为即使每次损伤不服从正态分布,但由于疲劳试验应力循环可达到几千次,根据中心极限定理,只要独立同分布,最终总损伤仍近似服从正态分布,甚至独立同分布的条件不满足时也可以这样假设,这对于复杂的实际情况是一种相对合理的简化,在很多情况下也为数学处理提供了简便之处。Park & Padgett 利用这点讨论了逆高斯(IG)分布和 Gamma 分布与 BS 分布的关系,将 BS 分布作为两者的近似分布。

BS 分布的期望与方差

$$
E(T) = \beta\left(1 + \frac{\alpha^2}{2}\right)
$$

$$
\text{Var}(T) = (\alpha\beta)^2\left(1 + \frac{5\alpha^2}{4}\right)
$$

BS 分布失效率表达式非常复杂,但是可证明为失效率形状为先增后减(UBT)。此外,类似于 Gamma 分布失效率,BS 分布失效率同样也有渐近性。

令 $\varepsilon(t) = t^{1/2} - t^{-1/2}$,则 $F(t; \alpha, \beta) = \Phi\left(\dfrac{1}{\alpha}\varepsilon\left(\dfrac{t}{\beta}\right)\right)$

$$
\begin{aligned}
\lim_{t \to \infty} \lambda(t) &= \lim_{t \to \infty} \frac{f(t)}{R(t)} = \lim_{t \to \infty} \frac{f'(t)}{-f(t)} \\
&= \lim_{t \to \infty} \frac{1}{\beta}\left[-\frac{\varepsilon''(t)}{\varepsilon'(t)} + \frac{1}{\alpha^2}\varepsilon'(t)\varepsilon(t)\right]
\end{aligned}
$$

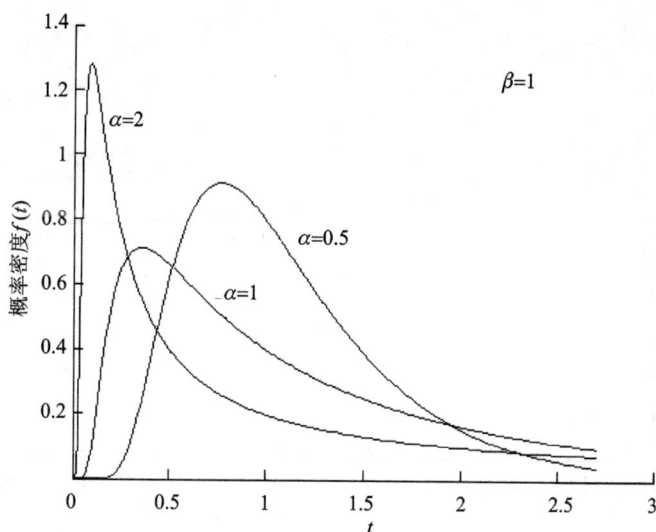

图 4.18　BS 分布失效概率密度函数

$$=\lim_{t\to\infty}\frac{1}{2\beta}\left[\frac{t+3}{t^2+t}+\frac{1}{\alpha^2}(1-t^{-2})\right]$$

$$=\frac{1}{2\alpha^2\beta}$$

这点与对数正态分布不同,虽然两者均为 UBT,但当 $t\to+\infty$ 时,对数正态分布失效率趋于 0,而 BS 分布失效率趋于非零常数,达到稳定值。

Birnbaum & Saunders 还证明了该分布的平均失效率也为先增后减,并趋近于一个非零常数。

根据图 4.19 和图 4.20,α 对失效率的影响通过数值模拟,大致可以得到以下结论:

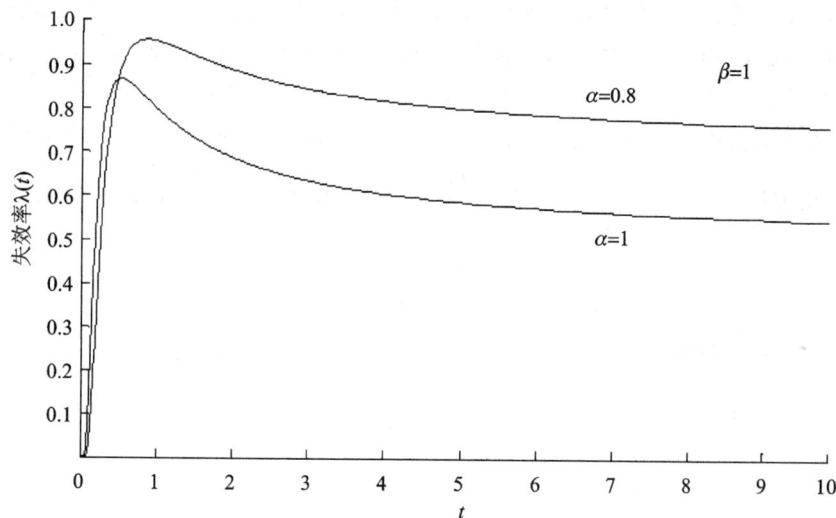

图 4.19　Birnbaum - Saunders 分布失效率($\alpha\leqslant1$)

① 当 α 逐渐增大时,失效率峰值对应的 t 逐渐减小,即峰值靠前;

② 当 $\alpha<1$ 时,随着 α 增大,峰值减小;

③ 当 $\alpha>1$ 时,随着 α 增大,峰值增大。

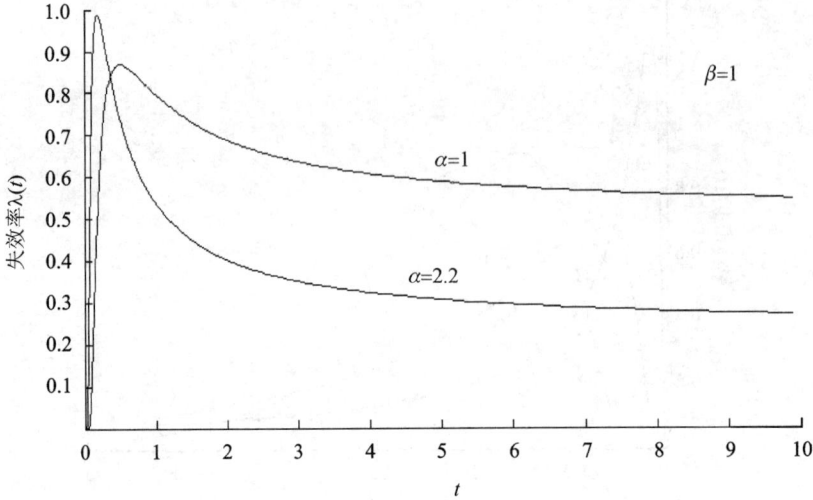

图 4.20　Birnbaum - Saunders 分布失效率(α≥1)

4.5.2　逆高斯分布

逆高斯分布(IG 分布)常用于描述疲劳过程,及易发生早期失效的产品。IG 分布的物理背景为服从漂移 Wiener 过程(漂移布朗运动)的损伤积累过程。假设损伤量 $D(t) = \upsilon t + \sigma X(t)$,其中 υ 为漂移率,表征损伤增长平均速率;σ 表征过程的波动幅度;$X(t)$ 为标准布朗运动,$X(t) \sim N(0,t)$。损伤过程的平均轨迹为线性增长,但在轨迹周围会出现"噪声"波动,这是由材料差异、不均匀、应力大小的不确定造成的,反映了实际退化情况的随机性。另外,布朗运动具有平稳独立增量,Δt 时间内的损伤增量 $\Delta D(t) \sim N(\upsilon \Delta t, \sigma^2 \Delta t)$。由于 $\Delta D(t)$ 服从正态分布,所以存在 $\Delta D(t) < 0$ 的情况,即损伤量不一定是严格递增,体现为产品受到损伤后有"自我恢复"的特性。注意到随着时间的增加,"噪声"波动越来越大。

如果产品损伤服从漂移布朗运动,以首次穿越固定阈值 D 的时间(首达时间)为失效时间 T,则失效时间服从 IG 分布,记为 $T \sim IG\left(\dfrac{D}{\upsilon}, \dfrac{D^2}{\sigma^2}\right)$,其概率密度函数为:

$$f(t) = \sqrt{\frac{D^2}{\sigma^2} \frac{1}{2\pi t^3}} \exp\left(-\frac{(\upsilon t - D)^2}{2\sigma^2 t}\right), \quad t > 0; \upsilon, \sigma, D > 0 \tag{4.24}$$

将式(4.24)重新参数化,得到 IG 分布的标准形式

$$f(t; \mu, \lambda) = \left(\frac{\lambda}{2\pi t^3}\right)^{1/2} \exp\left(-\frac{\lambda(t-\mu)^2}{2\mu^2 t}\right), \quad t > 0; \mu, \lambda > 0 \tag{4.25}$$

式中 $\mu = \dfrac{D}{\upsilon}$,$\lambda = \dfrac{D^2}{\sigma^2}$,$T \sim IG(\mu, \lambda)$。

对于漂移布朗运动变量取值可能为负数的情况,可使用几何漂移布朗运动来描述,结果相似。

IG 分布的累积分布函数为

$$F_{IG}(t) = \Phi\left(\sqrt{\frac{\lambda}{t}}\left(\frac{t}{\mu} - 1\right)\right) + e^{2\lambda/\mu} \Phi\left(-\sqrt{\frac{\lambda}{t}}\left(\frac{t}{\mu} + 1\right)\right)$$

IG 分布的期望和方差为

$$ET = \mu$$

$$\mathrm{Var}(T) = \frac{\mu^3}{\lambda}$$

IG 分布失效率表达式非常复杂，但是可证明为失效率形状为 UBT。值得注意的是，类似于 BS 分布失效率，IG 分布失效率同样也有渐近性。

从图 4.21 和图 4.22 中可以看出：

① λ 决定了失效率曲线的整体形状及尾部特征，λ 越大，峰值出现时间越靠后，曲线变化越平缓。存在 λ^*（$\lambda^* \approx 1$），当 $\lambda < \lambda^*$ 时，λ 越大，峰值越小；当 $\lambda > \lambda^*$ 时，λ 越大，峰值越大。

② 当 λ 不变时，μ 越大，峰值越小，峰值出现时间变化相对较小。

$$\lim_{t \to +\infty} \lambda(t) = \lim_{t \to +\infty} \frac{f(t)}{R(t)} = \lim_{t \to +\infty} -\frac{f'(t)}{f(t)} = \lim_{t \to +\infty} \frac{3}{2t} + \frac{\lambda}{2\mu^2}\left(1 - \frac{\mu^2}{t^2}\right) = \frac{\lambda}{2\mu^2}$$

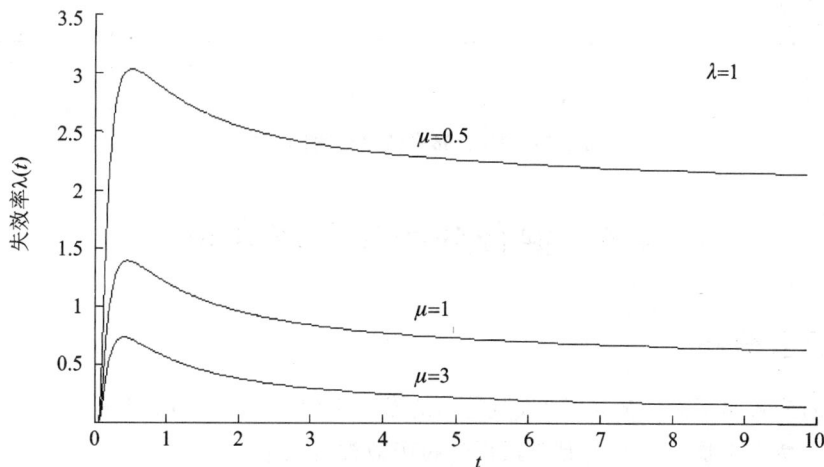

图 4.21　IG 分布失效率曲线（$\lambda = 1$）

BS 分布和 IG 分布形式上很相似，且失效率的形状特征也相同，这来源于两种失效模型的总损伤量的分布相同，即 $D(t) \sim N(vt, \sigma^2 t)$。但是两者对于到达失效的判定不同：BS 分布将 t 时刻超过阈值的概率作为该时刻的失效概率，不关心该时刻前退化量是否超过阈值；IG 分布来源于漂移布朗运动，失效时间 T 定为首达时间，T 之前任何时刻的退化量都不能超过阈值，因此要比 BS 分布失效时间 T 要提前。

对比两种分布相同参数下的 CDF（Cumulative Distribution Function，累积分布函数）为

$$F_{IG}(t) = \Phi\left(\sqrt{\frac{\lambda}{t}}\left(\frac{t}{\mu} - 1\right)\right) + \mathrm{e}^{2\lambda/\mu}\Phi\left(-\sqrt{\frac{\lambda}{t}}\left(\frac{t}{\mu} + 1\right)\right)$$

$$F_{BS}(t) = \Phi\left(\sqrt{\frac{\lambda}{t}}\left(\frac{t}{\mu} - 1\right)\right)$$

$F_{IG}(t) > F_{BS}(t)$，从而验证 IG 分布失效时间 T 比 BS 分布提前。

当漂移布朗运动模型的 $\mu \gg \sigma$ 时，损伤量增长近似为单调递增，首达时间对应于损伤积累超过阈值的时间，此时失效时间将和 BS 分布近似，IG 分布和 BS 分布很接近。

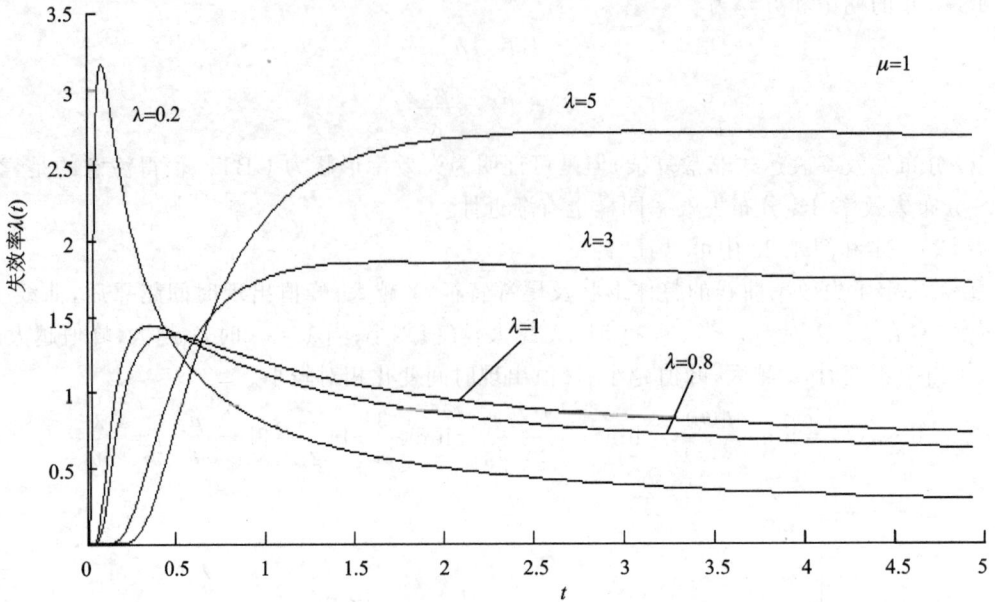

图 4.22　IG 分布失效率曲线($\mu = 1$)

4.6　混合分布和合成分布

4.6.1　混合分布

被混合的分布属于同一分布类型,但它们的参数不同。设 $F_i(t)$ 是随机变量 X_i 的分布函数,$i = 1, 2, \cdots, k$。于是一个 k 重混合累积分布函数被定义为

$$F(t) = \sum_{i=1}^{k} p_i F_i(t), \quad 0 \leqslant p_i \leqslant 1 \text{ 且 } \sum_{i=1}^{k} p_i = 1$$

通常 $F_i(t)$ 为第 i 个随机变量 X_i(也称其为子总体)的分布函数,p_i 称为混合参数。

k 重混合概率密度函数为

$$f(t) = \sum_{i=1}^{k} p_i f_i(t)$$

其中,$f_i(t)$ 是第 i 个子总体的概率密度函数。

通常在可靠性中用到多重威布尔分布,例如二重威布尔分布的混合分布函数为

$$F(t) = p \left\{ 1 - e^{-\left(\frac{t - \gamma_1}{\eta_1}\right)^{m_1}} \right\} + (1 - p) \left\{ 1 - e^{-\left(\frac{t - \gamma_2}{\eta_2}\right)^{m_2}} \right\}$$

二重威布尔分布的混合分布密度函数为

$$f(t) = \frac{p m_1}{\eta_1} \left(\frac{t - \gamma_1}{\eta_1}\right)^{m_1 - 1} e^{-\left(\frac{t - \gamma_1}{\eta_1}\right)^{m_1}} + \frac{(1 - p) m_2}{\eta_2} \left(\frac{t - \gamma_2}{\eta_2}\right)^{m_2 - 1} e^{-\left(\frac{t - \gamma_2}{\eta_2}\right)^{m_2}}$$

图 4.23 表示两个子总体参数分别为 $\eta_1 = \eta_2 = 1, m_1 = \dfrac{1}{2}, m_2 = 3, \gamma_1 = 0, \gamma_2 = 0.4$,而 $p = 0.2$

的二重威布尔分布的密度函数的图形。

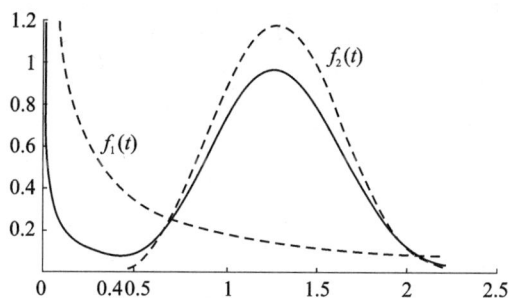

图 4.23　二重威布尔分布密度函数图

二重威布尔分布的失效率为

$$\lambda(t) = \frac{f(t)}{R(t)} = \frac{p f_1(t) + (1-p) f_2(t)}{p R_1(t) + (1-p) R_2(t)}$$

平均寿命可表示为

$$\theta = p\theta_1 + (1-p)\theta_2$$

其中，$\theta_j = \gamma_j + \eta_j \Gamma(1+1/m_j)$，$j=1,2$。

混合分布可用于描述质量不同的产品按一定比例混合以后形成的总体，质量不同是指在制造和生产批方面的差异。在进行数据处理时，应先将不同质量的产品分开统计，再进行混合处理。对于现场获得的数据，就存在有不同质量批混合的情况，对此，应对产品的出厂状况进行分析后，再作处理。

4.6.2　合成分布

有 r 个分量合成的累计分布函数

$$F(t) = F_j(t), \quad s_{j-1} \leqslant t \leqslant s_j, \quad j=1,2,\cdots,r$$

这里 $F_j(t)$ 称为合成分布的第 j 个分量的累积分布函数。参数 s_j 称为分割参数，r 个分量的合成分布只有 $r-1$ 个分割参数。合成分布的概率密度函数也可以表示为

$$f(t) = f_j(t), \quad s_{j-1} \leqslant t \leqslant s_j, \quad j=1,2,\cdots,r$$

其中，$f_j(t)$ 第 j 个分量的概率密度函数。

两个分量的威布尔合成分布的概率密度函数为

$$f(t) = \begin{cases} \dfrac{m_1(t-\gamma_1)^{m_1-1}}{t_{01}} e^{-\frac{(t-\gamma_1)^{m_1}}{t_{01}}}, & \gamma_1 \leqslant t \leqslant s \\[3mm] \dfrac{m_2(t-\gamma_2)^{m_2-1}}{t_{02}} e^{-\frac{(t-\gamma_2)^{m_2}}{t_{02}}}, & s \leqslant t \end{cases}$$

其中，$s > \gamma_2$，分布函数为

$$F(t)=\begin{cases} 1-e^{-\dfrac{(t-\gamma_1)^{m_1}}{t_{01}}}, & \gamma_1 \leqslant t \leqslant s \\[4mm] 1-e^{-\dfrac{(t-\gamma_2)^{m_2}}{t_{02}}}, & s \leqslant t \end{cases}$$

故障率为

$$\lambda(t)=\begin{cases} \dfrac{m_1(t-\gamma_1)^{m_1-1}}{t_{01}}, & \gamma_1 \leqslant t \leqslant s \\[4mm] \dfrac{m_2(t-\gamma_2)^{m_2-1}}{t_{02}}, & s \leqslant t \end{cases}$$

图 4.24 表示了 $\eta_1=\eta_2=1, m_1=\dfrac{1}{2}, m_2=3, \gamma_1=0, \gamma_2=0.4$ 且 $s=1$ 的两个分量的威布尔合成分布的图形。

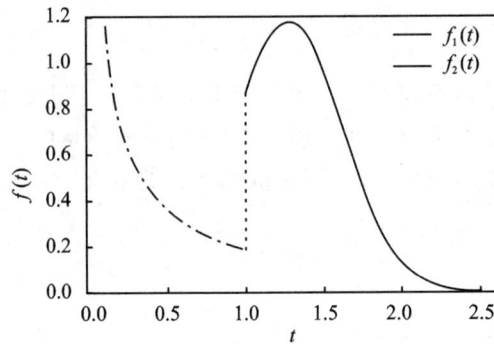

图 4.24　二重合成威布尔分布

合成分布的累积分布函数在分割点必须连续。所以,分割参数可用下述办法求得。如对两个分量的威布尔合成分布,有

$$F_1(t)=1-e^{-\left(\frac{t}{\eta_1}\right)^{m_1}}, \quad 0 \leqslant t \leqslant s$$

$$F_2(t)=1-e^{-\left(\frac{t}{\eta_2}\right)^{m_2}}, \quad s \leqslant t$$

$$\gamma_1=\gamma_2=0$$

在 $t=s$ 处,因为

$$F_1(s)=F_2(s)$$

即

$$1-e^{-\left(\frac{t}{\eta_1}\right)^{m_1}}=1-e^{-\left(\frac{t}{\eta_2}\right)^{m_2}}$$

得到

$$s = \left(\frac{\eta_1^{m_1}}{\eta_2^{m_2}} \right)^{1/(m_1-m_2)}$$

平均寿命可分段求解。合成分布的参数估计比起混合分布要容易一些,故有时为了数学上拟合的方便,近似用合成分布来代替混合分布。

习题四

4.1 某项试验每次成功的概率为 0.8,预定成功次数为 3 次,假设所需的试验次数为 X,试计算 X 恰好为 5 次的概率,并给出 X 的期望与方差。

4.2 假设一批成败型产品不合格率为 p,现采取抽检方案 (n,r) 验收该批产品,即简单有放回地抽取 n 个产品,如果出现至少 r 个次品,则拒收该批产品。求该批产品被拒收的概率?它是否可作为关于 p 的概率分布函数? 如果是,它是什么分布?

4.3 某种卫星用精密连接件的缺陷数 X 服从 Poisson 分布,即 $X \sim P(\lambda)$,已知单个连接件的平均缺陷数为 0.01。试验表明当一组(两个)相互独立的连接件上的缺陷数不多于 2 个就能保证卫星可靠连接。问这样一组连接件用在卫星上的可靠度为多少?

4.4 已知在时间间隔 t 内发生故障的次数 $N(t)$ 服从参数为 λt 的泊松分布,求相邻两次故障的时间间隔 T 的概率分布。

4.5 $T_1, T_2, \cdots$ 为独立同指数分布的随机变量,其概率密度函数为 $f_{T_i}(t_i) = \lambda e^{-\lambda t_i}$。设 X 服从预定成功次数 $s=1$ 的负二项分布,即 $P(X=k) = p(1-p)^{k-1}, k=1,2,\cdots, X$ 独立于 $T_i, \lambda > 0, 0 < p < 1$,证明:$Y = \sum_{i=1}^{X} T_i$ 服从指数分布,其概率密度函数为 $f_Y(y) = p\lambda e^{-p\lambda y}$。

4.6 如果随机变量 T 服从伽马分布 $Ga(k,\lambda)$,记 $L(t)$ 为已工作 t 时间后的平均剩余寿命。那么随着时间 t 增大,试推断平均剩余寿命将趋近于多少,即 $\lim\limits_{t \to +\infty} L(t)$?

4.7 设某电容电解质击穿电压随时间发生退化。设该批电容初始击穿电压 V_0 服从对数正态分布,即 $\ln V_0 \sim N(\mu_0, \sigma^2)$,试验观测到退化轨迹为 $\ln V(t) = \ln V_0 - t\beta \exp(-\gamma/T)$,其中,$\beta, \gamma > 0$。则任意时刻的电解质击穿电压 $V(t)$ 服从什么分布? 设失效阈值为 V_c,低至该阈值则认为失效,该批电容失效时间服从什么分布? 给出表达式。

4.8 某弹簧在工作应力条件下承受 10^5 次载荷循环后须要立即更换。若已知该弹簧在恒定应力条件下的疲劳寿命服从参数 $\mu=6, \sigma=0.1$ 的对数正态分布,试求在更换之前,弹簧失效的概率为多少。若要保证弹簧更换前具有 0.95 的可靠度,试问应在多少次载荷循环前更换。

4.9 某种由 n 个部件组成的串联系统,若每个部件的失效时间服从威布尔分布,且其形状参数为 $m_i=m$,尺度参数为 $\eta_i, i=1,2,\cdots,n$,则所组成的串联系统的失效时间服从什么分布?写出系统的可靠度函数和平均失效前时间。

4.10 某产品失效时间(单位:月)服从威布尔分布,尺度参数 $\eta=0.12$,形状参数 $m=0.334$,则使用 1 个月后的可靠度 $R(1)=0.13$。由于该威布尔分布的失效率为 DFR,因此可通过老炼的方式提高产品可靠性。则该类产品需要老炼多久才能使通过试验的产品使用 1 个月后的可靠度达到 0.8? 在老炼试验中有多大比率的产品会发生失效?

4.11 某种产品有且只有两种故障模式:过应力和老化。由统计得知:过应力引起的失效比例 p_1 为 0.1,失效时间 T_1 服从指数分布,其概率密度函数为 $f_1(t) = \lambda e^{-\lambda t}$, $t \geqslant 0$;老化引起的失效比例 p_2 为 0.9,失效时间 T_2 服从伽玛分布,其概率密度函数为 $f_2(t) = \dfrac{1}{\Gamma(2)} \lambda^2 t e^{-\lambda t}$, $t \geqslant 0$。若该产品的混合失效率函数为 $\lambda_p(t)$,试求 $\lim\limits_{t \to \infty} \lambda_p(t)$。

4.12 设 $X_1, X_2, \ldots, X_n$ 是来自威布尔分布的一组样本,其失效分布函数为:
$$F(x) = 1 - \exp\left[-(x/\eta)^m\right], \quad x \geqslant 0$$
其中 $m > 0$ 为形状参数,$\eta > 0$ 为尺度参数。证明:$Y = \min\{X_1, \ldots, X_n\}$ 仍服从威布尔分布。

4.13 已知 X 服从 Frechet 分布,其分布函数为 $F(x) = \exp\left[-(x/s)^{-m}\right]$。试给出 $Y = 1/X$ 的分布函数、概率密度函数以及失效率函数,并指出 Y 是何种分布。

4.14 某产品为疲劳失效,其疲劳失效时间服从 B-S 分布,其形状参数 $\alpha = 1.2$,尺度参数 $\beta = 65$ h,试计算该产品的平均寿命及工作时间为 20 h 时的不可靠度。

第 5 章　可靠性指标的点估计

第 4 章介绍的常用失效分布为分析数据提供了模型,其具体参数未知,需要根据来自总体的样本确定参数的点估计。

参数点估计就是利用样本确定分布参数的一个估计值。假设需要根据一组样本 $X_1, X_2, \cdots, X_n$,确定参数 θ 的估计 $\hat{\theta} = T(X_1, X_2, \cdots, X_n)$,其中,$T(X_1, X_2, \cdots, X_n)$ 称为统计量,它不含任何未知参数。通过参数的点估计值,进一步可以得到可靠性指标的点估计。

关于点估计方法的研究很多,本章结合常用的失效分布模型,主要介绍矩估计、极大似然估计、最小二乘估计和线性估计 4 种方法。

5.1　矩估计

5.1.1　完全数据的矩估计

设 $X_1, X_2, \cdots, X_n$ 是来自某总体的一个样本,以 μ_r 记总体的 r 阶原点矩,以 m_r 记由样本 $X_1, X_2, \cdots, X_n$ 得到的 r 阶样本原点矩,即

$$\mu_r = EX_1^r, \quad m_r = \frac{1}{n} \sum X_i^r \tag{5.1}$$

如果某参数 θ 可以表示为总体前 k 阶矩的函数,即

$$\theta = g(\mu_1, \mu_2, \cdots, \mu_k)$$

则可以用 $\hat{\theta}(X) = g(m_1, m_2, \cdots, m_k)$ 估计 θ,$\hat{\theta}(X)$ 即称为 θ 的矩估计。

从矩估计的做法可以看出,若总体的分布矩不存在,那么对分布参数或参数的函数,矩估计是无法获得的,这是矩估计的局限性。例如,对 Cauchy 分布,即

$$f(x; a, b) = \frac{b}{\pi [b^2 + (x-a)^2]}, \quad x \in \mathbf{R}$$

式中,$-\infty < a < \infty$,$b > 0$,它的期望和方差都不存在,因而无法获得参数 a, b 的矩估计。

例 5.1　设 $X_1, X_2, \cdots, X_n$ 是来自两点分布 $b(1, \theta)$ 的样本。如果 θ 表示某事件的成功概率,通常事件的成败机会比 $g(\theta) = \theta/(1-\theta)$ 是实际感兴趣的参数。求 $g(\theta)$ 的矩估计。

解:因 θ 是总体均值,由矩法,记 $\bar{X} = \frac{1}{n} \sum X_i$,则

$$T(X) = \bar{X}/(1 - \bar{X})$$

是 $g(\theta)$ 的一个矩估计。

另外,由于 $\mathrm{Var}_\theta(X) = \theta(1 - \theta)$,$g(\theta)$ 也可写成

$$g(\theta) = \theta^2 / [\theta(1 - \theta)]$$

从而 $\bar{X}^2/S_n^2$ 也是 $g(\theta)$ 的一个矩估计。

可见,矩估计存在不唯一的情况。在矩估计不唯一时,可以根据以下原则选择矩估计:

① 涉及的矩的阶数尽可能小,常用的矩估计一般只涉及一、二阶矩。

② 所用估计最好是(最小)充分统计量的函数。

5.1.2　定时截尾型数据的矩估计

当数据存在截尾情形时,截尾数据不代表真实失效时间,不能视为来自总体分布的独立同分布样本,因此,仍然使用完全样本矩估计将会产生偏差。

对于定时截尾型数据,以左定时截尾情况(所有 $t < t_0$ 的样本均缺失)为例,在此介绍一种基于平均剩余寿命的求矩估计方法。

假设 X 表示某产品的寿命,其分布函数为 $F(x)$。若产品工作到时间 t 仍能正常工作,记产品能继续工作的时间不超过 x 的概率为 $F_t(x)$,则有

$$F_t(x) = P(X - t \leqslant x \mid X > t) = \begin{cases} \dfrac{F(x+t) - F(t)}{1 - F(t)}, & x \geqslant 0 \\ 0, & x < 0 \end{cases}$$

称 $F_t(x)$ 为剩余寿命分布函数。

记为产品工作到时间 t 仍能正常工作的条件下还能工作的平均时间,则有

$$m(t) = \int_0^\infty x \, \mathrm{d}F_t(x) = \int_0^\infty (1 - F_t(x)) \, \mathrm{d}x = \frac{\int_t^{t\infty} R(x) \, \mathrm{d}x}{R(t)} \tag{5.2}$$

称 $m(t)$ 为平均剩余寿命,而产品寿命 $t' = t + \dfrac{\int_t^{+\infty} R(u) \, \mathrm{d}u}{R(t)}$。

在左定时截尾的情况下,$F_t(x)$ 就为观测样本所服从的分布,平均剩余寿命 $m(t)$ 为该分布的一阶矩。因此,矩估计可以通过使样本矩等于 $F_t(x)$ 的矩的方法实现。

5.1.3　指数分布截尾数据的矩估计

在本小节中,$X_i (i=1,2,\cdots,n)$ 表示第 i 件产品的寿命,$x_1,x_2,\cdots,x_n$ 为其观察值,$X_{(1)} \leqslant X_{(2)} \leqslant \cdots \leqslant X_{(n)}$ 为相应顺序统计量,$x_{(1)} \leqslant x_{(2)} \leqslant \cdots \leqslant x_{(n)}$ 为相应顺序统计量的观察值。

1. 定数截尾情形

假定某产品的寿命分布为 $F(x)$,将 n 件产品投入试验,到恰有 $r(r \leqslant n)$ 个失效时停止试验,即所获样本为 $X_{(1)} \leqslant X_{(2)} \leqslant \cdots \leqslant X_{(r)}$。特别地,当 $r = n$ 时,所得样本为完全数据,矩估计易得。

对于右截尾情形 $r < n$,若 X 服从单参数的指数分布,有密度函数 $f(x) = (1/\theta)e^{-x/\theta}, x \geqslant 0$,为了导出这种情形下的矩估计,令

$$U = \frac{1}{n} \left[\sum_{i=1}^r X_{(i)} + (n-r)(X_{(r)} + m(X_{(r)})) \right] \tag{5.3}$$

若 $E(U) = E(X)$,则可通过构造矩方程 $U = E(X)$ 获得参数 θ 的矩估计。下面证明 $E(U) = E(X)$。

对于单参数指数分布的定数截尾情形,令

$$
\begin{cases}
Y_1 = nX_{(1)}, \\
Y_i = (n-i+1)(X_{(i)} - X_{(i-1)}), 2 \leqslant i \leqslant r,
\end{cases}
$$

由式(3.45)可得,$Y_1, Y_2, \cdots, Y_r$ 相互独立,且均服从参数为 θ 的指数分布。

由于指数分布的无记忆性,剩余寿命仍服从参数为 θ 的指数分布,故平均剩余寿命为

$$
m(X_{(r)}) = \theta \tag{5.4}
$$

由式(5.3)和式(5.4)可得

$$
\begin{aligned}
E(U) &= E\left\{ \frac{1}{n} \Big[\sum_{i=1}^{r} X_{(i)} + (n-r)(X_{(r)} + m(X_{(r)})) \Big] \right\} \\
&= \frac{1}{n} \Big[\sum_{i=1}^{r} E(X_{(i)}) + (n-r)(E(X_{(r)}) + \theta) \Big] \\
&= \theta = E(X)
\end{aligned}
$$

故可构造矩方程 $U = E(X)$,最终得到 θ 的矩估计为 $\hat{\theta} = \dfrac{1}{r} \Big[\sum_{i=1}^{r} X_{(i)} + (n-r)X_{(r)} \Big]$,容易看出此结果也为 θ 的极大似然估计。

2. 定时截尾情形

假定 n 个产品投入试验,其寿命分布为 $F(x)$,给定截尾时间 T,所获样本为 $X_{(1)} \leqslant X_{(2)} \leqslant \cdots \leqslant X_{(r)} \leqslant T$,$r$ 是时间 T 前产品失效数。

若 X 服从单参数的指数分布,有密度函数 $f(x) = (1/\theta) \mathrm{e}^{-x/\theta}$,$x \geqslant 0$。为了导出这种情形下的矩估计,令

$$
W = \frac{1}{n} \Big[\sum_{i=1}^{n} X_{(i)} I_{[0,T]}(X_{(i)}) + \Big(\sum_{i=1}^{n} I_{(T,\infty)}(X_{(i)}) \Big)(T + m(T)) \Big]
$$

式中,$I_E(x)$ 为集合 E 上的示性函数,即 $I_E(x) = \begin{cases} 1, & x \in E \\ 0, & x \notin E \end{cases}$

若 $E(W) = E(X)$,则可通过构造矩方程 $W = E(X)$ 获得参数 θ 的矩估计。下面证明 $E(W) = E(X)$。

由于指数分布的无记忆性,剩余寿命仍服从参数为 θ 的指数分布,故平均剩余寿命为 $m(T) = \theta$。因此,

$$
\begin{aligned}
E(W) &= \frac{1}{n} \Big[\sum_{i=1}^{n} E(X_{(i)} I_{[0,T]}(X_{(i)})) + \Big(\sum_{i=1}^{n} E(I_{(T,\infty)}(X_{(i)})) \Big)(T + m(T)) \Big] \\
&= \frac{1}{n} \Big[E\Big[\sum_{i=1}^{r} X_{(i)} \Big] + (n-r)(T + \theta) \Big] \\
&= \theta = E(X)
\end{aligned}
$$

故可构造矩方程 $W = E(X)$,最终得到 θ 的矩估计为 $\hat{\theta} = \dfrac{1}{r} \Big[\sum_{i=1}^{r} X_{(i)} + (n-r)T \Big]$,容易看出此结果也为 θ 的极大似然估计。

5.2　极大似然估计

极大似然方法是统计学中最重要且应用最广泛的方法之一。该方法最初由德国数学家 Gauss 于 1821 年提出，但未得到重视，R. A. Fisher 在 1922 年再次提出了极大似然的思想，并探讨了它的性质，使之得到广泛的研究和应用。

5.2.1　极大似然估计的定义

在概率统计中，概率密度函数 $f(x;\theta)$ 扮演了重要角色。当 θ 已知时，$f(x;\theta)$ 显示概率密度如何随 x 变化；反过来，当样本 x 给定后，可考虑对不同的 θ，概率密度如何变化，它反映了对 x 的解释能力，这便是似然。极大似然的基本思想是：由于样本来自总体，因此，样本在一定程度上能够反映总体的特征。如果在一次试验中得到了样本的观测值 $x=(x_1,x_2,\cdots,x_n)$，那么可以认为，既然在一次试验中，这个事件就发生了；则该事件发生的概率应该很大。因此，在 θ 的一切可能取值中，选取使样本观测值结果出现概率达到最大的值作为 θ 的估计值，记为 $\hat{\theta}$，这便是极大似然估计。

根据上述思想，设总体的分布密度函数为 $f(x;\theta)$，其中，$\theta=(\theta_1,\theta_2,\cdots,\theta_k)$ 为待估参数向量。记 $x=(x_1,x_2,\cdots,x_n)$ 为从总体中得到的一组样本观测值，抽样得到这组观测值的概率为 $\prod_{i=1}^{n}f(x_i;\theta)\mathrm{d}x_i$，让其概率达到最大，从而求得 θ 的估计值 $\hat{\theta}$。方便起见，称

$$L(x;\theta)=\prod_{i=1}^{n}f(x_i;\theta) \tag{5.5}$$

为 θ 的似然函数，对其求极大值，得到参数 θ 的估计值。有时也采用似然函数的对数 $\ln L(x;\theta)$，称为 θ 的对数似然函数。由于对数变换是严格单调的，所以 $L(x;\theta)$ 和 $\ln L(x;\theta)$ 在寻求极大值时是等价的。在极大似然估计存在时，经常通过求解下述的似然方程，计算估计值 $\hat{\theta}$

$$\frac{\partial L(x;\theta)}{\partial\theta}=0 \tag{5.6}$$

或者

$$\frac{\partial\ln L(x;\theta)}{\partial\theta}=0 \tag{5.7}$$

5.2.2　极大似然估计的性质

1. 极大似然估计的不变准则

如果 $\hat{\theta}$ 是 θ 的极大似然估计，$g(\theta)$ 是 θ 的连续函数，则 $g(\hat{\theta})$ 也是 $g(\theta)$ 的极大似然估计。这一优良性质称为极大似然估计的不变准则，该准则有效扩大了极大似然估计的应用范围。例如，对正态分布 $N(\mu,\sigma^2)$，由于 $\hat{\mu}$ 与 $\hat{\sigma}$ 分别是 μ 与 σ 的极大似然估计，而概率 $P=P(X\leqslant a)=\Phi((a-\mu)/\sigma)$ 是 μ 与 σ 的函数，因此，由不变准则得到其极大似然估计

$\Phi((a-\hat{\mu})/\hat{\sigma})$。

2. 极大似然估计的相合性与渐近正态性

设简单随机样本 $X_1, X_2, \cdots, X_n$ 来自密度函数为 $f(x;\theta)$ 的分布。

定理 5.1：若 $\ln f(x;\theta)$ 在参数集 Θ 上可微，且 $f(x;\theta)$ 是可识别的（$\forall \theta \neq \theta'$，$\{x:f(x;\theta) \neq f(x;\theta')\}$ 不是零测集），则似然方程在 $n \to +\infty$ 时，以概率 1 有解，且此解关于 θ 是相合的。

证明参见《高等数理统计》（茆诗松等，2006 年）。对于常见的分布类型，该定理条件均满足，因此，很多情况下极大似然估计可以得到相合估计。

在介绍极大似然估计的渐近正态性之前，首先，根据对数似然函数 $\ln L(x;\theta)$，给出 Fisher 信息量矩阵的定义。若随机向量

$$S_\theta(x) = \left(\frac{\partial \ln L(x;\theta)}{\partial \theta_1}, \frac{\partial \ln L(x;\theta)}{\partial \theta_2}, \cdots, \frac{\partial \ln L(x;\theta)}{\partial \theta_k} \right)^{\mathrm{T}} \tag{5.8}$$

对任意 θ 满足 $S_\theta(x)$ 有定义，且 $E_\theta S_\theta(x)=0$，则把 $S_\theta(x)$ 的协方差阵

$$I(\theta) = Var_\theta(S_\theta(x)) = E_\theta[S_\theta(x)S_\theta^T(x)] \tag{5.9}$$

称为 Fisher 信息量矩阵，简称 Fisher 信息阵。

接下来，介绍极大似然估计的渐近正态性。

定理 5.2：　假设来自某总体的完全样本，其样本量为 n，若总体分布概率密度函数 $f(x;\theta)$ 满足：

① 在参数真值 θ_0 的邻域内，$\partial \ln f/\partial\theta$，$\partial^2 \ln f/\partial\theta^2$，$\partial^3 \ln f/\partial\theta^3$ 对所有 x 都存在。

② 在参数真值 θ_0 的邻域内，$|\partial^3 \ln f/\partial\theta^3| \leqslant H(x)$，且 $EH(x) < \infty$。

③ 在参数真值 θ_0 处，

$$E_{\theta_0}\left[\frac{1}{f(x;\theta_0)} \frac{\partial f}{\partial\theta}\right]=0, \quad E_{\theta_0}\left[\frac{1}{f(x;\theta_0)} \frac{\partial^2 f}{\partial\theta^2}\right]=0, \quad I(\theta_0)=E_{\theta_0}\left[\frac{1}{f(x;\theta_0)} \frac{\partial f}{\partial\theta}\right]^2 > 0$$

记 $\hat{\theta}_n$ 为 $n \to \infty$ 时似然方程的相合解，则

$$\sqrt{n}(\hat{\theta}_n - \theta_0) \xrightarrow{L} N(0, I^{-1}(\theta_0)) \tag{5.10}$$

证明：由于 $\hat{\theta}_n$ 为 $n \to \infty$ 时似然方程的解，故 $\hat{\theta}_n \xrightarrow{P} \theta_0$。将 $\frac{\partial \ln L}{\partial\theta}$ 在 θ_0 处进行泰勒(Taylor)展开，有

$$\frac{\partial \ln L}{\partial\theta} = \frac{\partial \ln L}{\partial\theta}\bigg|_{\theta_0} + (\theta-\theta_0)\frac{\partial^2 \ln L}{\partial\theta^2}\bigg|_{\theta_0} + \frac{(\theta-\theta_0)^2}{2}\frac{\partial^3 \ln L}{\partial\theta^3}\bigg|_{\theta_1}$$

式中 θ_1 介于 θ 和 θ_0 之间。取 $\theta=\hat{\theta}_n$，得

$$0 = \frac{\partial \ln L}{\partial\theta}\bigg|_{\hat{\theta}_n} = \frac{\partial \ln L}{\partial\theta}\bigg|_{\theta_0} + (\hat{\theta}_n-\theta_0)\frac{\partial^2 \ln L}{\partial\theta^2}\bigg|_{\theta_0} + \frac{(\hat{\theta}_n-\theta_0)^2}{2}\frac{\partial^3 \ln L}{\partial\theta^3}\bigg|_{\theta_1}$$

式中 θ_1 介于 θ 和 $\hat{\theta}_n$ 之间，故 $\theta_1 \xrightarrow{P} \theta_0 (n \to \infty)$。于是，由上式得

$$\sqrt{n}(\hat{\theta}_n - \theta_0) = \frac{-\sqrt{n} \dfrac{1}{n} \dfrac{\partial \ln L}{\partial\theta}\bigg|_{\theta_0}}{\dfrac{1}{n}\left[\dfrac{\partial^2 \ln L}{\partial\theta^2}\bigg|_{\theta_0} + \dfrac{(\hat{\theta}_n-\theta_0)}{2}\dfrac{\partial^3 \ln L}{\partial\theta^3}\bigg|_{\theta_1}\right]} \tag{5.11}$$

因为 $\ln L = \sum_{i=1}^{n} \ln f(x_i;\theta)$，故 $\left.\dfrac{\partial \ln L}{\partial \theta}\right|_{\theta_0}$，$\left.\dfrac{\partial^2 \ln L}{\partial \theta^2}\right|_{\theta_0}$ 为独立同分布变量和。由条件③有

$$\mathrm{E}_{\theta_0}\left[\left.\dfrac{\partial \ln f(x;\theta)}{\partial \theta}\right|_{\theta_0}\right] = 0$$

$$\mathrm{Var}_{\theta_0}\left[\left.\dfrac{\partial \ln f(x;\theta)}{\partial \theta}\right|_{\theta_0}\right] = I(\theta_0)$$

从而由中心极限定理可得

$$\sqrt{n}\,\dfrac{1}{n}\left.\dfrac{\partial \ln L}{\partial \theta}\right|_{\theta_0} \xrightarrow{L} N(0, I(\theta_0)) \qquad (5.12)$$

又

$$\mathrm{E}_{\theta_0}\left[\left.\dfrac{\partial^2 \ln f(x;\theta)}{\partial \theta^2}\right|_{\theta_0}\right] = \mathrm{E}_{\theta_0}\left[\dfrac{f''(x;\theta_0)}{f(x;\theta_0)} - \left(\dfrac{f'(x;\theta_0)}{f(x;\theta_0)}\right)^2\right] = -I(\theta_0)$$

由强大数定律知

$$\dfrac{1}{n}\left.\dfrac{\partial^2 \ln L}{\partial \theta^2}\right|_{\theta_0} \xrightarrow{\text{a.s.}} I(\theta_0) \qquad (5.13)$$

又当 $n \to \infty$ 时，θ_1 在 θ_0 的邻域内，$\left|\left.\dfrac{\partial^3 \ln f(x;\theta)}{\partial \theta^3}\right|_{\theta_1}\right| < H(x)$，于是 $\dfrac{1}{n}\left.\dfrac{\partial^3 \ln L}{\partial \theta^3}\right|_{\theta_1} = O_p(1)$，故

$$\dfrac{1}{n}\dfrac{(\hat{\theta}_n - \theta_0)}{2}\left.\dfrac{\partial^3 \ln L}{\partial \theta^3}\right|_{\theta_1} \xrightarrow{P} 0 \qquad (5.14)$$

由式(5.13)和式(5.14)可知，式(5.11)的分母依概率收敛到 $-I(\theta_0)$，而式(5.12)表明式(5.11)的分子依分布收敛到 $N(0, I(\theta_0))$，应用 Slustky 定理，极大似然估计的渐近正态性得证。极大似然估计的渐近正态性为大样本下参数 θ 的区间估计提供了一定的理论基础。

5.2.3　分布参数及指标的极大似然估计

在可靠性试验中，需要根据不同的数据类型，建立相应的似然函数。当试验数据为完全寿命数据 $t = (t_1, t_2, \cdots, t_n)$ 时，似然函数

$$L(t;\theta) = \prod_{i=1}^{n} f(t_i;\theta)$$

然而，在一些情况下不能得到完全寿命数据。例如，在定时截尾寿命试验中，到试验截止时间 t_s 为止，共有 r 个产品失效，$n-r$ 个产品未失效。其中，r 个产品的失效时间从小到大按顺序排列为

$$t_{(1)} \leqslant t_{(2)} \leqslant \cdots \leqslant t_{(r)} \leqslant t_s$$

对于这样的不完全数据，似然函数

$$L(t;\theta) = \dfrac{n!}{(n-r)!}\prod_{i=1}^{r} f(t_{(i)};\theta)[1 - F(t_s;\theta)]^{n-r} \qquad (5.15)$$

式中，$F(t;\theta)$ 为总体的累积失效分布函数。不完全数据还包括定数截尾数据与随机截尾数据等。

1. 完全数据

以单参数指数分布为例，假定所有试验样品的寿命变量相互独立，并且服从单参数指数

分布

$$f(t) = \lambda e^{-\lambda t}, \quad 或 \quad f(t) = \frac{1}{\theta} e^{-t/\theta}, \quad t \geqslant 0 \tag{5.16}$$

假定 n 个样品参加试验，全部做到失效，待估参数平均寿命 $\theta = 1/\lambda$，λ 为失效率。其似然函数为

$$L(\lambda) = \prod_{i=1}^{n} f(t_i; \lambda) = \prod_{i=1}^{n} \lambda e^{-\lambda t_i} = \lambda^n \cdot \exp\left\{ -\lambda \sum_{i=1}^{n} t_i \right\} \tag{5.17}$$

式中，t_i 为第 i 个样品的失效时间，$i = 1, 2, \cdots, n$。对上式两边取对数，有

$$\ln L(\lambda) = n \ln \lambda - \lambda \sum_{i=1}^{n} t_i \tag{5.18}$$

求导得到似然方程

$$\frac{d \ln L(\lambda)}{d\lambda} = \frac{n}{\lambda} - \sum_{i=1}^{n} t_i = 0 \tag{5.19}$$

解得

$$\hat{\lambda} = n / \sum_{i=1}^{n} t_i \tag{5.20}$$

于是，平均寿命的估计为

$$\hat{\theta} = \sum_{i=1}^{n} t_i / n \tag{5.21}$$

简便起见，记 $T = \sum_{i=1}^{n} t_i$ 为总试验时间，则

$$\hat{\theta} = T/n \quad 或 \quad \hat{\lambda} = n/T \tag{5.22}$$

2. 无替换定数截尾数据

下面介绍指数分布在无替换定数截尾情形下的极大似然估计。指数分布概率密度为 $f(t) = (1/\theta) e^{-t/\theta}$，$t > 0$。假设投入 n 个样品进行试验，至 r 个失效时停止，观测到失效时间的顺序样本为 $t_{(1)} \leqslant t_{(2)} \leqslant \cdots \leqslant t_{(r)}$。其似然函数可写为

$$L(\theta) = C \prod_{i=1}^{r} f(t_{(i)}) R^{n-r}(t_{(r)}) = C \left(\frac{1}{\theta} \right)^r e^{-\left[\sum_{i=1}^{r} t_{(i)} + (n-r) t_{(r)} \right] / \theta} \tag{5.23}$$

$$\ln L(\theta) = \ln C - r \ln \theta - \frac{\sum_{i=1}^{r} t_{(i)} + (n-r) t_{(r)}}{\theta} \tag{5.24}$$

对式(5.24)关于 θ 求导，得到如下似然方程

$$\frac{d \ln L(\theta)}{d\theta} = -\frac{r}{\theta} + \frac{\sum_{i=1}^{r} t_{(i)} + (n-r) t_{(r)}}{\theta^2} = 0 \tag{5.25}$$

解得参数 θ 的极大似然估计 $\hat{\theta}$ 为

$$\hat{\theta} = \frac{\sum_{i=1}^{r} t_{(i)} + (n-r) t_{(r)}}{r} \tag{5.26}$$

　　一般而言,分布参数的极大似然估计不一定有解析解,经常需要通过数值方法求解。例如定数截尾试验情形下,两参数威布尔分布 $W(m,\eta)$,其密度函数

$$f(t) = \frac{m}{\eta}(t/\eta)^{m-1}\mathrm{e}^{-(t/\eta)^m}, \quad t \geqslant 0, m, \eta > 0 \tag{5.27}$$

　　假设投入 n 个样品进行试验,至 r 个失效时停止,观测到失效时间的顺序样本为 $t_{(1)} \leqslant t_{(2)} \leqslant \cdots \leqslant t_{(r)}$。其似然函数可写为

$$L(m,\eta) = \frac{n!}{(n-r)!}\prod_{i=1}^{r}\frac{m}{\eta}\left(\frac{t_{(i)}}{\eta}\right)^{m-1}\mathrm{e}^{-(t_{(i)}/\eta)^m} \times \left[\mathrm{e}^{-(t_{(r)}/\eta)^m}\right]^{n-r} \tag{5.28}$$

对式(5.28)取对数并求导,得到如下似然方程组

$$\frac{\partial \ln L}{\partial m} = \sum_{i=1}^{r}\left[\frac{1}{m} + \ln t_{(i)} - \ln\eta - \left(\frac{t_{(i)}}{\eta}\right)^m \ln\frac{t_{(i)}}{\eta}\right] - (n-r)\left(\frac{t_{(r)}}{\eta}\right)^m \ln\left(\frac{t_{(r)}}{\eta}\right) = 0$$

$$\frac{\partial \ln L}{\partial \eta} = -\frac{mr}{\eta} + \frac{m}{\eta}\sum_{i=1}^{r}\left(\frac{t_{(i)}}{\eta}\right)^m + (n-r)\left(\frac{t_{(r)}}{\eta}\right)^m\frac{m}{\eta} = 0$$

$$\tag{5.29}$$

经整理化简后,可得

$$\frac{\displaystyle\sum_{i=1}^{r}t_{(i)}^m\ln t_{(i)} + (n-r)t_{(r)}^m\ln t_{(r)}}{\displaystyle\sum_{i=1}^{r}t_{(i)}^m + (n-r)t_{(r)}^m} - \frac{1}{m} - \frac{1}{r}\sum_{i=1}^{r}\ln t_{(i)} = 0$$

$$\eta^m = \frac{1}{r}\left[\sum_{i=1}^{r}t_{(i)}^m + (n-r)t_{(r)}^m\right]$$

$$\tag{5.30}$$

这是两个超越方程,需用数值方法迭代求解。

　　对于定时截尾试验与随机截尾试验以及三参数威布尔分布,可使用类似方法得到其参数的极大似然估计。

3. 无替换定时截尾数据

　　以对数正态分布为例,其密度函数是 $LN(\mu,\sigma)$,

$$f(t) = \frac{1}{\sqrt{2\pi}\sigma t}\mathrm{e}^{-\frac{(\ln t - \mu)^2}{2\sigma^2}}, \quad t > 0 \tag{5.31}$$

　　以定时截尾试验样本为例,推导分布参数的极大似然估计。设样本量为 n,试验至 t_0 时截止,共失效 r 个,其顺序样本为

$$t_{(1)} \leqslant t_{(2)} \leqslant \cdots \leqslant t_{(r)} \leqslant t_0 \Leftrightarrow \ln t_{(1)} \leqslant \ln t_{(2)} \leqslant \cdots \leqslant \ln t_{(r)} \leqslant \ln t_0 \tag{5.32}$$

则似然函数为

$$L(\mu,\sigma) = \frac{n!}{(n-r)!}\left(\frac{1}{\sqrt{2\pi}\sigma}\right)^r\prod_{i=1}^{r}\frac{1}{t_{(i)}}\mathrm{e}^{-\left\{\frac{1}{2\sigma^2}[\ln t_{(i)} - \mu]^2\right\}} \cdot \left[1 - \Phi\left(\frac{\ln t_0 - \mu}{\sigma}\right)\right]^{n-r}$$

$$\tag{5.33}$$

　　设 $Z_0 = (\ln t_0 - \mu)/\sigma$,标准正态分布函数 $\Phi(-Z_0) = 1 - \Phi(Z_0)$,并记 $\phi(Z_0)$ 为标准正态分布密度函数,则使用极大似然方法,可得方程组(5.34)

$$\frac{\partial \ln L}{\partial \mu} = \frac{1}{\sigma^2} \sum_{i=1}^{r} (\ln t_{(i)} - \mu) + \frac{n-r}{\sigma} \frac{\phi(Z_0)}{\Phi(-Z_0)} = 0 \left.\begin{array}{c}\\\\\end{array}\right\}$$

$$\frac{\partial \ln L}{\partial \sigma} = -\frac{r}{\sigma} + \frac{1}{\sigma^3} \sum_{i=1}^{r} (\ln t_{(i)} - \mu)^2 + (n-r) \frac{\phi(Z_0)}{\Phi(-Z_0)} \cdot \frac{\ln t_0 - \mu}{\sigma^2} = 0 \right\}$$

(5.34)

使用数值方法求解上述超越方程组，即可得到参数 μ, σ 的极大似然估计。

对于定数截尾寿命试验，与定时截尾相同，只需令 t_0 为 $t_{(r)}$ 即可。正态分布与对数正态分布估计的不同之处在于不必对其寿命数据取对数，即式中的 $\ln t_{(i)}$ 直接用 $t_{(i)}$ 代替即可。

4. 有替换定数截尾数据

下面介绍指数分布在有替换定数截尾情形下的极大似然估计。设其概率密度函数为 $f(t) = (1/\theta) e^{-t/\theta}, t>0$，假设试验开始时，共有 n 个样品进行寿命试验（相当于 n 个试验台，每个试验台有一个样品），每当有样品失效时，则用一个新的样品去替换失效样品，至观测到共有 r 个失效时试验停止，观测到失效时间的顺序样本为 $t_{(1)} \leqslant t_{(2)} \leqslant \cdots \leqslant t_{(r)}$。

由于试验结束前、新替换上的样品也可能发生失效，因此，每个试验台上可能发生多次失效。假设第 i 个试验台上共发生 k_i 次失效，对应的失效时间序列为 $t_{\langle i_1 \rangle} \leqslant t_{\langle i_2 \rangle} \leqslant \cdots \leqslant t_{\langle i_{k_i} \rangle}$，第 i 个试验台上的第 j 次失效的时间 $t_{\langle i_j \rangle} \in \{t_{(1)}, t_{(2)}, \cdots, t_{(r)}\}, j=1,2,\cdots,k_i$，且 $\sum_{i=1}^{n} k_i = r$。令 $t_{\langle i_0 \rangle} = t_{(0)} \equiv 0$ 表示试验开始，则该序列对应的似然函数为

$$L_i(\theta) = C \prod_{j=1}^{k_i} f(t_{\langle i_j \rangle} - t_{\langle i_{j-1} \rangle}) R(t_{(r)} - t_{\langle i_{k_i} \rangle}) = \left(\frac{1}{\theta}\right)^{k_i} e^{-\frac{t_{(r)}}{\theta}}$$

(5.35)

由于各个试验台样品相互独立，则总的似然函数为

$$L(\theta) = \prod_{i=1}^{n} L_i(\theta) = \left(\frac{1}{\theta}\right)^{\sum_{i=1}^{n} k_i} e^{-\frac{n t_{(r)}}{\theta}} = \left(\frac{1}{\theta}\right)^{r} e^{-\frac{n t_{(r)}}{\theta}}$$

(5.36)

极大化式(5.36)，得

$$\hat{\theta} = \frac{n t_{(r)}}{r}$$

(5.37)

5. 随机截尾数据

从指数分布的总体中随机抽取 n 个样品进行寿命试验，试验中有 r 个样品失效，失效时间依次为 $t_{(1)}, t_{(2)}, \cdots, t_{(r)}$，其中，$k$ 个样品未失效中途撤离试验，称为删除样品，删除时间记为 $\tau_1, \tau_2, \cdots, \tau_k$，删除时间和失效时间可相同，也可不同，且 $n = r + k$。以指数分布为例，根据 3.4.3 节导出的式(3.39)，写出似然函数为

$$L(\theta) = C \prod_{i=1}^{r} \left(\frac{1}{\theta} e^{-t_{(i)}/\theta}\right) \prod_{j=1}^{k} (e^{-\tau_j/\theta})$$

(5.38)

解对数似然方程，得

$$\hat{\theta} = \left(\sum_{i=1}^{r} t_{(i)} + \sum_{j=1}^{k} \tau_j\right) / r$$

(5.39)

令总试验时间 $T = \sum_{i=1}^{r} t_{(i)} + \sum_{j=1}^{k} \tau_j$，则

$$\hat{\theta} = \frac{T}{r} \quad 或 \quad \hat{\lambda} = \frac{r}{T}$$

(5.40)

与前述情形类似,可给出可靠度和可靠寿命的估计。

例 5.2　表 5.1 为陀螺寿命试验数据表。有 11 部陀螺进行寿命试验,在发生第一部失效的时候,撤下 3 部未失效的陀螺。在第二部和第三部失效时,分别撤下 2 部未失效的陀螺,余下的一直到失效为止,失效数据见表 5.1,设陀螺寿命服从指数分布,求平均寿命的估计值。

表 5.1　陀螺寿命试验数据

失效时间/h	失效数	删除数	失效时间/h	失效数	删除数
34	1	3	169	1	2
113	1	2	237	1	0

解：该试验为随机截尾试验,样品数 $n=11$,失效数 $r=4$,删除数 $k=7$,总试验时间为

$$T = \sum_{i=1}^{r} t_{(i)} + \sum_{j=1}^{k} \tau_j$$
$$= (34 + 113 + 169 + 237 + 3 \times 34 + 2 \times 113 + 2 \times 169)\,\text{h}$$
$$= 1\,219\,\text{h}$$

因此,陀螺平均寿命的估计值

$$\hat{\theta} = \frac{T}{r} = (1\,219/4)\,\text{h} = 304.75\,\text{h}$$

6. 定时间隔测试试验的参数估计

抽取 n 个样品进行寿命试验,在时间 $t_1, t_2, \cdots, t_k$ 时进行观测,并至 t_k 时停止试验,作如下假定：

① 随机抽取 n 个样品进行试验,并且样品的寿命服从单参数指数分布;

② 测试时间为 $0 \equiv t_0 < t_1 < t_2 < \cdots < t_k < \infty \equiv t_{k+1}$;

③ 具体失效时间落入时间间隔 (t_{i-1}, t_i) 中的个数为 $r_i (i=1,2,\cdots,k)$,因此,有 $n - \sum_{i=1}^{k} r_i$ 个落入 (t_k, ∞) 内,并且 r_i 是随机的。

总失效数为 $r = \sum_{i=1}^{k} r_i$,$r_{k+1} = n - r$。至 t_k 截止时还有 $n-r$ 个未失效,则称为定时间隔测试截尾寿命试验。一个产品在测试间隔 (t_{i-1}, t_i) 内失效的概率为

$$P_i = P(t_{i-1} < T \leqslant t_i) = F(t_i) - F(t_{i-1}) = \mathrm{e}^{-\lambda t_{i-1}} - \mathrm{e}^{-\lambda t_i}, \quad i=1,2,\cdots,k \quad (5.41)$$

则 r_i 个产品在测试间隔 (t_{i-1}, t_i) 内失效的概率为

$$P_i^{r_i} = [\mathrm{e}^{-\lambda t_{i-1}} - \mathrm{e}^{-\lambda t_i}]^{r_i} \quad (5.42)$$

而 $n-r$ 个产品到 t_k 时未失效的概率为

$$P_{k+1}^{n-r} = \mathrm{e}^{-\lambda(n-r)t_k} \quad (5.43)$$

则似然函数为

$$L(\lambda) = C \left[\prod_{i=1}^{k} P_i^{r_i} \right] P_{k+1}^{n-r} = C \prod_{i=1}^{k} (\mathrm{e}^{-\lambda t_{i-1}} - \mathrm{e}^{-\lambda t_i})^{r_i} \cdot \mathrm{e}^{-\lambda(n-r)t_k} \quad (5.44)$$

式中,C 为常数。对式(5.44)取对数并求导,得似然方程

$$\frac{\partial \ln L(\lambda)}{\partial \lambda} = \sum_{i=1}^{k} r_i \frac{t_i \mathrm{e}^{-\lambda t_i} - t_{i-1} \mathrm{e}^{-\lambda t_{i-1}}}{\mathrm{e}^{-\lambda t_{i-1}} - \mathrm{e}^{-\lambda t_i}} - (n-r)t_k = 0 \quad (5.45)$$

式(5.45)为超越方程,需要数值求解。设测试间隔 $h_i = t_i - t_{i-1}$,$(i=1,2,\cdots,k)$,对于等时间隔测试的特殊情况,$h_1 = h_2 = \cdots = h_k = h$,相应的测试时间为 $t_0 = 0$,$t_1 = h$,$t_2 = 2h$,$\cdots$,$t_k = kh$。则方程可写为

$$\sum_{i=1}^{k} r_i \frac{i(1-\mathrm{e}^{h\lambda}) + \mathrm{e}^{h\lambda}}{\mathrm{e}^{h\lambda} - 1} - (n-r)k = 0 \tag{5.46}$$

经化简可得

$$\mathrm{e}^{\lambda h} = 1 + \frac{\displaystyle\sum_{i=1}^{k} r_i}{(n-r)k + \displaystyle\sum_{i=1}^{k} r_i(i-1)} \tag{5.47}$$

故

$$\hat{\lambda} = \frac{1}{h} \ln\left[1 + \frac{\displaystyle\sum_{i=1}^{k} r_i}{(n-r)k + \displaystyle\sum_{i=1}^{k} r_i(i-1)}\right] \tag{5.48}$$

又因为 $\displaystyle\sum_{i=1}^{k} r_i = r$,所以

$$\hat{\lambda} = \frac{1}{h} \ln\left[1 + \frac{r}{(n-r)k + \displaystyle\sum_{i=1}^{k} r_i(i-1)}\right] \tag{5.49}$$

即

$$\hat{\theta} = \frac{h}{\ln\left\{1 + r/[(n-r)k + \displaystyle\sum_{i=1}^{k} r_i(i-1)]\right\}} \tag{5.50}$$

如果只测试一次,即 $k=1$,$h=t_1$,有

$$\hat{\lambda} = \frac{1}{t_1} \ln \frac{n}{n-r} \tag{5.51}$$

例 5.3　从某批电子元件中,随机抽取 45 只产品进行非替换寿命试验,采用等时间隔测试的方法,测试时间为 $t_0 = 0, t_1 = 200\ \mathrm{h}, t_2 = 400\ \mathrm{h}, t_3 = 600\ \mathrm{h}, t_4 = 800\ \mathrm{h}$,相应的失效个数如表 5.2 所列。

表 5.2　电子元件寿命试验数据

测试间隔/h	0～200	200～400	400～600	600～800	800～+∞
失效个数	7	10	8	13	7

试验进行到 800 h 停止。已知该元件寿命分布是单参数指数分布,试估计平均寿命。

解: $h=200\ \mathrm{h}, k=4, r_1=7, r_2=10, r_3=8, r_4=13, r_5=7$,

$$r = \sum_{i=1}^{4} r_i = (7+10+8+13) = 38$$

平均寿命

$$\hat{\theta} = h/\ln\left[1 + \frac{r}{(n-r)k + \sum\limits_{i=1}^{k} r_i(i-1)}\right]$$

$$= 200/\ln\left[1 + \frac{38}{(45-38)\times 4 + (1-1)\times 7 + (2-1)\times 10 + (3-1)\times 8 + (4-1)\times 13}\right] h$$

$$= 583.8 \text{ h}$$

5.3 最小二乘估计

5.3.1 最小二乘估计简介

设因变量 Y 与自变量 $\boldsymbol{X} = (1, \boldsymbol{X}_1, \boldsymbol{X}_2, \cdots, \boldsymbol{X}_{p-1})^{\text{T}}$ 具有线性关系,则

$$Y = \theta_0 + \theta_1 \boldsymbol{X}_1 + \theta_2 \boldsymbol{X}_2 + \cdots + \theta_{p-1} \boldsymbol{X}_{p-1} = \boldsymbol{X}^{\text{T}} \boldsymbol{\theta}$$

式中,$\boldsymbol{\theta} = (\theta_0, \theta_1, \cdots, \theta_{p-1})^{\text{T}}$。考虑观测或试验的随机干扰因素影响,实际中,在 Y 与 $\boldsymbol{X}$ 的线性模型中添加随机项,即

$$Y = \boldsymbol{X}^{\text{T}} \boldsymbol{\theta} + \varepsilon$$

式中,ε 为均值为 0 的随机变量。

设共进行 n 次试验,在第 i 组自变量 $\boldsymbol{X}_i = (1, x_{i1}, x_{i2}, \cdots, x_{i(p-1)})^{\text{T}}$ 下的观测值为 y_i,$i = 1, 2, \cdots, n$。所有自变量 $\boldsymbol{X}_i$ 构成矩阵 $\boldsymbol{X} = (\boldsymbol{X}_1, \boldsymbol{X}_2, \cdots, \boldsymbol{X}_n) = (x_{ij})_{n \times p}$,所有 y_i 构成向量 $\boldsymbol{Y} = (y_1, y_2, \cdots, y_n)^{\text{T}}$。由于受随机干扰因素的影响,$\boldsymbol{Y}$ 与 $\boldsymbol{X}$ 不严格呈线性关系,$\boldsymbol{Y} - \boldsymbol{X}^{\text{T}} \boldsymbol{\theta}$ 代表误差。最小二乘估计就是通过最小化误差平方和的方法估计参数。

设 $\hat{\boldsymbol{\theta}}$ 是参数 θ 的估计值,若 $\hat{\boldsymbol{\theta}}$ 满足

$$\hat{\boldsymbol{\theta}} = \mathop{\arg\min}_{\boldsymbol{\theta}} Q(\theta) \tag{5.52}$$

则称 $\hat{\boldsymbol{\theta}}$ 是 $\boldsymbol{\theta}$ 的最小二乘估计。式中,$Q(\boldsymbol{\theta}) = (\boldsymbol{Y} - \boldsymbol{X}^{\text{T}} \boldsymbol{\theta})^{\text{T}} (\boldsymbol{Y} - \boldsymbol{X}^{\text{T}} \boldsymbol{\theta})$ 代表观测值与预测值的误差平方和,也可表示为 $Q(\boldsymbol{\theta}) = \sum\limits_{i=1}^{n} \left(y_i - \sum\limits_{j=0}^{p} x_{ij} \theta_j\right)^2$。

为使 $Q(\boldsymbol{\theta})$ 达到最小,将 $Q(\boldsymbol{\theta})$ 对 θ 求偏导

$$\frac{\partial Q(\boldsymbol{\theta})}{\partial \boldsymbol{\theta}} = -2\boldsymbol{X}^{\text{T}} \boldsymbol{Y} + 2\boldsymbol{X}^{\text{T}} \boldsymbol{X} \boldsymbol{\theta} \tag{5.53}$$

令偏导数等于 0,即可求得参数 θ 的最小二乘估计。若 $\boldsymbol{X}$ 为列满秩矩阵,则

$$\hat{\boldsymbol{\theta}} = (\boldsymbol{X}^{\text{T}} \boldsymbol{X})^{-1} \boldsymbol{X} \boldsymbol{Y}$$

简单起见,考虑最常见的一元线性回归。参数 $\boldsymbol{\theta}$ 的最小二乘估计为

$$\hat{\boldsymbol{\theta}} = \mathop{\arg\min}_{\boldsymbol{\theta}} Q(\boldsymbol{\theta}) = \mathop{\arg\min}_{\boldsymbol{\theta}} \sum_{i=1}^{n} \left[y_i - (\theta_1 + \theta_2 x_i)\right]^2 \tag{5.54}$$

令

$$\begin{cases} \dfrac{\partial Q}{\partial \theta_1} = -2 \sum\limits_{i=1}^{n} \left[y_i - (\theta_1 + \theta_2 x_i)\right] = 0 \\[3mm] \dfrac{\partial Q}{\partial \theta_2} = -2 \sum\limits_{i=1}^{n} \left[y_i - (\theta_1 + \theta_2 x_i)\right] x_i = 0 \end{cases}$$

该方程组的解为

$$\hat{\theta}_1 = \bar{y} - \hat{\theta}_2 \bar{x} \tag{5.55}$$

$$\hat{\theta}_2 = \frac{S_{xy}}{S_{xx}} \tag{5.56}$$

式中

$$\bar{x} = \frac{1}{n} \sum_{i=1}^{n} x_i, \bar{y} = \frac{1}{n} \sum_{i=1}^{n} y_i$$

$$S_{xy} = \sum_{i=1}^{n} (x_i - \bar{x})(y_i - \bar{y}) = \sum_{i=1}^{n} x_i y_i - n\bar{x}\bar{y}$$

$$S_{xx} = \sum_{i=1}^{n} (x_i - \bar{x})^2 = \sum_{i=1}^{n} x_i^2 - n\bar{x}^2$$

式(5.55)和式(5.56)分别为 θ_1 和 θ_2 的最小二乘估计值。

为判断 y 与 x 之间的线性相关程度,引入相关系数 r,即

$$r = \frac{\sum_{i=1}^{n} (x_i - \bar{x})(y_i - \bar{y})}{\sqrt{\sum_{i=1}^{n} (x_i - \bar{x})^2} \sqrt{\sum_{i=1}^{n} (y_i - \bar{y})^2}} \tag{5.57}$$

显然 $|r| \leqslant 1$,$|r|$ 越大,y 与 x 之间的线性相关程度越显著。

如果分布函数 $F(t)$ 经过某种变换后,使得 $G(F(t))$ 与 $\varphi(t)$ 呈现线性关系,其中,G 与 φ 为某种已知变换,所有未知参数包含在系数中,那么此时可以采用最小二乘估计方法确定参数点估计。由于 $F(t)$ 未知,可采取经验分布函数 $F_n(t)$ 作为它的估计,称为"观测值"(此处"观测值"的含义不是样本观测值 $(t_1, t_2, \cdots)$,之所以也称为"观测值"是沿用线性回归模型的表述,同理使用"自变量"代表样本 $(t_1, t_2, \cdots)$),并代替 $F(t)$。因此,结合 $G(F(t))$ 与 $\varphi(t)$ 的线性关系,采用最小二乘法,最小化误差平方和确定参数最小二乘估计。

5.3.2　两参数威布尔分布的最小二乘估计

两参数威布尔分布的分布函数为

$$F(t) = 1 - \exp\left[-\left(\frac{t}{\eta}\right)^m\right], \quad m > 0, \ \eta > 0, \ t \geqslant 0 \tag{5.58}$$

由式(5.58),可得

$$\frac{1}{1 - F(t)} = \exp\left(\frac{t}{\eta}\right)^m$$

等式两边同时取两次对数,得

$$\ln\left(\ln\frac{1}{1 - F(t)}\right) = m\ln t - m\ln\eta$$

令 $y = \ln\left(\ln\frac{1}{1 - F(t)}\right)$,$x = \ln t$,$b_0 = -m\ln\eta$,$b_1 = m$,于是得到回归方程 $y = b_0 + b_1 x$。

因此,对于 y_i 和 x_i 的一组数据,可以用最小二乘法计算回归系数 b_0, b_1,即可得到 m,η 的估计,计算步骤如下:

① 通过经验分布等方法,得到 $F(t_i)$ 估计,进一步计算得到 y_i。

② 根据 $\{(x_i, y_i): i=1,2,\cdots,n\}$,使用最小二乘法,求出回归系数 b_0,b_1 和相关系数 r。

③ 计算分布参数的估计值

$$\hat{m} = b_1$$
$$\hat{\eta} = \exp\left(-\frac{b_0}{b_1}\right) \tag{5.59}$$

④ 给定可靠度 R,可靠寿命的点估计为

$$t_R = \hat{\eta}\left[-\ln R\right]^{1/\hat{m}} \tag{5.60}$$

例 5.4 从某种绝缘液体中,随机地抽取 $n=19$ 个样品,在过载负荷 $V=34\ \text{kV}$ 条件下进行寿命试验,其失效时间(单位:h)列入表 5.3 中。试用最小二乘法估计分布参数,并计算可靠度为 0.9 时的可靠寿命。

表 5.3　最小二乘估计相关变量的计算

序　号	t_i	$F(t_i)$	$\ln t_i$	$\ln\left(\ln\dfrac{1}{1-F(t_i)}\right)$
1	0.19	0.026	$-1.660\ 7$	$-3.636\ 5$
2	0.78	0.079	$-0.248\ 5$	$-2.497\ 4$
3	0.96	0.132	$-0.040\ 82$	-1.955
4	1.31	0.184	$0.270\ 0$	$-1.592\ 9$
5	2.78	0.237	$1.022\ 45$	$-1.307\ 5$
6	3.16	0.289	$1.150\ 6$	$-1.075\ 6$
7	4.15	0.342	$1.423\ 1$	-0.871
8	4.67	0.395	$1.541\ 2$	$-0.688\ 1$
9	4.85	0.447	$1.570\ 9$	$-0.523\ 6$
10	6.5	0.50	$1.871\ 8$	$-0.366\ 5$
11	7.35	0.553	$1.994\ 7$	$-0.216\ 7$
12	8.01	0.605	$2.080\ 7$	$-0.073\ 79$
13	8.27	0.658	$2.112\ 6$	$0.070\ 41$
14	12	0.711	$2.484\ 9$	$0.216\ 2$
15	13.95	0.763	$2.635\ 5$	$0.364\ 4$
16	16	0.816	$2.772\ 6$	$0.526\ 4$
17	21.21	0.868	$3.054\ 5$	$0.705\ 5$
18	27.11	0.921	$3.299\ 9$	$0.931\ 5$
19	34.95	0.974	$3.553\ 9$	$1.294\ 6$

解: 对表 5.3 中的数据 $\left\{x_i = \ln t_i,\ y_i = \ln\left(\ln\dfrac{1}{1-F(t_i)}\right);\ i=1,2,\cdots,n\right\}$ 进行线性回归,得到

$$b_0 = -2.077\ 8, b_1 = 0.931\ 6, r = 0.995\ 9$$

因此

$$\hat{m} = b_1 = 0.931\ 6$$
$$\hat{\eta} = \exp\left(-\frac{b_0}{b_1}\right) = \exp\left(-\frac{-2.077\ 8}{0.931\ 6}\right) = 9.303$$

$$t_R = \hat{\eta}(-\ln R)^{1/\hat{m}} = 9.303 \times (-\ln 0.9)^{1/0.932} = 0.83 \text{ h}$$

5.3.3　对数正态分布的最小二乘估计

对数正态分布的分布函数为

$$F(t) = \int_0^t \frac{1}{\sqrt{2\pi}\sigma} \frac{1}{x} e^{-\frac{(\ln x - \mu)^2}{2\sigma^2}} dx \tag{5.61}$$

换元可得

$$F(t) = \int_{-\infty}^{\frac{\ln t - \mu}{\sigma}} \frac{1}{\sqrt{2\pi}} e^{-\frac{x^2}{2}} dx = \Phi\left(\frac{\ln t - \mu}{\sigma}\right) = \Phi(Z)$$

式中 $\Phi(Z)$ 指标准正态分布的分布函数,因此

$$Z = \frac{\ln t - \mu}{\sigma}, \quad \ln t = \sigma Z + \mu \tag{5.62}$$

令 $y = \ln t, x = Z, b_0 = \mu, b_1 = \sigma$,于是得到回归方程 $y = b_0 + b_1 x$。

因此,对于 Z_i 和 y_i 的一组数据,可以用最小二乘法计算回归系数 b_0, b_1,即可得到 μ, σ 的估计,计算步骤如下:

① 由已知的 $F(t_i)$ 查标准正态分布表得 Z_i,而 $F(t_i)$ 可通过经验分布等方法估计。

② 根据 $\{(y_i, Z_i): i = 1, 2, \cdots, n\}$,使用最小二乘法,求出回归系数 b_0, b_1 和相关系数 r。

③ 计算分布参数的估计值

$$\begin{aligned} \hat{\mu} &= b_0 \\ \hat{\sigma} &= b_1 \end{aligned} \tag{5.63}$$

④ 给定可靠度 R,可靠寿命的点估计为

$$t_R = \exp\left[\hat{\sigma}\Phi^{-1}(1-R) + \hat{\mu}\right] \tag{5.64}$$

例 5.5　已知某机器寿命服从对数正态分布。现取 6 台机器进行寿命试验,测得寿命试验时间(单位:h)分别为:563, 102.3, 69 180, 1 738, 3 800, 16 220。用最小二乘估计求可靠度为 0.9 时的对数可靠寿命。表 5.4 所列为 6 台机器的最小二乘估计相关变量的计算表。

表 5.4　最小二乘估计相关变量的计算

序　号	t_i	$\ln t_i$	$F(t_i)$	Z_i
1	102.3	4.627 9	0.109 4	−1.229 9
2	563	6.333 3	0.265 6	−0.626 1
3	1 738	7.460 5	0.421 9	−0.197 1
4	3 800	8.242 8	0.578 1	0.197 1
5	16 220	9.694 0	0.734 4	0.626 1
6	69 180	11.144 5	0.890 6	1.229 9

解:对表 5.4 中的数据 $\{x_i = Z_i, y_i = \ln t_i; i = 1, 2, \cdots, 6\}$ 进行线性回归,得到

$$b_0 = 7.917 2, \quad b_1 = 2.643 0, \quad r = 0.998 8$$

因此

$$\hat{\mu} = b_0 = 7.917 2$$

$$\hat{\sigma} = b_1 = 2.643\ 0$$

$$t_R = \exp(\hat{\sigma}\Phi^{-1}(1-R) + \hat{\mu}) = \exp(2.6430 \times \Phi^{-1}(0.1) + 7.9172) = 92.75\ \text{h}$$

5.4 线性估计

若估计量是样本观测值的线性函数,则称为线性估计。线性估计方法适用于位置—尺度参数分布族。该方法既可以用于完全样本,也可以用于截尾样本。

常见的线性估计包括简单线性无偏估计、简单线性不变估计、最佳线性无偏估计和最佳线性不变估计等。本节针对最常用的最佳线性无偏估计进行介绍,其他三类估计,读者可以参见附录:统计学的基本知识。

5.4.1 最佳线性无偏估计

定义 5.1 设 θ 为 $p \times 1$ 维未知参数,设 $\hat{\theta}$ 是参数 θ 的估计值,若 $\hat{\theta}$ 满足:

① $\hat{\theta}$ 是 θ 的线性估计量,即 $\hat{\theta}$ 是观测量的线性函数。

② $\hat{\theta}$ 是 θ 的无偏估计量,即 $E(\hat{\theta}) = \theta$。

③ 对 θ 的任意一个线性无偏估计量 θ^*,有

$$\text{Var}(\theta^*) \geqslant \text{Var}(\hat{\theta})$$

则称 $\hat{\theta}$ 是 θ 的最佳线性无偏估计量(Best Linear Unbiased Estimator, BLUE)。

设 X 为位置—尺度分布族随机变量,其分布函数可以表示为

$$P(X < x) = F\left(\frac{x-\mu}{\sigma}\right) \tag{5.65}$$

式中,μ 为位置参数,σ 为尺度参数,分布函数可以完全由位置参数和尺度参数确定。

位置—尺度分布族是工程实际中常用的分布族,包括正态分布、极值分布和指数分布等,另外一些常用分布,如威布尔分布、对数正态分布等均属于对数位置—尺度分布族,可转化为位置—尺度分布族。

在已知样本观测量的前提下,通过最佳线性无偏估计的方法,可以获得位置参数和尺度参数的最佳线性无偏估计量,从而得到样本的分布函数。

设样本的分布函数为 $F\left(\dfrac{x-\mu}{\sigma}\right)$,样本量为 n,$X_1, X_2, \cdots, X_r$ 是一组样本,按照观测值从小到大的顺序排列,依次为 $X_{(1)} \leqslant X_{(2)} \leqslant \cdots \leqslant X_{(r)}$。

令 $Z = \dfrac{X-\mu}{\sigma}$,则 Z 服从位置参数为 0、尺度参数为 1 的标准分布,$Z_{(1)} \leqslant Z_{(2)} \leqslant \cdots \leqslant Z_{(r)}$ 为标准分布的前 r 个顺序统计量,其均值和方差分别为

$$E(Z_{(i)}) = \mu_i \tag{5.66}$$

$$\text{Cov}(Z_{(i)}, Z_{(j)}) = \nu_{ij} \tag{5.67}$$

由于

$$X_{(i)} = \mu + \sigma Z_{(i)}$$

所以其均值和方差分别为

$$E(X_{(i)}) = \mu + \sigma E(Z_{(i)}) \tag{5.68}$$

$$\begin{aligned}
\mathrm{Cov}(X_{(i)}, X_{(j)}) &= E[X_{(i)} - E(X_{(i)})][X_{(j)} - E(X_{(j)})] \\
&= \sigma^2 E[Z_{(i)} - E(Z_{(i)})][Z_{(j)} - E(Z_{(j)})] \\
&= \sigma^2 \mathrm{Cov}(Z_{(i)}, Z_{(j)}) \\
&= \sigma^2 \nu_{ij}
\end{aligned} \tag{5.69}$$

因此，$X_{(i)}$ 可以表示成

$$\begin{aligned}
X_{(i)} &= \mu + \sigma E(Z_{(i)}) + \sigma(Z_{(i)} - E(Z_{(i)})) \\
&= \mu + \sigma E(Z_{(i)}) + \varepsilon_i \\
&\begin{cases} E(\varepsilon_i) = 0, \\ \mathrm{Cov}(\varepsilon_i, \varepsilon_j) = \sigma^2 v_{ij}, \end{cases} \quad i, j \in \{1, 2, \cdots, r\}
\end{aligned} \tag{5.70}$$

式（5.70）表示线性模型。令 $\boldsymbol{V} = (\nu_{ij})_{r \times r}$，$\boldsymbol{X} = (X_{(1)}, X_{(2)}, \cdots, X_{(r)})^{\mathrm{T}}$，$\boldsymbol{Z} = (Z_{(1)}, Z_{(2)}, \cdots, Z_{(r)})^{\mathrm{T}}$，$\boldsymbol{H} = (1, Z)_{r \times 2}$，$\boldsymbol{\theta} = (\mu, \sigma)^{\mathrm{T}}$，则式（5.70）可表示为

$$\begin{cases} E(\boldsymbol{X}) = \boldsymbol{H\theta} \\ \mathrm{Var}(\boldsymbol{X}) = \sigma^2 \boldsymbol{V} \end{cases}$$

假设 $\boldsymbol{H}$ 列满秩，由于误差项 $\boldsymbol{\varepsilon} = (\varepsilon_1, \varepsilon_2, \cdots, \varepsilon_r)^{\mathrm{T}}$ 具有相关性，不能直接利用 5.3.1 小节的最小二乘结果，为此可对式（5.70）进行线性变换，使变换后的误差项不再具有相关性。该方法等价于最小化加权误差平方和 $Q = (\boldsymbol{X} - \boldsymbol{H\theta})^{\mathrm{T}} \boldsymbol{V}^{-1} (\boldsymbol{X} - \boldsymbol{H\theta})$ 的最小二乘估计

$$\hat{\boldsymbol{\theta}} = (\boldsymbol{H}^{\mathrm{T}} \boldsymbol{V}^{-1} \boldsymbol{H})^{-1} \boldsymbol{H}^{\mathrm{T}} \boldsymbol{V}^{-1} \boldsymbol{X}$$

$$\mathrm{Var}(\hat{\boldsymbol{\theta}}) = \sigma^2 (\boldsymbol{H}^{\mathrm{T}} \boldsymbol{V}^{-1} \boldsymbol{H})^{-1} \tag{5.71}$$

由式（5.71）可知，利用最小二乘法得到的参数估计 $\hat{\boldsymbol{\theta}} = (\hat{\mu}, \hat{\sigma})$ 为样本 $X_{(i)}$ 的线性函数。根据 Gauss - Markov 定理，它具有无偏性和最小方差，因此为最佳线性无偏估计。

令 $\boldsymbol{G} = \boldsymbol{V}^{-1} = (g_{ij})_{r \times r}$，将上述过程展开写成分量形式

$$Q = (\boldsymbol{X} - \boldsymbol{H\theta})^{\mathrm{T}} \boldsymbol{V}^{-1} (\boldsymbol{X} - \boldsymbol{H\theta})$$

$$= \sum_{i=1}^{r} \sum_{j=1}^{r} (X_{(i)} - \mu - \sigma E(Z_{(i)})) g_{ij} (X_{(j)} - \mu - \sigma E(Z_{(j)}))$$

将 Q 分别对 μ 和 σ 求偏导

$$\begin{cases}
\dfrac{\partial Q}{\partial \mu} = -\sum_{i=1}^{r} \sum_{j=1}^{r} g_{ij} [X_{(i)} + X_{(j)} - 2\mu - E(Z_{(i)})\sigma - E(Z_{(j)})\sigma] = 0 \\
\dfrac{\partial Q}{\partial \sigma} = -\sum_{i=1}^{r} \sum_{j=1}^{r} g_{ij} [E(Z_{(j)}) X_{(i)} - \mu E(Z_{(j)}) - 2 E(Z_{(i)}) E(Z_{(j)}) \sigma + \\
\qquad\qquad E(Z_{(i)}) X_{(j)} - \mu E(Z_{(i)})] = 0
\end{cases}$$

方程组的解为

$$\hat{\mu} = \sum_{j=1}^{r} D(n, r, j) X_{(j)} \tag{5.72}$$

$$\hat{\sigma} = \sum_{j=1}^{r} C(n, r, j) X_{(j)} \tag{5.73}$$

式中，$C(n, r, j)$ 为 σ 的最佳线性无偏估计系数，$D(n, r, j)$ 为 μ 的最佳线性无偏估计系数。

$C(n,r,j)$、$D(n,r,j)$可查表获得,对于不同的标准分布,将有不同的数值。

给定可靠度 R,可以得到可靠寿命的点估计为

$$\hat{t}_R = \hat{\mu} + \hat{\sigma} F^{-1}(1-R) \tag{5.74}$$

5.4.2 两参数威布尔分布的最佳线性无偏估计

设产品寿命 T 服从威布尔分布,其分布函数为

$$F(t) = 1 - \exp\left[-\left(\frac{t}{\eta}\right)^m\right], \quad m > 0,\ \eta > 0,\ t \geqslant 0 \tag{5.75}$$

令 $X = \ln T$,则 X 服从极值分布,其分布函数为

$$F_X(x) = 1 - \exp\left[-\exp\left(\frac{x-\mu}{\sigma}\right)\right], \quad \sigma > 0 \tag{5.76}$$

式中,$\sigma = \dfrac{1}{m}$,$\mu = \ln\eta$。

进一步做变换,令 $Y = \dfrac{X-\mu}{\sigma}$,则 Y 服从标准极值分布为

$$F_Y(y) = 1 - \exp(-e^y), \quad -\infty < y < \infty \tag{5.77}$$

在寿命服从威布尔分布的总体中,抽取 n 个产品进行试验,至 r 个样品失效停止,观测的顺序统计量为 $t_{(1)} \leqslant t_{(2)} \leqslant \cdots \leqslant t_{(r)}$。由于对数函数的单调性,设 $x_{(i)} = \ln t_{(i)}$,则 $x_{(1)} \leqslant x_{(2)} \leqslant \cdots \leqslant x_{(r)}$ 可以看作是来自极值分布的一个样本量为 n 的样本的前 r 个顺序统计量。由于线性变换的单调性,若设 $y_{(i)} = \dfrac{x_{(i)} - \mu}{\sigma}$,则 $y_{(1)} \leqslant y_{(2)} \leqslant \cdots \leqslant y_{(r)}$ 可以看作是来自标准极值分布的样本量为 n 的样本的前 r 个顺序统计量。显然,$E(Y_{(i)})$ 和 $\mathrm{Cov}(Y_{(i)}, Y_{(j)})$,$i,j = 1,2,\cdots,r$ 只与 n,r 有关,而不依赖于其他参数。容易写出 μ 和 σ 的最佳线性无偏估计

$$\left.\begin{array}{l} \hat{\mu} = \displaystyle\sum_{j=1}^{r} D(n,r,j) x_{(j)} \\[3mm] \hat{\sigma} = \displaystyle\sum_{j=1}^{r} C(n,r,j) x_{(j)} \end{array}\right\} \tag{5.78}$$

式中,$C(n,r,j)$ 称为 σ 的最佳线性无偏估计系数,$D(n,r,j)$ 称为 μ 的最佳线性无偏估计系数,具体可查附表一(A)。由 $\sigma = \dfrac{1}{m}$,可得 m 的估计值为

$$\hat{m}' = \frac{1}{\hat{\sigma}} \tag{5.79}$$

由于 $\hat{m}'$ 是 m 的有偏估计,经过修偏,可得 m 的近似无偏估计为

$$\hat{m} = \frac{g_{r,n}}{\hat{\sigma}} \tag{5.80}$$

式中 $g_{r,n} = 1 - l_{r,n}$ 为修偏系数,具体可查附表一(B)。

由 $\mu = \ln\eta$,可得 η 的估计值为

$$\hat{\eta} = e^{\hat{\mu}} \tag{5.81}$$

给定可靠度 R,可靠寿命的点估计为

$$\hat{t}_R = \hat{\eta}\left[-\ln R\right]^{1/\hat{m}} \tag{5.82}$$

例 5.6　某种机电产品的寿命服从威布尔分布,现从一批产品中随机抽取 12 个样品,在一定应力下进行寿命试验,有 8 个样品失效时试验停止,每个样品的失效时间列于表 5.5 中。试用最佳线性无偏估计求分布参数 m 和 η 的估计值和可靠度为 0.8 时的可靠寿命。

解:　由 $n=12,r=8$,可根据标准极值分布顺序统计量的数字特征计算 $C(12,8,j)$ 和 $D(12,8,j),j=1,2,\cdots,8$,并填入表 5.5 的第 4 列和第 6 列。

表 5.5　某机电产品寿命分布参数最佳线性无偏估计相关系数表

序　号	$t_{(j)}$	$x_{(j)}=\ln t_{(j)}$	$C(n,r,j)$	$C(n,r,j)\cdot x_{(j)}$	$D(n,r,j)$	$D(n,r,j)\cdot x_{(j)}$
1	2.5	0.916 3	−0.121 6	−0.111 4	−0.029 3	−0.026 8
2	7.5	2.014 9	−0.125 1	−0.252 1	−0.019 0	−0.038 3
3	17.5	2.862 2	−0.120 0	−0.343 5	−0.004 9	−0.014 0
4	44	3.784 2	−0.108 5	−0.410 6	0.012 5	0.047 3
5	63	4.143 1	−0.090 7	−0.375 8	0.033 2	0.137 6
6	83	4.418 8	−0.066 6	−0.292 1	0.057 9	0.255 9
7	425	6.052 1	−0.033 3	−0.201 5	0.087 5	0.529 6
8	1 250	7.130 9	0.665 3	4.744 2	0.862 2	6.148 3
Σ				2.757 3		7.039 4

由式(5.78)得

$$\hat{\sigma} = \sum_{j=1}^{8} C(12,8,j)x_{(j)} = 2.757$$

$$\hat{\mu} = \sum_{j=1}^{8} D(12,8,j)x_{(j)} = 7.039$$

再由式(5.80)和式(5.81)得

$$\hat{m} = \frac{g_{r,n}}{\hat{\sigma}} = \frac{0.885\ 1}{2.757\ 1} = 0.321$$

$$\hat{\eta} = e^{\hat{\mu}} = e^{7.039} = 1\ 140.247$$

因此,可靠寿命为

$$\hat{t}_R = \hat{\eta}\left[-\ln R\right]^{1/\hat{m}} = 1\ 140.246 \times \left[-\ln 0.8\right]^{1/0.321}\ h = 10.66\ h$$

5.4.3　对数正态分布的最佳线性无偏估计

对数正态分布的分布函数为

$$F(t) = \int_0^t \frac{1}{\sqrt{2\pi}\,\sigma}\,\frac{1}{x}\,e^{-\frac{(\ln x - \mu)^2}{2\sigma^2}}\,dx \tag{5.83}$$

令 $X = \ln t, Z = \dfrac{X-\mu}{\sigma}$,可得

$$F(t) = \Phi\left(\frac{\ln t - \mu}{\sigma}\right) = \Phi\left(\frac{X-\mu}{\sigma}\right) = \Phi(Z) \tag{5.84}$$

在寿命服从对数正态分布的总体中,抽取 n 个样品进行试验,至 r 个样品失效停止,观测的顺序统计量为 $t_{(1)} \leqslant t_{(2)} \leqslant \cdots \leqslant t_{(r)}$。由于对数函数的单调性,设 $x_{(i)} = \ln t_{(i)}$,则 $x_{(1)} \leqslant x_{(2)} \leqslant \cdots \leqslant x_{(r)}$ 可以看作是来自正态分布的一个样本量为 n 的样本的前 r 个顺序统计量。显然,$E(X_{(i)})$ 和 $\mathrm{Cov}(X_{(i)}, X_{(j)})$,$i, j = 1, 2, \cdots, r$ 只与 n, r 有关,而不依赖于其他参数。容易写出 μ 和 σ 的最佳线性无偏估计为

$$\hat{\sigma} = \sum_{j=1}^{r} C'(n, r, j) X_{(j)} = \sum_{j=1}^{r} C'(n, r, j) \ln t_{(j)} \tag{5.85}$$

$$\hat{\mu} = \sum_{j=1}^{r} D'(n, r, j) X_{(j)} = \sum_{j=1}^{r} D'(n, r, j) \ln t_{(j)} \tag{5.86}$$

式中,最佳线性无偏估计系数 $C'(n, r, j)$ 和 $D'(n, r, j)$ 可查附表三(A)。

给定可靠度 R,可靠寿命的点估计为

$$\hat{t}_R = \exp[\hat{\sigma} \Phi^{-1}(1 - R) + \hat{\mu}] \tag{5.87}$$

例 5.7　设产品寿命服从对数正态分布,现从中抽取 9 个进行寿命试验,失效 6 个时停止试验,失效时间(h)是:8,23,38,80,115,200。求 μ 和 σ 的最佳线性无偏估计和可靠度为 0.8 时的可靠寿命。表 5.6 为对数正态分布参数最佳线性无偏估计系数表。

表 5.6　对数正态分布参数最佳线性无偏估计系数表

j	$t_{(j)}$	$\ln t_{(j)}$	$D'(9, 6, j)$	$C'(9, 6, j)$
1	8	2.079 4	0.010 4	-0.379 7
2	23	3.135 5	0.066 0	-0.193 6
3	38	3.637 6	0.092 3	-0.104 8
4	80	4.382 0	0.113 3	-0.033 3
5	115	4.744 9	0.132 0	0.031 7
6	200	5.298 3	0.586 0	0.679 7

解:由 $n = 9, r = 6$,查附表三(A)得 $D'(n, r, j)$ 和 $C'(n, r, j)$,列于表 5.6 第四、五列。由式(5.85)和式(5.86),得

$$\hat{\mu} = 4.791 \ 9, \hat{\sigma} = 1.827 \ 9$$

可靠寿命为

$$t_R = \exp(\hat{\sigma} \Phi^{-1}(1 - R) + \hat{\mu}) = \exp(1.827 \ 9 \times \Phi^{-1}(0.2) + 2.081 \ 1) = 25.880 \ 6 \text{h}$$

对于不同的分布,查最佳线性无偏估计系数时,要注意区别。正态分布与对数正态分布估计相似,只是相差一个对数变换。

习题五

5.1 论述在截尾数据条件下,应用矩估计和极大似然估计进行可靠性指标估计的基本原理和一般步骤。

5.2 在积分和各阶偏导数可交换的情况下,证明:

$$E_\theta S_\theta(X) = 0, I(\theta) = -E_\theta \left[\frac{\partial^2 \ln f}{\partial \theta \partial \theta^{\mathrm{T}}} \right]$$

5.3 已知产品寿命服从指数分布,其平均寿命为 θ。假设试验开始时共有 n 个样品,每当有样品失效,则用一个新的样品去替换失效样品,至观测到共有 r 个失效时停止试验,请给出上述情形下 θ 的矩估计。

5.4 给出无替换定数截尾条件下(样本数为 n、失效数为 r)指数分布随机变量平均寿命的极大似然估计值 $\hat{\theta}_1$,并分析该估计量的表达式的含义。在上述试验条件的基础上,若继续试验至时间 t_0,无新增失效产品,给出此种情况下平均寿命的极大似然估计值 $\hat{\theta}_2$,试比较 $\hat{\theta}_1$ 与 $\hat{\theta}_2$ 的方差。

5.5 若退化量 $X(t)$ 服从漂移速率为 μ、波动参数为 σ 的维纳过程,初始退化量为 0。现在每隔 Δt 时间测量一次退化量,得到 8 个退化数据,如表 5.7 所列。试写出似然函数,并给出参数的极大似然估计表达式。

表 5.7　退化数据记录表

测量时间/h	0	4	8	12	16	20	24	28	32
退化数据	0	22.15	49.49	60.45	83.90	105.17	119.94	138.21	193.89

5.6 某型电子管寿命服从指数分布,随机抽取 20 只做有替换寿命试验,在第 5 个失效时刻停止寿命试验,此时距开始试验经历了 407 h。试估计该型电子管的平均寿命 θ、失效率 λ、100 h 时的可靠度 $R(100)$ 和可靠度 0.95 时的可靠寿命 $t_{0.95}$。

5.7 从某批电子元件中,随机抽取 27 只产品进行非替换寿命试验,采用等时间间隔测试的方法,测试时间为 $t_0 = 0, t_1 = 300$ h, $t_2 = 600$ h, $t_3 = 900$ h, $t_4 = 1\,200$ h,相应的失效个数如表 5.8 所列。

表 5.8　失效个数记录表

测试间隔/h	0~300	300~600	600~900	900~1 200	1 200 以上
失效个数	5	4	9	2	1

试验进行到 1 200 h 停止,已知该元件的寿命分布是指数分布,试估计其平均寿命。

5.8 已知某产品的失效时间服从威布尔分布,在加速试验条件下进行寿命试验,得到失效时间为:11.1,23.5,58.4,70.6,80.7,91.1,119.5,121.3,127.6,132.7,137.9,153,166.2,169.4,173.4,175,178.5,191.6,207.4,218.1,227.2,231.4,239.3,251.2,255,256.3,263.4,287.1,352,391,487.8,732.5(单位:h)。

试用极大似然法估计威布尔分布中的参数,并计算可靠度为 0.9 时的可靠寿命。

5.9 从失效寿命服从威布尔分布的某产品中随机抽取 15 支进行寿命试验,有 10 支失效,其失效时刻分别为:1.9,3.9,6.1,8.0,8.5,11.0,13.4,15.7,17.9,22.4(单位:h),分别用极大似然估计法和最小二乘法估计形状参数 m 和尺度参数 η,并求可靠度为 0.9 时的可靠寿命与工作 5 h 的失效率。

5.10 已知某结构产品寿命服从对数正态分布,现取 18 个进行定数截尾寿命试验,测得 9 个失效寿命时间为:8,23,38,80,115,350,584,842,1 200(单位:h)。用最小二乘法计算产品可靠度为 0.9 时的可靠寿命。

5.11 某种机电产品的寿命服从威布尔分布,现从一批产品中随机抽取 12 个样品,在一定应力下进行寿命试验,获得 8 个失效样品时试验停止,失效样品的时间依次为:2.41,4.46,17.07,53.44,94.42,149.21,162.75,699.13(单位:h)。试用最佳线性无偏估计(BLUE)求分布参数 m 和 η 的估计值,并计算可靠度为 0.85 的可靠寿命。

　　5.12 某绝缘装置在一定温度和电压下的被击穿时间服从对数正态分布,现得到其样本量为 10、失效数为 8 的定数截尾样本:403.43,620.17,871.31,1 176.15,1 635.98,2 121.76,3 294.47,4 447.07(单位:s)。试给出 μ,σ 的最佳线性无偏估计(BLUE)及可靠度为 0.9 的可靠寿命。

第6章　可靠性参数的置信限估计

点估计的问题是用一个统计量去估计未知参数 θ，用相应的统计量的样本值去估计参数值，不同的样本给出的点估计值是不同的。有限样本量下，无法得知一次试验得到的点估计值距参数真值有"多远"。

为此，实际中希望能估计出两个端点，以这两个端点所构成的区间来估计参数 θ，并使这个区间以比较大的概率包含参数 θ 的真值。这样就可以估计参数的大致范围，既可以回答估计值离参数真值有多远，又能提供估计精度的概念，这就是置信限估计的问题。置信限包括置信区间和单侧置信上下限。

设总体分布含未知参数 θ。若由样本确定的两个统计量 $\hat{\theta}_{\mathrm{L}}(X_1, X_2, \cdots, X_n)$ 与 $\hat{\theta}_{\mathrm{U}}(X_1, X_2, \cdots, X_n)$，对于给定的 $\alpha(0 < \alpha < 1)$，满足

$$P\{\hat{\theta}_{\mathrm{L}} \leqslant \theta \leqslant \hat{\theta}_{\mathrm{U}}\} = 1 - \alpha \tag{6.1}$$

称区间 $[\hat{\theta}_{\mathrm{L}}, \hat{\theta}_{\mathrm{U}}]$ 是参数 θ 的置信水平为 $1-\alpha$ 的置信区间（对应的估计称为区间估计），$\hat{\theta}_{\mathrm{L}}$ 称为置信下限，$\hat{\theta}_{\mathrm{U}}$ 称为置信上限，$1-\alpha$ 称为置信度或置信水平，α 称为显著性水平。若满足

$$P\{\theta \leqslant \hat{\theta}_{\mathrm{U}}\} = 1 - \alpha \tag{6.2}$$

或

$$P\{\hat{\theta}_{\mathrm{L}} \leqslant \theta\} = 1 - \alpha \tag{6.3}$$

则称 $\hat{\theta}_{\mathrm{U}}$（或 $\hat{\theta}_{\mathrm{L}}$）为参数 θ 的置信水平为 $1-\alpha$ 的单侧置信上限（或单侧置信下限）。实际中，如果单独提到置信上（下）限，则指单侧置信上（下）限，而不是双侧置信区间的上（下）限部分。

如第 2 章的图 2.5 所示，置信区间的概念是统计意义下的。式（6.1）表示"若进行 N（N 很大）次独立重复试验，每次试验都会得到一个置信水平为 α 的置信区间，则置信区间覆盖参数 θ 真值的试验次数约为 $(1-\alpha)N$ 次"。按照经典统计学的理解，参数 θ 是固定的数，因此式（6.1）左侧的含义为"置信区间覆盖参数真值"而不是"参数真值在该区间内取值"的概率。另一方面，置信限根据样本不同而不同，因此置信度描述的是"置信区间覆盖参数真值"这一事件的概率，而不是"由一次样本得到的置信区间覆盖参数真值"的概率。

常用的置信限估计方法包括枢轴量法、基于渐近正态的区间估计方法、线性估计法、容限系数法和基于抽样技术的 Bootstrap 方法，本章将针对这些基本方法结合常用的寿命分布模型进行介绍。

6.1　枢轴量法

6.1.1　基本概念

设 $G = G(X, \eta)$ 是样本 X 和未知参数 η 的一个函数，如果 G 的分布与 η 无关，则这样的函

数称为枢轴量。"枢轴量 G 的分布不依赖未知参数"保证最终求得的置信区间覆盖参数真值的概率为定值,不依赖于未知参数。在使用枢轴量法的时候,可以按下列 3 个步骤构造 $\eta = g(\theta) \in R$ 的置信区间(限)。

① 构造样本 X 和未知参数 η 的一个函数 $G = G(X, \eta)$,要求 G 的分布与 η 无关。

② 对给定的 $\alpha(0 < \alpha < 1)$,选取两个常数 c 和 d $(c < d)$,使得

$$P_\theta\{c \leqslant G(X, \eta) \leqslant d\} \geqslant 1 - \alpha, \quad \forall \theta \in \Theta \tag{6.4}$$

③ 如果不等式 $c \leqslant G(X, \eta) \leqslant d$ 可等价地变换为 $\hat{\eta}_L(X) \leqslant \eta \leqslant \hat{\eta}_U(X)$,那么

$$P_\theta\{\hat{\eta}_L(X) \leqslant \eta \leqslant \hat{\eta}_U(X)\} \geqslant 1 - \alpha, \quad \forall \theta \in \Theta \tag{6.5}$$

则 $[\hat{\eta}_L(X), \hat{\eta}_U(X)]$ 为 η 的一个置信度为 $1 - \alpha$ 的置信区间。在 $G(X, \eta)$ 是 η 的连续、严格单调函数时,这两个不等式的等价变换总是可以做到的。

类似地,选取常数 c 或 d,使得 $P_\theta\{c \leqslant G(X, \eta)\} \geqslant 1 - \alpha$ 或 $P_\theta\{G(X, \eta) \leqslant d\} \geqslant 1 - \alpha$,可以构造出 η 的单侧置信限。

6.1.2 构造枢轴量的一般做法

统计量 T 是样本 X 的函数,这类函数通常不是单射,因此统计量具有"压缩数据"的功能。实际希望选用的统计量在对样本信息进行压缩后,不损失参数信息。在统计学中,充分统计量就是用来描述"不损失信息"的统计量,它的数学描述是"在 T 取任意一个值 t 时,样本的条件分布不依赖于未知参数 θ",由此给出充分统计量的一般定义。

定义 6.1 设 $(\mathcal{X}, \mathcal{B}, \{P_\theta : \theta \in \Theta\})$ 是一个统计结构,又设 $T = T(X)$ 是 $(\mathcal{X}, \mathcal{B})$ 到 $(\mathcal{T}, \mathcal{L})$ 的一个统计量,P_θ^T 是 T 的诱导分布,若满足 $\forall \theta \in \Theta, B \in \beta$,有

$$P_\theta(B \mid T = t) = P(B \mid T = t) \quad \text{a. s. } P_\theta^T$$

则称 T 为该分布族(或参数 θ)的充分统计量。

以上定义表明:当 T 给定后,X 的分布与 θ 无关,因此认为 T 包含了参数 θ 的全部信息。一个统计量是否充分可由定义式进行验证,但更一般地说,充分统计量可由以下定理得到。

定理 6.1 因子分解定理:设 $(\mathcal{X}, \mathcal{B}, \{P_\theta : \theta \in \Theta\})$ 为可控结构,μ 为控制测度,记 $p_\theta(x) = \mathrm{d}P_\theta/\mathrm{d}\mu$,又设 $T = T(X)$ 是 $(\mathcal{X}, \mathcal{B})$ 到 $(\mathcal{T}, \mathcal{L})$ 的一个统计量,则 T 为充分统计量的充要条件为:存在

① X 上的非负可测函数 $h(x)$。

② T 上的可测函数 $g_\theta(x)$,使得对 $\forall \theta \in \Theta$ 有

$$p_\theta(x) = g_\theta(T(x))h(x) \quad \text{a. s. } \mu$$

因子分解定理表明:密度函数可分解为两个因子之积,一个因子是充分统计量和参数 θ 的函数,另一个因子与 θ 无关,仅为样本的函数。例如,对于指数分布简单样本 $X = (X_1, X_2, \cdots, X_n)$,$f_\theta(X) = 1/\theta^n \exp\left(\sum_{i=1}^n x_i/\theta\right)$,则 $T = \sum_{i=1}^n X_i$ 是 θ 的充分统计量。

充分统计量包含参数的"全部信息",它的一个重要作用是能够降低无偏估计的方差。

一般来说,欲构造 θ 置信水平为 $1 - \alpha$ 的置信区间,首先考虑 θ 的 MLE,或 θ 的充分统计量。据此得到一个统计量 $T = T(X)$,基于 $T(X)$ 寻找枢轴量,然后构造 θ 的置信区间,或大样本时构造 θ 的近似的置信区间。

统计量 $T(X)$ 是连续随机变量时，设 $T(X)$ 的分布函数为 $G(t,\theta)=P_\theta\{T(X)\leqslant t\}$，则 $G(T(X),\theta)$ 服从区间 $(0,1)$ 上的均匀分布，这时 $G(T(X),\theta)$ 可被取为枢轴量。

统计量 $T(X)$ 是离散随机变量时，$G(T(X),\theta)$ 不服从 $(0,1)$ 上的均匀分布，这时关于 $G(T(X),\theta)$ 有以下结论，可作为构造 θ 的置信区间的依据。在此不加证明地给出以下定理和引理（参见《高等数理统计》，茆诗松等，2006 年）。

引理 6.1 设 $F(x)$ 是随机变量 X 的分布函数。若 $0\leqslant y\leqslant 1$，则有

$$P\{F(x)\leqslant y\}\leqslant y\leqslant P\{F(x-0)<y\}$$

式中，$F(x-0)$ 表示取函数在 x 处的左极限。

定理 6.2 如果 $G(t,\theta)$ 是 θ 的严格减函数，则对给定的 $\alpha(0<\alpha<1)$ 时，$\hat\theta_L$ 和 $\hat\theta_U$ 分别为

$$\hat\theta_L=\sup_{\theta\in\Theta}\{\theta:G(T-0,\theta)\geqslant 1-\alpha\} \tag{6.6}$$

$$\hat\theta_U=\inf_{\theta\in\Theta}\{\theta:G(T,\theta)\leqslant\alpha\} \tag{6.7}$$

即分别是 θ 的置信水平为 $1-\alpha$ 的置信下限和 $1-\alpha$ 的置信上限。

定理 6.3 如果 $G(t,\theta)$ 是 θ 的严格减函数，则对给定的 $\alpha(0<\alpha<1)$ 时 θ 的置信水平为 $1-\alpha$ 的置信区间为 $[\hat\theta_L,\hat\theta_U]$，其中

$$\hat\theta_L=\sup_{\theta\in\Theta}\{\theta:G(T-0,\theta)\geqslant 1-\alpha_1\}, \quad \hat\theta_U=\inf_{\theta\in\Theta}\{\theta:G(T,\theta)\leqslant\alpha_2\} \tag{6.8}$$

其中，$\alpha_1+\alpha_2=\alpha$，且 $0\leqslant\alpha_1,\alpha_2\leqslant 1$，通常可取 $\alpha_1=\alpha_2=\dfrac{\alpha}{2}$。

定理 6.4 如果 $G(t,\theta)$ 是 θ 的严格增函数，则对给定的 $\alpha(0<\alpha<1)$ 时

① θ 的置信水平为 $1-\alpha$ 的置信下限和 $1-\alpha$ 的置信上限 $\hat\theta_L$ 和 $\hat\theta_U$ 分别为

$$\hat\theta_L=\inf_{\theta\in\Theta}\{\theta:G(T,\theta)\leqslant\alpha\} \tag{6.9}$$

$$\hat\theta_U=\sup_{\theta\in\Theta}\{\theta:G(T-0,\theta)\geqslant 1-\alpha\} \tag{6.10}$$

② θ 的置信水平为 $1-\alpha$ 的置信区间为 $[\hat\theta_L,\hat\theta_U]$，其中

$$\hat\theta_L=\inf_{\theta\in\Theta}\{\theta:G(T,\theta)\leqslant\alpha_1\}, \quad \hat\theta_U=\sup_{\theta\in\Theta}\{\theta:G(T-0,\theta)\geqslant 1-\alpha_2\} \tag{6.11}$$

其中，$\alpha_1+\alpha_2=\alpha$，且 $0\leqslant\alpha_1,\alpha_2\leqslant 1$，通常可取 $\alpha_1=\alpha_2=\dfrac{\alpha}{2}$。

定理 6.5 如果 $G(t,\theta)$ 是 θ 的连续、严格减函数，那么

① 关于 θ 的方程 $G(T-0,\theta)=1-\alpha$ 的解是 θ 的置信水平为 $1-\alpha$ 的置信下限。

② 关于 θ 的方程 $G(T,\theta)=\alpha$ 的解是 θ 的置信水平为 $1-\alpha$ 的置信上限。

③ θ 的置信水平为 $1-\alpha$ 的置信区间为 $[\hat\theta_L,\hat\theta_U]$，其中 $\hat\theta_L$ 和 $\hat\theta_U$ 分别为关于 θ 的方程 $G(T-0,\theta)=1-\alpha_1$ 和 $G(T,\theta)=\alpha_2$ 的解，这里 $\alpha_1+\alpha_2=\alpha$，且 $0\leqslant\alpha_1,\alpha_2\leqslant 1$，通常可取 $\alpha_1=\alpha_2=\dfrac{\alpha}{2}$。

定理 6.6 如果 $G(t,\theta)$ 是 θ 的连续、严格增函数，那么

① 关于 θ 的方程 $G(T,\theta)=\alpha$ 的解是 θ 的置信水平为 $1-\alpha$ 的置信下限。

② 关于 θ 的方程 $G(T-0,\theta)=1-\alpha$ 的解是 θ 的置信水平为 $1-\alpha$ 的置信上限。

③ θ 的置信水平为 $1-\alpha$ 的置信区间为 $[\hat{\theta}_L, \hat{\theta}_U]$，其中 $\hat{\theta}_L$ 和 $\hat{\theta}_U$ 分别为关于 θ 的方程 $G(T, \theta) = \alpha_1$ 和 $G(T-0, \theta) = 1 - \alpha_2$ 的解，这里 $\alpha_1 + \alpha_2 = \alpha$，且 $0 \leqslant \alpha_1, \alpha_2 \leqslant 1$，通常可取 $\alpha_1 = \alpha_2 = \dfrac{\alpha}{2}$。

例 6.1 设样本 $X = (X_1, X_2 \cdots, X_n)$ 来自两点分布总体 $b(1, p)$，其中 $0 \leqslant p \leqslant 1$。求 p 的置信区间。

解： 由于 p 的 MLE 为 $\bar{X}$，并且 p 的充分统计量为 $T = \sum\limits_{i=1}^{n} X_i$，所以基于 T 构造 p 的置信区间，其 T 的分布函数为

$$G(t, p) = P_p(T \leqslant t) = \sum_{i=0}^{[t]} \binom{n}{i} \cdot p^i \cdot (1-p)^{n-i}$$

式中，$[t]$ 表示 $t (0 \leqslant t \leqslant n)$ 的整数部分。不难验证下列等式成立(见习题 4.2)

$$\sum_{i=0}^{k} \binom{n}{i} \cdot p^i \cdot (1-p)^{n-i} = \frac{\Gamma(n+1)}{\Gamma(k+1)\Gamma(n-k)} \cdot \int_p^1 u^k \cdot (1-u)^{n-k-1} \mathrm{d}u, \quad k = 0, 1, \cdots, n-1$$

由此及恒等式 $\sum\limits_{i=0}^{n} \binom{n}{i} \cdot p^i \cdot (1-p)^{n-i} = 1$ 可见，T 的分布函数 $G(t, p)$ 是 p 的连续、严格减函数。

由样本 $X = (X_1, X_2, \cdots, X_n)$ 算得的 $T = \sum\limits_{i=1}^{n} X_i$ 必定是一个正整数，令其为 k。利用定理 6.5 则 p 的置信水平为 $1-\alpha$ 的置信下限是下列方程的解

$$\sum_{i=0}^{k-1} \binom{n}{i} \cdot p^i \cdot (1-p)^{n-i} = 1 - \alpha \tag{6.12}$$

即

$$\frac{\Gamma(n+1)}{\Gamma(k)\Gamma(n-k+1)} \cdot \int_p^1 u^{k-1} \cdot (1-u)^{n-k} \mathrm{d}u = 1 - \alpha$$

取 $k-1$ 是因为 $G(T-0) = k-1$。令 $Be(x \mid m, n)$ 表示 $Be(m, n)$ 分布的分布函数，则上式简化为

$$Be(p \mid k, n-k+1) = \alpha$$

不难验证，若 $B \sim Be(m, n)$，则 $F = \dfrac{B}{1-B} \cdot \dfrac{n}{m} \sim F(2m, 2n)$。上式可等价变换为

$$F\left(\frac{p}{1-p} \cdot \frac{n-k+1}{k} \,\middle|\, 2k, 2(n-k+1) \right) = \alpha$$

其中，$F(x \mid m, n)$ 表示 $F(m, n)$ 分布的分布函数。因此 p 的置信水平为 $1-\alpha$ 的置信下限 $\hat{p}_L$ 是下列方程的解

$$\frac{p}{1-p} \cdot \frac{n-k+1}{k} = F_\alpha(2k, 2(n-k+1)) \tag{6.13}$$

由于

$$F_\alpha(2k, 2(n-k+1)) = \frac{1}{F_{1-\alpha}(2(n-k+1), 2k)}$$

则有

$$\hat{p}_L = \frac{k}{k + (n-k+1) \cdot F_{1-\alpha}(2(n-k+1), 2k)} \tag{6.14}$$

类似地，在 $k < n$ 时，p 的置信水平为 $1-\alpha$ 的置信上限 $\hat{p}_U$ 是下列方程的解

$$\sum_{i=0}^{k} \binom{n}{i} \cdot p^i \cdot (1-p)^{n-i} = \alpha \tag{6.15}$$

可得

$$\frac{p}{1-p} \cdot \frac{n-k}{k+1} = F_{1-\alpha}(2(k+1), 2(n-k)) \tag{6.16}$$

因此

$$\hat{p}_U = \frac{(k+1) \cdot F_{1-\alpha}(2(k+1), 2(n-k))}{n-k + (k+1) \cdot F_{1-\alpha}(2(k+1), 2(n-k))} \tag{6.17}$$

另外，p 的置信水平为 $1-\alpha$ 的置信区间为 $[\hat{p}_L, \hat{p}_U]$，在 $0 < k < n$ 时，

$$\left. \begin{array}{l} \hat{p}_L = \dfrac{k}{k + (n-k+1) \cdot F_{1-\alpha_1}(2(n-k+1), 2k)} \\[3mm] \hat{p}_U = \dfrac{(k+1) \cdot F_{1-\alpha_2}(2(k+1), 2(n-k))}{k+1 + (n-k) \cdot F_{1-\alpha_2}(2(k+1), 2(n-k))} \end{array} \right\} \tag{6.18}$$

式中，$\alpha_1 + \alpha_2 = \alpha$，且 $0 \leq \alpha_1, \alpha_2 \leq 1$，通常可取 $\alpha_1 = \alpha_2 = \dfrac{\alpha}{2}$。

p 在可靠性中常表示失效率，这时 $R = 1-p$ 就是可靠度。R 的置信水平为 $1-\alpha$ 的置信区间为 $[\hat{R}_L, \hat{R}_U]$，其中 $\hat{R}_L, \hat{R}_U$ 分别由

$$\sum_{x=0}^{k} \binom{n}{i} R^{n-i}(1-R)^i = \alpha/2, \sum_{x=0}^{n-k} \binom{n}{i} (1-R)^{n-i} R^i = \alpha/2$$

确定。同理可得 R 的置信水平为 $1-\alpha$ 的置信上、下限。

例 6.2　设服从正态分布 $N(\mu, \sigma^2)$ 的某批产品中随机抽取 n 件产品进行试验，得到一组完全样本观测值 $x_1, x_2, \cdots, x_n$。求 μ, σ^2 的置信区间。

解： 由极大似然估计得到 μ, σ^2 的点估计分别为

$$\bar{x} = \frac{1}{n}\sum_{i=1}^{n} x_i, \quad s^2 = \frac{1}{n-1}\sum_{i=1}^{n}(x_i - \bar{x})^2 \tag{6.19}$$

由于 $\dfrac{\sqrt{n}(\bar{x}-\mu)}{s} \sim t_{n-1}$，因此，在 $1-\alpha$ 的置信水平下，μ 的置信区间为

$$\left. \begin{array}{l} \hat{\mu}_L = \bar{x} + \dfrac{s}{\sqrt{n}} t_{\alpha/2}(n-1) \\[3mm] \hat{\mu}_U = \bar{x} + \dfrac{s}{\sqrt{n}} t_{1-\alpha/2}(n-1) \end{array} \right\} \tag{6.20}$$

由于 $(n-1)s^2/\sigma^2 \sim \chi^2(n-1)$，因此，在 $1-\alpha$ 的置信水平下，σ^2 的置信区间为

$$\left. \begin{array}{l} \hat{\sigma}_L^2 = \dfrac{(n-1)s^2}{\chi^2_{1-\alpha/2}(n-1)} \\[3mm] \hat{\sigma}_U^2 = \dfrac{(n-1)s^2}{\chi^2_{\alpha/2}(n-1)} \end{array} \right\} \tag{6.21}$$

对于对数正态分布,求解参数区间估计的方法与正态分布类似。

例 6.3　设产品寿命服从指数分布,有密度函数 $f(t) = \dfrac{1}{\theta} e^{-t/\theta}$,$t \geqslant 0$。求相关可靠性参数的置信区间。

解:

1. 定数截尾试验子样

现抽取 n 个样品进行定数截尾试验,得 r 个顺序统计量为 $0 = t_{(0)} < t_{(1)} \leqslant t_{(2)} \leqslant \cdots \leqslant t_{(r)}$,为寻求 θ 的置信区间,找到与参数 θ 有关的枢轴量

$$H = \frac{2T}{\theta}$$

式中,T 为样品的总试验时间,$T = \sum\limits_{i=1}^{r} t_{(i)} + (n-r)t_{(r)}$。枢轴量 $H = 2T/\theta$ 服从自由度为 $2r$ 的 χ^2 分布(见 5.1.3 节),根据 χ^2 分布可写出

$$P(\chi_{\alpha/2}^2(2r) \leqslant \frac{2T}{\theta} \leqslant \chi_{1-\alpha/2}^2(2r)) = 1 - \alpha$$

即

$$P(\frac{2T}{\chi_{1-\alpha/2}^2(2r)} \leqslant \theta \leqslant \frac{2T}{\chi_{\alpha/2}^2(2r)}) = 1 - \alpha$$

由此,得 θ 的置信度为 $1 - \alpha$ 的置信区间

$$\left.\begin{aligned}
\hat{\theta}_U &= \frac{2T}{\chi_{\alpha/2}^2(2r)} \\
\hat{\theta}_L &= \frac{2T}{\chi_{1-\alpha/2}^2(2r)}
\end{aligned}\right\} \tag{6.22}$$

同理,可得 θ 的置信度为 $1 - \alpha$ 的单边置信下限和单边置信上限分别为

$$\left.\begin{aligned}
\hat{\theta}_L &= \frac{2T}{\chi_{1-\alpha}^2(2r)} \\
\hat{\theta}_U &= \frac{2T}{\chi_{\alpha}^2(2r)}
\end{aligned}\right\} \tag{6.23}$$

相应的失效率的 $1 - \alpha$ 的置信区间是

$$\left.\begin{aligned}
\hat{\lambda}_U &= \frac{1}{\hat{\theta}_L} = \frac{\chi_{1-\alpha/2}^2(2r)}{2T} \\
\hat{\lambda}_L &= \frac{1}{\hat{\theta}_U} = \frac{\chi_{\alpha/2}^2(2r)}{2T}
\end{aligned}\right\} \tag{6.24}$$

根据 θ 的单边置信上、下限,相应地得到失效率的单边置信上、下限估计

$$\left.\begin{aligned}
\hat{\lambda}_U &= \frac{\chi_{1-\alpha}^2(2r)}{2T} \\
\hat{\lambda}_L &= \frac{\chi_{\alpha}^2(2r)}{2T}
\end{aligned}\right\} \tag{6.25}$$

同样可求指数分布可靠度和可靠寿命的置信区间,对某给定时刻 t_0 的可靠度置信区间为

$$\left.\begin{array}{l}\hat{R}_{\mathrm{L}}(t_0)=\mathrm{e}^{-t_0/\theta_{\mathrm{L}}}=\exp\left[-\dfrac{t_0\chi^2_{1-\alpha/2}(2r)}{2T}\right]\\[3mm]\hat{R}_{\mathrm{U}}(t_0)=\mathrm{e}^{-t_0/\theta_{\mathrm{U}}}=\exp\left[-\dfrac{t_0\chi^2_{\alpha/2}(2r)}{2T}\right]\end{array}\right\} \tag{6.26}$$

对给定的可靠度 R,可靠寿命在置信水平 $1-\alpha$ 下的置信区间为

$$\left.\begin{array}{l}\hat{t}_{\mathrm{U}}(R)=\dfrac{2T}{\chi^2_{\alpha/2}(2r)}\ln\dfrac{1}{R}\\[3mm]\hat{t}_{\mathrm{L}}(R)=\dfrac{2T}{\chi^2_{1-\alpha/2}(2r)}\ln\dfrac{1}{R}\end{array}\right\} \tag{6.27}$$

另外,对于有替换定数截尾子样,上述论证同样成立,只是总试验时间为 $T=nt_{(r)}$。

2. 定时截尾试验子样

对于无替换定时截尾试验,总试验时间 $T=\sum\limits_{i=1}^{r}t_{(i)}+(n-r)t_0$,在 t_0 时间之前发生了 r 个失效,第 r 次失效发生的时间是 $t_{(r)}$,显然 $t_{(r)}\leqslant t_0$;第 $r+1$ 个失效发生的时间为 $t_{(r+1)}>t_0$,则

$$T_r=\sum_{i=1}^{r}t_{(i)}+(n-r)t_{(r)}\leqslant T=\sum_{i=1}^{r}t_{(i)}+(n-r)t_0<T_{r+1}=\sum_{i=1}^{r+1}t_{(i)}+(n-r-1)t_{(r+1)}$$

于是 $2T_r\leqslant 2T<2T_{r+1}$,式中 T_r 是发生 r 次失效的无替换定数截尾试验的总试验时间,T_{r+1} 是发生 $r+1$ 次失效的无替换定数截尾试验的总试验时间。枢轴量 $2T_{r+1}/\theta$ 与 $2T_r/\theta$ 分别服从自由度为 $2r+2$ 和 $2r$ 的 χ^2 分布。因此

$$P\left(\frac{2T_r}{\theta}\geqslant\chi^2_{\alpha/2}(2r)\right)=1-\frac{\alpha}{2}$$

$$P\left(\frac{2T_{r+1}}{\theta}\leqslant\chi^2_{1-\alpha/2}(2r+2)\right)=1-\frac{\alpha}{2}$$

所以,$P\left(\chi^2_{\alpha/2}(2r)\leqslant\dfrac{2T}{\theta}\leqslant\chi^2_{1-\alpha/2}(2r+2)\right)\geqslant 1-\alpha$,由此得到在无替换定时截尾寿命试验下,平均寿命置信水平为 $1-\alpha$ 的置信区间为

$$\left.\begin{array}{l}\hat{\theta}_{\mathrm{L}}=\dfrac{2T}{\chi^2_{1-\alpha/2}(2r+2)}\\[3mm]\hat{\theta}_{\mathrm{U}}=\dfrac{2T}{\chi^2_{\alpha/2}(2r)}\end{array}\right\} \tag{6.28}$$

对于有替换定时截尾试验,总试验时间为 $T=nt_0$,置信区间的结果与无替换定时截尾试验相同。

同理,可得到平均寿命单边置信限,失效率、可靠度、可靠寿命的置信区间以及单边置信限。

3. 定时测试试验子样

定时测试试验子样即试验至某时刻 t 截止时测试一次,记失效数为 r,投入试验的样品数为 n,用二项分布来求其置信区间。

设每个样品在试验中失效的概率为 p,那么 n 个样品投入试验发生 r 次失效的概率是 $C_n^r p^r (1-p)^{n-r}$,这是二项分布。当 n 较大时,二项分布可用均值为 np,标准差为 $\sqrt{np(1-p)}$ 的正态分布近似,于是枢轴量 $(r-np)/\sqrt{np(1-p)}$ 近似服从标准正态分布。若记 u_α 为标准正态分布 α 分位点,则 $(r-np)/\sqrt{np(1-p)}$ 取值在区间 $[u_{\alpha/2}, u_{1-\alpha/2}]$ 内的概率是 $1-\alpha$,即

$$P\left(u_{\alpha/2} \leqslant \frac{r-np}{\sqrt{np(1-p)}} \leqslant u_{1-\alpha/2}\right)$$
$$= P\left(np + u_{\alpha/2} \cdot \sqrt{np(1-p)} \leqslant r \leqslant np + u_{1-\alpha/2} \cdot \sqrt{np(1-p)}\right)$$
$$= 1-\alpha$$

这里,若用失效频率 $\hat{p} = r/n$ 来近似 p,则可得 p 的 $1-\alpha$ 置信区间为

$$\begin{cases} \hat{p}_{\mathrm{L}} = \hat{p} + u_{\alpha/2} \sqrt{\dfrac{\hat{p}(1-\hat{p})}{n}} \\[3mm] \hat{p}_{\mathrm{U}} = \hat{p} + u_{1-\alpha/2} \sqrt{\dfrac{\hat{p}(1-\hat{p})}{n}} \end{cases}$$

根据此种情况下的平均寿命的极大似然估计,即

$$\hat{\theta} = \frac{t}{\ln(n) - \ln(n-r)} = \frac{t}{-\ln\left(1 - \dfrac{r}{n}\right)}$$

可得平均寿命在置信度为 $1-\alpha$ 的置信区间为

$$\left. \begin{aligned} \hat{\theta}_{\mathrm{L}} &= \frac{t}{-\ln\left[1 - \hat{p} - u_{1-\alpha/2} \sqrt{\dfrac{\hat{p}(1-\hat{p})}{n}}\right]} \\[5mm] \hat{\theta}_{\mathrm{U}} &= \frac{t}{-\ln\left[1 - \hat{p} + u_{1-\alpha/2} \sqrt{\dfrac{\hat{p}(1-\hat{p})}{n}}\right]} \end{aligned} \right\} \tag{6.29}$$

代入 $\hat{p}_{\mathrm{L}}$ 的估计和 $\hat{p}_{\mathrm{U}}$ 的估计,可得平均寿命置信度 $1-\alpha$ 的单边置信下限和上限分别为

$$\left. \begin{aligned} \hat{\theta}_{\mathrm{L}} &= \frac{t}{-\ln\left[1 - \hat{p} - u_{1-\alpha} \sqrt{\dfrac{\hat{p}(1-\hat{p})}{n}}\right]} \\[5mm] \hat{\theta}_{\mathrm{U}} &= \frac{t}{-\ln\left[1 - \hat{p} + u_{1-\alpha} \sqrt{\dfrac{\hat{p}(1-\hat{p})}{n}}\right]} \end{aligned} \right\} \tag{6.30}$$

同理,可给出其失效率、可靠度、可靠寿命的置信区间和单边置信限。

6.2　基于渐近正态的置信限估计方法

在许多情形下,难以找到参数的枢轴量,这时可考虑采用渐近分布,特别是可利用极大似然估计在一定条件下的渐近正态性构造置信区间。它适用于完全样本及定时、定数试验子样。下面仅给出完全样本下的求解方法。

在完全样本下,根据极大似然估计的渐近正态性(参见 5.2 节),若 r 个参数构成的参数向量 $\hat{\boldsymbol{\theta}} = (\theta_1, \theta_2, \cdots, \theta_r)^{\mathrm{T}}$ 的极大似然估计为 $\hat{\boldsymbol{\theta}}$,则当样本量 $n \to +\infty$ 时

$$\hat{\boldsymbol{\theta}} \overset{L}{\sim} N(\boldsymbol{\theta}, [I_n(\boldsymbol{\theta})]^{-1}) \tag{6.31}$$

式中,$I_n(\boldsymbol{\theta}) = E_\theta[\boldsymbol{S}_\theta(X)\boldsymbol{S}_\theta^{\mathrm{T}}(X)]$,$\boldsymbol{S}_\theta(X) = \left(\dfrac{\partial \ln L}{\partial \theta_1}, \dfrac{\partial \ln L}{\partial \theta_2}, \cdots, \dfrac{\partial \ln L}{\partial \theta_r}\right)^{\mathrm{T}}$。

对于密度函数 $f(x; \boldsymbol{\theta})$,若微分与积分可交换,则信息阵 $I_n(\boldsymbol{\theta})$ 可表示为(见习题 5.2)

$$I_n(\boldsymbol{\theta}) = -E_\theta\left[\frac{\partial^2 \ln L}{\partial \boldsymbol{\theta}\partial \boldsymbol{\theta}^{\mathrm{T}}}\right] = E_\theta \begin{bmatrix} -\dfrac{\partial^2 \ln L}{\partial \theta_1^2} & \cdots & -\dfrac{\partial^2 \ln L}{\partial \theta_1 \partial \theta_r} \\ \vdots & \ddots & \vdots \\ -\dfrac{\partial^2 \ln L}{\partial \theta_r \partial \theta_1} & \cdots & -\dfrac{\partial^2 \ln L}{\partial \theta_r^2} \end{bmatrix} \tag{6.32}$$

对于完全样本,对数似然函数可表示为 $\ln L = \sum\limits_{k=1}^{n} \ln f(x_k; \boldsymbol{\theta})$,在 5.2 节渐进正态性条件③下,有

$$\begin{aligned}
[I_n(\boldsymbol{\theta})]_{ij} &= E\left(\frac{\partial \ln L}{\partial \theta_i} \frac{\partial \ln L}{\partial \theta_j}\right) = E\left[\left(\sum_{k=1}^{n} \frac{\partial \ln f(x_k)}{\partial \theta_i}\right)\left(\sum_{k=1}^{n} \frac{\partial \ln f(x_k)}{\partial \theta_j}\right)\right] \\
&= \sum_{k=1}^{n} E\left(\frac{\partial \ln f(x_k)}{\partial \theta_i} \frac{\partial \ln f(x_k)}{\partial \theta_j}\right) + \sum_{p \neq q}^{n} E\left(\frac{\partial \ln f(x_p)}{\partial \theta_i} \frac{\partial \ln f(x_q)}{\partial \theta_j}\right) \\
&= \sum_{k=1}^{n} E\left(\frac{\partial \ln f(x_k)}{\partial \theta_i} \frac{\partial \ln f(x_k)}{\partial \theta_j}\right) \\
&= nE\left(\frac{\partial \ln f}{\partial \theta_i} \frac{\partial \ln f}{\partial \theta_j}\right) = n[I_1(\theta)]_{ij}
\end{aligned}$$

本式表明 n 个样本的信息阵等于 n 个单样本的信息阵之和,即信息阵具有可加性。因此,式(6.31)可写为

$$\hat{\boldsymbol{\theta}} \sim N\left(\boldsymbol{\theta}, \frac{1}{n}[I_1(\boldsymbol{\theta})]^{-1}\right) \tag{6.33}$$

式(6.33)表明样本量越大,估计的方差越小。相同置信度下置信区间越短,估计精度越高。参数 θ_k 置信度为 $1 - \alpha$ 的置信区间为

$$[\hat{\theta}_k^{\mathrm{L}}, \hat{\theta}_k^{\mathrm{H}}] = \left[\hat{\theta}_k - \mu_{1-\alpha/2}\sqrt{[I_n(\hat{\boldsymbol{\theta}})]_{kk}^{-1}}, \hat{\theta}_k + \mu_{1-\alpha/2}\sqrt{[I_n(\hat{\boldsymbol{\theta}})]_{kk}^{-1}}\right]$$

特别地,在完全样本下,

$$[\hat{\theta}_k^{\mathrm{L}}, \hat{\theta}_k^{\mathrm{H}}] = \left[\hat{\theta}_k - \frac{\mu_{1-\alpha/2}}{\sqrt{n}}\sqrt{[I_1(\hat{\boldsymbol{\theta}})]_{kk}^{-1}}, \quad \hat{\theta}_k + \frac{\mu_{1-\alpha/2}}{\sqrt{n}}\sqrt{[I_1(\hat{\boldsymbol{\theta}})]_{kk}^{-1}}\right]$$

很多情况下,信息阵中的期望不易计算,但是若积分与微分运算可交换,即式(6.32)成立,则在样本量较大时,信息阵 $I_n(\boldsymbol{\theta})$ 可近似为

$$I_n(\boldsymbol{\theta}) = -E_\theta\left[\frac{\partial^2 \ln L}{\partial\theta\partial\theta^{\mathrm{T}}}\right] = nE_\theta\left[\frac{\partial^2 \ln f}{\partial\theta\partial\theta^{\mathrm{T}}}\right]$$

$$\approx \sum_{k=1}^{n}\frac{\partial^2 \ln f(x_k;\theta)}{\partial\theta\partial\theta^{\mathrm{T}}} = \frac{\partial^2 \ln L}{\partial\theta\partial\theta^{\mathrm{T}}}\bigg|_{\hat{\theta}}$$

须注意的是,极大似然估计的渐近正态性是有条件的。此外,它属于大样本性质,因此只有在样本量较大时使用效果较好。

基于渐近正态的区间估计方法与枢轴量法有本质上的区别:枢轴量法的思路是寻找样本与参数的函数使之服从无(未知)参数分布,这样可保证满足区间覆盖概率与待求参数无关;渐近正态法实际上是计算点估计(MLE)的分布,以分布分位数为界确定置信区间,该方法实际上确定的是点估计的波动范围,计算的区间是近似的。

下面以两参数 Weibull 分布为例,建立基于渐近正态的置信限估计方法。

假设共有 n 个产品进行寿命试验,得到 n 个失效时间样本 $t_{(1)} \leqslant t_{(2)} \leqslant \cdots \leqslant t_{(n)}$,现已求得参数 (m,η) 的极大似然估计 $(\hat{m},\hat{\eta})$。

接下来利用极大似然估计的渐近正态性求参数 m 和 η 的置信限估计。首先 $\hat{m}$ 和 $\hat{\eta}$ 的渐近分布是正态分布,两者的渐近期望为

$$\lim_{n\to+\infty} E(\hat{m}) = m \tag{6.34}$$

$$\lim_{n\to+\infty} E(\hat{\eta}) = \eta \tag{6.35}$$

渐近方差和协方差矩阵是 Fisher 信息矩阵的逆矩阵,即

$$\begin{bmatrix} \mathrm{Var}(\hat{m}) & \mathrm{Cov}(\hat{m},\hat{\eta}) \\ \mathrm{Cov}(\hat{m},\hat{\eta}) & \mathrm{Var}(\hat{\eta}) \end{bmatrix} = \begin{bmatrix} I_{mm} & I_{m\eta} \\ I_{m\eta} & I_{\eta\eta} \end{bmatrix}^{-1}$$

式中,

$$I_{mm} = -E\left[\frac{\partial^2 \ln L}{\partial m^2}\right], \quad I_{m\eta} = -E\left[\frac{\partial^2 \ln L}{\partial m\partial\eta}\right], \quad I_{\eta\eta} = -E\left[\frac{\partial^2 \ln L}{\partial\eta^2}\right]$$

当样本量较大时,信息阵可近似为

$$I_{mm} = \frac{\partial^2 \ln L}{\partial m^2}\bigg|_{\hat{m},\hat{\eta}} = \frac{n}{\hat{m}^2} + \sum_{i=1}^{n}\left(\frac{t_i}{\hat{\eta}}\right)^{\hat{m}}(\ln t_i - \ln\hat{\eta})^2$$

$$I_{m\eta} = -\frac{\partial^2 \ln L}{\partial m\partial\eta}\bigg|_{\hat{m},\hat{\eta}} = \frac{n}{\hat{\eta}} - \sum_{i=1}^{n}\left\{\frac{t_i^{\hat{m}}}{\hat{\eta}^{\hat{m}+1}}\left[\hat{m}(\ln t_i - \ln\hat{\eta}) + 1\right]\right\}$$

$$I_{\eta\eta} = \frac{\partial^2 \ln L}{\partial\eta^2}\bigg|_{\hat{m},\hat{\eta}} = -\frac{\hat{m}n}{\hat{\eta}^2} + \hat{m}(\hat{m}+1)\sum_{i=1}^{n}\frac{t_i^{\hat{m}}}{\hat{\eta}^{\hat{m}+2}}$$

由此得到 $\hat{m}$ 和 $\hat{\eta}$ 的渐近方差为

$$\hat{\sigma}_m^2 = \mathrm{Var}(\hat{m}) = \frac{I_{\eta\eta}}{(I_{mm}I_{\eta\eta} - I_{m\eta}^2)} \tag{6.36}$$

$$\hat{\sigma}_\eta^2 = \mathrm{Var}(\hat{\eta}) = \frac{I_{mm}}{(I_{mm}I_{\eta\eta} - I_{m\eta}^2)} \tag{6.37}$$

给定显著水平 α,则参数 m 和 η 的置信度为 $1-\alpha$ 的置信区间分别为

$$[\hat{m} + u_{\alpha/2}\hat{\sigma}_m \, , \ \hat{m} + u_{1-\alpha/2}\hat{\sigma}_m] \tag{6.38}$$

$$[\hat{\eta} + u_{\alpha/2}\hat{\sigma}_\eta \, , \ \hat{\eta} + u_{1-\alpha/2}\hat{\sigma}_\eta] \tag{6.39}$$

式中, u_p 为标准正态分布的 p 分位点。

同理,亦可得到参数的 $1-\alpha$ 单边置信上、下限。

$$\left. \begin{array}{l} \hat{m}_L = \hat{m} + u_\alpha \hat{\sigma}_m \\ \hat{\eta}_L = \hat{\eta} + u_\alpha \hat{\sigma}_\eta \end{array} \right\} \tag{6.40}$$

6.3　基于线性估计的置信限估计方法

在第 5 章中,运用最佳线性无偏估计的方法对位置—尺度分布族中的参数进行了点估计,在本节中将基于最佳线性无偏估计推导参数的置信限估计。

设样本的分布函数为 $F\left(\dfrac{x-\mu}{\sigma}\right)$,容量为 n, $X_1, X_2, \cdots, X_r$ 是一组样本观测量,按照从小到大的顺序排列,依次为 $X_{(1)} \leqslant X_{(2)} \leqslant \cdots \leqslant X_{(r)}$。令 $Z = \dfrac{X-\mu}{\sigma}$,则 Z 服从位置参数为 0,尺度参数为 1 的标准分布, $Z_{(1)} \leqslant Z_{(2)} \leqslant \cdots \leqslant Z_{(r)}$ 为标准分布的前 r 个顺序统计量。根据最佳线性无偏估计可以得到位置参数 $\hat{\mu}$,尺度参数 $\hat{\sigma}$ 的点估计为

$$\hat{\mu} = \sum_{j=1}^{r} D(n, r, j) X_{(j)} \tag{6.41}$$

$$\hat{\sigma} = \sum_{j=1}^{r} C(n, r, j) X_{(j)} \tag{6.42}$$

式中, $C(n, r, j)$ 为 σ 的最佳线性无偏估计系数, $D(n, r, j)$ 称 μ 的最佳线性无偏估计系数。 $C(n, r, j)$、$D(n, r, j)$ 可查表获得,对于不同的标准分布,将有不同的数值。

进一步可以得到 $\hat{\mu}, \hat{\sigma}$ 的方差和协方差分别为

$$\mathrm{Var}(\hat{\mu}) = A_{r,n}\sigma^2 \tag{6.43}$$

$$\mathrm{Var}(\hat{\sigma}) = l_{r,n}\sigma^2 \tag{6.44}$$

$$\mathrm{Cov}(\hat{\mu}, \hat{\sigma}) = B_{r,n}\sigma^2 \tag{6.45}$$

式中, $A_{r,n}$、$l_{r,n}$ 和 $B_{r,n}$ 分别称为 $\hat{\mu}$、$\hat{\sigma}$ 的方差和协方差系数,可查表获得,对于不同的标准分布,将有不同的数值。

证明:式(6.43)的 $Var(\hat{\mu}) = A_{r,n}\sigma^2$ 成立。

首先给出 $\mathrm{Var}(\hat{\mu})$ 的结果

$$Var(\hat{\mu}) = E(\hat{\mu} - \mu)^2$$

$$= E\left[\sum_{j=1}^{r} D(n, r, j) X_{(j)} - \mu\right]^2$$

$$= E\left[\sum_{j=1}^{r} D(n, r, j)(\mu + \sigma Z_{(j)}) - \mu\right]^2$$

因为 $\sum\limits_{j=1}^{r} D(n, r, j) = 1$, $\sum\limits_{j=1}^{r} D(n, r, j) E(Z_{(j)}) = 0$,所以上式可变为

$$\mathrm{Var}(\hat{\mu}) = E\left[\sum_{j=1}^{r} D(n,r,j)(Z_{(j)} - E(Z_{(j)}))\sigma\right]^{2}$$

$$= \sigma^{2}\sum_{i=1}^{r}\sum_{j=1}^{r} D(n,r,i)D(n,r,j)Cov(Z_{(i)},Z_{(j)}) - \sigma^{2}A_{r,n}$$

同理可以得到式(6.44)和式(6.45)。

根据 5.4.1 节的模型，令 $\boldsymbol{X} = (X_{(1)},X_{(2)},\cdots,X_{(r)})^{\mathrm{T}}$，$\boldsymbol{Z} = (EZ_{(1)},EZ_{(2)},\cdots,EZ_{(r)})^{\mathrm{T}}$，$\boldsymbol{H} = (\mathbf{1},\boldsymbol{Z})_{r\times 2}$，$\boldsymbol{\theta} = (\mu,\sigma)^{\mathrm{T}}$，$\varepsilon_{i} = Z_{(i)} - E(Z_{(i)})$，$\boldsymbol{\varepsilon} = (\varepsilon_{1},\varepsilon_{2},\cdots,\varepsilon_{r})^{\mathrm{T}}$，有

$$\begin{cases} \boldsymbol{X} = \boldsymbol{H}\boldsymbol{\theta} + \sigma\boldsymbol{\varepsilon} \\ \mathrm{Var}(\boldsymbol{X}) = \sigma^{2}\boldsymbol{V} \end{cases}$$

式中，$\begin{cases} E(\varepsilon_{i}) = 0 \\ Cov(\varepsilon_{i},\varepsilon_{j}) = v_{ij} \end{cases}$　$i,j \in \{1,2,\cdots,r\}$，　$V = (v_{ij})_{r\times r}$

因此，

$$\hat{\boldsymbol{\theta}} = (\boldsymbol{H}^{\mathrm{T}}\boldsymbol{V}^{-1}\boldsymbol{H})^{-1}\boldsymbol{H}^{\mathrm{T}}\boldsymbol{V}^{-1}\boldsymbol{X}$$

$$= (\boldsymbol{H}^{\mathrm{T}}\boldsymbol{V}^{-1}\boldsymbol{H})^{-1}\boldsymbol{H}^{\mathrm{T}}\boldsymbol{V}^{-1}(\boldsymbol{H}\boldsymbol{\theta} + \sigma\boldsymbol{\varepsilon})$$

$$= \boldsymbol{\theta} + \sigma(\boldsymbol{H}^{\mathrm{T}}\boldsymbol{V}^{-1}\boldsymbol{H})^{-1}\boldsymbol{H}^{\mathrm{T}}\boldsymbol{V}^{-1}\boldsymbol{\varepsilon}$$

$$= \boldsymbol{\theta} + \sigma\boldsymbol{G}\boldsymbol{\varepsilon}$$

式中，$\boldsymbol{G} = (\boldsymbol{H}^{\mathrm{T}}\boldsymbol{V}^{-1}\boldsymbol{H})^{-1}\boldsymbol{H}^{\mathrm{T}}\boldsymbol{V}^{-1}$ 为 $2\times r$ 矩阵，令 $\boldsymbol{G} = (\boldsymbol{G}_{1}^{\mathrm{T}},\boldsymbol{G}_{2}^{\mathrm{T}})^{\mathrm{T}}$，则

$$\begin{cases} \hat{\mu} = \mu + \sigma\boldsymbol{G}_{1}\boldsymbol{\varepsilon} \\ \hat{\sigma} = \sigma(1 + \boldsymbol{G}_{2}\boldsymbol{\varepsilon}) \end{cases}$$

因此，$\dfrac{\hat{\sigma}}{\sigma} = 1 + \boldsymbol{G}_{2}\boldsymbol{\varepsilon}$ 的分布与参数 σ 无关，$\dfrac{\hat{\mu} - \mu}{\hat{\sigma}} = \dfrac{\boldsymbol{G}_{1}\boldsymbol{\varepsilon}}{1 + \boldsymbol{G}_{2}\boldsymbol{\varepsilon}}$ 的分布与参数 μ 无关，两者分别构成 μ 与 σ 的枢轴量。前者当乘以系数 $(1 + l_{r,n})$ 后，服从 W 分布；后者服从 V 分布。

设产品寿命 T 服从威布尔分布 $W(m,\eta)$，由定数截尾试验得到顺序统计量 $t_{(1)} \leqslant t_{(2)} \leqslant \cdots \leqslant t_{(r)}$，经变换 $X = \ln T$，得 $X_{(1)} \leqslant X_{(2)} \leqslant \cdots \leqslant X_{(r)}$，并且 X 服从参数为 $\mu,\sigma\left(\mu = \ln\eta,\sigma = \dfrac{1}{m}\right)$ 的极值分布。设 $\hat{\mu},\hat{\sigma}$ 为 μ,σ 的最优线性无偏估计，下面构造它们的置信限估计。

1. σ 的置信限估计

建立枢轴量

$$W = \frac{\hat{\sigma}}{(1 + l_{r,n})\sigma} \tag{6.46}$$

其中，$l_{r,n}$ 为 σ 的方差系数。找出 W 的分布，记其概率为 α 的分位点为 W_{α}，则

$$P\left(W_{\frac{\alpha}{2}} \leqslant \frac{\hat{\sigma}}{(1 + l_{r,n})\sigma} \leqslant W_{1-\frac{\alpha}{2}}\right) = 1 - \alpha \tag{6.47}$$

由此得到 σ 的置信度为 $1 - \alpha$ 的置信区间为

$$\left. \begin{aligned} \hat{\sigma}_{\mathrm{L}} &= \frac{\hat{\sigma}}{(1 + l_{r,n}) \cdot W_{1-\frac{\alpha}{2}}} \\ \hat{\sigma}_{\mathrm{U}} &= \frac{\hat{\sigma}}{(1 + l_{r,n})W_{\frac{\alpha}{2}}} \end{aligned} \right\} \tag{6.48}$$

m 的 $1-\alpha$ 置信区间为

$$\left.\begin{array}{l} \hat{m}_{\mathrm{L}} = \dfrac{\hat{\sigma}}{(1+l_{r,n}) \cdot W_{\frac{\alpha}{2}}} \\[3mm] \hat{m}_{\mathrm{U}} = \dfrac{\hat{\sigma}}{(1+l_{r,n}) \cdot W_{1-\frac{\alpha}{2}}} \end{array}\right\} \tag{6.49}$$

其中,W 的分布可查附表五。

2. μ 的置信限估计

建立枢轴量

$$V = \frac{\hat{\mu}-\mu}{\hat{\sigma}} \tag{6.50}$$

V 的分布与 μ,σ 无关,可用随机模拟的方法获得 V 分布的分位点。给定置信水平 $1-\alpha$,则

$$P\left[\frac{\hat{\mu}-\mu}{\hat{\sigma}} < V_{1-\alpha}\right] = 1-\alpha \tag{6.51}$$

即

$$P\left[\mu > \hat{\mu} - \hat{\sigma}V_{1-\alpha}\right] = 1-\alpha$$

其中,V 分布的分位点见附表六。因此,μ 的置信度为 $1-\alpha$ 的单侧置信下限为

$$\hat{\mu}_{\mathrm{L}} = \hat{\mu} - \hat{\sigma}V_{1-\alpha} \tag{6.52}$$

同理,可得到 μ 的置信度为 $1-\alpha$ 的置信区间为

$$\left.\begin{array}{l} \hat{\mu}_{\mathrm{U}} = \hat{\mu} - \hat{\sigma}V_{\alpha/2} \\[2mm] \hat{\mu}_{\mathrm{L}} = \hat{\mu} - \hat{\sigma}V_{1-\alpha/2} \end{array}\right\} \tag{6.53}$$

由此,得到 η 的置信限估计

$$\left.\begin{array}{l} \hat{\eta}_{\mathrm{L}} = \mathrm{e}^{\hat{\mu}_{\mathrm{L}}} \\[2mm] \hat{\eta}_{\mathrm{U}} = \mathrm{e}^{\hat{\mu}_{\mathrm{U}}} \end{array}\right\} \tag{6.54}$$

6.4　Bootstrap 方法

随着计算技术和计算机技术的发展,由美国统计学家 Efron(1979 年)提出的 Bootstrap 方法经不断发展完善,已成为目前应用广泛的统计推断方法之一。

Bootstrap 方法本质上是一种再抽样技术,把样本看作是总体的一个"缩影",其基本思想是:既然经验分布函数是总体分布的良好拟合,那么来自总体分布统计量的概率性质可以用经验分布函数的相应统计量的概率性质来近似刻画,而后者可以通过计算机模拟甚至直接计算得到。Bootstrap 方法的核心是通过再抽样来构造自主样本,经常用于以下两种情况:一是标准假设无效(如样本总量很小,样本不服从正态分布);二是需要解决问题复杂,且没有理论可

依。具体说来,对于来自总体 P 的已知样本 $X=(X_1,X_2,\cdots,X_n)$,设 $\hat{P}$ 是 P 的一个估计,根据样本 X 得到目标量 θ 的估计 $\hat{\theta}$。从 $\hat{P}$ 产生 B 个独立样本 $X_1^*,X_2^*,\cdots,X_B^*$ 是切实可行的,由样本 $X_b^*(b=1,2,\cdots,B)$ 得到 θ 的估计 $\hat{\theta}_b^*=\hat{\theta}(X_b^*)$,然后用 $\hat{\theta}_b^*$ 来进行统计推断。当然 $\hat{P}$ 与 P 有差别,且 $\hat{\theta}_b^*$ 间不独立,所以该方法不准确。因此,对于统计问题,如果用经典的统计方法能够处理,最好不要用 Bootstrap 方法,统计学家们做了大量的工作来讨论 Bootstrap 方法在许多场合下的正确性与精确度等。

6.4.1　Bootstrap 方差估计

假定我们得到来自某个总体 X 的一组样本观测值 $X_1,X_2,\cdots,X_n$,并设基于该样本对目标量 θ 的估计为 $\hat{\theta}=\hat{\theta}(X_1,X_2,\cdots,X_n)$,例如 θ 表示总体均值,则 $\hat{\theta}=\dfrac{1}{n}\sum\limits_{i=1}^{n}X_i$。由于样本具有随机性,无法知道一次点估计与参数真值的差距,自然会考虑多次抽样,观察点估计值的波动情况。但是总体分布是未知的,因此一种思路是寻找总体分布的一个估计来代替。Bootstrap 方法的实质是用经验分布代替未知总体分布,注意到经验分布是离散的样本值构成的等概率分布,对这个分布进行抽样则等价于对样本进行“有放回简单抽样”。如果以有放回简单随机抽样从样本 $(X_1,X_2,\cdots,X_n)$ 抽取 Bootstrap 样本 $(X_1^*,X_2^*,\cdots,X_m^*)$,称为 Bootstrap 抽样。基于该 Bootstrap 样本 $(X_1^*,X_2^*,\cdots,X_m^*)$,按照 $\hat{\theta}$ 的结构构造统计量

$$\hat{\theta}_m^*=\hat{\theta}_m(X_1^*,X_2^*,\cdots,X_m^*)$$

重复 Bootstrap 抽样 B 次(一般 B 是一个较大的整数),相应得到 $\hat{\theta}_{m1}^*,\hat{\theta}_{m2}^*,\cdots,\hat{\theta}_{mB}^*$,于是

$$\hat{\theta}_m^*=\frac{1}{B}\sum_{i=1}^{B}\hat{\theta}_{m,i}^*,\hat{\sigma}_m^2=\frac{1}{B-1}\sum_{i=1}^{B}(\hat{\theta}_{m,i}^*-\hat{\theta}_m^*)^2$$

提供了基于 Bootstrap 方法的 θ 的点估计和方差估计。通常重抽样相同大小的样本,令 m 等于 n,结果为

$$\hat{\theta}^*=\frac{1}{B}\sum_{i=1}^{B}\hat{\theta}_{n,i}^*,v_B(\hat{\theta}^*)=\frac{1}{B-1}\sum_{i=1}^{B}(\hat{\theta}_{n,i}^*-\hat{\theta})^2$$

6.4.2　Bootstrap 置信限估计

1. 标准 Bootstrap 法

如果按照 6.4.1 的方法得到 θ 的点估计和方差估计 $\hat{\theta}^*=\dfrac{1}{B}\sum\limits_{i=1}^{B}\hat{\theta}_{n,i}^*$,$v_B(\hat{\theta}^*)=\dfrac{1}{B-1}\sum\limits_{i=1}^{B}(\hat{\theta}_{n,i}^*-\hat{\theta})^2$,假设 $\hat{\theta}$ 服从或近似服从正态分布,当置信度为 $1-\alpha$ 时,θ 的标准 Bootstrap 置信区间分别为

$$\left[\hat{\theta}^*+u_{\alpha/2}\cdot\sqrt{v_B(\hat{\theta}^*)},\ \hat{\theta}^*+u_{1-\alpha/2}\cdot\sqrt{v_B(\hat{\theta}^*)}\right]$$

式中，u_p 为标准正态分布的 p 分位数。

2. Bootstrap 分位数法

如果有来自某个总体 X 的一组样本观测值 $X_1, X_2, \cdots, X_n$，对原始样本进行 B（如 $B=1\ 000$）次 Bootstrap 抽样，每次抽取 n 个样本观测值，相应得到目标量 θ 的 B 个估计 $\hat{\theta}_1^*$，$\hat{\theta}_2^*, \cdots, \hat{\theta}_B^*$，将它们从小到大重新排列得到 $\hat{\theta}_{(1)}^* \leqslant \hat{\theta}_{(2)}^* \leqslant \cdots \leqslant \hat{\theta}_{(B)}^*$，那么 θ 置信度为 $1-\alpha$ 的单侧置信上限和单侧置信下限分别为

$$\hat{\theta}_U = \hat{\theta}_{([B(1-\alpha)])}^* \ \text{和} \ \hat{\theta}_L = \hat{\theta}_{([B\alpha])}^*$$

而 θ 置信度为 $1-\alpha$ 的置信区间为

$$\left[\hat{\theta}_{([B\alpha/2])}^*, \hat{\theta}_{([B(1-\alpha/2)])}^* \right]$$

式中，$[\cdot]$ 表示下取整运算。

3. Bootstrap - t 法

设 v 为 $\hat{\theta}$ 的方差估计，令

$$t(X, \theta) = \frac{\hat{\theta} - \theta}{\sqrt{v}}$$

式中，$X = (X_1, X_2, \cdots, X_n)$，通常称 $t(X, \theta)$ 为 t 统计量。Bootstrap - t 置信下限的具体步骤如下，令 $\hat{G}(x) = P(t(X^*, \hat{\theta}) \leqslant x)$ 为 $G(x) = P(t(X, \theta) \leqslant x)$ 的 Bootstrap 估计，其中

$$t(X^*, \hat{\theta}) = (\hat{\theta}^* - \hat{\theta}) / \sqrt{v^*}$$

这里 v^* 是 v 的 Bootstrap 类似物，则 θ 的 $1-\alpha$ 水平的 Bootstrap - t 置信下限为

$$\hat{\theta}_L = \hat{\theta} - \sqrt{v} \hat{G}^{-1}(1-\alpha)$$

注意，该方法需要先得到方差估计 v，可用 6.4.1 节所得的方差估计 $v_B(\hat{\theta})$ 代替，然后得到基于正态逼近的置信下限为

$$\hat{\theta}_{NL} = \hat{\theta} - u_{1-\alpha} \sqrt{v}$$

除了介绍的几种最简单的 Bootstrap 方法之外，还有修正偏度的 Bootstrap 方法、Bootstrap 嫁接方法等。至于进一步深入了解和学习 Bootstrap 方法，读者可参阅相关文献。

例 6.4　某厂某种照明灯的寿命，已知服从正态分布，现从一批照明灯中随机抽取 16 个，测得其寿命数据如下：

1 510,1 450,1 480,1 460,1 520,1 480,1 490,1 460,1 480,1 510,1 530,1 470,1 500,
1 520,1 510,1 470

设定置信度为 $\alpha=0.05$，运用标准 Bootstrap(SB)法、Bootstrap 分位数(PB)法、Bootstrap-t(PBT)法得到结果如表 6.1 所列。

表 6.1　不同 Bootstrap 方法结果

项　目	SB 法	PB 法	PBT 法
置信区间	[1479,1502]	[1478,1501]	[1479,1502]
区间宽度	23	23	23

6.4.3　基于 Bootstrap 方法的可靠性评估

在可靠性试验中,有时试验样本量较小,难以满足经典统计方法的容量要求,或者没有其他更合理的区间估计方法,此时 Bootstrap 方法可以通过自主抽样的方式进行可靠性评估。在可靠性评估中,所关心的可靠性指标主要包括 3 种:可靠度的点估计、可靠度的单侧置信下限以及可靠度的置信区间。下面介绍基于 Bootstrap 方法的可靠度的求解方法。

除了使用经验分布代替原总体分布外,还可以用参数估计值代替参数真值,进而得到总体分布的估计,后者为半参数方法。设试验数据 $X=(x_1,x_2,\cdots,x_n)$ 为来自于总体 $F(x,\theta)$ 的独立样本,具体步骤如下:

① 用极大似然估计法求得在样本 $X=(x_1,x_2,\cdots,x_n)$ 下,分布参数的极大似然估计值 $\hat{\theta}$。

② 从新的总体 $F_n(x,\hat{\theta})$ 中,用随机抽样的方式,产生一个伪样本 $X_s=(x_{s,1},x_{s,2},\cdots,x_{s,n})$。

③ 基于伪样本 X_s,求出 θ 的伪参数的 MLE $\hat{\theta}_s$。

④ 重复步骤②、③,B 次(B 应足够大,一般取 $B\geqslant1000$),得到 $\hat{\theta}_{s,1},\hat{\theta}_{s,2},\cdots,\hat{\theta}_{s,B}$。

⑤ 由于可靠度指标为 θ 的函数 $R(\theta)$,因此,计算 $\hat{\theta}^*=\dfrac{1}{B}\sum_{i=1}^{B}\hat{\theta}_{s,i}$,将 $\hat{\theta}^*$ 代入 $R(\theta)$ 可得到点估计值 $R(\hat{\theta}^*)$。将 B 个 Bootstrap 的估计值 $\hat{\theta}_{s,1},\hat{\theta}_{s,2},\cdots,\hat{\theta}_{s,B}$ 分别代入 $R(\theta)$ 中,得到 B 个 $R(\hat{\theta}_s)$ 的值,将其从大到小排序,可得 $R(\hat{\theta}_s)_{(1)}\leqslant R(\hat{\theta}_s)_{(2)}\leqslant\cdots\leqslant R(\hat{\theta}_s)_{(B)}$,那么 $R(\theta)$ 的 $1-\alpha$ 的单侧置信上限和单侧置信下限分别为:$\hat{R}_U=R(\hat{\theta}_s)_{([B(1-\alpha)])}$ 和 $\hat{R}_L=R(\hat{\theta}_s)_{([B\alpha])}$,$R(\theta)$ 的 $1-\alpha$ 的置信区间为 $[R(\hat{\theta}_s)_{([B\alpha/2])},R(\hat{\theta}_s)_{([B(1-\alpha/2)])}]$。

例 6.5　发射功率是某型微波天线发射系统的主要性能参数,通过数个批次的现场试验实测得到多组试验数据,经过环境因子技术的折合和一致性检验后整理为有 31 个试验数据的样本 X(单位:kW),数据如下:

21.05,20.84,21.49,21.25,21.07,21.20,20.85,21.26,21.08,21.19,20.69,21.46,20.42,21.14,21.38,21.19,21.41,21.40,20.73,20.31,21.54,21.12,21.01,20.88,19.97,21.07,20.59,20.75,21.27,20.94,21.23。

该型微波天线发射系统的设计任务书规定其额定发射功率 $X_0=21$ kW,最大允许偏差 $\pm\Delta X=\pm0.75$ kW,假设发射功率 X 近似服从正态分布,要求利用 Bootstrap 方法对发射功率的性能可靠性进行评估,置信度 $\gamma=0.95$。

假定发射功率服从正态分布,令 $X_U=X_0+\Delta X$,$X_L=X_0-\Delta X$,则可靠度为

$$\hat{R}=\Phi\left(\frac{X_U-\hat{\mu}}{\hat{\sigma}}\right)-\Phi\left(\frac{X_L-\hat{\mu}}{\hat{\sigma}}\right)$$

现求可靠度的置信下限,采用 Bootstrap 分位数法,设定抽样次数为 $M=10^5$ 次。假设第 k 次抽样时,从原样本中简单随机抽取与原样本量相同($n=31$)的新样本,计算均值和标准差 $\hat{\mu}_k,\hat{\sigma}_k$,将之代入上式得到该重抽样样本下可靠度点估计 $\hat{R}_k$。如此重复,直至达到设定的抽样次数,得到从小到大排序后的可靠度点估计序列 $\hat{R}_{seq}=(\hat{R}_1,\hat{R}_2,\cdots,\hat{R}_M)$。

因此置信度为 $\gamma=0.95$ 的可靠度置信下限 $\hat{R}_L=\hat{R}_{[M(1-\gamma)]}=0.9063$。

习题六

6.1 简述枢轴量和统计量的区别。

6.2 简述模拟计算置信度为 γ 的置信区间覆盖参数真值频率(覆盖概率)的算法流程。计算正态分布 $N(10,2^2)$ 在 30 个样本下,模拟 10 000 次时,均值参数 μ 在 $\gamma=0.9$ 下置信区间的覆盖概率(假定参数 σ 未知),并与置信度 0.9 进行比较。

6.3 假定从正态分布 $N(\mu,\sigma^2)$ 中抽样得到 n 个样本 $X_1,X_2,\cdots,X_n$。假定 μ 已知,$T_1=\sum_{i=1}^{n}(X_i-\mu)^2/\sigma^2$ 和 $T_2=(n-1)S^2/\sigma^2$ 分别为参数 σ^2 的枢轴量,分别按照两种枢轴量计算参数 σ^2 的置信度为 $1-\alpha$ 的置信区间。若 $n=10$,比较两种置信区间平均长度的大小,以及说明为什么会有这样的结果。

6.4 设 $X_1,X_2,\cdots,X_6$ 是来自正态总体 $N(8,\sigma^2)$ 的一组样本,其观测值为:9.08,11.67,3.48,9.72,8.64,5.38。对给定的置信水平 $1-\alpha$,σ^2 的置信区间 $[S^2/a,S^2/b]$ 有无穷多组,其中 $S^2=\sum_{i=1}^{6}(x_i-8)^2$。记置信区间的长度为 l,求使得 l 达到最小的 a,b 的值。

6.5 已知某种黏结件的拉脱力 X 服从正态分布 $N(\mu,\sigma^2)$,在一批产品中随机抽取 12 只,测得拉脱力值分别为:167,217,160,185,226,120,218,156,138,148,197,250(单位:kN)。若 $\sigma^2=1\,600\ kN^2$,给出变异系数 $CV=\dfrac{\sigma}{\mu}$ 在置信度为 0.9 下的区间估计。

6.6 已知 $X_1,X_2,\cdots,X_n$ 服从参数为 λ 的泊松分布,给出大样本正态近似条件下 λ 的置信区间表达式。

6.7 某电子设备寿命服从指数分布,现随机抽取 5 台进行可靠性摸底试验,收集到设备的失效时间分别为:150,200,450,600,800(单位:h)。试计算:

(1)在置信度为 0.9 下,计算设备平均寿命以及 $t=275\ h$ 的可靠度置信下限。

(2)在可靠度为 0.95 时,计算在置信度为 0.9 下对应的可靠寿命置信下限。

6.8 某型产品寿命服从指数分布。随机抽取 20 台产品分别在 20 个试验箱内同时进行寿命测试试验。已知前 9 台产品的失效时间分别为 20,50,540,740,750,890,970,1 110,1 660(单位:h)。当试验进行至 2 410 h 时,由于一个试验箱的控制系统突发异常导致正在试验的一台产品故障,此时全部试验终止。问该型产品平均寿命的置信度为 0.9 的置信下限为多少?

6.9 某电子元件的失效寿命服从指数分布,随机抽取 15 只元件进行定数截尾试验,至 10 只失效时停止,结果为:4.11,4.16,11.55,28.60,35.80,53.57,68.13,107.77,136.61,149.69(单位:h)。试求平均寿命 θ 在置信度为 0.9 时的置信下限。若继续试验至 200 h,无新增失效元件,计算此时平均寿命 θ 在置信度 0.9 下的置信下限。

　　6.10 某产品的寿命服从威布尔分布,现随机抽取 20 个样品进行寿命试验,结果如下:
7.85,22.46,28.81,30.65,33.10,35.97,37.58,39.88,42.62,43.04,46.36,46.70,52.65,
55.06,56.90,60.80,61.04,61.73,67.67,68.30(单位:h)。试用渐近正态近似法计算特征寿命 η 在置信度 0.95 下的置信区间。

　　6.11 已知某产品寿命服从对数正态分布。现取 6 个样品进行寿命试验,测得寿命试验时间分别为:563,102.3,69 180,1 738,3 800,16 220(单位:h)。采用最佳线性无偏估计方法给出寿命对数均值、对数方差的点估计和区间估计($1-\alpha=0.8$)。

　　6.12 对一批电子元件,抽取 24 只做寿命试验,测得 24 个元件的寿命数据为:34.76,
21.39,162.09,20.17,59.44,175.63,117.79,74.42,12.35,10.85,150.57,9.62,12.42,
80.54,36.75,156.23,90.67,19.79,37.86,11.96,56.26,223.10,29.91,16.71(单位:h)。假设这批元件寿命服从威布尔分布,利用 Bootstrap 方法求置信度为 0.95 下平均寿命的区间估计。

第7章　应力-强度干涉与容限系数法

在结构产品可靠性设计中,问题通常归结为确定产品薄弱环节的强度大于应力的概率值,即可靠度的计算,为此必须知道应力 s 和强度 δ 等随机变量的分布。本章介绍结构可靠性中的静态应力强度干涉模型,讨论当应力和强度随机变量相互独立时,如何计算出结构可靠度,并且在给定应力和强度样本下,如何计算可靠度的点估计和区间估计。

7.1　应力-强度干涉模型

由于材料性能、结构尺寸、加工工艺以及载荷环境均存在不同程度的分散性,实际中结构产品的应力和强度均不是理想的确定值,呈现一定的统计特性。当应力与强度分别服从概率分布的支撑集有交叉(干涉区)时,从概率的角度来看存在应力取值大于强度取值的可能,这种情形被定义为应力-强度干涉,这种情况下描述结构产品可靠性规律的模型称为应力-强度干涉模型。应力小于强度的概率定义为结构产品的可靠度。显然,当不存在干涉区时,结构是否失效变为确定性问题。

将应力和强度的概率密度函数分别用 $f_s(s)$ 和 $f_\delta(\delta)$ 表示(见图7.1),则由定义可知

$$R = P(\delta > s) = P(\delta - s > 0) \tag{7.1}$$

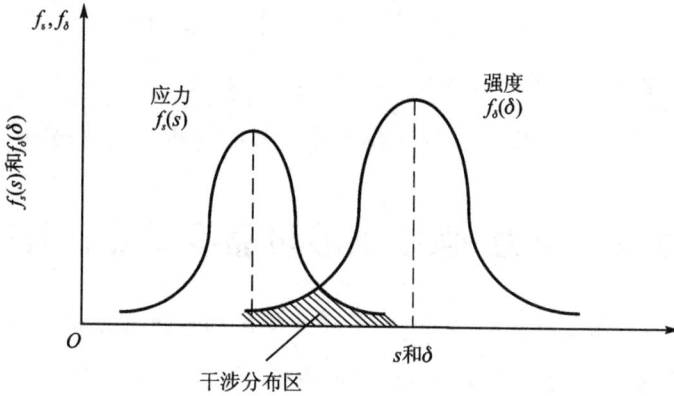

图 7.1　应力-强度间的干涉

图7.1中的阴影部分表示干涉分布区,代表着失效可能发生的区域。对干涉分布区进行放大,得到图7.2,从图中可知应力落在区间 $\left[s_0 - \dfrac{\mathrm{d}s}{2},\ s_0 + \dfrac{\mathrm{d}s}{2} \right]$ 内的概率即等于单元 $\mathrm{d}s$ 的面积

$$p\left(s_0 - \frac{\mathrm{d}s}{2} \leqslant s \leqslant s_0 + \frac{\mathrm{d}s}{2} \right) = f_s(s_0)\mathrm{d}s \tag{7.2}$$

强度 δ 大于某一应力 s_0 的概率为

$$p(\delta > s_0) = \int_{s_0}^{+\infty} f_\delta(\delta)\,\mathrm{d}\delta$$

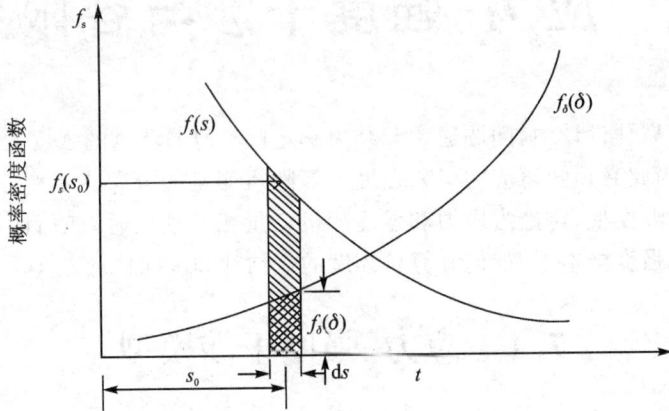

图 7.2　放大后的干涉分布区

在应力分布与强度分布互相独立的假定条件下,应力落于区间 $\left[s_0 - \dfrac{\mathrm{d}s}{2}, s_0 + \dfrac{\mathrm{d}s}{2}\right]$ 且此时强度大于应力的概率为

$$f_s(s_0)\,\mathrm{d}s \int_{s_0}^{\infty} f_\delta(\delta)\,\mathrm{d}\delta \tag{7.3}$$

考虑应力 s 取遍所有可能值,则得到强度 δ 均大于应力 s 的概率,因此可得到可靠度的一般表达式为

$$R = P(\delta \geqslant s) = \int_{-\infty}^{\infty} f_s(s) \left[\int_s^{\infty} f_\delta(\delta)\,\mathrm{d}\delta\right]\mathrm{d}s \tag{7.4}$$

一般地,对于应力和强度的联合概率密度 $f(s, \delta)$,有

$$R = P(\delta \geqslant s) = \iint_{\delta \geqslant s} f(s, \delta)\,\mathrm{d}s\,\mathrm{d}\delta \tag{7.5}$$

7.2　应力-强度干涉可靠度的点估计

在给定一组应力和强度样本后,需要根据样本给出结构可靠度的点估计。可靠度 $R = R(\theta)$ 是分布参数 θ 的函数,则可靠度的点估计可由参数点估计 $\hat{\theta}$ 代入得到,即 $\hat{R} = R(\hat{\theta})$。若 $\hat{\theta}$ 为极大似然估计,则 $\hat{R} = R(\hat{\theta})$ 也为 R 的极大似然估计。因此,求解可靠度点估计的关键是确定 $R = R(\theta)$ 在所考虑情况下的表达式。

7.2.1　应力和强度均服从正态分布

应力和强度均服从正态分布时其概率密度函数分别如下

$$f_s(s) = \frac{1}{\sigma_s \sqrt{2\pi}} \exp\left[-\frac{1}{2}\left(\frac{s - \mu_s}{\sigma_s}\right)^2\right], \quad -\infty < s < \infty \tag{7.6}$$

$$f_\delta(\delta) = \frac{1}{\sigma_\delta \sqrt{2\pi}} \exp\left[-\frac{1}{2}\left(\frac{\delta - \mu_\delta}{\sigma_\delta}\right)^2\right], \quad -\infty < \delta < \infty \tag{7.7}$$

式中,μ_s 为应力均值;σ_s 为应力标准偏差;μ_δ 为强度均值;σ_δ 为强度标准差。

令 $Y = \delta - s$,则随机变量 Y 也服从正态分布,其均值和标准差分别为

$$\mu_Y = \mu_\delta - \mu_s \tag{7.8}$$

$$\sigma_Y = \sqrt{\sigma_s^2 + \sigma_\delta^2} \tag{7.9}$$

此时结构可靠度 R 为

$$R = P(Y \geqslant 0) = 1 - \Phi\left(-\frac{\mu_\delta - \mu_s}{\sqrt{\sigma_s^2 + \sigma_\delta^2}}\right) = \Phi\left(\frac{\mu_\delta - \mu_s}{\sqrt{\sigma_s^2 + \sigma_\delta^2}}\right) \tag{7.10}$$

对于应力与强度均独立服从对数正态分布的情况,方法类似。

容易看出,计算结果是符合实际预期的:若强度均值越大,应力均值越小,则可靠度越高;另一方面,若应力或强度的方差增大,表明两者的干涉区增大,则失效的可能提高,可靠度降低。因此,减小应力或强度的波动性可以提高可靠性。

例 7.1 一种汽车零件是按承担一定应力来设计的。根据过去的经验已知,由于载荷的变化,零件中的应力是正态分布的,其均值和标准差分别为 30 000 kPa 和 3 000 kPa。由于材料性能和尺寸偏差的变化,零件的强度也是随机的。已经求得强度是正态分布的,其均值为 40 000 kPa 且标准差为 4 000 kPa。试确定零件的可靠度。

解: 我们已经得知

$$\delta \sim N(40\ 000^2, 4\ 000^2),\ s \sim N(30\ 000^2, 3\ 000^2)$$

R 的积分下限由下式得出

$$z = -\frac{40\ 000 - 30\ 000}{\sqrt{4\ 000^2 + 3\ 000^2}} = -2.0$$

于是,查正态表得

$$R = 0.977$$

例 7.2 拟设计一种零件:根据应力分析得知,该零件中为拉应力。已知拉应力是正态分布的,其均值为 35 000 p/in²(磅/平方英寸)且标准差为 4 000 p/in²。制造过程产生残余压应力,其服从正态分布且均值为 10 000 psi,标准差为 1 500 psi。零件的强度分析给出有效强度的均值为 50 000 psi。各种强度因素产生的变化目前尚不清楚。工程师想知道强度标准偏差的最大值以确保零件的可靠度不低于 0.999。

解: 已经得知

$$s_t \sim N(35\ 000, 4\ 000^2),\ s_c \sim N(10\ 000, 1\ 500^2)$$

其中,s_t 是拉应力,而 s_c 为残余压应力。

平均有效应力 s 及其标准偏差分别求得如下:

$$\mu_s = \mu_{s_t} - \mu_{s_c} = 35\ 000 - 10\ 000 = 25\ 000$$

$$\sigma_s = \sqrt{(\sigma_{s_t})^2 + (\sigma_{s_c})^2} = \sqrt{(4\ 000)^2 + (1\ 500)^2} = 4\ 272$$

由正态表,可找到与可靠度 0.999 相应的 z 值为 -3.1,代入式(7.10),得

$$-3.1 = -\frac{50\ 000 - 25\ 000}{\sqrt{(\sigma_b)^2 + 4\ 272^2}}$$

求解可得

$$\sigma_b = 6\ 840\ \text{psi}$$

7.2.2　应力和强度均服从指数分布

当应力和强度都服从指数分布时,其概率密度分别为

$$f_s(s) = \begin{cases} \lambda_s e^{-\lambda_s s}, 0 \leqslant s < +\infty \\ 0, \qquad\qquad 其他 \end{cases}, \quad f_\delta(\delta) = \begin{cases} \lambda_\delta e^{-\lambda_\delta \delta}, & 0 \leqslant \delta < +\infty \\ 0, & 其他 \end{cases} \tag{7.11}$$

由式(7.11)得结构可靠度为

$$\begin{aligned} R &= \int_0^\infty f_s(s) \left[\int_s^\infty f_\delta(\delta)\, \mathrm{d}\delta \right] \mathrm{d}s \\ &= \int_0^\infty \lambda_s e^{-\lambda_s s} (e^{-\lambda_\delta s})\, \mathrm{d}s \\ &= \int_0^\infty \lambda_s e^{-(\lambda_s + \lambda_\delta) s}\, \mathrm{d}s \\ &= \frac{\lambda_s}{\lambda_s + \lambda_\delta} \int_0^\infty (\lambda_s + \lambda_\delta) e^{-(\lambda_s + \lambda_\delta) s}\, \mathrm{d}s = \frac{\lambda_s}{\lambda_s + \lambda_\delta} \end{aligned} \tag{7.12}$$

用 $\bar{\delta} = 1/\lambda_\delta$ 表示强度均值, $\bar{s} = 1/\lambda_s$ 表示应力均值,那么结构可靠度也可表示为

$$R = \frac{\bar{\delta}}{\bar{\delta} + \bar{s}} \tag{7.13}$$

可见,强度均值越大或者应力均值越小,可靠度越大。

7.2.3　应力和强度均服从威布尔分布

强度为威布尔分布并具有参数 $(m_\delta, \eta_\delta, \delta_0)$,其概率密度函数为

$$f_\delta(\delta) = \begin{cases} \dfrac{m_\delta}{\eta_\delta} \left(\dfrac{\delta - \delta_0}{\eta_\delta} \right)^{m_\delta - 1} \exp\left[-\left(\dfrac{\delta - \delta_0}{\eta_\delta} \right)^{m_\delta} \right], & \delta_0 \leqslant \delta < \infty \\ 0 & 其他 \end{cases} \tag{7.14}$$

应力为威布尔分布并具有参数 (m_s, η_s, s_0),其概率密度函数为

$$f_s(s) = \begin{cases} \dfrac{m_s}{\eta_s} \left(\dfrac{s - s_0}{m_s} \right)^{m_s - 1} \exp\left[-\left(\dfrac{s - s_0}{\eta_s} \right)^{m_s} \right], & s_0 \leqslant s < \infty \\ 0 & 其他 \end{cases} \tag{7.15}$$

则由式(7.4),结构的失效概率为

$$\begin{aligned} \bar{R} = P(\delta \leqslant s) &= \int_{\delta_0}^\infty \exp\left[-\left(\frac{\delta - s_0}{\eta_s} \right)^{m_s} \right] \frac{m_\delta}{\eta_\delta} \left(\frac{\delta - \delta_0}{\eta_\delta} \right)^{m_\delta - 1} \times \\ &\quad \exp\left[-\left(\frac{\delta - \delta_0}{\eta_\delta} \right)^{m_\delta} \right] \mathrm{d}\delta \end{aligned} \tag{7.16}$$

7.3　应力-强度干涉可靠度的区间估计

7.3.1　基于正态分布求解可靠度置信区间

若应力 s 和强度 δ 是相互独立的正态变量,其均值 μ_s 和 μ_δ 未知,标准差 σ_s 和 σ_δ 已知,样

本量分别为 n_1 和 n_2，其中 n_1 和 n_2 并不需要相等。根据观测样本 $x_s = (s_1, s_2, \cdots, s_{n1})$ 和 $x_\delta = (\delta_1, \delta_2, \cdots, \delta_{n1})$ 建立 $R = P(\delta > s)$ 的置信区间。

上节得到了正态情形下的可靠度表达式为 $R = \Phi\left(\dfrac{\mu_\delta - \mu_s}{\sqrt{\sigma_s^2 + \sigma_\delta^2}}\right)$，那么由于 $\Phi(\cdot)$ 是单调函数，只需计算 $\dfrac{\mu_\delta - \mu_s}{\sqrt{\sigma_s^2 + \sigma_\delta^2}}$ 的区间估计。由于方差 σ_s^2 和 σ_δ^2 已知，联想到正态分布关于 μ 的枢轴量

为 $\dfrac{\bar{x} - \mu}{\sigma / \sqrt{n}}$，因此令 $\bar{x}_s = \dfrac{1}{n_1} \sum\limits_{i=1}^{n_1} s_i$，$\bar{x}_\delta = \dfrac{1}{n_2} \sum\limits_{i=1}^{n_2} \delta_i$，可构造关于 $\dfrac{\mu_\delta - \mu_s}{\sqrt{\sigma_s^2 + \sigma_\delta^2}}$ 的枢轴量

$$\frac{1}{\sqrt{\sigma_s^2 + \sigma_\delta^2}} (\bar{x}_\delta - \mu_\delta - (\bar{x}_s - \mu_s))$$

记：

$$\zeta = \frac{\mu_\delta - \mu_s}{\sigma}, \bar{\zeta} = \frac{\bar{x}_\delta - \bar{x}_s}{\sigma}, \sigma = \sqrt{\sigma_s^2 + \sigma_\delta^2}$$
$$M = (\sigma_s^2 + \sigma_\delta^2)/(\sigma_s^2/n_1 + \sigma_\delta^2/n_2) \tag{7.17}$$

由 7.2.1 节可知 $R = \Phi(\zeta)$，容易证明 $\sqrt{M}(\bar{\zeta} - \zeta)$ 服从标准正态分布，即

$$\sqrt{M}(\bar{\zeta} - \zeta) \sim N(0,1) \tag{7.18}$$

由标准正态分布可知，对于给定的 α，可以找到 $z_{1-\alpha/2}$，使下式成立

$$P(|\sqrt{M}(\bar{\zeta} - \zeta)| \leqslant z_{1-\alpha/2}) = 1 - \alpha \tag{7.19}$$

即

$$P(\bar{\zeta} - z_{1-\alpha/2}/\sqrt{M} \leqslant \zeta \leqslant \bar{\zeta} + z_{1-\alpha/2}/\sqrt{M}) = 1 - \alpha \tag{7.20}$$

根据式（7.20）以及标准正态分布累积分布函数 $\Phi(\cdot)$ 的单调性，可以得到可靠度置信区间的表达式

$$P(\Phi(\bar{\zeta} - z_{1-\alpha/2}/\sqrt{M}) \leqslant R \leqslant \Phi(\bar{\zeta} + z_{1-\alpha/2}/\sqrt{M})) = 1 - \alpha \tag{7.21}$$

同理，可靠度的置信下限为

$$P(R \geqslant \Phi(\bar{\zeta} - z_{1-\alpha}/\sqrt{M})) = 1 - \alpha \tag{7.22}$$

7.3.2　基于随机模拟法求解可靠度置信区间

对于一般的情况，可以由随机模拟方法计算应力强度干涉模型下的可靠度置信下限。

首先简单介绍信仰推断方法。给定样本后，获得有关参数 θ 的一些不确定性信息，也就是获得了有关参数 θ 的一个分布。例如，现有一组完全样本 $(X_1, X_2, \cdots, X_n)$ 来自均值为 θ 的指数分布，易知 $2 \sum\limits_{i=1}^{n} X_i \Big/ \theta \sim \chi^2(2n)$。那么从另一个角度，在样本 $(x_1, x_2, \cdots, x_n)$ 给定后，视参数 θ 为随机变量，得到了 θ 所服从的分布，即 $2 \sum\limits_{i=1}^{n} x_i \Big/ \theta \sim \chi^2(2n)$，或者写为 $\theta = 2 \sum\limits_{i=1}^{n} x_i \Big/ \chi_{2n}^2$，式中 χ_{2n}^2 为自由度为 $2n$ 的卡方随机变量。

这里和经典统计方法不同，经典统计将参数视为固定的常数，而这里将参数视为随机变量，反映的是样本给出的有关参数的不确定信息，用它所服从的分布来描述。这种统计方法称

为信仰推断方法,参数所服从的分布称为信仰(Fiducial)分布。

　　注意到可靠度函数 $R = R(\theta)$ 是所有参数的函数。在参数随机化后,R 也是随机变量,那么根据参数所服从的(信仰)分布也可得到 R 的(信仰)分布。因此,R 的信仰水平为 γ 的下限 $\hat{R}_L^f$ 由 $P(R > \hat{R}_L^f) = \gamma$ 确定。类似地,可定义相应的信仰区间。该区间覆盖真值的概率不一定等于对应的置信度,因此该方法得到的区间为近似的置信区间。

　　在这里,所求的置信度为 γ 的置信下限 $\hat{R}_L$ 由信仰水平为 γ 的下限 $\hat{R}_L^f$ 代替。而通常由于参数的信仰分布或者 $R = R(\theta)$ 函数形式较为复杂,采用随机模拟的方法进行近似求解。

　　具体方法是由应力强度各个分布参数的 Fiducial 分布抽样得到分布参数的样本值,再将样本值带入可靠度计算公式得到可靠度的一个样本 $\hat{R}$,重复 N 次(N 足够大),得到可靠度的样本序列 $\hat{R}_1, \hat{R}_2, \cdots, \hat{R}_N$,对其进行递增排序,得到 $\hat{R}_{(1)}, \hat{R}_{(2)}, \cdots, \hat{R}_{(N)}$,根据顺序统计理论,用样本分位数近似总体分位数即可得到可靠度近似置信下限为

$$P(R \geqslant \hat{R}_{(\lceil N \cdot (1-\gamma) \rceil)}) = \gamma \tag{7.23}$$

式中,$[\cdot]$ 表示取整。

1. 正态分布情形

　　假设应力和强度服从正态分布,为了得到可靠度样本序列,需对应力和强度分布参数抽样。以应力分布 $N(\mu_s, \sigma_s^2)$ 参数抽样为例,从容量为 n 的完全样本 $S_1, S_2, \cdots, S_n$ 得到参数 μ_s 和 σ_s^2 的点估计 $\hat{\mu}_s$ 和 $\hat{\sigma}_s^2$,则有

$$\left.\begin{array}{l} \hat{\mu}_s = \dfrac{1}{n} \sum_{i=1}^{n} S_i \\[3mm] \hat{\sigma}_s^2 = \dfrac{1}{n-1} \sum_{i=1}^{n} (S_i - \hat{\mu}_s)^2 \end{array}\right\} \rightarrow \left.\begin{array}{l} \dfrac{(\hat{\mu}_s - \mu_s)\sqrt{n}}{\hat{\sigma}_s} \sim t(n-1) \\[3mm] \dfrac{(n-1)\hat{\sigma}_s^2}{\sigma_s^2} \sim \chi^2(n-1) \end{array}\right\} \tag{7.24}$$

由 Fiducial 观点,有

$$\left.\begin{array}{l} \mu_s = \hat{\mu}_s - \dfrac{t_{n-1}\hat{\sigma}_s}{\sqrt{n}} \\[3mm] \sigma_s^2 = \dfrac{(n-1)\hat{\sigma}_s^2}{\chi_{n-1}^2} \end{array}\right\} \tag{7.25}$$

式中,t_{n-1} 和 χ_{n-1}^2 分别为自由度 $n-1$ 的 t 分布随机变量和卡方随机变量。

　　注意:式(7.24)中的 $t(n-1)$ 分布是由 $\left(\dfrac{(\hat{\mu}_s - \mu_s)\sqrt{n}}{\sigma}\right) \Big/ \left(\sqrt{\dfrac{\hat{\sigma}_s^2}{\sigma_s^2}}\right)$ 得到,分母根号里的部分为式(7.24)中服从 $\chi^2(n-1)$ 的部分,因此这里的 $t(n-1)$ 和 $\chi^2(n-1)$ 相互不独立,不能分别独立地抽样。但是,注意到正态分布 $\bar{X}$ 与 S^2 相互独立,因此在抽样时先抽取 $\chi^2(n-1)$ 的一个样本 χ_{n-1}^2,再独立抽取标准正态分布 $N(0,1)$ 的一个样本 z,令 $\dfrac{z}{\sqrt{\chi_{n-1}^2/(n-1)}}$ 为 $t(n-1)$ 分布的一个样本。如此重复 N 次得到关于 (μ_s, σ_s^2) 的 N 组样本对。

　　同理,参照上述抽样方法可对强度分布参数进行抽样,最终计算可靠度的置信限。

2. 指数分布情形

假设应力和强度服从指数分布,以应力分布参数抽样为例,从容量为 n 的完全样本 S_1, $S_2,\cdots,S_n$ 得到参数 λ_s 的点估计,则有

$$\hat{\lambda}_s = \frac{n}{\sum_{i=1}^{n} s_i} \rightarrow \frac{2n\lambda_s}{\hat{\lambda}_s} \sim \chi^2(2n) \tag{7.26}$$

由 Fiducial 观点,有

$$\lambda_s = \frac{\hat{\lambda}_s}{2n}\chi^2_{2n} \tag{7.27}$$

式中,χ^2_{2n} 为自由度 $2n$ 的卡方分布随机变量。由式(7.26)和式(7.27)可通过 χ^2_{2n} 分布抽样得到 λ_s 样本。同理,参照上述抽样方法可对强度分布参数进行抽样。

3. 威布尔分布情形

假设应力和强度服从威布尔分布,以应力分布参数抽样为例,若有容量为 n 的完全样本 $s_1,s_2,\cdots,s_n$,记 $Y_i = \ln s_i$,则有

$$W = \frac{\ln S - \mu}{\sigma} \sim \mathrm{EV}(0,1) \tag{7.28}$$

式中,$\mu = \ln\eta$,$\sigma = 1/m$,$\mathrm{EV}(0,1)$ 为标准极值分布,其分布函数为

$$F(w) = 1 - \exp(-\exp(w)), \quad -\infty < w < +\infty$$

令

$$\bar{Y} = \frac{1}{n}\sum_{i=1}^{n} Y_i,\ \hat{\sigma}_Y^2 = \frac{1}{n}\sum_{i=1}^{n}(Y_i - \bar{Y})^2,\ \bar{W} = \frac{1}{n}\sum_{i=1}^{n} W_i,\ \hat{\sigma}_W^2 = \frac{1}{n}\sum_{i=1}^{n}(W_i - \bar{W})^2 \tag{7.29}$$

则

$$\mu = \bar{Y} - \sigma\bar{W}, \quad \sigma^2 = \frac{\hat{\sigma}_Y^2}{\hat{\sigma}_W^2} \tag{7.30}$$

对 W 按标准极值分布抽样,代入式(7.30)可得到 μ,σ 的抽样值,从而得到参数 $\eta = \mathrm{e}^{\mu}$, $m = 1/\sigma$ 的抽样值。同理,参照上述抽样方法可对强度分布参数进行抽样。

7.4　单侧容限系数法

设 X 服从正态分布 $N(\mu,\sigma^2)$,则可靠度为 R 的母体的百分位值可表示为

$$x_R = \mu + u_{1-R}\sigma \tag{7.31}$$

式中,u_{1-R} 是标准正态分布$(1-R)$分位数,即

$$\int_{-\infty}^{u_p} \frac{1}{\sqrt{2\pi}}\exp\left(-\frac{x^2}{2}\right)\mathrm{d}x = p \tag{7.32}$$

x_R 为对数寿命或寿命,在工程中具有非常重要的意义,但是由于 μ 和 σ 的真值不可知,所以无法求得 x_R 的真值。

设 $X_1,X_1,\cdots,X_n$ 为母体 $N(\mu,\sigma^2)$ 的一个样本,其均值 $\bar{X}$ 和标准差 S 分别为

$$\bar{X} = \frac{1}{n}\sum_{i=1}^{n} X_i \tag{7.33}$$

$$S = \sqrt{\frac{\sum\limits_{i=1}^{n}(X_i - \bar{X})^2}{n-1}} \tag{7.34}$$

一般采用 $\hat{x}_R = \bar{X} + u_{1-R}\hat{\sigma}$ 作为 x_R 的估计值,其中 $\hat{\sigma} = \beta S$ 是 σ 的无偏估计量,$\beta = \sqrt{\dfrac{n-1}{2}}$

$\left[\Gamma\left(\dfrac{n-1}{2}\right) \bigg/ \Gamma\left(\dfrac{n}{2}\right)\right]$ 是修正系数。

由样本确定的百分位值点估计 $\bar{X} + u_{1-R}\hat{\sigma}$ 为随机变量,可能大于真值,也可能小于真值,以一定的概率落在一个区间内。单侧容限系数的原理是用 k 取代 $\bar{X} + u_{1-R}\hat{\sigma}$ 中的 u_{1-R},使得由 $\bar{X} + k\hat{\sigma}$ 估计出的百分位值以一定的置信度 γ 小于真值 $\mu + u_{1-R}\sigma$。例如取 $\gamma = 90\%$,意味着:平均来说,100 组样本估计出的 100 个 $\bar{x} + k\hat{\sigma}$,其中约有 90 个小于真值 $\mu + u_{1-R}\sigma$。

下面推导容限系数 k。考虑随机变量 $\eta(=\bar{X} + k\beta S)$ 小于真值 $\mu + u_{1-R}\sigma$ 的概率为 γ,可以表示为

$$P(\bar{X} + k\beta S < \mu + u_{1-R}\sigma) = \gamma \tag{7.35}$$

统计模拟和力学试验研究均表明,η 近似服从正态分布,因此

$$\mu + u_{1-R}\sigma = E(\eta) + u_{\gamma}\sqrt{D(\eta)} \tag{7.36}$$

下面计算均值 $E(\eta)$ 和标准差 $D(\eta)$。η 近似服从正态分布,其均值 $E(\eta)$ 和标准差 $D(\eta)$ 分别为

$$E(\eta) = E(\bar{X} + k\beta S) = E(\bar{X}) + kE(\beta S) = \mu + k\sigma \tag{7.37}$$

$$D(\eta) = D(\bar{X} + k\beta S) = D(\bar{X}) + k^2\beta^2 D(S) = \frac{\sigma^2}{n} + k^2\beta^2 D(S) \tag{7.38}$$

已知

$$\frac{(n-1)}{\sigma^2}S^2 \sim \chi^2(n-1) \tag{7.39}$$

$$S = \frac{\sigma}{\sqrt{n-1}}(\chi_{n-1}^2)^{1/2} \tag{7.40}$$

式中,χ_{n-1}^2 表示自由度为 $n-1$ 的卡方随机变量,因此

$$D(S) = \frac{\sigma^2}{n-1}D((\chi_{n-1}^2)^{1/2}) = \frac{\sigma^2}{n-1}\{E(\chi_{n-1}^2) - [E((\chi_{n-1}^2)^{1/2})]^2\} \tag{7.41}$$

根据 χ^2 分布的性质,可知

$$E(\chi_{n-1}^2) = n-1 \tag{7.42}$$

$$E[(\chi_{n-1}^2)^{1/2}] = \sqrt{2}\,\frac{\Gamma\left(\dfrac{n}{2}\right)}{\Gamma\left(\dfrac{n-1}{2}\right)} \tag{7.43}$$

将式(7.42)和式(7.42)代入式(7.41),可得

$$D(S) = \frac{\sigma^2}{n-1}\left\{n-1-2\left[\frac{\Gamma\left(\dfrac{n}{2}\right)}{\Gamma\left(\dfrac{n-1}{2}\right)}\right]^2\right\} \tag{7.44}$$

将式(7.44)代入式(7.38),可得

$$D(\eta) = D(\bar{X} + k\beta S) = \frac{\sigma^2}{n} + k^2\beta^2 \frac{\sigma^2}{n-1} \left\{ n - 1 - 2\left[\frac{\Gamma\left(\frac{n}{2}\right)}{\Gamma\left(\frac{n-1}{2}\right)} \right]^2 \right\}$$

$$= \frac{\sigma^2}{n} + k^2 \left[\sqrt{\frac{n-1}{2}} \frac{\Gamma\left(\frac{n-1}{2}\right)}{\Gamma\left(\frac{n}{2}\right)} \right]^2 \times \frac{\sigma^2}{n-1} \left\{ n - 1 - 2\left[\frac{\Gamma\left(\frac{n}{2}\right)}{\Gamma\left(\frac{n-1}{2}\right)} \right]^2 \right\}$$

化简可得

$$D(\eta) = \frac{\sigma^2}{n} + k^2\sigma^2 \left\{ \frac{n-1}{2} \left[\frac{\Gamma\left(\frac{n-1}{2}\right)}{\Gamma\left(\frac{n}{2}\right)} \right]^2 - 1 \right\} \tag{7.45}$$

当 $n \geqslant 5$ 时

$$\frac{n-1}{2} \left[\frac{\Gamma\left(\frac{n-1}{2}\right)}{\Gamma\left(\frac{n}{2}\right)} \right]^2 \approx \frac{1}{2(n-1)} + 1 \tag{7.46}$$

将式(7.46)代入式(7.45)进行化简,可得

$$D(\eta) = \frac{\sigma^2}{n} + k^2\sigma^2 \left\{ \left[\frac{1}{2(n-1)} + 1 \right] - 1 \right\}$$

$$D(\eta) = \sigma^2 \left[\frac{1}{n} + \frac{k^2}{2(n-1)} \right] \tag{7.47}$$

将式(7.37)和式(7.47)代入式(7.36),可得

$$\mu + u_{1-R}\sigma = \mu + k\sigma + u_{\gamma} \sqrt{\sigma^2 \left[\frac{1}{n} + \frac{k^2}{2(n-1)} \right]}$$

等式两边对比得

$$u_{1-R} = k + u_{\gamma} \sqrt{\frac{1}{n} + \frac{k^2}{2(n-1)}} \tag{7.48}$$

式(7.48)中可解出单侧容限系数 k 为

$$k = \frac{u_{1-R} - u_{\gamma} \sqrt{\frac{1}{n}\left[1 - \frac{u_{\gamma}^2}{2(n-1)}\right] + \frac{u_{1-R}^2}{2(n-1)}}}{1 - \frac{u_{\gamma}^2}{2(n-1)}} \tag{7.49}$$

式(7.49)即为单侧容限系数的常用表达式。表 7.1 和表 7.2 给出了对应于不同的置信度、可靠度和样本大小的 k 值,可供查阅。

此外,还可以采用如下的另外一种新单侧容限系数 h。

考虑随机变量 $\xi = \bar{X} + hS$,小于真值 $\mu + u_{1-R}\sigma$ 的概率为 γ,则表示为

$$P(\bar{X} + hS < \mu + u_{1-R}\sigma) = \gamma \tag{7.50}$$

式中,h 为新单侧容限系数,即

$$h = u_{1-R}\beta - t_\gamma \sqrt{\frac{1}{n} + u_{1-R}^2 (\beta^2 - 1)} \tag{7.51}$$

式中,$\beta = \sqrt{\dfrac{n-1}{2}} \left[\Gamma\left(\dfrac{n-1}{2}\right) / \Gamma\left(\dfrac{n}{2}\right) \right]$ 是修正系数,t_γ 是 t 分布的百分位值。

例 7.3 从某产品中随机抽取 8 只测试疲劳寿命,并已求出疲劳寿命的均值和标准差分别为 $\bar{x} = 5.977$,$\hat{\sigma} = 0.157\ 9$,用单侧容限系数法估计在可靠度为 0.999,置信度为 0.95 时产品的可靠寿命下限。

解:由 $R = 0.999$,$\gamma = 0.95$,$n = 9$,查表 7.1 得 $k = -5.363$。

对数可靠寿命下限为

$$x_{99.9\%} = \bar{x} + k\hat{\sigma} = 5.977 - 5.363 \times 0.157\ 9 = 5.130\ 2$$

表 7.2 为置信度为 0.90 时产品的可靠寿命下限。表 7.3 和表 7.4 给出了对应于不同的置信度、可靠度和样本大小的 h 值,可供查阅。

表 7.1　置信度 $\gamma = 95\%$ 的单侧容限系数 k

样本数 n	可靠度 R			
	0.9	0.99	0.999	0.999 9
5	−3.382	−5.750	−7.532	−8.014
6	−2.864	−5.025	−6.578	−7.867
7	−2.712	−4.585	−6.012	−7.181
8	−2.542	−4.307	−5.635	−6.738
9	−2.417	−4.088	−5.363	−6.414
10	−2.322	−3.840	−5.156	−6.167
12	−2.183	−3.712	−4.858	−5.812
14	−2.086	−3.554	−4.655	−5.568
16	−2.013	−3.473	−4.504	−5.388
18	−1.857	−3.347	−4.387	−5.250
20	−1.811	−3.274	−4.283	−5.140

表 7.2　置信度 $\gamma = 90\%$ 的单侧容限系数 k

样本数 n	可靠度 R			
	0.9	0.99	0.999	0.999 9
5	−2.585	−4.400	−5.763	−6.888
6	−2.378	−4.048	−5.301	−6.344
7	−2.244	−3.822	−5.005	−5.887
8	−2.145	−3.658	−4.783	−5.736
9	−2.071	−3.537	−4.635	5.548
10	−2.012	−3.442	−4.513	−5.401
12	−1.825	−3.301	−4.330	−5.183
14	−1.862	−3.201	−4.200	−5.028
16	−1.814	−3.124	−4.102	−4.813
18	−1.776	−3.064	−4.025	−4.821
20	−1.754	−3.035	−3.880	−4.748

表 7.3 置信度 $\gamma = 95\%$ 的单侧容限系数 h

样本数 n	可靠度 R				
	0.5	0.9	0.99	0.999	0.9999
4	−1.176 5	−3.124 8	−5.116 7	−6.640	−7.812 4
5	−0.853 4	−2.738 8	−4.511 5	−5.861 7	−6.888 4
6	−0.822 6	−2.518 4	−4.168 2	−5.421 4	−6.466 4
7	−0.734 3	−2.373 6	−3.843 0	−5.133 2	−6.125 0
8	−0.668 8	−2.268 8	−3.782 3	−4.827 8	−5.881 8
9	−0.620 0	−2.188 7	−3.658 8	−4.771 8	−5.687 4
10	−0.578 6	−2.124 7	−3.562 8	−4.648 2	−5.551 3
11	−0.546 3	−2.072 4	−3.483 7	−4.547 6	−5.432 5
12	−0.518 4	−2.028 0	−3.418 2	−4.464 4	−5.334 2
13	−0.484 2	−1.881 6	−3.362 0	−4.383 0	−5.250 0
14	−0.473 3	−1.858 5	−3.313 8	−4.331 8	−5.177 8
15	−0.454 6	−1.831 1	−3.271 3	−4.278 0	−5.114 4
16	−0.438 2	−1.806 1	−3.234	−4.230 8	−5.058 8
17	−0.423 4	−1.883 7	−3.200 7	−4.188 7	−5.008 1
18	−0.410 1	−1.863 6	−3.170 8	−4.150 8	−4.864 6
18	−0.387 8	−1.845 2	−3.143 5	−4.116 3	−4.823 8
20	−0.386 6	−1.828 5	−3.118 7	−4.084 8	−4.886 8

表 7.4 置信度 $\gamma = 90\%$ 的单侧容限系数 h

样本数 n	可靠度 R				
	0.5	0.9	0.99	0.999	0.9999
4	−0.818 0	−2.588 1	−4.328 0	−5.641 5	−6.734 7
5	−0.685 5	−2.353 2	−3.838 2	−5.138 4	−6.136 5
6	−0.602 5	−2.205 8	−3.707 1	−4.838 8	−5.782 1
7	−0.544 2	−2.105	−3.548 8	−4.638 1	−5.542 8
8	−0.500 2	−2.030 6	−3.434 7	−4.480 7	−5.368 2
9	−0.465 6	−1.873 1	−3.346 2	−4.377 5	−5.234 2
10	−0.437 3	−1.826 7	−3.275 2	−4.286 8	−5.127 1
11	−0.413 6	−1.888 4	−3.216 8	−4.212 6	−5.038 2
12	−0.383 4	−1.856 0	−3.167 8	−4.150 1	−4.865 4
13	−0.376 0	−1.828 4	−3.126 0	−4.087 0	−4.802 7
14	−0.360 8	−1.804 3	−3.088 7	−4.050 8	−4.848 6
15	−0.347 2	−1.783 2	−3.057 8	−4.010 5	−4.800 6
16	−0.335 2	−1.764 5	−3.028 8	−3.874 8	−4.758 6
17	−0.324 2	−1.747 5	−3.004 4	−3.842 7	−4.720 6
18	−0.314 1	−1.732 0	−2.881 3	−3.813 4	−4.686 1
18	−0.305 1	−1.718 1	−2.860 6	−3.887 2	−4.655 2
20	−0.286 8	−1.705 7	−2.842 0	−3.863 7	−4.627 4

习题七

7.1 作用在某发动机连接固定结构的应力有如下形式的概率密度函数:

$$f_x(x) = \frac{x^2}{1\,125}, 0 \leqslant x \leqslant 15 \text{ kPa}$$

通过试验可知该安装架可承受 14 kg 的载荷,与安装架的最小接触面积为 125 cm²,试求其可靠度。

7.2 由于载荷波动等随机因素,一种发动机零件中的最大应力(单位:MPa)服从正态分布 $N(350,40^2)$,又已知该零件选用的材料的强度(单位:MPa)也服从正态分布 $N(820,80^2)$。求该发动机零件的工作可靠度。

7.3 某零件承受的拉应力(单位:MPa)服从正态分布 $N(35\,000,4\,000)$,压应力(单位:MPa)同样服从正态分布 $N(10\,000,1\,500)$。零件的强度(单位:MPa)服从标准差未知的正态分布 $N(40\,000,\sigma_b^2)$,试求 σ_b 的最大值以确保零件的可靠度不低于 0.999。

7.4 假设某承力结构的强度和应力(单位:MPa)服从正态分布,其中强度 $\delta \sim N(500,50^2)$,应力 $s \sim N(400,25^2)$。试求该产品的不可靠度。计算强度的概率密度曲线与应力的概率密度曲线之间形成的干涉区域的面积,比较其与不可靠度的大小关系。

7.5 某元件的应力 s 和强度 δ 均服从对数正态分布,即 $\ln s \sim N(\mu_s,\sigma_s^2)$,$\ln \delta \sim N(\mu_\delta,\sigma_\delta^2)$,并已知:

$$\mu_s = 850 \text{ MPa}, \quad \sigma_s = 200 \text{ MPa}, \quad \sigma_\delta = 100 \text{ MPa}$$

按指定的可靠度 0.9 设计元件,试确定该元件的最小强度均值,使元件达到指定的可靠度。

7.6 已知某零件的应力和强度均服从指数分布,根据以往大量数据统计,该零件的强度均值为 200.00 MPa,若要使其可靠度达到 0.888,求该零件所能承受的最大应力均值。

7.7 已知某零件的应力 s 和强度 δ(单位:kPa)均服从威布尔分布,其强度和应力分布的参数分别为:

$$(m_\delta,\eta_\delta,\gamma_\delta) = (3,1\,800,0), (m_s,\eta_s,\gamma_s) = (3,1\,600,0)$$

其中,m 表示形状参数,η 表示尺度参数,γ 表示位置参数。试计算该零件的可靠度。

7.8 经测定一批过载型结构产品的应力值为 27.58,28.75,27.64,27.38,34.05,30.38,33.20,33.47(单位:MPa);强度值为 56.18,47.15,46.75,51.731,51.66,57.77,52.25,50.84(单位:MPa)。其应力强度均服从正态分布,且应力标准差 $\sigma_s = 4.5$ MPa,强度标准差 $\sigma_\delta = 5.0$ MPa。在置信度 0.9 下,计算该批过载型结构产品可靠度的置信区间。

7.9 从某产品中随机抽取 6 只测试疲劳寿命:30.1,28.8,28.8,30.3,30.2,28.6(单位:×10³ 循环),用单侧容限系数法(采用系数 k)估计在可靠度为 0.9、置信度为 0.8 下产品的可靠寿命下限。

7.10 某材料的抗拉强度为 X,获得一组样本量 $n=10$ 的数据:25.00,21.32,25.08,23.78,20.82,25.53,24.50,23.58,23.62,26.38(单位:MPa)。

(1)用单侧容限系数法(采用系数 k)估计在可靠度为 0.99、置信度为 0.95(A 基值)产品的抗拉强度下限;

(2)用单侧容限系数法(采用系数 h)估计在可靠度为 0.9、置信度为 0.95(B 基值)产品的抗拉强度下限。

第8章 拟合优度检验与分布选择

在对一组随机样本进行可靠性统计分析时,通常需要先选定一个分布,进而采用统计方法得到分布参数及可靠性指标的点估计与区间估计。然而,如何判断所选的分布是否合理?当有多种备选分布都可用来拟合随机样本时,应当选择哪一种分布?本章将提供一些解决这些问题的方法。

针对第一个问题,采用的方法为"假设检验",结论为是否拒绝所假设的分布。由于分布带有未知参数,因此,首先用点估计方法得到参数估计值。由于样本具有随机性,理论上这些样本可以来自于任何可能类型的分布,只是可能性大小不同。分布检验就是利用这种思路,不允许该组样本来自所假设分布的可能性过小,样本拟合分布与所假设分布的差别就不能太大。如果两者差别过大,则拒绝假设,因此,分布检验实际上只能给出是否拒绝原假设的结论,不能给出原假设是否为真或者符合程度大小的结论。

针对第二个问题,选择哪一个分布,一种思路是仍可利用比较不同备选分布可能性大小的思路,即似然比检验。另一种思路是在当前样本下比较不同备选分布"损失信息"的多寡,选择"损失信息"最少的分布,即采用信息量准则进行分布选择。

8.1 通用拟合优度检验

分布的检验是通过试验或现场使用等得到的产品统计数据,推断产品寿命是否服从初步整理分析所选定的分布,推断的依据是拟合优度检验。其中,拟合优度是观测数据的经验分布与选定的理论分布之间符合程度的度量。

从总体中随机抽取一个样本,根据直方图等初步整理分析,初步判断样本数据服从某一分布。当然,样本表现与假设分布是有差异的,差异来自两个方面:一是分布假设不正确,假设分布不是总体的真实分布;二是抽样随机性所带来的抽样误差,称为随机误差。如果样本偏差明显大于随机误差,则说明存在分布假设误差,分布假设不正确;反之,如果样本偏差与随机误差相差不大,则说明分布假设正确,可按照假设分布进行统计分析和处理。基于这样一个思路,在分布假设正确(原假设)的条件下,研究作为随机变量的偏差 D 的分布。根据样本计算偏差 D 的实现值 d;再由原假设下 D 的分布与显著性水平 α(α 是一个小概率)计算一个临界值 d_α,其中,d_α 由 $P\{D \geqslant d_\alpha\} = \alpha$ 计算;然后,按照"小概率事件"原理进行判决,具体而言,如果 $D \geqslant d_\alpha$,则偏差落入大于临界值的范围,发生了小概率事件,则拒绝原假设,认为选定的分布与总体分布之间差异过大,拒绝原假设,否则,接受原假设。

根据上述思路,拟合优度检验的一般步骤如下:

① 建立原假设 H_0:总体分布函数 $F(x) = F_0(x)$。

② 构造一个反映总体分布与样本所得分布之间偏差的统计量 D。

③ 根据样本观测值,计算出统计量 D 的观测值 d。

④ 规定检验水平 α(一般为 0.10,0.05,0.01 等),相应求得 D 的临界值 d_α,使得 $P(D \geqslant d_\alpha) = \alpha$。

⑤ 比较 d 和 d_α 的大小,当 $d > d_\alpha$ 时,拒绝假设 H_0,即原假设的分布函数 $F_0(x)$ 不成立;当 $d \leqslant d_\alpha$ 时,接受假设 H_0。

本节介绍两种通用的拟合优度检验,即 χ^2 检验和柯尔莫哥洛夫检验。

8.1.1　皮尔逊 χ^2 检验

设总体 X 的分布函数为 $F(x)$,根据来自该总体的样本检验原假设

$$H_0 : F(x) = F_0(x)$$

为寻找检验统计量,首先,把总体 X 的取值范围分成 k 个区间 $(a_0, a_1]$, $(a_1, a_2]$, $\cdots$, $(a_{k-1}, a_k]$,要求 a_i 是分布函数 $F_0(x)$ 的连续点,a_0 可以取 $-\infty$,a_k 可以取 $+\infty$,记作

$$p_i = F_0(a_i) - F_0(a_{i-1}), \quad i = 1, 2, \cdots, k$$

则 p_i 代表变量 X 落入第 i 个区间的概率(要求 $p_i > 0$)。如果样本量为 n,则 np_i 是随机变量 X 落入 $(a_{i-1}, a_i]$ 的理论频数,如 n 个观测值中落入 $(a_{i-1}, a_i]$ 的实际频数为 n_i,则当 H_0 成立时,$(n_i - np_i)^2$ 应是较小的值。因而可以用这些量的和来检验 H_0 是否成立。在 H_0 成立时,皮尔逊证明了当 $n \to \infty$ 时,统计量

$$\chi^2 = \sum_{i=1}^{k} \frac{(n_i - np_i)^2}{np_i} \tag{8.1}$$

的极限分布是自由度为 $k-1$ 的 χ^2 分布。因此,χ^2 可以作为检验统计量。对于给定的显著性水平 α,由 $P(\chi^2 > c \mid H_0) = \alpha$,可知临界值 $c = \chi^2_{1-\alpha}(k-1)$,而 $\chi^2_{1-\alpha}(v)$ 指自由度为 v 的 χ^2 分布的 $1-\alpha$ 分位数。

由样本观测值,可计算检验统计量 χ^2 的观测值;若观测值大于临界值 $\chi^2_{1-\alpha}(k-1)$,则拒绝原假设 H_0。但在大多数情况下,要检验的总体分布 $F_0(x; \theta)$ 中的 m 维参数 $\theta = (\theta_1, \theta_2, \cdots, \theta_m)$ 是未知的。此时,为计算统计量 χ^2 中的 p_i,用 θ 的极大似然估计 $\hat{\theta}$ 代替 θ,可得

$$\hat{p}_i = F_0(a_i; \hat{\theta}) - F_0(a_{i-1}; \hat{\theta}) \quad i = 1, 2, \cdots, k$$

此时,检验统计量为

$$\hat{\chi}^2 = \sum_{i=1}^{k} \frac{(n_i - n\hat{p}_i)^2}{n\hat{p}_i} \tag{8.2}$$

在 H_0 成立时,Fisher 证明了当 $n \to +\infty$ 时,该统计量的极限分布是自由度为 $k-m-1$ 的 χ^2 分布,因而对于给定的显著性水平 α,同样可由 χ^2 分布分位点求出临界值 $c = \chi^2_{1-\alpha}(k-m-1)$。当 $\hat{\chi}^2$ 的观测值大于临界值 c 时,拒绝原假设。

例 8.1　将 250 个元件进行加速寿命试验,每隔 100 h 检验一次,记录失效产品个数,直到全部失效为止。不同时间内失效产品个数,列于表 8.1 中。试问这批产品寿命是否服从指数分布 $F_0(t) = 1 - \mathrm{e}^{-t/300}$?

表 8.1　某元件加速寿命试验数据表

时间区间/h	失效数	时间区间/h	失效数
0～100	39	500～600	22
100～200	58	600～700	12
200～300	47	700～800	6
300～400	33	800～900	6
400～500	25	900～1 000	2

解：其中，$\bar{t}_i$ 取组中值，即每一组数据的中点。下面的检验是对原假设

$$H_0: F(t) = F_0(t) = 1 - e^{-t/300}$$

进行的。为使用 χ^2 检验法，首先对数据进行分组。一般组数在 7～20 个为宜，每组中观测值个数最好不少于 5 个。在这个例子中，可按测试区间分组，而把最后两组合并成一组，然后，分别计算

$$p_1 = F_0(100) = 1 - e^{-100/300} = 0.283\,5$$
$$p_2 = F_0(200) - F_0(100) = 1 - e^{-200/300} - (1 - e^{-100/300}) = 0.203\,1$$

同理，可计算 $p_3, \cdots, p_9$，结果列于表 8.2 的第三列。最后，计算统计量 $\hat{\chi}^2$ 的观测值为

$$\hat{\chi}^2 = \sum_{i=1}^{9} \frac{(n_i - np_i)^2}{np_i} = 33.74$$

表 8.2　拟合优度检验的计算

组　号	n_i	p_i	np_i	$n_i - np_i$	$(n_i - np_i)^2$	$\dfrac{(n_i - np_i)^2}{np_i}$
1	39	0.283 5	70.88	−31.88	1 016.02	14.33
2	58	0.203 1	50.78	−7.23	52.20	1.03
3	47	0.145 5	36.38	−10.63	112.89	3.10
4	33	0.104 3	26.08	−6.93	47.96	1.84
5	25	0.074 7	18.68	−6.33	40.01	2.14
6	22	0.053 6	13.40	−8.6	73.96	5.52
7	12	0.038 3	9.58	−2.43	5.88	0.61
8	6	0.027 5	6.88	0.88	0.77	0.11
9	8	0.069 5	17.37	9.37	87.81	5.06

取显著性水平 $\alpha = 0.01$，算得临界值 $\chi^2_{0.99}(9-1) = \chi^2_{0.99}(8) = 20.09$。由 $\hat{\chi}^2 > \chi^2_{0.99}(8)$，所以拒绝原假设，即不能认为这批产品的寿命服从指数分布 $F_0(t) = 1 - e^{-t/300}$。

前面讲过第 i 个区间（或区组）内样本的失效概率为 p_i。对于完全样本，np_i 为每一区组的理论失效数，但对于不完全样本中不规则截尾的情形，样品在第 i 区组的失效概率 p_i 为

$$p_i = 1 - \frac{R(t_i)}{R(t_{i-1})} \tag{8.3}$$

此时，第 i 区组的理论失效数为 $n_{i-1}p_i$，其中，n_{i-1} 为进入第 i 区组的残存样品数。

例 8.2　在现场统计了 100 台某设备的故障时间数据，如表 8.3 所列。现初步假设其寿命分布为正态分布，并估计得到其参数 $\mu = 4\,300$ h，$\sigma = 1\,080$ h，试用 χ^2 检验判断其假设的正

确性($\alpha = 0.1$)。

表 8.3　设备故障数据表

时间区段/h	失效数	删除数	时间区段/h	失效数	删除数
1 800~2 600	7	0	4 100~4 400	11	6
2 600~3 100	6	1	4 400~4 600	9	5
3 100~3 500	8	1	4 600~4 800	7	1
3 500~3 900	8	5	4 800~5 300	7	3
3 900~4 100	6	2	5 300~6 500	6	1

解：原假设 H_0：设备寿命服从参数 $\mu = 4\,300$ h，$\sigma = 1\,080$ h 的正态分布。用 χ^2 检验判断假设正确与否，计算结果见表 8.4，算得 $\chi^2 = 5.571\,1$。对于显著性水平 $\alpha = 0.1$，由自由度 $k - m - 1 = 10 - 2 - 1 = 7$，得临界值 $\chi^2_{0.9}(7) = 12.017 > 5.571\,1 = \chi^2$，所以不拒绝 H_0，认为该设备寿命服从正态分布 $N(4\,300, 1\,080^2)$。

表 8.4　拟合优度检验的计算

$t_{i-1} \sim t_i$ 时间段	失效数 r_i	删除数 Δk_i	n_{i-1}	理论值 $R(t_i)$	$\hat{p}_i$	$n_{i-1}\hat{p}_i$	$(r_i - n_{i-1}\hat{p}_i)^2$	$\dfrac{(r_i - n_{i-1}\hat{p}_i)^2}{n_{i-1}\hat{p}_i}$
1 800~2 600	7	0	100	0.941 8	0.058 2	5.82	1.39	0.239
2 600~3 100	6	1	93	0.866 5	0.079 95	7.435	2.059	0.277
3 100~3 500	8	1	86	0.770 3	0.111 0	9.546	2.39	0.25
3 500~3 900	8	5	77	0.644 3	0.163 6	12.597	21.13	1.68
3 900~4 100	6	2	64	0.573 4	0.110 0	7.04	1.082	0.154
4 100~4 400	11	6	56	0.462 9	0.192 7	10.79	0.044 1	0.004 1
4 400~4 600	9	5	39	0.390 5	0.156 4	6.1	8.41	1.38
4 600~4 800	7	1	25	0.321 7	0.176 2	4.4	6.76	1.53
4 800~5 300	7	3	17	0.177 3	0.448 9	7.63	0.397	0.052
5 300~6 500	6	1	7	0.020 7	0.883 4	6.18	0.032 4	0.005

皮尔逊 χ^2 检验方法使用范围很广：不管总体是离散型随机变量，还是连续型随机变量；总体分布的参数可以已知，也可以未知；可以用于完全样本，也可用于截尾样本和分组数据。

8.1.2　柯尔莫哥洛夫检验

1. 完全样本情形的柯尔莫哥洛夫检验

设总体的分布为 $F(x)$，$F_0(x)$ 为某个已知的连续型分布函数，考虑假设检验问题

$$H_0 : F(x) = F_0(x)$$

从总体中抽取样本量为 n 的样本 $X_1, X_2, \cdots, X_n$，其顺序统计量为

$$X_{(1)} \leqslant X_{(2)} \leqslant \cdots \leqslant X_{(n)}$$

可以得到其经验分布函数

$$F_n(x) = \begin{cases} 0, & x \leqslant X_{(1)} \\ i/n, & X_{(i)} \leqslant x < X_{(i+1)} \\ 1, & x \geqslant X_{(n)} \end{cases} \tag{8.4}$$

柯尔莫哥洛夫提出检验统计量为

$$D_n = \sup_{-\infty < x < \infty} |F_n(x) - F_0(x)| \tag{8.5}$$

当假设 H_0 成立时，对于给定的 n，可以得到 D_n 的精确分布，也可以给出 $n \to \infty$ 时的极限分布。

在计算统计量 D_n 时，先求出

$$\delta_i = \max\{|F_0(x_{(i)}) - (i-1)/n|, |F_0(x_{(i)}) - i/n|\}, \quad i = 1, 2, \cdots, n \tag{8.6}$$

然后，在 $\delta_1, \delta_2, \cdots, \delta_n$ 中选择最大的一个便是 D_n，即

$$D_n = \max_i\{\delta_i\} \tag{8.7}$$

对于给定的显著性水平 α 和样本量 n，可查附表九（A）得到临界值 $d_{n,\alpha}$。当

$$D_n \leqslant d_{n,\alpha} \tag{8.8}$$

时，接受假设 H_0；否则，拒绝假设 H_0。

例 8.3　从某厂生产的电容器中，抽取 20 只，测得他们的绝缘电阻值，并按从小到大的顺序列于表 8.5 第一列和第六列中。试检验其是否服从均值 $\mu = 30$，方差 $\sigma^2 = 100$ 的正态分布，其中，显著性水平 $\alpha = 0.05$。

解：采用柯尔莫哥洛夫检验，这里 $F_0(x)$ 为 $N(30, 10^2)$，$F(x)$ 为电容绝缘电阻的分布函数。要检验假设

$$H_0: F(x) = F_0(x)$$

为计算 $F_0(x)$，利用标准正态分布表，即

$$F_0(x) = \Phi((x-\mu)/\sigma) = \Phi((x-30)/10)$$

其中，$\Phi(x)$ 为标准正态分布函数。将 $F_0(x)$ 的结果列于表 8.5 的第二列和第七列中。

表 8.5　柯尔莫哥洛夫检验的计算

x_i	$F_0(x_i)$	$\dfrac{i-1}{n}$	$\dfrac{i}{n}$	δ_i	x_i	$F_0(x_i)$	$\dfrac{i-1}{n}$	$\dfrac{i}{n}$	δ_i
15	0.067	0	0.050	0.067	39	0.815	0.500	0.550	0.315
19	0.136	0.050	0.100	0.086	40	0.841	0.550	0.600	0.291
21	0.185	0.100	0.150	0.085	42	0.884	0.600	0.650	0.284
23	0.242	0.150	0.200	0.092	43	0.903	0.650	0.700	0.253
26	0.345	0.200	0.250	0.145	45	0.933	0.700	0.750	0.233
29	0.461	0.250	0.300	0.211	48	0.964	0.750	0.800	0.214
30	0.500	0.300	0.350	0.200	49	0.971	0.800	0.850	0.171
32	0.579	0.350	0.400	0.229	53	0.989	0.850	0.900	0.139
34	0.655	0.400	0.450	0.255	58	0.997	0.900	0.950	0.097
37	0.758	0.450	0.500	0.308	67	0.999	0.950	1.000	0.049

从表 8.5 可知

$$D_n = \max_i\{\delta_i\} = 0.315$$

由显著性水平 $\alpha=0.05$,查附表九(A)得到 $d_{20,0.05}=0.294$,因为 $D_n=0.315>0.294$,所以拒绝 H_0,即电容的绝缘电阻不服从正态分布 $N(30,10^2)$。

2. 截尾样本情形的柯尔莫哥洛夫检验

(1) 定数截尾试验

设从总体中随机抽取 n 件产品,进行定数截尾寿命试验,到有 r 个产品失效时结束,失效时间依次为

$$t_1 \leqslant t_2 \leqslant \cdots \leqslant t_r, \quad r \leqslant n \tag{8.9}$$

假设总体分布函数 $F(t)=F_0(t)$,$F_n(t)$ 是由截尾样本得到的经验分布函数,作统计量

$$D_r = \sup_{t \leqslant t_r} |F_0(t) - F_n(t)| \tag{8.10}$$

对于 $n=5(5)30$,$r=1(1)n$,巴尔(Barr)和戴维森(Davidson)计算了 D_r 的临界值表,见附表九(B)。为说明该表的使用,下面给出 $n=5$,$r=1(1)5$ 的情况,见表 8.6。

表 8.6　定数截尾样本统计量 D_r 的分布函数及临界值表

r	k				
	1	2	3	4	5
1	0.672 32	0.922 24	0.989 76	0.999 67	1.000 00
2	0.280 00	0.871 04	0.984 96	0.999 68	1.000 00
3	0.121 60	0.787 52	0.984 96	0.999 68	1.000 00
4	0.057 60	0.729 60	0.978 24	0.999 68	1.000 00
5	0.038 40	0.691 84	0.969 92	0.999 36	1.000 00

表 8.6 给出的数值是 D_r 的分布函数 $F_{D_r}(k/n)=P(D_r \leqslant k/n)$ 的值。例如,$n=5$,$r=1$,则 $k=1,2$ 时,有

$$F_{D_r}(1/5)=0.672\ 32, \quad F_{D_r}(2/5)=0.922\ 24$$

若取检验临界值为 $D_{5,\alpha}=2/5$,则此时的显著性水平为

$$\alpha=P[D_r>2/5]=1-0.922\ 24=0.077\ 76$$

因此,在检验时,对于给定的显著性水平 α、样本量 n、失效数 r,可在 D_r 的分布表中找到与 $1-\alpha$ 相接近的 $F_{D_r}(k/n)$ 值,并查得对应的 k 值,则临界值 $D_{n,r,\alpha}=k/n$。

例 8.4　为了检验电子管的寿命是否服从威布尔分布

$$F_0(t)=1-e^{-(t/1\ 000)^2}, \quad t \geqslant 0$$

随机抽取 10 只电子管,进行定数截尾寿命试验,到有 5 个电子管失效时截止,测得失效时间(单位:h)为:160,200,450,680,810。试在显著性水平 $\alpha=0.05$ 下进行检验。

解:列表进行计算,见表 8.7。根据表 8.7 可知,由样本得到的 D_r 为

$$D_r = \max_i \{\delta_i\} = 0.160\ 8$$

取 $\alpha=0.05$,查见附表九(B)中 $n=10$ 的表,在 $r=5$ 这一行上,找到与 $1-\alpha=0.95$ 最接近的数值 0.969 53,故实际的显著性水平为 $1-0.969\ 53=0.031\ 47$。对应于 0.969 53 这个数所在的列为 $k=4$,则临界值 $D_{10,5,\alpha}=4/10=0.4$。

表 8.7　电子管寿命分布检验的计算

t_i	$F_0(t_i)$	$\dfrac{i-1}{n}$	$\dfrac{i}{n}$	δ_i
160	0.025 3	0	0.100 0	0.074 7
200	0.039 2	0.100 0	0.200 0	0.160 8
450	0.183 3	0.200 0	0.300 0	0.116 7
680	0.370 2	0.300 0	0.400 0	0.070 2
810	0.481 1	0.400 0	0.500 0	0.081 1

因为 $D_r = 0.160\ 8 < 0.4 = D_{10,5,\alpha}$，所以接受原假设，认为电子管的寿命服从威布尔分布 $F_0(t)$。

（2）定时截尾试验

对于定时截尾寿命试验，截尾时间为 t_0，检验分布 $F_0(t)$ 的统计量 D_0 为

$$D_0 = \sup_{t \leqslant t_0} |F_0(t) - F_n(t)| \tag{8.11}$$

在寿命试验中，假如抽取样品数为 n，当假设

$$H_0: F(t) = F_0(t)$$

为真时，从理论上说，到截尾时间 t_0，应该有 $nF_0(t_0)$ 个产品失效，记

$$R_c = nF_0(t_0) \tag{8.12}$$

称为理论截尾数或截尾点。利用理论截尾数可将定时截尾试验转化为定数截尾情形，从而求出 D_0 的分布函数。对 $n = 5(5)10$，$R_c = 1(1)n$，D_0 的分布函数值见附表九（C）。使用方法与定数截尾相同，该表中给出 D_0 的分布函数值的形式是

$$F_0(k/n) = P(D_0 \leqslant k/n) = F_{0k}$$

如果取临界值 $d_{0,\alpha} = k/n$，则相应的显著性水平为 $\alpha = 1 - F_{0k}$。

例 8.5　用 20 个产品进行寿命试验，试验到 $t_0 = 2.2$ h 截止，共有 6 个产品失效，失效时间（单位：h）分别为：0.1，0.2，0.3，0.4，1.0，1.4。试检验产品寿命是否服从指数分布 $F_0(t) = 1 - \mathrm{e}^{-\frac{t}{10}}$？

解：要检验假设 $H_0: F(t) = F_0(t)$，先计算在 H_0 成立时的理论失效数

$$R_c = nF_0(t_0) = 20 \times 0.2 = 4$$

式中，$F_0(t_0) = 1 - \mathrm{e}^{-\frac{2.2}{10}} = 0.197\ 5 \approx 0.2$。

若取显著性水平 $\alpha = 0.05$，由附表九（C）中 $n = 20$ 的表，在 $R_c = 4$ 的那一行上，找到与 $1 - \alpha = 0.95$ 最接近的数值为 0.94514（故实际的 $\alpha \approx 0.055$），而该值所在的列为 $k = 4$，则临界值为

$$d_{0,\alpha} = \frac{k}{n} = \frac{4}{20} = 0.2$$

根据试验数据计算 D_0 的值，见表 8.8。

表 8.8　某产品寿命分布检验的计算

t_i	$F_0(t_i)$	$\dfrac{i-1}{n}$	$\dfrac{i}{n}$	δ_i	t_i	$F_0(t_i)$	$\dfrac{i-1}{n}$	$\dfrac{i}{n}$	δ_i
0.1	0.010	0	0.05	0.04	1.0	0.096	0.20	0.25	0.154
0.2	0.020	0.05	0.10	0.08	1.4	0.131	0.25	0.30	0.169
0.3	0.029	0.10	0.15	0.121	2.2	0.198	0.30		0.102
0.4	0.038	0.15	0.20	0.162					

$$D_0 = \max_i \{\delta_i\} = 0.169$$

因为 $D_0 = 0.169 < 0.20 = d_{0,\alpha}$，所以接受假设 H_0，认为产品寿命服从指数分布。

（3）大样本情形

对于大样本情形（$n > 30$），考虑统计量

$$D_{n,t_s} = \sup_{t \leqslant t_s} |F_0(t) - F_n(t)| \tag{8.13}$$

式中，t_s 为试验截止时间。若试验为定时截尾，则 $t_s = t_0$；若试验为定数截尾，则 $t_s = t_r$。

当 $n \to \infty$ 时，可以求得 $\sqrt{n} D_{n,t_s}$ 的极限分布，该分布的分位数见附表九（D）。为便于使用，表 8.9 给出了一些常用的数值。利用表 8.9 之前，应先计算出 $F_0(t_s)$，在该表的第一行找到与 $F_0(t_s)$ 最接近的数值后，再在第一列找到 $1-\alpha$（α 为显著性水平），表中对应于 $1-\alpha$，$F_0(t_s)$ 的数值便是 $\sqrt{n} D_{n,t_s}$ 的极限分布的临界值。

表 8.9　$\sqrt{n} D_{n,t_s}$ 的极限分布表 $\lim\limits_{n \to \infty} P[\sqrt{n} D_{n,t_s} < d] = G(d)$

$G(d)$	$F_0(t_s)$									
	0.10	0.20	0.30	0.40	0.50	0.60	0.70	0.80	0.90	1.00
0.75	0.471 4	0.646 5	0.766 3	0.854 4	0.919 6	0.966 6	0.997 6	1.014 2	1.019 0	1.019 2
0.80	0.054 5	0.690 5	0.816 8	0.908 5	1.022 9	1.022 9	1.053 3	1.068 7	1.072 7	1.072 7
0.85	0.544 9	0.744 3	0.878 4	0.974 6	1.091 4	1.091 4	1.120 8	1.134 8	1.137 9	1.137 9
0.90	0.598 5	0.815 5	0.959 7	1.061 6	1.181 3	1.181 3	1.209 4	1.221 6	1.223 8	1.223 8
0.95	0.682 5	0.926 8	1.086 8	1.197 5	1.321 1	1.321 1	1.347 1	1.356 8	1.358 1	1.358 1
0.99	0.851 2	1.150 5	1.341 9	1.469 6	1.599 6	1.599 6	1.621 4	1.627 2	1.627 6	1.627 6
0.999	1.052 3	1.417 1	1.645 6	1.791 3	1.929 2	1.929 2	1.946 4	1.949 4	1.949 5	1.949 5

例 8.6　随机抽取 47 台产品，进行 196 h 无替换寿命试验，发现有 15 台失效，失效时间列于表 8.10 中。试检验该种产品的寿命是否服从指数分布 $F_0(t) = 1 - \mathrm{e}^{-\frac{t}{3\,000}}$？

解： 检验假设

$$H_0 : F(t) = F_0(t)$$

列表计算 D_{n,t_s}，表 8.10 中最后一个时间为 $t_s = 196$ h。

$$D_{n,t_s} = \max_i \{\delta_i\} = 0.261\,5$$

$$\sqrt{n} D_{n,t_s} = \sqrt{47} \times 0.261\,5 = 1.792\,8$$

表 8.10　电视机寿命分布检验的计算

t_i	$F_0(t_i)$	$\dfrac{i-1}{n}$	$\dfrac{i}{n}$	δ_i	t_i	$F_0(t_i)$	$\dfrac{i-1}{n}$	$\dfrac{i}{n}$	δ_i
5.5	0.001 8	0	0.021 3	0.019 5	48	0.015 9	0.170 2	0.191 5	0.175 6
8.5	0.002 8	0.021 3	0.042 6	0.039 8	67.5	0.022 2	0.191 5	0.212 8	0.190 6
11	0.003 7	0.042 6	0.063 8	0.060 1	70	0.023 1	0.212 8	0.234 0	0.210 9
15	0.005 0	0.063 8	0.085 1	0.080 1	95	0.031 2	0.234 0	0.255 3	0.224 1
25	0.008 3	0.085 1	0.106 4	0.098 1	109	0.035 7	0.255 3	0.276 6	0.240 9
32	0.010 6	0.106 4	0.127 7	0.111 7	116	0.037 9	0.276 6	0.297 9	0.260 0
44	0.014 6	0.127 7	0.148 9	0.134 3	178	0.057 6	0.297 9	0.319 1	0.261 5
45	0.014 9	0.148 9	0.170 2	0.155 3	196	0.063 2	0.319 1		0.255 9

计算 $\sqrt{n}D_{n,t_s}(\alpha)$ 的值，$t_s=196$ h，得

$$F_0(t_s)=F_0(196)=1-\mathrm{e}^{-\frac{196}{3\,000}}=0.319\,1$$

取 $\alpha=0.001$，由表 8.9 或附表九(D)查得，当 $1-\alpha=0.999$，$F_0(t_s)=0.319\,1$ 时，临界值

$$\sqrt{n}D_{n,t_s}(\alpha)=1.645\,6$$

显然，$\sqrt{n}D_{n,t_s}>\sqrt{n}D_{n,t_s}(\alpha)$，拒绝 H_0，即产品寿命不服从均值为 3 000 h 的指数分布。

8.2　专用拟合优度检验

8.1 节所介绍的两种拟合优度检验方法不针对某一特定分布，适用性较广，但由于拒绝域常依赖于检验统计量的极限分布，因此，在中小样本情形下的检验功效较低。如果要检验的分布形式较为特殊，则存在针对性的专用检验方法。本节针对指数分布、威布尔分布、正态分布等具体分布介绍相应的专用检验方法。

8.2.1　指数分布检验

当产品寿命服从指数分布时，其失效率 $\lambda(t)$ 是一个常数。因此，检验产品的寿命是否服从指数分布，只要检验 $\lambda(t)$ 是不是常数即可。其检验的原假设为 $H_0:\lambda(t)=$ 常数，而备择假设为 $H_1:\lambda(t)\neq$ 常数，或为非降函数，或为非增函数。

如果通过检验，接受 $H_0:\lambda(t)=$ 常数，那么，具有常数失效率的寿命服从指数分布；如果 H_0 被拒绝，那么，其寿命不服从指数分布。下面介绍检验 H_0 的两种方法，这两种检验方法，对寿命试验的要求相同，从被判断的某批产品中，随机地抽取 n 件产品（n 不要太小），同时投入进行定数截尾试验，可以是有替换的，也可以是无替换的。若 r 次失效，其失效时间依次为 $t_{(1)}\leqslant t_{(2)}\leqslant\cdots\leqslant t_{(r)}$，记

$$Y_i=\begin{cases}(n-i+1)(t_{(i)}-t_{(i-1)}),&\text{若试验是无替换的}\\ n(t_{(i)}-t_{(i-1)}),&\text{若试验是有替换的}\end{cases}\tag{8.14}$$

式中，$t_{(0)}=0$。如果 $H_0:\lambda(t)=\lambda$ 成立，则

$$2\lambda Y_i\overset{i.i.d.}{\sim}\chi^2(2),\quad i=1,2,\cdots,r\tag{8.15}$$

1. F 检验法

在 $H_0:\lambda(t)=\lambda$(某常数)成立的条件下,由式(8.15)和 χ^2 分布的可加性,得到

$$\varphi=\left(\frac{1}{2r_1}\sum_{i=1}^{r_1}Y_i\right)\Big/\left(\frac{1}{2r_2}\sum_{i=r_1+1}^{r}Y_i\right)\sim F(2r_1,2r_2) \tag{8.16}$$

式中,$r_1+r_2=r$,而 $Y_i(i=1,2,\cdots,r)$ 由式(8.14)给出。如果 φ 的分子部分大于分母部分,即

$$\frac{1}{2r_1}\sum_{i=1}^{r_1}Y_i>\frac{1}{2r_2}\sum_{i=r_1+1}^{r}Y_i \tag{8.17}$$

且

$$\varphi>F_{1-\frac{\alpha}{2}}(2r_1,2r_2) \tag{8.18}$$

则拒绝 H_0 的假设,那么 $\lambda(t)$ 是非减函数;如果 φ 的分母部分大于分子部分,即

$$\frac{1}{2r_2}\sum_{i=r_1+1}^{r}Y_i>\frac{1}{2r_1}\sum_{i=1}^{r_1}Y_i \tag{8.19}$$

且

$$1/\varphi>F_{1-\frac{\alpha}{2}}(2r_2,2r_1)\Leftrightarrow\varphi<F_{\frac{\alpha}{2}}(2r_1,2r_2) \tag{8.20}$$

则拒绝 H_0 的假设,那么 $\lambda(t)$ 是非增函数。关于 r_1 和 r_2,可选择 $r_1=r_2$,相应的 $r=2r_1$。如果 $r=2r_1+1$,取 r_2-r_1+1。

例 8.7　从某批产品中随机抽取 100 件产品作为试样,进行非替换的寿命试验,得到 6 个失效时间(单位:h):3,10,20,34,48 和 70,试验停止。试用 F 检验法判断该产品寿命是否服从指数分布。

解:$n=100,r=6$,试验又是无替换的,则

$$t_{(1)}=3,\ t_{(2)}=10,\ t_{(3)}=20,\ t_{(4)}=34,\ t_{(5)}=48,\ t_{(6)}=70$$

由式(8.14)得,$Y_1=300,Y_2=693,Y_3=980,Y_4=1\ 358,Y_5=1\ 344,Y_6=2\ 090$。令 $r_1=r_2=3$,由式(8.16)计算

$$\varphi=\frac{300+693+980}{1\ 358+1\ 344+2\ 090}\approx(3.5)^{-1}$$

因为 $\varphi<1$,所以满足(8.19),又 $1/\varphi=3.5$,如果 $\alpha=0.10$,算得

$$F_{1-\frac{\alpha}{2}}(2r_2,2r_1)=F_{0.95}(6,6)=4.284>3.5=1/\varphi$$

则接受 H_0。但是,如果假定 $\alpha=0.20$,算得

$$F_{1-\frac{\alpha}{2}}(2r_2,2r_1)=F_{0.9}(6,6)=3.055<3.5=1/\varphi$$

则符合不等式(8.20),由此拒绝 H_0。

在这种情形下,最好再继续试验,多得到一些失效时间数据,判断的准确性会更高。譬如说继续试验,总共得到 10 个失效时间,除上述 6 个外,还有 $t_{(7)}=108,t_{(8)}=147,t_{(9)}=204,t_{(10)}=264$。进一步利用(8.14),得到 $Y_7=3\ 572,Y_8=3\ 627,Y_9=5\ 244$ 和 $Y_{10}=6\ 000$,取 $r_1=r_2=5$,由此得到 $\varphi=4\ 675/20\ 533=(4.4)^{-1}$ 符合式(8.19),再判断式(8.20)是否成立,若设 $\alpha=0.05$,查表得 $F_{1-\frac{\alpha}{2}}(2r_2,2r_1)=F_{0.975}(10,10)=3.717<4.4=1/\varphi$,不等式(8.20)成立,则拒绝 H_0,并且 $\lambda(t)$ 为非增函数。

2. χ^2 检验法

对指数分布类型的判断,国际电工委员会制订的设备可靠性试验标准(IEC605 - 6)推荐使用 χ^2 检验法,下面具体介绍该方法。

(1) 定数截尾寿命试验

令

$$T(t_{(i)}) = \sum_{j=1}^{i} Y_j = \begin{cases} \sum_{j=1}^{i-1} t_{(j)} + (n-i+1)t_{(i)}, & \text{若试验是无替换的} \\ nt_{(i)}, & \text{若试验是有替换的} \end{cases} \tag{8.21}$$

式中,$Y_j(j=1,2,\cdots,r)$ 由式(8.14)计算;$T(t_{(i)})$ 指在失效时刻 $t_{(i)}$ 前的累积总试验时间。

如果原假设 $H_0: \lambda(t) = \lambda$(常数)成立,那么,检验函数

$$Q = -2 \sum_{i=1}^{r-1} \ln\left[\frac{T(t_{(i)})}{T(t_{(r)})}\right] \sim \chi^2(2r-2) \tag{8.22}$$

如果显著性水平为 α,如

$$Q \leqslant \chi^2_{\alpha/2}(2r-2) \text{ 或 } Q \geqslant \chi^2_{1-\alpha/2}(2r-2) \tag{8.23}$$

拒绝 H_0,即寿命分布不是指数类型;否则,接受 H_0。

例 8.8　对例 8.7 的数据,利用 χ^2 检验法判断其是否是指数分布类型。

解: 按式(8.21)计算,得到

$T(3) = 100 \times 3 = 300$,$T(10) = 3 + 99 \times 10 = 993$,$T(20) = 3 + 10 + 98 \times 20 = 1\,973$,

$T(34) = 3 + 10 + 20 + 97 \times 34 = 3\,331$,$T(48) = 3 + 10 + 20 + 34 + 96 \times 48 = 4\,675$,

$T(70) = 3 + 10 + 20 + 34 + 48 + 95 \times 70 = 6\,765$.

由式(8.22)计算 Q 值,即

$$\begin{aligned} Q &= -2 \times [\ln 300 + \ln 993 + \ln 1\,973 + \ln 3\,331 + \ln 4\,675 - 5\ln 6\,765] \\ &= -2 \times [5.703\,8 + 6.900\,7 + 7.587\,3 + 8.111\,0 + 8.450\,0 - 44.097\,6] \\ &= 14.689\,6 \end{aligned}$$

如果 $\alpha = 0.10$,算得 $\chi^2_{0.05}(10) = 3.94$,$\chi^2_{0.95}(10) = 18.31$,从而

$$3.94 < Q = 14.689\,6 < 18.31$$

因此,不等式(8.23)不成立,则接受 H_0,可以认为产品寿命服从指数分布。

(2) 预先确定总累积试验时间

有时,在进行寿命试验(包括有替换的或无替换的)时,达到了预先确定的总累积试验时间 T^* 后,则停止寿命试验。如果在达到总试验时间 T^* 之前,已有 r 次失效,此时,r 是随机数。令 $t_{(i)}$ 指从寿命试验开始起($t=0$)到发生第 i 次失效时的时间。

如果原假设 $H_0: \lambda(t) = \lambda$(常数)成立,则检验函数

$$Q = -2 \sum_{i=1}^{r} \ln\left[\frac{T(t_{(i)})}{T^*}\right] \sim \chi^2(2r) \tag{8.24}$$

式中,$T(t_{(i)})$ 由式(8.21)定义。如果取显著性水平为 α,如

$$Q \leqslant \chi^2_{\alpha/2}(2r) \text{ 或 } Q \geqslant \chi^2_{1-\alpha/2}(2r) \tag{8.25}$$

则拒绝 H_0,即认为寿命分布不是指数分布类型。

例 8.9　为了判断某批产品的寿命分布是否为指数分布,随机抽取 30 件产品作为试样,

进行无替换的寿命试验,预定在总累积试验时间达到 $T^* = 9\,000$ h 时停止。在完成 T^* 时间之前,已有 20 件试样已失效,其失效时间(单位:h)为 13,23,44,75,81,83,122,164,166,182,218,247,289,334,361,373,377,426,447,450。若取 $\alpha = 0.05$,试用 χ^2 检验法进行判断。

解:$n = 30$,$r = 20$,$T^* = 9\,000$ h,按式(8.21)计算

$$T(13) = 30 \times 13 = 390,$$
$$T(23) = 13 + 29 \times 23 = 680,$$
$$\cdots\cdots$$
$$T(450) = 13 + \cdots + 447 + 11 \times 450 = 8\,975.$$

由式(8.24)计算

$$Q = -2[\ln 390 + \ln 680 + \cdots + \ln 8\,975 - 20\ln 9\,000]$$
$$= -2[165.149\,4 - 182.099\,6] = 33.900\,4$$

算得 $\chi^2_{0.025}(40) = 24.43$,$\chi^2_{0.975}(40) = 59.34$,因此 $24.43 < Q = 33.900\,4 < 55.76$,不满足不等式(8.25),因此接受 H_0,可认为其寿命分布是指数分布类型。

8.2.2 威布尔分布检验

1. F 检验

设产品的寿命分布为 $F(t)$,要检验假设

$$H_0 : F(t) = F_0(t; \eta, m) = 1 - \mathrm{e}^{-(t/\eta)^m}$$

式中,m,η 是未知参数。

为检验此假设,任意取 n 个产品进行寿命试验,到有 r 个失效时试验停止,失效时间依次为 $t_{(1)} \leqslant t_{(2)} \leqslant \cdots \leqslant t_{(r)}$。设 $X_{(i)} = \ln t_{(i)}$,$Z_{(i)} = (X_{(i)} - \mu)/\sigma$,$\mu = \ln\eta$,$\sigma = 1/m$,则在原假设 H_0 成立条件下,$X_{(1)} \leqslant X_{(2)} \leqslant \cdots \leqslant X_{(r)}$ 是极值分布 $F_X(x) = 1 - \exp\left[-\mathrm{e}^{\frac{x-\mu}{\sigma}}\right]$ 的前 r 个顺序统计量,$Z_{(1)} \leqslant Z_{(2)} \leqslant \cdots \leqslant Z_{(r)}$ 是标准极值分布 $F_Z(z) = 1 - \exp(-\mathrm{e}^z)$ 的前 r 个顺序统计量,且 $E(Z_{(i)})(i = 1, 2, \cdots, r)$ 可查表,Van Montfort 提出统计量

$$l_i = \frac{X_{(i+1)} - X_{(i)}}{E(Z_{(i+1)}) - E(Z_{(i)})}, \quad i = 1, 2, \cdots, r-1$$

并证明了诸 l_i 渐近独立,且服从标准指数分布。取 $r_1 = [r/2]$,则在原假设 H_0 成立的条件下,统计量

$$W = \frac{\displaystyle\sum_{i=r_1+1}^{r-1} \frac{l_i}{r - r_1 - 1}}{\displaystyle\sum_{i=1}^{r_1} \frac{l_i}{r_1}} \tag{8.26}$$

渐近服从分布 $F(2(r - r_1 - 1), 2r_1)$,并且它的取值不会太大,也不会太小。因此,对于给定的显著性水平 α,检验规则为

如果

$$W < F_{\alpha/2}(2(r - r_1 - 1), 2r_1) \text{ 或 } W > F_{1-\alpha/2}(2(r - r_1 - 1), 2r_1)$$

则拒绝 H_0;否则,接受 H_0。

例 8.10 要检验某型号滤波器在加速应力下的寿命是否服从威布尔分布。在某个加速

应力下,记录 20 个受试样品中 13 个失效样品的失效时间(记录在表 8.11 中的第二列),要求用这些数据对威布尔分布的假设作检验。

解: 为检验假设

$$H_0 : F(t;m,\eta) = 1 - e^{-(t/\eta)^m}, \quad t > 0$$

列表计算 l_i 的值,具体列于表 8.11 中。$E(Z_{(i)})(i=1,2,\cdots,13)$ 的值可查表,取 $r_1 = [13/2] = 6$,根据 l_i 值,可计算 F 的观测值

$$F = \frac{\sum\limits_{i=7}^{12} l_i / 6}{\sum\limits_{i=1}^{6} l_i / 6} = \frac{3.805}{2.842} = 1.338$$

表 8.11　滤波器寿命分布检验的计算

i	$t_{(i)}$	$x_{(i)} = \ln t_{(i)}$	$a_i = x_{(i+1)} - x_{(i)}$	$E(Z_{(i)})$	$b_i = E(Z_{(i+1)}) - E(Z_{(i)})$	$l_i = \dfrac{a_i}{b_i}$
1	543	6.297	0.440	−3.572 9	1.025 8	0.429
2	843	6.737	0.662	−2.547 1	0.527 1	1.256
3	1 634	7.399	0.059	−2.020 0	0.361 6	0.163
4	1 734	7.458	0.056	−1.658 4	0.279 8	0.200
5	1 834	7.514	0.053	−1.378 6	0.231 5	0.229
6	1 934	7.567	0.113	−1.147 1	0.199 9	0.565
7	2 164.5	7.680	0.057	−0.947 2	0.178 1	0.320
8	2 292	7.737	0.054	−0.769 1	0.162 7	0.332
9	2 419.5	7.791	0.273	−0.606 4	0.151 6	1.801
10	3 176.7	8.064	0.049	−0.454 8	0.143 6	0.341
11	3 338.3	8.113	0.094	−0.311 2	0.138 5	0.679
12	3 666.7	8.207	0.045	−0.172 7	0.135 6	0.332
13	3 833.4	8.252		−0.037 1		

如取显著性水平 $\alpha = 0.10$,可算得检验临界值

$$F_{0.95}(12,12) = 2.69$$
$$F_{0.05}(12,12) = 0.372$$

因为 $F_{0.05}(12,12) < F = 1.338 < F_{0.95}(12,12)$,所以接受 H_0,可以认为在此加速应力下,这批滤波器寿命服从威布尔分布。

2. χ^2 检验

沿用 8.2.2 节的假设和符号,若令

$$V_i = (r-i)(X_{(r-i+1)} - X_{(r-i)}), \quad i = 1,2,\cdots,r-1 \tag{8.27}$$

于是 $V_i/\sigma(i=1,2,\cdots,r-1)$ 是近似相互独立,且同时服从标准指数分布的随机变量。根据指数分布的性质,可知 $2V_i/\sigma(i=1,2,\cdots,r-1)$ 都是近似独立,且服从具有自由度为 2 的 χ^2 分布。由 Bartlett 统计量,可得到

$$B^2 = 2(r-1)\ln\left(\sum_{i=1}^{r-1} V_i/(r-1)\right) - 2\sum_{i=1}^{r-1} \ln V_i \tag{8.28}$$

$$c = 1 + \frac{r}{6(r-1)} \tag{8.29}$$

且 B^2/c 是自由度为 $r-2$ 的 χ^2 变量。

对于给定显著性水平 α,当 $B^2/c < \chi^2_{\alpha/2}(r-2)$ 或 $B^2/c > \chi^2_{1-\alpha/2}(r-2)$ 时,拒绝假设 H_0;否则,接受 H_0。

例 8.11 抽取 20 个产品作寿命试验,开始 6 个失效时间为 7,12,15,24,25,48。需要检验这些数据是否来自同一两参数威布尔分布?

解: 根据截尾样本数据,由式(8.27)计算得

$$V_1 = 5(\ln 48 - \ln 25) = 5\ln 1.92 = 3.2615$$

类似可得,$V_2 = 0.1568$,$V_3 = 1.41$,$V_4 = 0.4462$,$V_5 = 0.5365$。由式(8.28)和式(8.29)知

$$B^2 = 2(r-1)\ln\left(\sum_{i=1}^{5} V_i/(r-1)\right) - 2\sum_{i=1}^{5} \ln V_i$$

$$= 5.0165$$

$$c = 1 + \frac{r}{6(r-1)} = 1 + \frac{6}{30} = 1.2$$

于是

$$\frac{B^2}{c} = \frac{5.0165}{1.2} = 4.1804$$

取显著性水平 $\alpha = 0.1$,算得

$$\chi^2_{0.05}(4) = 0.711 \quad \text{与} \quad \chi^2_{0.95}(4) = 9.488$$

由于 $0.711 < \dfrac{B^2}{c} < 9.488$,所以接受 H_0,可认为试验数据来自一两参数威布尔分布。

8.2.3　正态分布检验

正态分布的拟合优度检验,除了皮尔逊 χ^2 检验、柯尔莫哥洛夫检验以外,专门针对正态分布的分布检验有 Shapiro - Wilk 检验与偏峰度检验等。

1. Shapiro - Wilk 检验

国际标准与我国国标 GB/T4882 - 2001 对所假设的分布是否符合正态分布的拟合优度检验,推荐使用 Shapiro - Wilk 检验,该方法适用于 $8 \leqslant n \leqslant 50$ 的完全样本,其检验步骤为:

① 将样本从小到大排成顺序统计量

$$x_{(1)} \leqslant x_{(2)} \leqslant \cdots \leqslant x_{(n)}$$

② 按附表十一中的 $\alpha_{k,n}$ 系数表,查出与 n 值对应的 $\alpha_{k,n}$ 值,$k = 1, 2, \cdots$

③ 计算统计量

$$Z = \frac{\left\{\sum_{k=1}^{l} \alpha_{k,n}\left[x_{(n+1-k)} - x_{(k)}\right]\right\}^2}{\sum_{k=1}^{n}\left[x_{(k)} - \bar{x}\right]^2} \tag{8.30}$$

式中，$\bar{x} = \dfrac{1}{n} \sum\limits_{i=1}^{\frac{n}{2}} x_{(i)}$，

$$l = \begin{cases} \dfrac{n}{2}, & \text{当 } n \text{ 为偶数时} \\[2mm] \dfrac{n-1}{2}, & \text{当 } n \text{ 为奇数时} \end{cases}$$

④ 根据显著性水平 α 和 n，查附表十二可得 Z 的临界值 Z_α。

⑤ 作出判断：若 $Z \leqslant Z_\alpha$ 时，拒绝 H_0；否则，接受 H_0。

例 8.12　某种材料的抗拉强度为 X，它的一个样本量为 $n=10$ 的样本数据为 25.00，21.32，25.09，23.79，20.92，25.53，24.50，23.58，23.62，26.38。问能否拒绝假设 $H_0: X$ 服从正态分布。

解：用 Shapiro - Wilk 检验对数据进行正态分布检验。

① 将数据排列成顺序统计量

20.92，21.32，23.58，23.62，23.79，24.50，25.00，25.09，25.53，26.38。

② $n=10$，查附表十一得

$\alpha_{1,10} = 0.573\,9$，　$\alpha_{2,10} = 0.329\,1$，　$\alpha_{3,10} = 0.214\,1$，　$\alpha_{4,10} = 0.122\,4$，　$\alpha_{5,10} = 0.039\,9$.

③ 因为 n 为偶数，$l=5$，所以

$$\sum_{k=1}^{5} \alpha_{k,n}(x_{(n+1-k)} - x_{(k)}) = 0.537\,9(x_{(10)} - x_{(1)}) + 0.329\,1(x_{(9)} - x_{(2)})$$
$$+ 0.214\,1(x_{(8)} - x_{(3)}) + 0.122\,4(x_{(7)} - x_{(4)}) + 0.039\,9(x_{(6)} - x_{(5)})$$
$$= 5.039\,5$$

$$\bar{x} = 23.973, \quad \sum_{k=1}^{10}(x_{(k)} - \bar{x})^2 = 27.469\,8$$

$$Z = \frac{5.039\,5^2}{27.469\,8} = 0.924\,5$$

④ $\alpha = 0.05$，查附表十二，得 $Z_\alpha = 0.842$，

$$Z = 0.924\,5 > Z_\alpha = 0.842$$

因此，接受 H_0，认为该材料的抗拉强度宜用正态分布描述。

2. 偏峰度检验

定义偏度为

$$C_s = \frac{\mu_3}{\sigma^3} \tag{8.31}$$

定义峰度为

$$C_e = \frac{\mu_4}{\sigma^4} \tag{8.32}$$

式中，μ_3 为三阶中心矩，μ_4 为四阶中心矩，σ^2 为方差。

由于正态分布 $N(\mu, \sigma^2)$ 的偏度为 0，峰度为 3，所以可以通过样本偏度和峰度是否接近 0 和 3 来判断数据是否服从正态分布。

从总体为 $F(t)$ 的分布中,抽取样本量为 n 的样本 $t_1,t_2,\cdots,t_n$,可由样本矩得到总体偏度和峰度的估计:

样本均值　　　　　　$\bar{t}=\dfrac{1}{n}\sum\limits_{i=1}^{n}t_i$,

样本二阶中心矩　　$\hat{\mu}_2=\dfrac{1}{n}\sum\limits_{i=1}^{n}(t_i-\bar{t})^2$,

样本三阶中心矩　　$\hat{\mu}_3=\dfrac{1}{n}\sum\limits_{i=1}^{n}(t_i-\bar{t})^3$,

样本四阶中心矩　　$\hat{\mu}_4=\dfrac{1}{n}\sum\limits_{i=1}^{n}(t_i-\bar{t})^4$。

把他们代入式(8.31)和式(8.32),即得到样本的偏度和峰度,看其是否接近 0 和 3,然后,作出数据是否服从正态分布的判断。

例 8.13　某样本观测值为 2,11,11,13,17,18,20,24,27,29,29,29,30,39,44。试计算其偏度和峰度,并初步选择其分布。

解:

$$\bar{t}=\frac{1}{n}\sum_{i=1}^{n}t_i=22.867,\qquad \hat{\mu}_2=\frac{1}{n}\sum_{i=1}^{n}(t_i-\bar{t})^2=117.982$$

$$\hat{\sigma}=\sqrt{\hat{\mu}_2}=10.862,\qquad \hat{\mu}_3=\frac{1}{n}\sum_{i=1}^{n}(t_i-\bar{t})^3=68.944$$

$$\hat{\mu}_4=\frac{1}{n}\sum_{i=1}^{n}(t_i-\bar{t})^4=34\,325.356$$

$$\hat{C}_s=\frac{\hat{\mu}_3}{\hat{\sigma}^3}=68.944/10.862^3=0.054$$

$$\hat{C}_e=\frac{\hat{\mu}_4}{\hat{\sigma}^4}=34\,325.356/10.826^4=2.466$$

这组样本的偏度近似为 0,可知其失效密度曲线基本对称,而样本峰度 $\hat{C}_e=2.466$,与 3 接近,因此,粗略认为其分布为正态分布。

8.3　基于似然比检验的分布选择

基于信息量准则的分布选择方法,以"损失信息最少"为原则选择分布。本节针对两个不同备选分布,从当前样本服从该分布可能性大小的角度,介绍基于似然比检验的分布选择方法。

设总体 X 是具有未知位置参数 a 和尺度参数 b 的连续型随机变量,$f(x;a,b)$ 是其概率密度函数,考虑检验问题

$$\begin{aligned}H_0&:f(x;a,b)=f_0(x;a,b)\\H_1&:f(x;a,b)=f_1(x;a,b)\end{aligned}\tag{8.33}$$

为检验这两个假设中的哪一个成立,从总体 X 中取一个样本量为 n 的样本 $(X_1,X_2,\cdots,X_n)$,Lehmann 提出极大似然比检验统计量

$$\lambda = \frac{\max\limits_{a,b} \prod\limits_{i=1}^{n} f_1(X_i;a,b)}{\max\limits_{a,b} \prod\limits_{i=1}^{n} f_0(X_i;a,b)} = \frac{\prod\limits_{i=1}^{n} f_1(X_i;\hat{a},\hat{b})}{\prod\limits_{i=1}^{n} f_0(X_i;\hat{a},\hat{b})} \tag{8.34}$$

式中,$\hat{a}$、$\hat{b}$ 分别是未知参数 a、b 的极大似然估计。根据极大似然原理,当 λ 取值较大时,说明分子部分出现可能性大,因而拒绝原假设 H_0,接受 H_1;反之,当 λ 取值较小时,说明分母部分出现可能性大,因而接受原假设 H_0,拒绝 H_1。由此可知,检验规则为

当 $\lambda > K$ 时,拒绝 H_0

当 $\lambda \leqslant K$ 时,接受 H_0

对于给定的显著性水平 α,要求临界值 K,必须知道统计量 λ 的抽样分布,这是一件困难的事,没有一般的结论,只能针对具体的 $f_0(x;a,b)$,$f_1(x;a,b)$ 予以解决。

8.3.1　区分正态分布和指数分布的检验

对于假设

$$H_0:f_0(x;\mu,\sigma^2) = \frac{1}{\sqrt{2\pi}\sigma} e^{-\frac{(x-\mu)^2}{2\sigma^2}}, \quad H_1:f_1(x;a,b) = \frac{1}{b} e^{-\frac{x-a}{b}} \tag{8.35}$$

其极大似然比统计量为

$$\lambda = \frac{\max\limits_{a,b} \prod\limits_{i=1}^{n} \dfrac{1}{b} e^{-\frac{x-a}{b}}}{\max\limits_{\mu,\sigma} \prod\limits_{i=1}^{n} \dfrac{1}{\sqrt{2\pi}\sigma} e^{-\frac{(x-\mu)^2}{2\sigma^2}}} = \frac{\left(\dfrac{1}{b}\right)^n \exp\left[-\dfrac{1}{\hat{b}}\sum\limits_{i=1}^{n}(X_i-\hat{a})\right]}{\left(\dfrac{1}{\sqrt{2\pi}\times\hat{\sigma}}\right)^n \exp\left[-\dfrac{1}{2\hat{\sigma}^2}\sum\limits_{i=1}^{n}(X_i-\hat{\mu})^2\right]} \tag{8.36}$$

式中

$$\hat{a} = \min(X_1,X_2,\cdots,X_n) = \min_{1\leqslant i\leqslant n} X_i = X_{(1)},$$

$$\hat{b} = \frac{1}{n}\sum_{i=1}^{n}(X_i-X_{(1)}), \quad \hat{\mu} = \frac{1}{n}\sum_{i=1}^{n}X_i, \quad \hat{\sigma}^2 = \frac{1}{n}\sum_{i=1}^{n}(X_i-\bar{X})^2$$

分别是未知参数 a,b,μ,σ^2 的极大似然估计。代入式(8.36),化简后得

$$\lambda = \left[\frac{\sqrt{2\pi n \sum\limits_{i=1}^{n}(X_i-\bar{X})^2}}{\sum\limits_{i=1}^{n}(X_i-X_{(1)})}\right]^n e^{-\frac{n}{2}} = (\sqrt{2\pi} e^{-\frac{1}{2}} D)^n \tag{8.37}$$

其中

$$D = \frac{\hat{\sigma}}{\hat{b}} = \frac{\sqrt{n \sum\limits_{i=1}^{n}(X_i-\bar{X})^2}}{\sum\limits_{i=1}^{n}(X_i-X_{(1)})} \tag{8.38}$$

由于"$\lambda > K$"等价于"$D > K'$",所以统计量 D 可以作为检验统计量。统计量 D 的临界值

与检验功效 g,如表 8.12 所列。

表 8.12　对于假设式(8.35)检验的临界值及功效

样本量	水　平					
	$\alpha=0.01$		$\alpha=0.05$		$\alpha=0.10$	
n	D_α	g	D_α	g	D_α	g
10	1.01	0.39	0.87	0.65	0.80	0.77
15	0.88	0.65	0.77	0.86	0.72	0.93
20	0.80	0.86	0.71	0.96	0.67	0.98
25	0.76	0.94	0.68	0.99	0.64	0.99
30	0.72	0.98	0.65	1.00	0.61	1.00

对于给定显著性水平 α,由表 8.12 查得临界值,当由样本得到 D 的观察值大于临界值 D_α 时,拒绝 H_0,接受 H_1;而当 $D \leqslant D_\alpha$ 时,接受 H_0,拒绝 H_1。

例 8.14　测量 20 个某种产品的强度,得到数据 35.15,44.62,40.85,45.32,36.08,38.97,32.48,34.36,38.05,26.84,33.68,42.90,33.57,36.64,33.82,42.26,37.88,38.57,32.05,41.50。试问这批数据是来自正态分布,还是来自双参数指数分布?

解:假如这批数据来自正态分布 $f_0(x;\mu,\sigma^2)$,则可计算 μ 和 σ^2 的极大似然估计

$$\hat{\mu}=\bar{x}=37.23, \quad \hat{\sigma}^2=\frac{1}{n}\sum_{i=1}^{n}(x_i-\bar{x})^2=(4.6)^2$$

假如这批数据来自双参数指数分布 $f_1(x;a,b)$,则可计算 a 与 b 的极大似然估计

$$\hat{a}=x_{(1)}=26.84, \quad \hat{b}=\frac{1}{n}\sum_{i=1}^{n}(x_i-x_{(1)})=10.39$$

根据例题要求,需要对假设

$$H_0:f(x)=f_0(x;\hat{\mu},\hat{\sigma}^2)$$

$$H_1:f(x)=f_1(x;\hat{a},\hat{b})$$

作出判断。为此,计算统计量 D 的观察值

$$D=\frac{\hat{\sigma}}{\hat{b}}=\frac{4.6}{10.39}=0.44$$

对于给定显著性水平 $\alpha=0.10$,查表 8.12 可知 $D_{0.1}=0.67$,由于 $D=0.44 < D_\alpha=0.67$,所以接受 H_0,拒绝 H_1,这意味着相对于双参数指数分布而言,认为产品的强度数据服从正态分布是妥当的。

从表 8.12 可见,对于 $n=20$,此检验方法的功效 $g=0.98$,即犯第二类错误的概率只有 0.02,这是一个使用方便、效率又高的检验方法。此检验方法可以用于区分指数分布和正态分布,亦可用于区分指数分布和对数正态分布(只要将数据取对数后,再进行检验)。

8.3.2　区分对数正态分布和威布尔分布的检验

对于假设

$$H_0 : f_0(x;\mu,\sigma) = \frac{1}{\sqrt{2\pi}\,\sigma x} \mathrm{e}^{-\frac{(\ln x - \mu)^2}{2\sigma^2}}, \qquad x > 0$$

$$H_1 : f_1(x;m,\eta) = \frac{m}{\eta} \left(\frac{x}{\eta}\right)^{m-1} \mathrm{e}^{-\left(\frac{x}{\eta}\right)^m}, \quad x > 0$$

(8.39)

其极大似然比统计量为

$$
\lambda = \frac{\displaystyle\max_{m,\eta} \prod_{i=1}^{n} \frac{m}{\eta} \left(\frac{X_i}{\eta}\right)^{m-1} \exp\left[-\left(\frac{X_i}{\eta}\right)^m\right]}{\displaystyle\max_{\mu,\sigma} \prod_{i=1}^{n} \frac{1}{\sqrt{2\pi}\,\sigma X_i} \exp\left[-\frac{(\ln X_i - \mu)^2}{2\sigma^2}\right]}
$$

$$
= \frac{\left(\dfrac{\hat{m}}{\hat{\eta}}\right)^n \displaystyle\prod_{i=1}^{n} \left(\frac{X_i}{\hat{\eta}}\right)^{\hat{m}-1} \exp\left[-\left(\frac{X_i}{\hat{\eta}}\right)^{\hat{m}}\right]}{\left(\dfrac{1}{\sqrt{2\pi}\,\hat{\sigma}}\right)^n \displaystyle\prod_{i=1}^{n} \frac{1}{X_i} \exp\left[-\frac{(\ln X_i - \hat{\mu})^2}{2\hat{\sigma}^2}\right]}
$$

(8.40)

式中，$\hat{\mu} = \dfrac{1}{n}\displaystyle\sum_{i=1}^{n}\ln X_i$、$\hat{\sigma}^2 = \dfrac{1}{n}\displaystyle\sum_{i=1}^{n}(\ln X_i - \hat{\mu})^2$ 分别是参数 μ 和 σ^2 的极大似然估计，$\hat{m}$、$\hat{\eta}$ 是威布尔分布两个未知参数 m、η 的极大似然估计，他们可用数值方法对方程组

$$
\left.
\begin{array}{l}
\hat{\eta}^{\frac{1}{\hat{m}}} = \dfrac{1}{n}\displaystyle\sum_{i=1}^{n} X_i^{\hat{m}} \\[3mm]
\displaystyle\sum_{i=1}^{n} X_i^{\hat{m}} \ln X_i - \dfrac{1}{\hat{m}}\sum_{i=1}^{n} X_i^{\hat{m}} = \dfrac{1}{n}\left(\sum_{i=1}^{n}\ln X_i\right)\left(\sum_{i=1}^{n} X_i^{\hat{m}}\right)
\end{array}
\right\}
$$

(8.41)

迭代求解。将 μ、σ、m、η 的极大似然估计代入统计量 λ，并化简得

$$
\lambda = \frac{\displaystyle\prod_{i=1}^{n} f_1(X_i;\hat{m},\hat{\eta})}{\left(\dfrac{1}{\sqrt{2\pi}\,\hat{\sigma}}\right)^n \displaystyle\prod_{i=1}^{n} \frac{1}{X_i} \exp\left[-\dfrac{\displaystyle\sum_{i=1}^{n}(\ln X_i - \hat{\mu})^2}{\dfrac{2}{n}\displaystyle\sum_{i=1}^{n}(\ln X_i - \hat{\mu})^2}\right]}
$$

$$
= (2\pi\mathrm{e}\hat{\sigma}^2)^{\frac{n}{2}} \prod_{i=1}^{n} X_i f_1(X_i;\hat{m},\hat{\eta})
$$

(8.42)

若设

$$E = (2\pi\mathrm{e}\hat{\sigma}^2)^{\frac{1}{2}} \left[\prod_{i=1}^{n} X_i f_1(X_i;\hat{m},\hat{\eta})\right]^{\frac{1}{n}}$$

(8.43)

则"$\lambda > K$"等价于"$E > K' = K^{1/n}$"，因此，统计量 E 可以作为检验统计量，而检验规则为

当 $E > K'$ 时，拒绝 H_0，接受 H_1

当 $E \leqslant K'$ 时，接受 H_0，拒绝 H_1

为求临界值 K'，必须知道统计量 E 的分布，表 8.13 给出了临界值 E_α 及检验的功效 g。

对于给定显著性水平 α，由表 8.13 可查得相应的临界值 E_α，当由样本计算所得的统计量 E 的观察值 $E > E_\alpha$ 时，拒绝 H_0，接受 H_1。即相对于对数正态分布，认为此样本来自威布尔分布较为妥当。而当 $E \leqslant E_\alpha$ 时，拒绝 H_1，接受 H_0。即相对于威布尔分布，认为此样本来自

对数正态分布较为妥当。

表 8.13　对于假设式(8.39)检验的临界值及功效

样本量	水　平							
	$\alpha=0.20$		$\alpha=0.10$		$\alpha=0.05$		$\alpha=0.01$	
n	E_α	g	E_α	g	E_α	g	E_α	g
20	1.015	0.75	1.038	0.61	1.082	0.48	1.144	0.22
30	0.995	0.86	1.020	0.75	1.044	0.63	1.095	0.39
40	0.984	0.93	1.007	0.85	1.028	0.76	1.070	0.53
50	0.976	0.96	0.998	0.91	1.014	0.83	1.054	0.63

例 8.15　要判定一批球轴承的使用寿命是威布尔分布还是对数正态分布。为此,从这批球轴承中任取 23 个进行寿命试验,得数据如下(单位:百万转):17.88,28.92,33.00,41.52,42.12,45.60,48.48,51.84,51.96,54.12,55.56,67.80,68.64,68.64,68.88,84.12,93.12,98.64,105.12,105.84,127.92,128.04,173.40。

解:假如这批数据来自对数正态分布 $f_0(x;\mu,\sigma^2)$,则可计算 μ 和 σ^2 的极大似然估计

$$\hat{\mu}=\frac{1}{n}\sum_{i=1}^{n}\ln x_i=4.15, \quad \hat{\sigma}^2=\frac{1}{n}\sum_{i=1}^{n}(\ln x_i-\hat{\mu})^2=0.272$$

假如这批数据来自威布尔分布 $f_1(x;m,\eta)$,则可计算 m 和 η 的极大似然估计

$$\hat{m}=2.102, \quad \hat{\eta}=81.88$$

根据例题要求,需对假设

$$H_0:f(x)=f_0(x;\mu,\sigma^2)$$
$$H_1:f(x)=f_1(x;m,\eta)$$

作出判断。为此,计算统计量 E 的观察值

$$E(t)=\left[2\pi e\times 0.272\right]^{\frac{1}{2}}\left[\prod_{i=1}^{23}t_i f_1(x_i;2.102,81.88)\right]^{\frac{1}{23}}=0.976$$

查表 8.13 中 $n=20$,$n=30$ 可知,这两行不同显著性水平下的 E_α 都比 $E=0.976$ 大,即 $E<E_\alpha$,因此,接受 H_0,在这两个分布中,认为对数正态分布作为球轴承的使用寿命分布较为妥当。

8.4　基于信息量的分布选择方法

常用寿命分布模型包括指数分布、威布尔分布、正态分布以及对数正态分布。对寿命试验数据,如何进行分布类型选择,已成为统计分析中一个重要问题。对某些实际的数据,有时会有多个分布都能通过拟合优度检验,这时,应该从中选取最适当的分布进行统计分析。本节介绍寿命模型选择中的两种信息量准则。

8.4.1　AIC 信息量准则

极大似然估计是模型选择的重要理论基础,当得到极大似然值后,通常认为似然值较大的

模型更优。但在实际中,模型的极大似然估计值相差并不多,因此,似然值的比较便失去了意义。于是,在似然值的基础上,增加"惩罚机制",就产生了模型选择的信息量准则法。1973年,日本著名统计学教授赤池弘次(Hirotugu Akaike)在研究信息论,特别是在解决时间序列定阶问题中,提出了赤池信息准则(Akaike Information Criterion,AIC)。其定义:

$$AIC = -2\ln L(\hat{\theta}) + 2k \tag{8.44}$$

式中,k 是统计模型中未知参数的个数,$L(\hat{\theta})$ 指统计模型的极大似然函数值。

AIC 鼓励数据拟合的优良性,但是尽量避免出现过度拟合的情况。因此,优先考虑的模型应是 AIC 值最小的那一个,AIC 信息量准则的目的是寻找可以最好地解释数据,但包含最少自由参数的模型,即选取 AIC 值最小的分布模型。

根据上述思路,寿命数据分布选择方法一般步骤如下:

① 根据常用寿命分布的性质及数据的初步整理分析,初步选取备选寿命分布,如指数分布、威布尔分布、正态分布和对数正态分布等。

② 利用拟合优度检验方法,确定通过检验的一组可行的备选分布。

③ 分别求出可行备选寿命分布参数的极大似然估计 $\hat{\theta}$。

④ 依次计算各个备选寿命分布的 AIC 值,选择 AIC 值最小的备选寿命分布模型,作为产品的寿命分布。

例 8.16　某单位对 20 只某型电容器的寿命进行了调查,记录在表 8.14 中。

表 8.14　电容器的寿命

年

编号 1	编号 2	编号 3	编号 4	编号 5	编号 6	编号 7	编号 8	编号 9	编号 10	编号 11	编号 12	编号 13	编号 14	编号 15	编号 16	编号 17	编号 18	编号 19	编号 20
11	11	11+	7+	7	4	4+	12+	3	13	13+	13	13	16	15	15+	15	16	13	4

这里,标记"+"的数据表示右截尾数据,比如"4+"指产品的寿命超过 4 年。试用上述分布选择方法,给出电容寿命的分布类型。

解:表 8.15 所列为 AIC 信息量计算结果。

表 8.15　AIC 信息量计算结果

参数 θ	指数分布	Weibull 分布		正态分布		对数正态分布	
	λ	m	η	μ	σ	μ	σ
$\hat{\theta}$	0.064 8	2.973 9	13.691 7	12.271 2	4.652 8	2.443 6	0.585 5
$\ln L(\hat{\theta})$	−52.307 1	−44.853 8		−44.712 2		−47.718 8	
AIC	106.614 2	93.707 6		93.424 4		99.423 6	

根据上述结果,比较 AIC 信息量值,发现正态分布的 AIC= 93.424 4 是最小的,根据 AIC 信息量最小原则,选择正态分布作为本例中右截尾数据的拟合分布。

8.4.2　BIC 信息量准则

尽管 AIC 在实际分布选择应用中比极大似然估计有更好的效果,但由于其"惩罚因子"权重始终为 2,即与它的样本量无关,当备选充分模型具有相同的结构和参数时,AIC 信息准则便失去作用。因此,赤池弘次在 1976 年又提出了贝叶斯信息准则(Bayesian Information Criterion,BIC),也称为施瓦茨信息准则(Schwarz Information Criterion,SIC)。BIC 也是一种使用极大似然法估计的模型评价准则,并且运用该准则的必要条件是样本量要足够大。其定义:

$$BIC = -2\ln L(\hat{\theta}) + k\ln(n) \tag{8.45}$$

式中,k 是统计模型未知参数的个数,n 是寿命观测的个数,$L(\hat{\theta})$ 统计模型的极大似然值。其计算步骤与 AIC 信息量准则分布选择步骤相同。

例 8.17　利用 BIC 信息量准则,对例 8.16 进行分布选择。

解:利用例 8.16 的中各分布函数的参数估计和对数似然函数值 $L(\hat{\theta})$,代入式(8.45),分别求出备选寿命分布的 BIC 信息量,如表 8.16 所列。

表 8.16　BIC 信息量计算结果

评估准则	指数分布	Weibull 分布	正态分布	对数正态分布
BIC	107.609 9	95.699 0	95.415 9	101.415 0

根据上述结果,比较 BIC 信息量值,发现正态分布的 BIC = 95.415 9 是最小的,根据 BIC 信息量最小原则,选择正态分布作为本例中右截尾数据的拟合分布。

习题八

8.1 随机抽取 65 个某型产品的样品进行寿命试验,得到表 8.17 所示试验结果,试用皮尔逊卡方检验判断其是否服从正态分布 $N(45,22^2)$,取显著性水平 $\alpha = 0.05$。

表 8.17　试验结果统计表

序　号	区间端点值/h	失效频数	序　号	区间端点值/h	失效频数
1	0～18.4	5	4	55.2～73.6	3
2	18.4～36.8	19	5	73.6～92	1
3	36.8～55.2	37			

8.2 某厂生产的产品,抽取 20 个进行寿命试验,其寿命值分别为:41.06,57.12,59.60,59.80,68.58,80.18,80.69,83.61,93.66,100.72,108.24,116.23,116.61,118.84,123.03,138.22,138.28,138.70,169.96,208.21(单位:h)。试用柯尔莫哥洛夫检验其是否服从正态分布 $N(100,40^2)$,取显著性水平 $\alpha = 0.05$。

8.3 某元件寿命服从失效率为 λ 的指数分布,随机抽取 20 只元件进行定数截尾寿命试验,至 10 只失效时停止,结果为:20,50,640,640,750,890,970,1 110,1 660,2 410(单位:h)。给定显著性水平 $\alpha = 0.05$,采用 F 检验法进行拟合优度检验验证元件寿命是否服从指数分布。

8.4 随机抽取 20 个产品进行无替换寿命试验,预定在总累积试验时间达到 $T^* = 4\,000$ h 停止。在试验停止之前,有 10 个产品失效,其失效时间为:110,147,150,156,161,163,166,167,181,195(单位:h)。给定显著性水平 $\alpha = 0.05$,试用 χ^2 检验法检验元件寿命是否服从指数分布。

8.5 抽取 30 个产品进行寿命试验,至有 8 个样品失效时停止。得到的失效时间为 7.17,

9.57,21.69,30.79,31.40,39.57,41.62,43.09(单位:h)。给定显著性水平 $\alpha = 0.05$,检验这些数据是否来自威布尔分布。

8.6 从生产出的产品中随机地抽取 $n=20$ 只样品。在一定条件下进行寿命试验,其失效时间分别为:21.49,29.94,34.43,34.98,35.83,38.38,41.15,41.40,45.81,48.72,64.00,69.17,88.44,88.55,90.37,90.43,94.95,102.30,111.01,120.05(单位:h)。给定显著性水平 $\alpha = 0.05$,试通过 F 检验判断其是否服从威布尔分布。

8.7 从某种绝缘材料中随机地抽取 $n=25$ 只样品。在一定条件下进行寿命试验,记录 14 个失效样品的失效时间:1.75,3.17,3.54,3.73,5.15,6.10,7.86,8.19,8.88,9.55,10.13,10.64,11.30,12.44(单位:h)。给定显著性水平 $\alpha = 0.1$,利用 χ^2 检验法判断其是否服从威布尔分布。

8.8 某种材料抗拉强度的 10 个样本数据为:17.94,18.04,18.14,18.96,19.74,19.74,19.90,20.26,21.01,21.59(单位:MPa)。给定显著性水平 $\alpha = 0.1$,用 Shapiro-wilk 检验判断数据是否服从正态分布。

8.9 某样本观测值为 2.27,17.37,19.66,20.08,21.52,24.44,25.27,25.60,41.50,47.52,试计算其峰度和偏度,并初步确定其分布。

8.10 某批次 19 个产品的寿命数据为:1.09,1.69,1.71,1.81,1.86,2.92,4.05,6.36,7.30,9.46,10.90,12.08,12.46,13.42,21.61,37.10,38.37,39.15,61.69(单位:h)。给定显著性水平 $\alpha = 0.05$,试分析该批次产品寿命分布是对数正态分布,还是威布尔分布。

8.11 某批元件进行寿命试验,得到失效时间为:8,68,210,170,3,52,281,69,124,37,252,9,26,129,4,162(单位:h)。经检验,指数分布、威布尔分布和对数正态分布均通过拟合优度检验,试用 AIC 信息量准则对该试验数据进行分布优选。

第 9 章　系统可靠性综合评估

系统是由要素(组成系统的单元或部件)结合而成具有一定功能的整体,这些要素可以是物(元器件、零件、整机、子系统等),也可以是人,按照一定的组织形式(系统结构)结合在一起,从而实现系统功能。系统和单元的概念是相对的,系统由单元构成,每个单元又可以细分为小单元,小单元又可以分为更小的单元。在实际工作中,有些系统的组成单元众多、结构复杂,由于受到资源的限制和约束,开展系统级试验较为困难,因此在进行系统可靠性统计分析时,系统自身的试验数据较少甚至没有。这样,如果仅利用系统自身的数据,往往导致评估精度较低,难以满足工程需求。而在实际的工程中,构成系统的部件或分系统通常都有较多的寿命试验数据;一般来讲,系统的可靠性水平往往取决于部件的可靠性水平,因此,充分利用部件和分系统的寿命试验数据可以得到更多的有关系统可靠性的信息。通常采用金字塔式结构进行可靠性综合评估,如图 1.1 所示,其原理是把下一级功能单元的试验信息向上一级折合,再把折合信息与上一级的试验信息综合,依次从低到高进行各级系统可靠性综合评估,以达到可以用极少次数的系统级试验,对复杂系统可靠性给出高置信水平评估的目标。系统可靠性评估的关键在于各级试验信息逐级向上综合与充分利用。

在系统可靠性综合评估中,主要有两方面的任务,一方面是对系统类型、功能及系统可靠性模型的认识和描述。另一方面是在系统可靠性模型的认识基础上,综合利用不同层次、不同类型试验数据,开展系统可靠性综合评估。

系统可靠性综合评估是一项非常复杂的工作,因此,在介绍本章内容之前,首先引入两个假设:

(1)系统由若干个单元组成,每个单元只有正常、失效两种状态(二态),"正常"表示单元可以完成规定的功能,"失效"(按照产品类型或可修与否,有时称之为故障)表示单元不能完成规定的功能;同样地,对于一般系统,也只考虑正常、失效两种状态。

(2)从是否可修的角度来说,可以将系统分为可修系统与不可修系统两类。不可修系统是指即使系统失效也对单元进行维修或更换,用 T 表示不可修系统的寿命,则 $P(T>t)$ 就是系统在 t 时刻的可靠度;可修系统是指系统正常工作一段时间后,如果发生了故障,则通过维修更换的方式将其恢复至工作状态,用 $X(t)$ 表示系统在 t 时刻的状态,$X(t)=1$ 表示系统处于可用状态,$X(t)=0$ 表示系统处于不可用状态,那么 $P(X(t)=1)$ 就是系统在 t 时刻的可用度。在本章中,主要讨论不可修的二态系统。

系统可靠性模型是进行系统可靠性分析的基础,因此,本章针对不可修系统介绍了常用的系统可靠性模型。

9.1　系统可靠性模型

9.1.1　串联系统

所谓串联系统是指系统由 m 个单元(或部件)组成,当且仅当所有单元都正常时,系统才正常,其可靠性框图如图 9.1 所示。

图 9.1　串联系统可靠性框图

设第 i 个单元的寿命为 T_i,可靠度 $R_i(t) = P(T_i > t)$,$i = 1, 2, \cdots, m$。假定各单元是否发生失效相互独立,即 $T_1, T_2, \cdots, T_m$ 相互独立。设在初始时刻 $t = 0$,所有单元都从全新状态同时开始工作,则上述串联系统的寿命

$$T = \min\{T_1, T_2, \cdots, T_m\} \tag{9.1}$$

而系统的可靠度

$$R(t) = P\{T > t\} = \prod_{i=1}^{m} R_i(t) \tag{9.2}$$

是独立单元串联系统的可靠性结构方程。

记第 i 个单元的失效率为 $\lambda_i(t)$,则系统失效率为

$$\lambda(t) = \sum_{i=1}^{m} \lambda_i(t) \tag{9.3}$$

而系统的可靠度为

$$R(t) = e^{-\int_0^t \sum_{i=1}^{m} \lambda_i(u)\,\mathrm{d}u} \tag{9.4}$$

相应的系统平均寿命(MTTF)为

$$ET = \int_0^\infty R(t)\,\mathrm{d}t = \int_0^\infty e^{-\int_0^t \lambda(u)\,\mathrm{d}u}\,\mathrm{d}t \tag{9.5}$$

当单元寿命服从指数分布时,$R_i(t) = e^{-\lambda_i t}$,$i = 1, 2, \cdots, m$,系统的可靠度和平均寿命分别为

$$R(t) = e^{-\sum_{i=1}^{m} \lambda_i t} \tag{9.6}$$

$$MTTF = \left\{\sum_{i=1}^{m} \lambda_i\right\}^{-1} \tag{9.7}$$

9.1.2　并联系统

所谓并联系统是指系统由 m 个单元(或部件)组成,当且仅当所有单元都失效时,系统才失效,其可靠性框图如图 9.2 所示。

设第 i 个单元的寿命为 T_i,可靠度 $R_i(t) =$

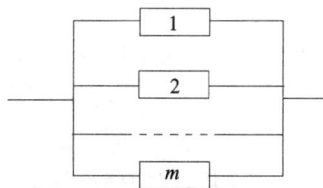

图 9.2　并联系统可靠性框图

$P(T_i > t), i = 1, 2, \cdots, m$。假定各单元失效相互独立。如果在初始时刻 $t = 0$,所有单元都从全新状态同时开始工作,则并联系统的寿命

$$T = \max\{T_1, T_2, \cdots, T_m\} \tag{9.8}$$

而系统的可靠度

$$R(t) = P\{T > t\} = 1 - \prod_{i=1}^{m}(1 - R_i(t)) \tag{9.9}$$

如果单元寿命服从指数分布,$R_i(t) = \mathrm{e}^{-\lambda_i t}, i = 1, 2, \cdots, m$,则系统的可靠度和平均寿命分别为

$$R(t) = 1 - \prod_{i=1}^{m}(1 - \mathrm{e}^{-\lambda_i t}) \tag{9.10}$$

和

$$E(T) = \sum_{k=1}^{m}(-1)^{k-1}\sum_{1 \leqslant i_1 < i_2 < \cdots < i_k \leqslant m}\frac{1}{\lambda_{i_1} + \lambda_{i_2} + \cdots + \lambda_{i_k}} \tag{9.11}$$

9.1.3 表决系统

表决系统指系统由 m 个部件(单元)组成,当且仅当 m 个部件中至少有 $k(1 \leqslant k \leqslant m)$ 个部件正常工作时,系统才正常,其可靠性框图见图 9.3。这种系统简记为 $k/m(G)$ 表决系统。易知,当 $k = 1$ 时,它是并联系统;当 $k = m$ 时,它是串联系统。

如果 m 个独立同分布部件的寿命分别为 T_1, $T_2, \cdots, T_m$,记部件的可靠度 $R_i(t) = R_1(t) = P(T_1 > t)$,则系统的可靠度

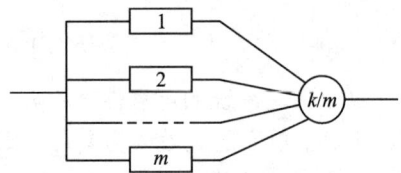

图 9.3 $k/m(G)$ 系统可靠性模型

$$R(t) = \sum_{j=k}^{m}\binom{m}{j}(R_1(t))^j(1 - R_1(t))^{m-j} \tag{9.12}$$

若所有 T_i 都服从失效率为 λ 的指数分布,则

$$R(t) = \sum_{j=k}^{m}\binom{m}{j}\mathrm{e}^{-j\lambda t}(1 - \mathrm{e}^{-\lambda t})^{m-j} \tag{9.13}$$

相应的系统平均寿命

$$E(T) = \lambda^{-1}\sum_{j=k}^{m}\frac{1}{j} \tag{9.14}$$

9.1.4 储备系统

为了提高系统的可靠性,除了多安排一些部件实施冗余(例如,并联)外,还可储备一些备件,以便当工作部件失效时,可立即由储备部件来顶替,保证系统正常工作。这种系统称为储备系统。储备系统又分为冷储备系统和温储备系统两种。前者指储备部件在储备期间性能保持不变,因而储备期的长短对部件在以后使用时的工作寿命没有影响;而后者指储备部件在储备期间性能要变坏,因而储备期的长短对部件在以后使用时的工作寿命有影响。此外,当工作部件失效时,储备部件应当立即转为工作状态,这需要转接工作,这种转接工作一般采用开关

转接,于是又分为开关完全可靠与开关不完全可靠等不同情形。这里仅以转接开关完全可靠的冷储备系统为例加以介绍。

设系统由 m 个部件组成。在初始时刻,一个部件开始工作,其余 $m-1$ 个部件作为冷储备。当工作失效时,储备部件逐个地去替换,直到所有部件都失效时,系统才失效。

冷储备系统如图 9.4 所示。这里,假定储备部件替换失效部件时,转换开关 K 是完全可靠的,而且转换是瞬时完成的。

图 9.4　冷储备系统

假设这 m 个部件的寿命分别为 $T_1,T_2,\cdots,T_m$,且它们相互独立。易知,冷储备系统的寿命

$$T = T_1 + T_2 + \cdots + T_m \tag{9.15}$$

因此,系统寿命分布为

$$F(t) = P\{T_1 + T_2 + \cdots + T_m \leqslant t\} = F_1(t) * F_2(t) \cdots * F_m(t) \tag{9.16}$$

式中,$F_i(t)$ 是第 i 个部件的寿命分布,$*$ 表示卷积,即

$$A(t) * B(t) = \int_0^t B(t-u)dA(u) \tag{9.17}$$

因此,系统的可靠度和平均寿命分别为

$$R(t) = 1 - F_1(t) * F_2(t) * \cdots * F_m(t) \tag{9.18}$$

和

$$MTTF = E\{T_1 + T_2 + \cdots + T_m\} = \sum_{i=1}^m ET_i \tag{9.19}$$

式中,ET_i 表示第 i 个部件的平均寿命。

当部件寿命服从同一失效率的指数分布时,即 $F_i(t) = 1 - \mathrm{e}^{-\lambda t}$,$i = 1,2,\cdots,m$,系统寿命是 m 个独立同分布的随机变量之和。则系统的平均寿命和可靠度为

$$\left. \begin{array}{l} MTTF = m/\lambda \\ R(t) = \mathrm{e}^{-\lambda t} \displaystyle\sum_{k=0}^{m-1} \dfrac{(\lambda t)^k}{k!} \end{array} \right\} \tag{9.20}$$

当 $F_i(t) = 1 - \mathrm{e}^{-\lambda_i}$,$i = 1,2,\cdots,m$,且 $\lambda_1,\lambda_2,\cdots,\lambda_m$ 两两不等时,通过拉普拉斯变换可得系统可靠度和平均寿命为

$$\left. \begin{array}{l} R(t) = \displaystyle\sum_{i=1}^m \left[\prod_{k \neq i} \dfrac{\lambda_k}{\lambda_k - \lambda_i} \right] \mathrm{e}^{-\lambda_i t} \\ MTTF = \displaystyle\sum_{i=1}^m \dfrac{1}{\lambda_i} \end{array} \right\} \tag{9.21}$$

特别地,当系统由两个部件组成时

$$\left. \begin{array}{l} R(t) = \dfrac{\lambda_2}{\lambda_2 - \lambda_1} \mathrm{e}^{-\lambda_1 t} + \dfrac{\lambda_1}{\lambda_1 - \lambda_2} \mathrm{e}^{-\lambda_2 t} \\ MTTF = \dfrac{1}{\lambda_1} + \dfrac{1}{\lambda_2} \end{array} \right\} \tag{9.22}$$

在实际的工程系统中,为了提高可靠性,往往采用串联、冗余、储备的混合结构形式,若不考虑储备,则这种具有串联和冗余混合结构的系统称为混联系统。

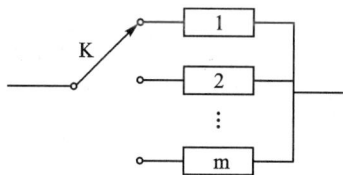

9.1.5 单调系统

设系统由 m 个部件组成，x_i 表示第 $i(i=1,2,\cdots,m)$ 个部件的状态，即

$$x_i = \begin{cases} 1, & \text{部件 } i \text{ 正常} \\ 0, & \text{部件 } i \text{ 失效} \end{cases} \tag{9.23}$$

用 $\vec{x}=(x_1,x_2,\cdots,x_m)$ 记录组成系统各部件的状态。

令

$$\S = \{\vec{x}=(x_1,x_2,\cdots,x_m): x_i=0 \text{ 或 } 1, \quad i=1,2,\cdots,m\} \tag{9.24}$$

系统只有正常和失效两个状态。设 $\S$ 上的函数 $\varphi(\vec{x})$ 为

$$\varphi(\vec{x}) = \begin{cases} 1, & \text{若各部件处于状态 } \vec{x} \text{ 时，系统正常} \\ 0, & \text{若各部件处于状态 } \vec{x} \text{ 时，系统失效} \end{cases} \tag{9.25}$$

则称 φ 为系统的结构函数。若对于任意 $\vec{x}=(x_1,x_2,\cdots,x_m) \leqslant \vec{y}=(y_1,y_2,\cdots,y_m)$，有 $\varphi(\vec{x}) \leqslant \varphi(\vec{y})$，则称系统是单调系统，这里 $\vec{x} \leqslant \vec{y}$ 指 $x_i \leqslant y_i$，对一切 i 都成立，而 $\vec{x} < \vec{y}$ 则表示 $\vec{x} \leqslant \vec{y}$，并且至少有一个 j 使得 $x_j < y_j$。

例如，m 个部件的串联系统结构函数为

$$\varphi(\vec{x}) = \min(x_1,x_2,\cdots,x_m) \tag{9.26}$$

m 个部件的并联系统结构函数为

$$\varphi(\vec{x}) = \max(x_1,x_2,\cdots,x_m) \tag{9.27}$$

而 $k/m(G)$ 表决系统的结构函数为

$$\varphi(\vec{x}) = \begin{cases} 1, & \text{当 } \sum_{i=1}^{m} x_i \geqslant k \text{ 时} \\ 0, & \text{其他} \end{cases} \tag{9.28}$$

显然，它们都是单调系统。

单调系统在工程实际中是最常见的。根据各部件的可靠度，计算系统的可靠度，对系统具体分析，写出系统的结构函数，运用概率论知识进行计算。下面介绍认识、分析结构函数的一些定义和工具。

如果 $\varphi(\vec{x})=1$，则称状态向量 $\vec{x}$ 是系统的路向量。

定义 9.1 若 $\varphi(\vec{x})=1$，且对于一切 $\vec{y}<\vec{x}$，有 $\varphi(\vec{y})=0$，则称 $\vec{x}$ 是最小路向量（简称最小路）。

若 $\vec{x}=(x_1,x_2,\cdots,x_m)$ 是一个最小路，则集合 $C_1(\vec{x})=\{i: x_i=1\}$ 称为最小路集，其元素个数叫做最小路的阶或长度，记为 s。

如果 $\varphi(\vec{x})=0$，则称状态向量 $\vec{x}$ 是系统的割向量。

定义 9.2 若 $\varphi(\vec{x})=0$，且对于一切 $\vec{y}$，只要 $\vec{y}>\vec{x}$，有 $\varphi(\vec{y})=1$，则称 $\vec{x}$ 是最小割向量（简称最小割）。若 $\vec{x}=(x_1,x_2,\cdots,x_m)$ 是一最小割，则集合 $C_0(\vec{x})=\{i: x_i=0\}$ 称为最小割集，其元素个数叫做最小割的阶或长度，记为 g。

例如，由于 m 个部件的串联系统只有一个路向量 $\vec{x}=(1,1,\cdots,1)$，所以只有一个最小路

集 $\{1,2,\cdots,m\}$，而最小割集则有 m 个：$\{1\},\{2\},\cdots,\{m\}$；m 个部件的并联系统有 m 个最小路集：$\{1\},\{2\},\cdots,\{m\}$，只有一个最小割集 $\{1,2,\cdots,m\}$。

例 9.1　设由 5 个部件组成系统，具体结构如图 9.5 所示，求系统的最小路和最小割。

解：分析可知，该系统的结构函数为

$$\varphi(x_1,x_2,\cdots,x_5)=[1-(1-x_1)(1-x_2)]\times[1-(x_3x_4)(1-x_5)]$$

该系统有 4 个最小路集 $\{1,5\},\{2,5\},\{1,3,4\}$，$\{2,3,4\}$ 和 3 个最小割集 $\{1,2\},\{3,5\},\{4,5\}$。

下面介绍怎样利用系统的最小路和最小割来求系统可靠度。设 $\varphi(\vec{x})$ 是系统的结构函数，部件 i 的可靠度 $R_i=P\{x_i=1\}$，有 $\vec{R}=(R_1,R_2,\cdots,R_m)$，则系统的可靠度

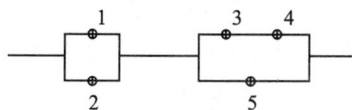

图 9.5　系统结构图

$$R=P\{\varphi(\vec{x})=1\}\triangleq H(\vec{R}) \tag{9.29}$$

设系统的所有最小路集是 $B_1,B_2,\cdots,B_s$，$E_i=\{B_i$ 中所有部件正常$\}$，$i=1,2,\cdots,s$，于是

$$H(\vec{R})=P\{\bigcup_{i=1}^{s}E_i\}=\sum_{k=1}^{s}(-1)^{k-1}\sum_{1\leqslant i_1<i_2<\cdots<i_k\leqslant s}P\{E_{i_1}\bigcap E_{i_2}\bigcap\cdots\bigcap E_{i_k}\} \tag{9.30}$$

也可利用最小割集进行计算。

设系统的所有最小割集是 $C_1,C_2,\cdots,C_g$，$F_i=\{C_i$ 中所有部件失效$\}$，$i=1,2,\cdots,g$，于是

$$1-H(\vec{R})=P\{\bigcup_{i=1}^{g}F_i\}=\sum_{k=1}^{g}(-1)^{k-1}\sum_{1\leqslant i_1<i_2<\cdots<i_k\leqslant g}P\{F_{i_1}\bigcap F_{i_2}\bigcap\cdots\bigcap F_{i_k}\} \tag{9.31}$$

由此可求出 $H(\vec{R})$。

9.1.6　网络系统

网络系统（简称网络）是由一些节点 $V_1,V_2,\cdots,V_r$ 及连接节点间的弧（也称边）$e_1,e_2,\cdots,e_l$ 共同组成，这里每个 e_k 有一对节点 V_i,V_j 与其连接，其中，r 指节数，t 指边数。节点和弧（通称网络的单元）均有正常和失效两种可能的状态。假设各单元失效与否是相互独立的，令 $m=r+l$。称节点 V_i 与 V_k 是连通的，若存在节点 $V_{i_1},V_{i_2},\cdots,V_{i_s}$ 使得分别有弧连接 V_i 与 V_{i_1}，V_{i_1} 与 V_{i_2}，V_{i_3} 与 V_{i_4}，$\cdots$，V_{i_s} 与 V_k。若这些弧和这些节点 $V_{i_1},V_{i_2},\cdots,V_{i_s}$ 都处于正常状态，则称 V_i 与 V_k 是有效连通的。

用 $R_i(t)$ 表示第 i 个单元在时刻 t 的可靠度（正常的概率），$i=1,2,\cdots,m$，其中，$R_1(t)$，$R_2(t),\cdots,R_r(t)$ 是 r 个节点的可靠度；$R_{r+1}(t),R_{r+2}(t),\cdots,R_m(t)$ 是 l 条弧的可靠度。

网络系统要研究的基本问题是：设 K 是由指定的 k 个节点组成的集合（$2\leqslant k\leqslant r$），求出概率

$$P_K(t)=P\{在时刻 t，K 中所有节点彼此有效连通\} \tag{9.32}$$

这就是所谓的 K 终端问题。当 K 只有两个节点时，就是最基本的两终端问题；若 K 包含网络的所有节点，则是全终端问题。针对这些问题，虽然已有部分结果，但离问题的解决还很远。

9.2 成败型数据情形下的系统可靠性评估

由于系统可靠性的精确置信限计算量都较大,不容易实现,因此,实际中经常采用近似方法。以成败型串联系统可靠性的近似置信限为例,其近似方法不下 50 种,例如 Mann 等 (1974),Easterling(1972),Preston(1976),Winterbottom(1974),Spencer 和 Easterling(1986) 等都对此进行了讨论,并对其中若干方法进行比较,认为 Easterling(1972)的 MML(修正极大似然估计)法和 Lindstrom 与 Madden(1962)的 LM 法较好。

LM 法由于计算简便,公式易于理解,便于向一般串联系统推广,是保守近似置信限中较不保守者,因此,在工程中有广泛的应用。而 MML 法物理意义清楚,便于金字塔式综合,也易于指导工程实践,另外 Preston(1976)的 SR 法,因此本节将重点介绍 LM 法、MML 法、SR 法。

9.2.1 LM 法

LM 法是由 Lindstorm 和 Madden(1962 年)提供的近似方法,适合于由多(m)个部件(或子系统)串联组成的系统。部件试验的样本量 n_j 可以不同,若部件 j 在 n_j 次试验中有 r_j 次失效,s_j 次成功,则系统可靠性 R_s 的极大似然估计为

$$\hat{R}_s = \prod_{j=1}^{m} (n_j - r_j)/n_j \tag{9.33}$$

令 $n_* = \min(n_1, n_2, \cdots, n_m)$,得到 $r^* = n_*(1 - \hat{R}_s)$,$s^* = n_* \hat{R}_s$。将 n_* 和 s^* 看作是整个系统进行 n_* 次成败型试验有 s^* 次成功。然后,再以通常的二项分布参数的区间估计方法求得系统可靠性 R_s 的置信下限。如果 s^* 不是整数,可按 $(n_*, [s^*])$ 和 $(n_*, [s^*] + 1)$ 分别计算相应的置信下限,然后再作插值计算,得到系统在 (n_*, s^*) 条件下的近似置信下限。其中,$[\ ]$ 指下取整运算。插值计算具体如下(设置信水平为 $1 - \alpha$):

设 $R_{\mathrm{LM}}^{(1)}$ 和 $R_{\mathrm{LM}}^{(2)}$ 分别满足

$$\sum_{x=[s^*]}^{n_*} \binom{n_*}{x} (R_{\mathrm{LM}}^{(1)})^x (1 - R_{\mathrm{LM}}^{(1)})^{n_* - x} = \alpha \tag{9.34}$$

$$\sum_{x=[s^*]+1}^{n_*} \binom{n_*}{x} (R_{\mathrm{LM}}^{(2)})^x (1 - R_{\mathrm{LM}}^{(2)})^{n_* - x} = \alpha \tag{9.35}$$

当然 $R_{\mathrm{LM}}^{(1)} < R_{\mathrm{LM}}^{(2)}$。令

$$\hat{R}_{\mathrm{LM}} = \hat{R}_{\mathrm{LM}}^{(1)} + (s^* - [s^*])(\hat{R}_{\mathrm{LM}}^{(2)} - \hat{R}_{\mathrm{LM}}^{(1)}) \tag{9.36}$$

把 $\hat{R}_{\mathrm{LM}}$ 作为 R_s 的 $1 - \alpha$ 水平(近似)置信下限。可以看出,该法简便易懂,因此,受到工程界的普遍欢迎。从精度上来看,虽然在某些情况过于保守,但比其他近似方法较好一些,也适用于小样本的情况,与 Lipow 和 Riley(1960)的表很接近。

为克服 LM 法所得到的置信下限一般偏保守的缺点,郑忠国和蒋继明(1992)提出了修正的 LM 法,现介绍如下。令

$$\hat{R}_i = \frac{s_i}{n_i}, \quad i = 1, 2, \cdots, m, \quad \hat{R}_0 = \prod_{i=1}^{m} \hat{R}_i \tag{9.37}$$

寻找满足

$$\frac{1}{m_0}\frac{1-\hat{R}_0}{\hat{R}_0}=\sum_{i=1}^{m}\frac{1}{n_i}\frac{1-\hat{R}_i}{\hat{R}_i} \tag{9.38}$$

的 m_0。令 $s_* = m_0\hat{R}_0$。把整个系统想象为进行了 m_0 次试验，成功了 s_* 次。其中，m_0 是虚拟试验次数，s_* 是虚拟成功次数，两者不一定是整数，可用最接近的整数替代。然后，用熟知的方法给出系统可靠性 R 的置信下限 $\hat{R}_L^*$。修正的 LM 法的优点是其置信下限具有相合性。

9.2.2　MML 法

MML（修正的极大似然估计）法由 Easterling (1972) 提出，该法与 LM 方法类似。对含有 m 个子系统的系统结构，且系统可靠性与子系统可靠性之间的关系可表示为 $R_s = R(R_1, R_2, \cdots, R_m)$，若第 i 子系统在 n_i 次成败型试验中有 r_i 次失效，s_i 次成功，那么，系统可靠性的极大似然估计为 $\hat{R}_s = R(\hat{R}_1, \hat{R}_2, \cdots, \hat{R}_m)$，式中 $\hat{R}_i$ 为 R_i 的极大似然估计，即

$$\hat{R}_i = s_i/n_i, \quad i = 1, 2, \cdots, m \tag{9.39}$$

而 R_s 的渐近方差（C. R. Rao, 1952）为

$$\sigma^2 = \sum_{i=1}^{m}\left[\frac{\partial R_s}{\partial R_i}\right]^2 \mathrm{Var}(\hat{R}_i) \tag{9.40}$$

式中，$\mathrm{Var}(R_i) = R_i(1-R_i)/n_i$，则 σ^2 的估计量为

$$\hat{\sigma}^2 = \sum_{i=1}^{m}\left[\frac{\partial R_s}{\partial R_i}\Big|_{R_i=\hat{R}_i}\right]^2 \cdot \mathrm{Var}(\hat{R}_i) \tag{9.41}$$

式中，$\mathrm{Var}(\hat{R}_i)$ 中 R_i 由 $\hat{R}_i$ 代替所得。令 $\hat{n} = \hat{R}_s(1-\hat{R}_s)/\hat{\sigma}^2$ 和 $\hat{s} = \hat{n}\hat{R}_s$。将 $(\hat{n}, \hat{s})$ 看作系统进行 $\hat{n}$ 次成败型试验，其中有 $\hat{s}$ 次成功，再根据二项分布参数的区间估计方法给出 R_s 的置信下限。若 $\hat{n}$ 和 $\hat{s}$ 不为整数时，则用插值法处理，该置信限称为 MML 限。具体令

$$n_* = \begin{cases} [\hat{n}]+1, & \text{当 } \hat{n} \text{ 不为整数时} \\ \hat{n} & \text{当 } \hat{n} \text{ 为整数时} \end{cases} \tag{9.42}$$

$$s^* = \begin{cases} [\hat{s}]+1, & \text{当 } \hat{s} \text{ 不为整数时} \\ \hat{s}, & \text{当 } \hat{s} \text{ 为整数时} \end{cases} \tag{9.43}$$

根据 (n_*, s^*) 求得二项分布参数的置信下限，作为 R_s 的置信下限。为与指数分布下的 MML 法相区分，通常称之为 MMLI 法。

MML 法可以推广到其他分布的情形，样本大小可以不同，适用于各种可靠性综合模型。该法的计算量不大，样本量在 10~20 的情况，MML 法比其他渐近方法要好些。

针对 MML 法在单元失败数为零时，会出现冒进的情况，对 MML 法进行了改进，提出了 IMML 法。对于 m 个单元组成的成败型串联系统，其系统可靠度的点估计值为 $\hat{R} = \prod_{i=1}^{m} s_i/n_i$，其等效试验数和等效成功数分别为

$$n = \frac{\prod_{i=1}^{m}\frac{1}{\hat{R}_i}-1}{\sum_{i=1}^{m}\frac{1}{n_i\hat{R}_i}-\sum_{i=1}^{m}\frac{1}{n_i}} \tag{9.44}$$

$$s = n\hat{R} = n \prod_{i=1}^{m} (s_i/n_i) \tag{9.45}$$

其中，
$$\begin{cases} \hat{R}_i = \dfrac{s_i}{n_i}, & \dfrac{s_i}{n_i} < 1 \\[3mm] \hat{R}_i = \hat{R}_{iL}(0.5, n, 0), & \dfrac{s_i}{n_i} = 1 \end{cases}$$

IMML 法的实质对于零失效单元，用置信度为 0.5 时的可靠度单侧置信下限值作为其点估计。这样做意味着有一半的可能大于真值，也有一半的可能小于真值，其冒进风险明显降低。

9.2.3　SR 法

SR 法是针对 MML 法不能适用于系统包括零失效数单元的情况，由 Preston(1976)提出的一种近似数据折算方法。该方法的实质是按照点估计不变的原则，压缩单元试验数据，逐次将两个单元等效为一个单元，直到所有单元试验数据等效为一组试验数据，然后求系统可靠度的置信限。

1. 数据压缩方法

对于由 k 个单元组成的串联系统，已知各单元的成败型数据 (n_i, s_i)，$i = 1, 2, \cdots, k$，且单元数据是按试次验数从大到小顺序排列的，即 $n_1 \geqslant n_2 \geqslant \cdots \geqslant n_k$，数据序列为 (n_1, s_1)，(n_2, s_2)，$\cdots$，(n_k, s_k)。则压缩算法步骤如下：

① 令序号 i 的初值为 1，即 $i = 1$。

② 记第 $i+1$ 个单元的成败型数据的试验数为 n_{i+1}：

若 $s_i > n_{i+1}$，则 $n'_{i+1} = \dfrac{n_{i+1}}{s_i} \cdot n_i$，$s'_{i+1} = s_{i+1}$；

若 $s_i = n_{i+1}$，则 $n'_{i+1} = n_i$，$s'_{i+1} = s_{i+1}$；

若 $s_i < n_{i+1}$，则 $n'_{i+1} = n_i$，$s'_{i+1} = s_{i+1} \cdot \dfrac{s_i}{n_{i+1}}$。

③ $i = i+1$。若 $i < k$，则返回到步骤②；否则，转入步骤④。

④ 取 $N' = n'_{i+1}$，$S' = s'_{i+1}$，(N', S') 即为系统等效试验结果。

图 9.6 是 SR 方法计算示意图。

2. 基本原理

不失一般性，设 (n_i, s_i)，(n_{i+1}, s_{i+1}) 为串联系统两个单元的成败型数据，其中，$n_i > n_{i+1}$，如图 9.7 所示。

两个串联单元能够等效为一个单元 (n'_{i+1}, s'_{i+1})。等效单元的可靠性为

$$R' = R_i \cdot R_{i+1} = \frac{s_i \cdot s_{i+1}}{n_i \cdot n_{i+1}} \tag{9.46}$$

又因为等效单元的可靠度可表示为

$$R' = \frac{s'_{i+1}}{n'_{i+1}} \tag{9.47}$$

因此

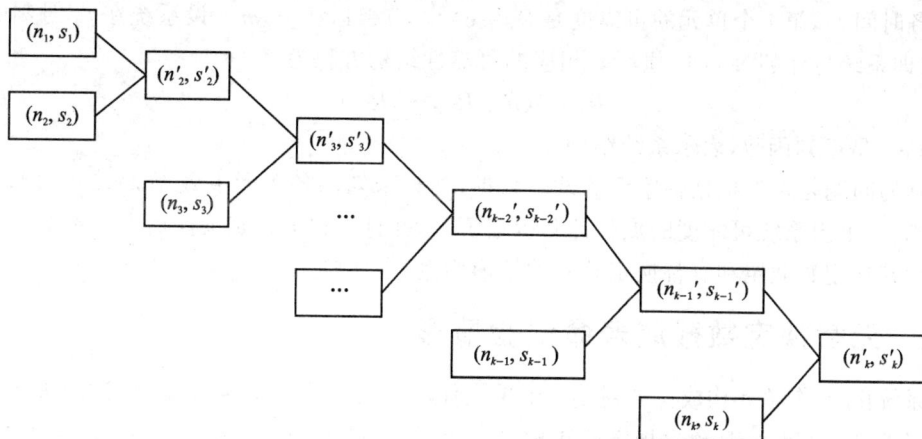

图 9.6　SR 方法计算示意图

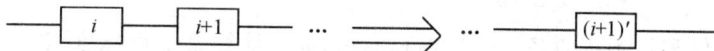

图 9.7　SR 方法串联单元等效示意图

$$\frac{s_i \cdot s_{i+1}}{n_i \cdot n_{i+1}} = \frac{s'_{i+1}}{n'_{i+1}} \tag{9.48}$$

（1）当 $s_i > n_{i+1}$ 时

该情况下，单元 i 的可靠度通常较高。因此，单元 $i+1$ 对等效单元可靠度的影响较为显著，不妨令

$$s'_{i+1} = s_{i+1} \tag{9.49}$$

由以上两式能推出等效系统的等效试验次数为

$$n'_{i+1} = \frac{n_{i+1}}{s_i} \cdot n_i \tag{9.50}$$

（2）当 $s_i < n_{i+1}$ 时

该情况下，单元 i 的可靠度通常不高，因此，其可靠度对等效系统可靠度影响比较重要。同时考虑单元 $i+1$ 的影响，设等效系统的等效成功数为

$$s'_{i+1} = s_{i+1} \cdot \frac{s_i}{n_{i+1}} \tag{9.51}$$

解得等效试验数

$$n'_{i+1} = n_i \tag{9.52}$$

（3）当 $s_i = n_{i+1}$ 时

此时取前两种情况的临界点，因此有 $n'_{i+1} = n_i$，$s'_{i+1} = s_{i+1}$。

9.3　指数型数据情形下的系统可靠性评估

设系统由 m 个单元组成，第 i 个单元的寿命服从失效率为 λ_i，$i=1,2,\cdots,m$ 的指数分布。

给定任务时间 t_0,第 i 个单元的可靠度是 $R_i = e^{-\lambda_i t_0}$, $i=1,2,\cdots,m$。设系统在 t_0 时刻的可靠度为 R(即系统寿命超过 t_0 的概率),相应的可靠性结构方程为

$$R = \psi(R_1, R_2, \cdots, R_m) \tag{9.53}$$

这里,$\psi(\cdot)$ 是已知函数,表示系统结构。

面临的问题是首先根据各单元的试验数据,估计未知的各单元失效率 λ_i, $i=1,2,\cdots,m$,在此基础上,求出系统可靠度的点估计和置信下限,并且工程上特别关注后者。本节将以经常出现的无替换定数截尾和有替换定总时的情形为例进行讨论。

9.3.1 无替换定数截尾寿命试验情形

设系统由 m 个单元构成。若对第 i 个单元任取 n_i 个产品进行寿命试验,试验进行到出现 r_i 个失效为止,这里 r_i 是预先指定的正整数,$r_i \leqslant n_i$。设 $t_{i,1} \leqslant t_{i,2} \leqslant \cdots \leqslant t_{i,r_i}$, $i=1,2,\cdots,m$ 是各次失效的时刻,则第 i 个单元的 n_i 个产品的试验总时间

$$Z_i = \sum_{j=1}^{r_i} t_{i,j} + (n_i - r_i) t_{i,r_i}, \quad i=1,2,\cdots,m \tag{9.54}$$

下面讨论如何利用数据 $\{(Z_i, r_i) : i=1,2,\cdots,m\}$,计算系统可靠度 $R(t_0)$ 的点估计和置信下限。

易知 λ_i 的极大似然估计为

$$\hat{\lambda}_i = r_i / Z_i, \quad i=1,2,\cdots,m \tag{9.55}$$

然后,由式(9.53)得出 R 的点估计 $\hat{R} = \psi(\hat{R}_1, \hat{R}_2, \cdots, \hat{R}_m)$,其中,$\hat{R}_i = e^{-\hat{\lambda}_i t_0}$, $i=1,2,\cdots,m$。

下面寻找 $R(t_0)$ 的优良置信下限。由于

$$Z_i = \sum_{k=1}^{r_i} (n_i - k + 1)(t_{i,k} - t_{i,k-1}), \quad t_{i,0} \triangleq 0 \tag{9.56}$$

可知 $\{(n_i - k + 1)(t_{i,k} - t_{i,k-1}) : 1 \leqslant k \leqslant r_i\}$ 是相互独立同分布的随机变量组,其共同分布是失效率为 λ_i 的指数分布,故 $2\lambda_i Z_i$ 服从自由度为 $2r_i$ 的 χ^2 分布。由于各单元的试验是独立进行的,故 $2\sum_{i=1}^{m} \lambda_i Z_i$ 服从自由度为 $2r$ 的 χ^2 分布,其中 $r = \sum_{i=1}^{m} r_i$,记 $\lambda = (\lambda_1, \lambda_2, \cdots, \lambda_m)$。于是

$$P_\lambda \left(2\sum_{i=1}^{m} \lambda_i Z_i \leqslant \chi_{1-\alpha}^2 (2r) \right) = 1 - \alpha \tag{9.57}$$

式中,$P_\lambda(A)$ 表示各单元的失效率为 $\lambda = (\lambda_1, \lambda_2, \cdots, \lambda_m)$ 时事件 A 的概率。

令

$$S = \left\{ (\lambda_1, \lambda_2, \cdots, \lambda_m) : \lambda_1, \lambda_2, \cdots, \lambda_m > 0 \text{ 且 } \sum_{i=1}^{m} \lambda_i Z_i \leqslant \frac{1}{2} \chi_{1-\alpha}^2 (2r) \right\}$$

从式(9.57)知,S 是 $(\lambda_1, \lambda_2, \cdots, \lambda_m)$ 的 $1-\alpha$ 水平"置信集"。

定理 9.1 设系统可靠度 $R = R(t_0)$ 由(9.53)定义,其中 $R_i = e^{-\lambda_i t_0}$, $i=1,2,\cdots,m$, (n_i, r_i, Z_i) 是第 i 个单元的数据(Z_i 的定义见(9.56)),则 R 的 $1-\alpha$ 水平置信下限

$$\hat{R}_L = \inf \left\{ \psi(e^{-x_1 t_0}, e^{-x_2 t_0}, \cdots, e^{-x_m t_0}) : \sum_{i=1}^{m} x_i Z_i \leqslant \frac{1}{2} \chi_{1-\alpha}^2 (2r), x_i > 0, i=1,2,\cdots,m \right\}$$

$$\tag{9.58}$$

其中，$r = \sum\limits_{i=1}^{m} r_i$。

证明：

只需证明由式(9.59)给出的 $\hat{R}_L$ 满足 $P(\hat{R}_L \leqslant R) \geqslant 1 - \alpha$。记

$$\Lambda_R = \{(x_1, x_2, \cdots, x_m) \mid \psi(\mathrm{e}^{-x_1 t_0}, \cdots, \mathrm{e}^{-x_m t_0}) = R, x_i > 0, i = 1, 2, \cdots, m\}$$

$$\Sigma = \left\{(x_1, x_2, \cdots, x_m) \mid \sum_{i=1}^{m} x_i Z_i \leqslant \frac{1}{2} \chi^2_{1-\alpha}(2r), x_i > 0, i = 1, 2, \cdots, m\right\}$$

由于 $\hat{R}_L$ 为式(9.59)所示集合的下确界，因此，如果事件 $\{\hat{R}_L > R\}$ 发生，则事件 $\{\Sigma \bigcap \Lambda_R = \varnothing\}$ 发生。由于参数真值 $\lambda = (\lambda_1, \lambda_2, \cdots, \lambda_m) \in \Lambda_R$，因此

$$P(\hat{R}_L > R) \leqslant P(\Sigma \bigcap \Lambda_R = \varnothing) \leqslant P(\lambda \notin \Sigma) = P\left(\sum_{i=1}^{m} \lambda_i Z_i > \frac{1}{2} \chi^2_{1-\alpha}(2r)\right) = \alpha$$

从而，$P(\hat{R}_L \leqslant R) = 1 - P(\hat{R}_L > R) \geqslant 1 - \alpha$。

定理 9.2 设 $\hat{R}_L$ 按照式(9.59)定义，则有如下结论：

(1) 对于串联系统

$$\hat{R}_L = \mathrm{e}^{-\frac{A}{Z^*} t_0} \tag{9.60}$$

式中，$Z^* = \min(Z_1, Z_2, \cdots, Z_m)$，$A = \frac{1}{2} \chi^2_{1-\alpha}(2r)$，$r = \sum\limits_{i=1}^{m} r_i$。

(2) 对于并联系统

$$\hat{R}_L = 1 - \prod_{i=1}^{m} \left(\frac{t_0}{k T_i + t_0}\right) \tag{9.61}$$

其中，k 是方程

$$\sum_{i=1}^{m} Z_i \ln[k Z_i + t_0] - \sum_{i=1}^{m} Z_i (\ln Z_i + \ln k) - A t_0 = 0, \quad 0 < k < \infty \tag{9.62}$$

的唯一根，这里 $A = \frac{1}{2} \chi^2_{1-\alpha}(2r)$。

式(9.60)和式(9.61)分别给出了串联系统和并联系统可靠度的 $1 - \alpha$ 水平置信下限，其计算简单。直观上，式(9.61)无特殊之处，但式(9.60)表明结果可能保守，因为它只用到 $Z_1, Z_2, \cdots, Z_m$ 中的最小值 Z^*，而未用 $Z_1, Z_2, \cdots, Z_m$ 的全部信息，信息利用可能不充分。因此，对于串联系统应进一步寻找基于全部数据 $Z_1, Z_2, \cdots, Z_m$ 的置信下限。

9.3.2　有替换定总时寿命试验情形

设对各单元分别独立进行有替换定时寿命试验。第 i 个单元的截止总时间是 T_i，共失效 r_i 次(即更换次数为 r_i)。易知 r_i 服从参数为 $\lambda_i T_i$ 的泊松分布，即

$$P(r_i = k) = \frac{(\lambda_i T_i)^k}{k!} \mathrm{e}^{-\lambda_i T_i}, \quad k = 0, 1, \cdots; i = 1, 2, \cdots, m \tag{9.63}$$

若有数据 (T_i, r_i)，则 λ_i 可用 $\hat{\lambda}_i = r_i / T_i$ 估计，然后，由式(9.53)，得到系统可靠度 R 的点估计 $\hat{R} = \psi(\hat{R}_1, \hat{R}_2, \cdots, \hat{R}_m)$，式中 $\hat{R}_i = \mathrm{e}^{-\hat{\lambda}_i t_0}$。下面讨论系统可靠度 R 置信下限的计算。

定理 9.3 设系统的可靠度 R 由式(9.53)给出,式中 $R_i = \mathrm{e}^{-\lambda_i t_0}$, $i=1,2,\cdots,m$ 。令 $r = \sum_{i=1}^{m} r_i$,得到 R 的 $1-\alpha$ 水平置信下限

$$\hat{R}_{\mathrm{L}} \triangleq \inf\left\{\psi(\mathrm{e}^{-\lambda_1 t_0}, \mathrm{e}^{-\lambda_2 t_0}, \cdots, \mathrm{e}^{-\lambda_m t_0}) : \lambda_i > 0, i=1,2,\cdots,m; \sum_{i=1}^{m} \lambda_i T_i \leqslant \frac{1}{2}\chi^2_{1-\alpha}(2r+2)\right\}$$

$$(9.64)$$

式中, T_i 是第 i 个单元事先指定的试验截止总时间, r_i 是其失效数, r 是总失效数。

证明:

只需证明由式(9.64)给出的 $\hat{R}_{\mathrm{L}}$ 满足 $P(\hat{R}_{\mathrm{L}} \leqslant R) \geqslant 1-\alpha$ 。记

$$\Lambda_R = \{(x_1, x_2, \cdots, x_m) \mid \psi(\mathrm{e}^{-x_1 t_0}, \mathrm{e}^{-x_2 t_0}, \cdots, \mathrm{e}^{-x_m t_0}) = R, x_i > 0, i=1,2,\cdots,m\},$$

$$\Sigma = \left\{(x_1, x_2, \cdots, x_m) \mid \sum_{i=1}^{m} x_i T_i \leqslant \frac{1}{2}\chi^2_{1-\alpha}(2r+2), x_i > 0, i=1,2,\cdots,m\right\}$$

注意: 变量 r (或 $(r_1, r_2, \cdots, r_m)$)是随机变量, T_i , $i=1,2,\cdots,m$ 是定值。由于 $\hat{R}_{\mathrm{L}}$ 为式(9.64)所示集合的下确界,因此,如果事件 $\{\hat{R}_{\mathrm{L}} > R\}$ 发生,则事件 $\{\Sigma \bigcap \Lambda_R = \varnothing\}$ 发生。由于参数真值 $\lambda = (\lambda_1, \lambda_2, \cdots, \lambda_m) \in \Lambda_R$,因此

$$P(\hat{R}_{\mathrm{L}} > R) \leqslant P(\Sigma \bigcap \Lambda_R = \varnothing) \leqslant P(\lambda \notin \Sigma) = P\left(\sum_{i=1}^{m} \lambda_i T_i > \frac{1}{2}\chi^2_{1-\alpha}(2r+2)\right)$$

$$= P\left(F_{\chi^2(2r+2)}\left(2\sum_{i=1}^{m} \lambda_i T_i\right) > 1-\alpha\right)$$

式中, $F_{\chi^2(n)}(\cdot)$ 是随机变量 $\chi^2(n)$ 的分布函数。

易知随机变量 r_i 服从参数为 $\lambda_i T_i$ 的 Possion 分布,由于各部件相互独立,有

$$r = \sum_{i=1}^{m} r_i \sim P\left(\sum_{i=1}^{m} \lambda_i T_i\right)$$

记参数 $h = \sum_{i=1}^{m} \lambda_i T_i$,则 r 的分布函数 $F_{P(h)}(x) = \sum_{k=0}^{[x]} \frac{h^k \mathrm{e}^{-h}}{k!}$, $x > 0$ 。由 Possion 分布与 Gamma 分布,以及 Gamma 分布与卡方分布间的关系,易证:

$$F_{P(h)}(n) = 1 - F_{\chi^2(2n+2)}(2h)$$

由 6.1.2 节引理 6.1,对任意随机变量 X 及其分布函数 $F(x)$,有 $P(F(X) \leqslant y) \leqslant y$, $0 \leqslant y \leqslant 1$ 。因此,

$$P(F_{P(h)}(r) < \alpha) = P(F_{\chi^2(2r+2)}(2h) > 1-\alpha) \leqslant \alpha$$

从而, $P(\hat{R}_{\mathrm{L}} \leqslant R) = 1 - P(\hat{R}_{\mathrm{L}} > R) \geqslant 1-\alpha$ 。

推论 在定理 9.3 的假设下,如果系统是单调的(即在式(9.53)中,函数 ψ 对每个变元都是增函数),则

$$\hat{R}_{\mathrm{L}} \triangleq \inf\left\{\psi(\mathrm{e}^{-\lambda_1 t_0}, \mathrm{e}^{-\lambda_2 t_0}, \cdots, \mathrm{e}^{-\lambda_m t_0}) : \lambda_1, \lambda_2, \cdots, \lambda_m > 0; \sum_{i=1}^{m} \lambda_i T_i = \frac{1}{2}\chi^2_{1-\alpha}(2r+2)\right\} \quad (9.65)$$

根据式(9.64)和式(9.65),可以给出串联系统和并联系统的可靠度置信下限计算公式。

串联系统 设 $R = R(t_0)$ 是串联系统的可靠度,系统含有 m 个单元,各单元的寿命均服从指数分布,有数据 (T_i, r_i) , $i=1,2,\cdots,m$,则系统可靠度 R 的 $1-\alpha$ 水平置信下限为

$$\hat{R}_{\mathrm{L}} = \mathrm{e}^{-\frac{A}{T^*} t_0} \tag{9.66}$$

式中，$r = \sum_{i=1}^{m} r_i$，$T^* = \min(T_1, T_2, \cdots, T_m)$，$A = \frac{1}{2} \chi_{1-\alpha}^2 (2r+2)$。

并联系统　设 $R = R(t_0)$ 是并联系统的可靠度，系统含有 m 个单元，各单元的寿命均服从指数分布，有数据 (T_i, r_i)，$i = 1, 2, \cdots, m$，则系统可靠度 R 的 $1-\alpha$ 水平置信下限为

$$\hat{R}_{\mathrm{L}} = 1 - \prod_{i=1}^{m} \left(\frac{t_0}{k T_i + t_0} \right) \tag{9.67}$$

式中，而 k 是下述方程的唯一根，即

$$\sum_{i=1}^{m} T_i \ln[k T_i + t_0] - \sum_{i=1}^{m} T_i (\ln T_i + \ln k) - A t_0 = 0, \quad 0 < k < \infty \tag{9.68}$$

式中，$A = \frac{1}{2} \chi_{1-\alpha}^2 (2r+2)$。

9.4　混合数据情形下系统的可靠性评估

前面介绍了成败型数据和指数分布数据情形下的系统可靠性评估，但是实际中的复杂系统，经常是多种数据的混合，目前尚无实用的精确方法。通常的做法是，首先把组成单元数据或子系统数据统一折合为成败型数据或者指数型数据，然后，借助 LM 法或者 MML 法来进行系统可靠性评估。至于 LM 法和 MMLI 法，已在前面介绍。下面介绍 MML 法的指数形式 MMLII 并给出常用的几种不同分布的试验数据之间的转换方法。

9.4.1　MMLII 法

设系统由 m 个单元 $U_1, U_2, \cdots, U_m$ 组成，各单元的可靠度分别为 $R_1, R_2, \cdots, R_m$，系统可靠度 $R = \psi(R_1, R_2, \cdots, R_m)$。对各单元分别独立地进行若干次试验（包括截尾试验），得到 R_i 的极大似然估计 $\hat{R}_i$，令 $\hat{R} = \psi(\hat{R}_1, \hat{R}_2, \cdots, \hat{R}_m)$，找出 $\hat{R}$ 的方差的渐近式，即（在各单元进行试验的次数或试验时间无限增大时，渐近方差真值）

$$D(R_1, R_2, \cdots, R_m; \varphi) \tag{9.69}$$

式中，φ 指与各单元试验次数或时间有关的向量。令

$$\hat{D} = D(\hat{R}_1, \hat{R}_2, \cdots, \hat{R}_m; \varphi) \tag{9.70}$$

将各单元试验数据折合成对系统进行有替换的定时截尾指数寿命试验的数据。设想整个系统的寿命服从指数分布，进行了有替换的截尾试验，到时间 t_0 截止，累积失效数为 τ，则系统可靠度 $R = R(t)$（t 是任务时间）的极大似然估计为

$$\widetilde{R} = \mathrm{e}^{-\frac{\tau}{t_0} t} \tag{9.71}$$

易知

$$\mathrm{Var}(\widetilde{R}) \approx R^2 \frac{t^2 \tau}{t_0^2} \tag{9.72}$$

自然想到应选 t_0, τ 满足 $\widetilde{R} = \hat{R}$，$Var(\widetilde{R}) = \hat{D}$，即

$$e^{-\frac{\tau}{t_0}t}=\psi(\hat{R}_1,\hat{R}_2,\cdots,\hat{R}_m),\quad (\hat{R})^2\frac{t^2\tau}{t_0^2}=\hat{D} \tag{9.73}$$

式中,$\hat{D}$ 由式(9.70)定义。于是可求得

$$t_0=-\frac{(\hat{R})^2(\ln\hat{R})t}{\hat{D}},\quad \tau=\frac{(\hat{R}\ln\hat{R})^2}{\hat{D}} \tag{9.74}$$

这样确定的 τ 不一定是整数,可用最相近的整数代替。然后,利用指数分布定时截尾情形下的公式,就可得到 R 的 $1-\alpha$ 水平近似置信下限。尤其对串联系统,由式(9.66)知,系统可靠度 $R=R(t)$ 的 $1-\alpha$ 水平近似置信下限为

$$\hat{R}_L=e^{-\frac{t}{2t_0}\chi^2_{1-\alpha}(2\tau+2)} \tag{9.75}$$

9.4.2　不同分布类型试验数据的转换

通常不同分布之间的数据转换,通常采用矩方法,令相互转化的两个分布的前几阶矩对应相等,进行相互转换或者折合。除了矩方法之外,还有点估计下限法和两点折合法等。这里仅以成败型数据和指数型数据间的相互转化为例进行介绍。

1. 指数型数据转换为成败型数据

已知指数产品寿命试验数据的失效数 τ,等效任务次数为 t_0(若总试验时间为 t_e,任务时间为 t,则记 $t_0=\dfrac{t_e}{t}$ 为等效任务次数),假设将之转换成成败型数据为 (n,s)。

当 $\tau\neq 0$ 时,由式(9.73),式(9.74)与前两阶矩对应相等,可得

$$\left.\begin{array}{l} n=\dfrac{t_0^2}{\tau}\left[e^{\frac{\tau}{t_0}}-1\right]\\[3mm] s=n\cdot e^{-\frac{\tau}{t_0}} \end{array}\right\} \tag{9.76}$$

2. 成败型数据转换为指数型数据

已知成败型数据为 (n,s),假设将之转换为指数寿命试验数据的等效任务次数为 t_0,失效数为 τ。

当 $s<n$ 时,有

$$\left.\begin{array}{l} t_0=\dfrac{ns}{n-s}\ln\left(\dfrac{n}{s}\right)\\[3mm] \tau=t_0\ln\left(\dfrac{n}{s}\right) \end{array}\right\} \tag{9.77}$$

当 $s=n$ 时,有

$$\left.\begin{array}{l} t_0=n\\ \tau=0 \end{array}\right\} \tag{9.78}$$

9.5　系统可靠性评估的蒙特卡洛仿真方法

由于系统的组成结构复杂、组成设备的寿命分布各异、实际设备寿命数据的类型多为截尾

数据等,难以给出系统可靠性指标的解析表达式,这时,可以充分利用蒙特卡洛方法的计算优点,解决系统可靠性统计分析的计算问题,这里介绍系统可靠度与 MTTF 两类常用系统可靠性指标的蒙特卡洛计算方法。

考虑由若干设备构成的单调关联系统,其中的设备寿命可以是指数分布、威布尔分布、对数正态分布等,首先,利用信仰推断构造设备可靠度的信仰分布。进而,由系统的结构函数得到系统可靠度与平均寿命的信仰分布。最后,给出系统可靠度与平均寿命的区间估计。

在完全样本情形下,对于寿命分布属于位置-刻度族的设备,包括指数分布、威布尔分布、对数正态分布等,可使用枢轴量方法得到设备可靠度的信仰分布(参见 7.3.2 节),而对于不能用枢轴量刻画的参数分布,采用 MLE 的渐近正态分布作为参数的信仰分布。

可靠度函数为分布参数的函数,记为 $R(t,\theta)$。利用信仰推断的方法,当给定样本 $X=(X_1,X_2,\cdots,X_n)$ 后,得到了参数 θ 的不确定信息。将 θ 视为随机变量,用它所服从的信仰分布 $F_\theta(x|X)$ 来描述,因此,$R(t,\theta)$ 也是随机变量,其信仰分布 $F_R(x|X)$ 由 $F_\theta(x|X)$ 得到。由于 $F_\theta(x|X)$ 与 $R(t,\theta)$ 形式可能较为复杂,因此,采用蒙特卡洛方法计算可靠度的点估计和置信限。

1. 指数寿命分布设备可靠度的信仰分布

设 $X_1,X_2,\cdots,X_n$ 是来自指数分布 $f(x)=\dfrac{1}{\theta}\exp\{-x/\theta\},(x\geqslant0)$ 的简单随机样本。设 $T=\sum\limits_{i=1}^{n}X_i$,则

$$2T/\theta \sim \chi^2(2n) \tag{9.79}$$

由此得到可靠度 $R(t)$ 的信仰分布为

$$R(t)=\exp\left\{-\frac{t}{2T}\chi^2_{2n}\right\} \tag{9.80}$$

式中,χ^2_p 表示自由度为 p 的卡方随机变量。

2. 威布尔分布设备可靠度的信仰分布

设寿命随机变量 X 服从参数为 (m,η) 的两参数威布尔分布,而 $X_1,X_2,\cdots,X_n$ 是其简单随机样本。记 $Y=\ln X$,则 $Y_i=\ln X_i(i=1,2,\cdots,n)$ 服从极值分布

$$F_Y(y)=1-\exp\{-\exp[(y-\mu)/\sigma]\}$$

式中 $\mu=\ln\eta$,$\sigma=\dfrac{1}{m}$。记 $\bar{Y}=\dfrac{1}{n}\sum\limits_{i=1}^{n}Y_i$,$S^2=\dfrac{1}{n}\sum\limits_{i=1}^{n}(Y_i-\bar{Y})^2$,令 $W_i=(Y_i-\mu)/\sigma$,$i=1,2,\cdots,n$,则 $W_1,W_2,\cdots,W_n$ 独立服从同一标准极值分布 $G(w)=1-\exp\{-e^w\}$。记 $\bar{W}=\dfrac{1}{n}\sum\limits_{i=1}^{n}W_i$,$V^2=\dfrac{1}{n}\sum\limits_{i=1}^{n}(W_i-\bar{W})^2$,则

$$\bar{W}=\frac{\bar{Y}-\mu}{\sigma},\ V^2=\frac{S^2}{\sigma^2} \tag{9.81}$$

易知 $\dfrac{\bar{Y}-\mu}{\sigma}$ 和 $\dfrac{S^2}{\sigma^2}$ 是枢轴量,其分布与未知参数无关。因此

$$\sigma=S/V,\ \mu=\bar{Y}-\bar{W}S/V \tag{9.82}$$

对给定时间 t ,可靠度 $R(t) = \exp\{-\exp[(\ln t - \ln \eta)/\sigma]\}$,将式(9.82)代入可靠度 $R(t)$,得到其信仰分布

$$R(t) = \exp\left\{-\exp\left\langle \bar{W} + \frac{\ln t - \bar{Y}}{S}V \right\rangle\right\} \tag{9.83}$$

式中, $\bar{Y}$ 和 S 由样本确定,而 $\bar{W}$ 和 V 分布已知。

3. 对数正态分布设备可靠度的信仰分布

假定随机变量 T 服从对数正态分布,则 $X = \ln T$ 服从正态分布 $N(\mu, \sigma^2)$,而 $X_1, X_2, \cdots,$ X_n 是 X 的简单随机样本,则对于给定的任务时间 t ,可靠度

$$R(t) = 1 - \Phi\left(\frac{\ln t - \mu}{\sigma}\right) \tag{9.84}$$

记 $\bar{X} = \frac{1}{n}\sum_{i=1}^{n} X_i$, $S^2 = \frac{1}{n}\sum_{i=1}^{n}(X_i - \bar{X})^2$ 。令 $Y_i = \frac{X_i - \mu}{\sigma}$, $i = 1, 2, \cdots, n$, $\bar{Y} = \frac{1}{n}\sum_{i=1}^{n} Y_i$ 与 $V^2 = \frac{1}{n}\sum_{i=1}^{n}(Y_i - \bar{Y})^2$,则 $\bar{Y} = (\bar{X} - \mu)/\sigma$ 与 $V^2 = S^2/\sigma^2$ 是枢轴量,将 $\mu = \bar{X} - \bar{Y}S/V$ 和 $\sigma^2 = S^2/V^2$ 分别代入式(9.84),得到 $R(t)$ 的信仰分布

$$R(t) = 1 - \Phi\left(\frac{\ln t - \bar{X}}{S}V + \bar{Y}\right) \tag{9.85}$$

式中, $\bar{X}$ 和 S^2 是由样本确定, $\bar{Y}$ 和 V^2 是具有已知分布的随机变量, $\bar{Y}$ 服从正态分布 $N\left(0, \frac{1}{n}\right)$, nV^2 服从自由度为 n 的 χ^2 分布,且 $\bar{Y}$ 和 V^2 独立。

假定系统 S 由 K 个不同设备 $S_1, S_2, \cdots, S_K$ 构成,并且假定他们的可靠度 $R_i(t)$ 已经表示成 $R_i(t, \theta_i)(i = 1, 2, \cdots, K)$ 的形式,其中, θ_i 是分布参数。于是,系统的可靠度函数可表示为

$$R_s(t) = \psi(R_1(t, \theta_1), R_2(t, \theta_2), \cdots, R_K(t, \theta_K)) \tag{9.86}$$

系统平均寿命可表示为

$$\eta_s = \int_0^{+\infty} \psi(R_1(t, \theta_1), R_2(t, \theta_2), \cdots, R_K(t, \theta_K))\mathrm{d}t \tag{9.87}$$

然后,利用式(9.86)和式(9.87),通过蒙特卡洛方法,可以得到系统可靠度与平均寿命的仿真抽样结果,然后以与置信度对应的分位数为置信限,进而得到区间估计。计算系统可靠度与平均寿命置信限的步骤具体如下:

① 确定参数服从已知信仰分布,即 $\theta_i \sim G_i$,这里 G_i 为已知分布。

② 置循环变量 $k = 1$,生成不同设备可靠度置信分布参数 θ_i 的随机数 $\theta_i^{(k)} \sim G_i$ 。把 $\theta_i^{(k)}$ 先后代入式(9.86)和式(9.87),得到系统可靠度与平均寿命的一组随机实现值 $R_s^k(t)$ 与 $\eta_s^{(k)}$ 。

③ 重复步骤②B 次(B 很大),得到在任务时间 t 的系统可靠度与系统平均寿命的 B 组实现值 $(R_s^{(k)}(t), \eta_s^{(k)})$, $k = 1, 2, \cdots, B$,升序排列得到 $R_s^{(1)}(t) \leqslant R_s^{(2)}(t) \leqslant \cdots \leqslant R_s^{(B)}(t)$ 和 $\eta_s^{(1)} \leqslant \eta_s^{(2)} \leqslant \cdots \leqslant \eta_s^{(B)}$ 。

④ 给定的置信水平 $1 - \alpha$,系统可靠度与系统平均寿命的置信区间分别为

$$[\hat{R}_L(t), \hat{R}_U(t)] = [R_s^{(\lceil B\alpha/2 \rceil)}(t), R_s^{(\lceil B(1-\alpha/2) \rceil)}(t)] \tag{9.88}$$

与

$$[\hat{\eta}_{\text{L}}, \hat{\eta}_{\text{U}}] = [\eta_s^{(\lceil B\alpha/2 \rceil)}, \eta_s^{(\lceil B(1-\alpha/2) \rceil)}] \tag{9.89}$$

相应的系统可靠度和系统平均寿命的单侧置信下限分别为

$$\hat{R}_{\text{L}}(t) = R_s^{(\lceil B\alpha \rceil)}(t) \tag{9.90}$$

与

$$\hat{\eta}_{\text{L}} = \eta_s^{(\lceil B\alpha \rceil)} \tag{9.91}$$

习题九

9.1 某机载电子系统是包括一部雷达、一台计算机和一个辅助设备的串联系统。假设其寿命服从指数分布,并且各组成部分的 MTBF 分别为 83 h、167 h 和 500 h,求该系统的 MTBF 及工作 5h 的可靠度。

9.2 假设某产品由 2×10^4 个电子元器件串联组成,其寿命服从指数分布,如果要求其连续不间断工作 3 d 的可靠度为 0.8,试求元器件的平均故障率。

9.3 某喷气式飞机有三台发动机,至少需要两台发动机正常才能安全起落和飞行。假定飞机故障仅由发动机引起,且发动机的寿命服从指数分布,其 MTBF 为 2×10^3 h,求飞机连续飞行 5 h 和 10 h 的可靠度。

9.4 某直流电源系统由直流发电机、应急贮备电池和故障监测及转换装置组成,发电机的工作故障率为 2×10^{-4}/h,贮备电池的工作故障率为 1×10^{-3}/h,故障监测及转换装置的可靠度为 0.99,试求该系统工作 10 h 的可靠度。

9.5 对于一个成败型串联系统,各单元分别进行了 20,23,29,30,31 次试验,都没有发生失败,计算系统在置信度 0.9 下可靠度的置信下限。

9.6 对于一个由两个成败型部件并联组成的系统,各部件的试验数据为:$(n_1, r_1) = (6, 3)$,$(n_2, r_2) = (7, 2)$,其中,n_i、r_i 分别为各单元的试验次数和故障次数。计算系统在置信度 0.8 下可靠度的置信下限。

9.7 设备 A、B、C 分别开展了成败型试验,其试验次数依次为 $n_A = 20$,$n_B = 36$,$n_C = 50$,相应试验中的失败次数为 $r_A = 10$,$r_B = 4$,$r_C = 33$。利用 SR 法给出该系统可靠度点估计及其在置信度 0.9 下的置信下限。

9.8 对某一包含 5 个元件的指数串联系统进行无替换定数截尾试验,结果记录如下:$(Z_1, r_1) = (300, 2)$,$(Z_2, r_2) = (300, 1)$,$(Z_3, r_3) = (400, 1)$,$(Z_4, r_4) = (400, 2)$,$(Z_5, r_5) = (500, 1)$,其中 Z_i、r_i 分别指各单元的总试验时间(单位:h)与故障次数。给定置信度 0.9 下,计算系统正常工作 20 h 可靠度的置信下限。

9.9 对某一包含 3 个元件的指数并联系统进行有替换定时截尾试验,结果记录如下:$(T_1, r_1) = (200, 1)$,$(T_2, r_2) = (300, 1)$ 和 $(T_3, r_3) = (400, 1)$,其中,T_i、r_i 分别指各单元的试验截止总时间(单位:h)与故障次数。给定置信度 0.8 下,试计算系统正常工作 10 h 可靠度的置信下限。

9.10 对一个成败型单元和一个指数型单元组成的串联系统,成败型试验数据为 $(n, r_1) = (41, 1)$,其中,n、r_1 分别为该成败型单元的试验次数和故障次数;指数型定时截尾数据为

$(T,r_2)=(100,2)$,其中,T、r_2 分别为该指数型单元的试验截止总时间(单位:h)与故障次数。当任务时间为 10 h 时,计算系统在置信度 0.8 下可靠度的置信下限。

9.11 某系统的结构图如图 9.8 所示,3 个单元的失效寿命相互独立且服从指数分布。3 个单元具有试验数据:$(T_1,r_1)=(1\,800,5)$,$(T_2,r_2)=(1\,180,6)$ 和 $(T_3,r_3)=(1\,580,7)$,其中 T_i,r_i 分别为各单元的试验时间(单位:h)和故障次数。给定置信度 0.9 下,试用蒙特卡洛方法计算系统在工作 100 h 后,其可靠度的置信下限。

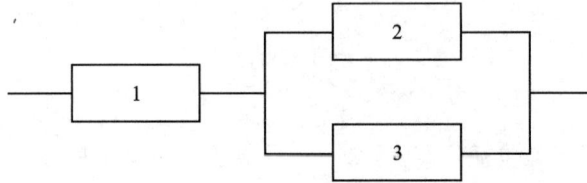

图 9.8　系统结构图

9.12 同上题相同的系统,假设单元 1 的失效寿命服从对数正态分布,单元 2、3 的寿命分布和试验结果保持不变,单元 1 的试验结果记录为 $(\bar{X},S^2,n)=(100,25,12)$,其中,$\bar{X}$ 为失效时间的对数均值,S^2 为对数方差,n 为试验样品数。给定置信度 0.9 下,试用蒙特卡洛方法计算系统正常工作 100 h 时的可靠度置信下限。

第 10 章　可靠性统计的 Bayes 方法

Bayes 可靠性统计是综合经验信息并使用 Bayes 方法进行可靠性统计分析的方法。Bayes 方法。首先将历史资料和经验信息等提炼为先验分布,进而根据先验分布和试验数据导出"后验分布",最后从这个后验分布得出可靠性指标的估计,包括点估计和区间估计。

Bayes 方法的特点就在于先验分布。为使先验分布更为科学合理,根据经验数据来确定先验分布,人们发展了经验 Bayes 方法。在经典统计学中,分布参数是客观存在的定值,不是随机变量。但是,Bayes 方法认为分布参数是随机变量,这是 Bayes 方法在理论上的基本观点。

近来,Bayes 方法得到了很大的发展与广泛的应用,形成了与经典统计学既相互竞争,又相互支持共同发展的局面。本章首先对 Bayes 方法进行简单介绍,然后,讨论 Bayes 方法在可靠性统计中的应用。

10.1　Bayes 方法简介

10.1.1　Bayes 方法的基本出发点

统计学有两个主流学派:频率学派(又称经典学派)和 Bayes 学派,两个学派间的异同点可从统计推断所使用的 3 种信息来分析。

1. 总体信息

总体信息,总体分布和总体所属分布族给出的信息。譬如,"总体是正态分布"这一句话给出很多信息:其密度函数呈钟形曲线;它的任意阶矩都存在;利用正态样本可以得到其均值和方差的点估计和区间估计,还有很多成熟的假设检验方法可供人们选用。因此,确定总体分布是很重要的基础工作。一旦总体分布确定,将给统计推断带来很多信息。

2. 样本信息

样本信息,从总体中抽取的样本给出信息。人们希望通过对样本的加工和处理,对总体的某些特征作出较为精确的统计推断。没有样本就难以进行统计推断,样本信息是最重要的信息。

基于上述两种信息的统计推断被称为经典统计学,它的基本观点是认为数据(样本)来自具有一定概率分布的总体,研究的对象是这个总体而不局限于数据本身。经典统计学在工业、农业、医学、经济、管理、军事等领域获得了广泛的应用,同时又不断提出新的统计问题,这促进了经典统计学的发展,也暴露了它的缺陷。除了上述两种信息以外,实际中还存在第 3 种信息——先验信息,它也被用于统计推断。

3. 先验信息

先验信息是在抽样之前有关统计问题的信息。一般说来,先验信息主要来源于经验和历史资料。先验信息,在日常生活和工作中经常见到,不少人在自觉或不自觉地使用它,比如品牌效应。

综合上述 3 种信息(总体信息、样本信息和先验信息)进行的统计推断被称为 Bayes 方法。它与经典统计学的主要差别在于是否利用先验信息;此外,在使用样本信息上也存在差异。Bayes 学派重视已出现的样本观测值,而对尚未发生的样本观测值不予考虑,Bayes 学派非常重视先验信息的收集、挖掘和加工,并使之数量化,形成先验分布,运用到统计推断中来,以使提高统计推断的质量。

Bayes 方法起源于英国学者 Bayes(1763 年)的遗作"论有关机遇问题的求解"。经过诸多统计学家的努力,如今 Bayes 方法已趋成熟,Bayes 学派已发展成为有影响的统计学派,并打破了经典统计学派一统天下的局面。

Bayes 学派的最基本观点:任一未知量 θ 都应看作一个随机变量,应该用一个概率分布去描述对 θ 的分布状况。这个概率分布,在抽样前就有关于 θ 先验信息的概率陈述,被称为先验分布,简称先验。因为任一未知量都有不确定性,而在表述不确定性程度时,概率与概率分布是最常用的描述语言。

10.1.2　先验分布与后验分布

1. Bayes 公式

Bayes 公式有多种形式,简单起见,介绍它的事件形式。设事件 $A_1,A_2,\cdots,A_n$ 互不相容,并且 $\bigcup\limits_{i=1}^{n}A_i=\Omega$(必然事件),则对于任一事件 B,有

$$P(A_i \mid B)=\frac{P(A_i)P(B \mid A_i)}{\sum\limits_{j=1}^{n}P(A_j)P(B \mid A_j)}, \quad i=1,2,\cdots,n \tag{10.1}$$

下面用随机变量的密度函数叙述 Bayes 公式,并介绍 Bayes 学派的一些具体想法。

① 在经典统计学中,将依赖于未知参数 θ 的密度函数记为 $p(x;\theta)$ 或 $p_\theta(x)$,它表示在参数空间 $\Theta=\{\theta\}$ 中,不同的 θ 对应不同的分布。而在 Bayes 方法中,密度函数记为 $p(x|\theta)$,它表示在给定随机变量 θ 的某个值时,总体 X 的条件分布。

② 根据 θ 的先验信息确定 θ 的先验分布 $\pi(\theta)$,这是 Bayes 学派在最近几十年中重点研究的问题,已有一批富有成效的先验分布确定方法。

③ 从 Bayes 观点来看,样本 $x=(x_1,x_2,\cdots,x_n)$ 的产生要分两步进行。首先,设想从先验分布 $\pi(\theta)$ 中产生一个参数 θ;第二步,在给定 θ 下,从总体分布 $p(x|\theta)$ 中产生一组样本 $x=(x_1,x_2,\cdots,x_n)$。因此,该样本发生的概率与如下联合概率函数成正比,即

$$p(x \mid \theta)=\prod_{i=1}^{n}p(x_i \mid \theta)$$

这个函数称为似然函数,记为 $L(\theta)$。频率学派和 Bayes 学派都使用似然函数,两派都认为:在有了样本之后,总体和样本中所含 θ 的信息都被包含在似然函数 $L(\theta)$ 之中。不过,在使用似然函数进行统计推断时,两派之间存在差异,这将在后面说明。

④ 样本 x 和参数 θ 的联合分布为

$$h(x,\theta)=p(x \mid \theta)\pi(\theta)$$

他把 3 种可用的信息都综合进去了。

⑤ 现在的任务是要对未知参数 θ 作出统计推断。在没有样本信息时,只能根据先验分布 $\pi(\theta)$ 对 θ 作出推断。在有样本观测值后,应根据联合分布 $h(x,\theta)$ 对 θ 作出推断。为此需要把 $h(x,\theta)$ 做如下分解,即

$$h(x,\theta)=h(\theta\mid x)m(x)$$

式中,$m(x)$ 是 x 的边际密度函数,即

$$m(x)=\int_{\Theta}h(x,\theta)\mathrm{d}\theta=\int_{\Theta}p(x\mid\theta)\pi(\theta)\mathrm{d}\theta$$

$m(x)$ 与 θ 无关,即 $m(x)$ 中不含 θ 的任何信息。其中,Θ 是 θ 的取值空间,因此能用来对 θ 作出推断的仅仅是条件分布 $h(\theta\mid x)$,它的计算公式为

$$h(\theta\mid x)=\frac{h(x,\theta)}{m(x)}=\frac{p(x\mid\theta)\pi(\theta)}{\int_{\Theta}p(x\mid\theta)\pi(\theta)\mathrm{d}\theta} \tag{10.2}$$

这就是 Bayes 公式的密度函数形式。在样本 x 给定条件下,θ 的条件分布 $h(\theta\mid x)$ 被称为 θ 的后验分布。后验分布集中了总体、样本和先验三种信息中有关 θ 的一切信息,而又排除了一切与 θ 无关的信息,因此,基于后验分布 $h(\theta\mid x)$ 对 θ 进行统计推断更为有效,也更为合理。

⑥ 当 θ 是离散随机变量时,先验分布可用先验分布列 $\pi(\theta_i),i=1,2,\cdots$ 表示。这时,后验分布也呈现离散形式

$$h(\theta_i\mid x)=\frac{p(x\mid\theta_i)\pi(\theta_i)}{\sum_j p(x\mid\theta_j)\pi(\theta_j)},\quad i=1,2,\cdots \tag{10.3}$$

若总体 X 也是离散的,那只需把式(10.2)和式(10.3)中的密度函数 $p(x\mid\theta)$ 替换为概率函数 $P(X=x\mid\theta)$ 即可。

后验分布是三种信息的综合。一般说来,先验分布 $\pi(\theta)$ 反映在抽样前对 θ 的认识,后验分布 $h(\theta\mid x)$ 反映了在抽样后对 θ 的认识。它们之间的差异反映了样本出现之后,对 θ 认识的改进或调整。

例 10.1 设事件 A 的概率为 θ,即 $\pi(A)=\theta$。为了估计 θ,进行 n 次独立试验,其中,事件 A 出现次数为 X;显然,X 服从二项分布 $B(n,\theta)$,即

$$P(X=x\mid\theta)=\binom{n}{x}\theta^x(1-\theta)^{n-x},\quad x=0,1,\cdots,n$$

假如在试验前,对事件 A 没有什么了解,从而对其发生的概率 θ 也说不出是大是小。在这种场合,Bayes 建议用区间 $(0,1)$ 上的均匀分布 $U(0,1)$,作为 θ 的先验分布。因为它在 $(0,1)$ 上每一点机会均等,没有偏爱。Bayes 的这个建议,后来被称为 Bayes 假设。这时,θ 的先验分布为

$$\pi(\theta)=\begin{cases}1,&0<\theta<1\\0,&\text{其他}\end{cases} \tag{10.4}$$

为综合抽样信息和先验信息,可利用 Bayes 公式,为此,先计算样本 X 与参数 θ 的联合分布

$$h(x,\theta) = \binom{n}{x}\theta^x(1-\theta)^{n-x}, \quad x = 0,1,\cdots,n, 0 < \theta < 1$$

接着,计算 X 的边际分布

$$m(x) = \int_0^1 h(x,\theta)\mathrm{d}\theta$$

$$= \binom{n}{x}\int_0^1 \theta^x(1-\theta)^{n-x}\mathrm{d}\theta$$

$$= \binom{n}{x}\frac{\Gamma(x+1)\Gamma(n-x+1)}{\Gamma(n+2)}$$

$$= \frac{1}{n+1}, x = 0,1,\cdots,n$$

最后,得到 θ 的后验分布

$$h(\theta \mid x) = \frac{h(x,\theta)}{m(x)} = \frac{\Gamma(n+2)}{\Gamma(x+1)\Gamma(n-x+1)}\theta^{(x+1)-1}(1-\theta)^{(n-x+1)-1}, \quad 0 < \theta < 1$$

(10.5)

该分布恰好是参数为 $x+1$ 和 $n-x+1$ 的贝塔分布,记为 $\beta(x+1,n-x+1)$。

2. 先验分布

设 θ 是总体分布中的参数(或参数向量),$\pi(\theta)$ 是 θ 的先验分布函数。先验分布可以通过以往的试验数据和经验获得,它的确定有很多种方法,这里介绍共轭先验分布。

假如由抽样信息算得的后验密度函数与 $\pi(\theta)$ 有相同的函数形式,则称 $\pi(\theta)$ 是 θ 的共轭先验分布。可以看到,选取共轭先验分布,保证了后验信息与先验信息的分布形式一致,这符合人们的预期,即新增的样本信息不会从本质上改变对分布的认识,而是根据样本信息加以修正。另一方面,使用共轭先验分布,后验分布具有解析表达式,形式通常较为简单,方便进行统计推断。注意,共轭先验分布是对某一分布中的参数而言的,如正态均值、正态方差、泊松均值等。

例 10.2 正态均值(方差已知)的共轭先验分布是正态分布。设 $x_1,x_2,\cdots,x_n$ 是来自正态分布 $N(\theta,\sigma^2)$ 的一组样本观测值,其中,σ^2 已知。该样本的似然函数为

$$p(x \mid \theta) = \left(\frac{1}{\sigma\sqrt{2\pi}}\right)^n \mathrm{e}^{-\frac{1}{2\sigma^2}\sum_{i=1}^{n}(x_i-\theta)^2}, \quad -\infty < x_1,x_2,\cdots,x_n < \infty$$

(10.6)

现取正态分布 $N(\mu,\tau^2)$ 作为正态均值 θ 的先验分布,即

$$\pi(\theta) = \frac{1}{\sqrt{2\pi}}\mathrm{e}^{-\frac{(\theta-\mu)^2}{2\tau^2}}, \quad -\infty < \theta < \infty$$

(10.7)

式中,μ 和 τ^2 已知,由此可以写出样本 x 与参数 θ 的联合密度函数

$$h(x,\theta) = k_1\left\{-\frac{1}{2}\left[\frac{n\theta^2 - 2n\theta\bar{x} + \sum_{i=1}^{n}x_i^2}{\sigma^2} + \frac{\theta^2 - 2\mu\theta + \mu^2}{\tau^2}\right]\right\}$$

式中,$k_1 = (2\pi)^{-(n+1)/2}\tau^{-1}\sigma^{-n}$,$\bar{x} = \frac{1}{n}\sum_{i=1}^{n}x_i$。若再记

$$\sigma_0^2 = \frac{\sigma^2}{n}, \quad A = \frac{1}{\sigma_0^2} + \frac{1}{\tau^2}, \quad B = \frac{\bar{x}}{\sigma_0^2} + \frac{\mu}{\tau^2}, \quad C = \frac{1}{\sigma^2}\sum_{i=1}^{n} x_i^2 + \frac{\mu^2}{\tau^2}$$

则有

$$h(x,\theta) = k_1 e^{-\frac{1}{2}[A\theta^2 - 2\theta B + C]} = k_2 e^{-\frac{(\theta - B/A)^2}{2/A}}$$

式中，$k_2 = k_1 e^{-\frac{1}{2}(C - B^2/A)}$。由此，容易算得样本 x 的边际分布

$$m(x) = \int_{-\infty}^{\infty} h(x,\theta) d\theta = k_2 \left(\frac{2\pi}{A}\right)^{\frac{1}{2}}$$

上面两式相除，即得 θ 的后验分布

$$h(\theta \mid x) = \left(\frac{2\pi}{A}\right)^{-\frac{1}{2}} e^{-\frac{(\theta - B/A)^2}{2/A}} \tag{10.8}$$

这是个正态分布，其均值 μ_1 和方差 τ_1^2 分别为

$$\mu_1 = \frac{B}{A} = \frac{\bar{x}\sigma_0^{-2} + \mu\tau^{-2}}{\sigma_0^{-2} + \tau^{-2}}, \quad \frac{1}{\tau_1^2} = \frac{1}{\sigma_0^2} + \frac{1}{\tau^2} \tag{10.9}$$

以上结果表明正态均值（方差已知）的共轭先验分布是正态分布。譬如，设 $X \sim N(\theta, 2^2)$，并且 $\theta \sim N(10, 3^2)$。若从正态总体 X 得到样本量为 5 的样本，其均值 $\bar{x} = 12.1$，于是由式(10.9)计算得到 $\mu_1 = 11.93$ 和 $\tau_1^2 = (6/7)^2$。这样得到正态均值 θ 的后验分布为正态分布 $N(11.93, (6/7)^2)$。

在得到样本分布 $p(x|\theta)$ 和先验分布 $\pi(\theta)$ 后，可用 Bayes 公式计算 θ 的后验分布

$$h(\theta \mid x) = p(x \mid \theta)\pi(\theta)/m(x)$$

由于 $m(x)$ 不依赖于 θ，在计算 θ 的后验分布中仅起到一个正则化因子的作用。假如把 $m(x)$ 省略，Bayes 公式可改写为如下等价形式

$$h(\theta \mid x) \propto p(x \mid \theta)\pi(\theta) \tag{10.10}$$

式中，符号"$\propto$"表示两边仅相差一个不依赖于 θ 的常数因子。式(10.10)右端是后验分布 $h(\theta|x)$ 的核，因为一旦知道核，就知道了后验分布，所以可通过计算后验的核来简化后验分布计算。

譬如，在例 10.2 中，正态均值 θ 的先验分布 $\pi(\theta)$ 取为另一个正态分布 $N(\mu, \tau^2)$。在 μ 和 τ^2 已知的情况下，θ 的后验分布为

$$h(\theta \mid x) \propto p(x \mid \theta)\pi(\theta)$$

$$\propto e^{-\frac{1}{2}\left[\frac{\sum_{i=1}^{n}(x_i - \theta)^2}{\sigma^2} + \frac{(\theta - \mu)^2}{\tau^2}\right]}$$

$$\propto e^{-\frac{1}{2}[A\theta^2 - 2B\theta]}$$

$$\propto e^{-\frac{A}{2}(\theta - B/A)^2}$$

式中 A 与 B 如前所述，就像略去 $m(x)$ 一样，上面几步中把与 θ 无关的因子略去，从最后结果看出，后验分布是正态分布，其均值为 B/A，方差为 A^{-1}。这就简化了计算。

表 10.1 列出了常用的共轭先验分布。

表 10.1　常用的共轭先验分布

总体分布	参　数	共轭先验分布
二项分布	成功概率	贝塔分布 $\beta(\alpha,\beta)$
泊松分布	均值	伽玛分布 $\Gamma(\alpha,\lambda)$
指数分布	均值的倒数	伽玛分布 $\Gamma(\alpha,\lambda)$
正态分布(方差已知)	均值	正态分布 $N(\mu,\tau^2)$
正态分布(均值已知)	方差	逆伽玛分布 $I\Gamma(\alpha,\lambda)$
正态分布	均值和方差(联合)	正态-逆伽玛分布 $N-I\Gamma(\nu_0,\mu_0,\sigma_0^2)$
d 维正态分布 $N_d(\theta,\Sigma),(\Sigma$ 已知)	d 维均值向量	d 维正态分布 $N_d(\mu,\Lambda)$,其中, $\mu=(\mu_1,\mu_2,\cdots,\mu_d)',\Lambda$ 为 d 阶正定阵
多项分布 $M_k(n;\theta_1,\theta_2,\cdots,\theta_k)$	$(\theta_1,\theta_2,\cdots,\theta_k)$	Dirichlet 分布 $D(\alpha_1,\alpha_2,\cdots,\alpha_k)$

共轭先验分布的优点是计算方便,同时,后验分布的一些参数,特别是后验均值可得到很好的解释。这可以从下面的例子中体会。

例 10.3　在"正态均值 θ 的共轭先验分布为正态分布"的例 10.2 中,其后验均值 μ_1(见式(10.9))可改写为

$$\mu_1 = \frac{\sigma_0^{-2}}{\sigma_0^{-2}+\tau^{-2}}\bar{x} + \frac{\tau^{-2}}{\sigma_0^{-2}+\tau^{-2}}\mu = \gamma\bar{x} + (1-\gamma)\mu$$

式中, $\gamma=\sigma_0^{-2}/(\sigma_0^{-2}+\tau^{-2})$ 是用方差倒数组成的权,于是后验均值 μ_1 是样本均值 $\bar{x}$ 和先验均值 μ 的加权平均。这表明后验均值是在先验均值与样本均值间进行折衷。

在处理正态分布时,方差的倒数发挥着重要作用,称为精度,于是在正态均值的共轭先验分布讨论中,其后验方差 τ_1^2 所满足的等式(见式(10.9))

$$\frac{1}{\tau_1^2} = \frac{1}{\sigma_0^2} + \frac{1}{\tau^2} = \frac{n}{\sigma^2} + \frac{1}{\tau^2}$$

可解释为:后验分布的精度是样本均值分布的精度与先验分布精度之和,增加样本量 n 或者减少先验方差都有利于提高后验分布的精度。

在 Bayes 分析中,先验分布的选取应以合理性作为首要原则,计算上的方便与先验的合理性相比总还是第二位的。当样本均值和先验均值相距较远时,直观上,后验分布应该有两个峰才更为合理。如果使用共轭先验分布(如在正态均值场合)逼近使后验分布只有一个峰,从而会掩盖实际情况,引起误用。因此在考虑先验合理性的基础上,充分发挥共轭先验分布的计算特长。除了这里介绍的 Bayes 假设和共轭先验分布之外,还有很多确定先验分布的方法,像 Jeffreys 先验、最大熵先验、直方图法、变分度法与定分度法、多层先验等。

3. 超参数的确定

先验分布中所含的未知参数称为超参数。共轭先验分布中常含有超参数,如何利用先验信息来确定超参数是使用 Bayes 方法要研究的问题。下面结合贝塔分布来介绍几种超参数的确定方法。

例 10.4　二项分布中成功概率 θ 的共轭先验分布是贝塔分布 $\beta(\alpha,\beta)$,其中,α,β 是两个超参数。对 α,β 的确定已有多种方法,现综述如下:

① 先验矩方法:若用先验信息能获得成功概率 θ 的若干估计值,记为 $\theta_1,\theta_2,\cdots,\theta_k$,一般它们可从历史数据整理加工中获得,由此可计算前两阶先验矩 μ_1 和 μ_2,即

$$\mu_1 = \frac{1}{k}\sum_{i=1}^{k}\theta_i, \quad \mu_2 = \frac{1}{k}\sum_{i=1}^{k}\theta_i^2$$

然后令其分别等于贝塔分布 $\beta(\alpha,\beta)$ 的一、二阶矩,解之,可得

$$\hat{\alpha} = \frac{\mu_1^2 - \mu_2\mu_1}{\mu_2 - \mu_1^2}, \quad \hat{\beta} = \frac{\mu_1 - \mu_2}{\mu_2 - \mu_1^2}(1-\mu_1)$$

② 先验分位数方法:假如根据先验信息可以确定贝塔分布的两个分位数,则可利用这两个分位数来确定 α,β。譬如用上、下四分位数 θ_U 与 θ_L 来确定 α,β,θ_U 与 θ_L 分别满足如下两个方程

$$\int_0^{\theta_L} \frac{\Gamma(\alpha+\beta)}{\Gamma(\alpha)\Gamma(\beta)}\theta^{\alpha-1}(1-\theta)^{\beta-1}\mathrm{d}\theta = 0.25$$

$$\int_{\theta_U}^1 \frac{\Gamma(\alpha+\beta)}{\Gamma(\alpha)\Gamma(\beta)}\theta^{\alpha-1}(1-\theta)^{\beta-1}\mathrm{d}\theta = 0.25$$

从这两个方程解出 α,β,即可确定超参数。

③ 先验均值和先验分位数方法:若能得到先验均值 $\bar{\theta}$ 和先验分布的 p 分位数 θ_p,则可列出下列方程

$$\begin{cases} \dfrac{\alpha}{\alpha+\beta} = \bar{\theta} \\[2mm] \displaystyle\int_0^{\theta_p} \frac{\Gamma(\alpha+\beta)}{\Gamma(\alpha)\Gamma(\beta)}\theta^{\alpha-1}(1-\theta)^{\beta-1}\mathrm{d}\theta = p \end{cases}$$

用数值方法求解上述方程组,即可得到超参数 α,β 的数值解。

④ 其他方法:假如根据先验信息只能获得先验均值 $\bar{\theta}$,这时可令

$$\frac{\alpha}{\alpha+\beta} = \bar{\theta}$$

一个方程不能唯一确定两个未知数,这时还要利用其他先验信息才能把 α,β 确定下来。譬如,可借助使用者对先验均值 $\bar{\theta}$ 的可信程度的大小来确定 α,β,例如,$\bar{\theta}=0.4$,那么满足方程 $\alpha/(\alpha+\beta)=0.4$ 的 α,β 有无穷多组解,表 10.2 列出了若干组,从表中可见,它们的方差 $\mathrm{Var}(\theta)$ 随着 $\alpha+\beta$ 的增大而减少,意味着其分布在向均值 $E(\theta)$ 集中,从而提高人们对 $E(\theta)=0.4$ 的确信程度。这样一来,选择 $\alpha+\beta$ 的问题转化为决策者对 $E(\theta)=0.4$ 的确信程度大小的问题,若对 $E(\theta)=0.4$ 很确信,那 $\alpha+\beta$ 可选得大些;若对 $E(\theta)=0.4$ 尚存疑虑,那 $\alpha+\beta$ 可选得小些,譬如决策人对 $E(\theta)=0.4$ 很确信,从而选 $\alpha+\beta=35$。从表 10.2 可见,此时 $\hat{\alpha}=14$,$\hat{\beta}=21$,这样 θ 的先验分布就是贝塔分布 $\beta(14,21)$。

表 10.2　贝塔分布中超参数与方差的关系

贝塔分布	α	$\alpha+\beta$	$E(\theta)$	$\mathrm{Var}(\theta)$
$\beta(2,3)$	2	5	0.4	0.040 0
$\beta(4,6)$	4	10	0.4	0.021 8
$\beta(8,12)$	8	20	0.4	0.011 0
$\beta(10,15)$	10	25	0.4	0.009 2
$\beta(14,21)$	14	35	0.4	0.006 7

10.1.3　Bayes 推断

从 Bayes 观点看,后验分布 $h(\theta|x)$ 集总体信息、样本信息和先验信息于一体,全面描述了参数 θ 的概率分布。因此,有关参数 θ 的点估计、区间估计、假设检验等统计推断,应该从后验分布 $h(\theta|x)$ 按需要提取有关信息。下面分别叙述几种 Bayes 推断形式。

1. Bayes 点估计

参数 θ 的点估计,可选用后验分布 $h(\theta|x)$ 的某个位置特征数。常用的有后验期望、后验中位数和后验众数 3 种形式。其中,使后验密度 $h(\theta|x)$ 达到最大的值 $\hat{\theta}_{\max}$ 称为后验众数估计;后验分布的中位数 $\hat{\theta}_{med}$ 称为 θ 的后验中位数估计;后验分布的期望值 $\hat{\theta}_E$ 称为 θ 的后验期望估计,这 3 个估计都称为 Bayes 估计,记为 $\hat{\theta}_B$,在不引起混淆时,简记为 $\hat{\theta}$。

一般,这 3 种 Bayes 估计是不同的。当后验密度函数对称时,这 3 种 Bayes 估计相同,譬如后验分布为正态分布时,这 3 种 Bayes 估计相同。

例 10.5　为估计不合格品率 θ,今从一批产品中随机抽取 n 件,其中,不合格品数 X 服从二项分布 $B(n,\theta)$。若取贝塔分布 $\beta(\alpha,\beta)$ 为 θ 的先验分布,且超参数 α,β 已知,则后验分布为贝塔分布 $\beta(\alpha+x,\beta+n-x)$。这时,不合格品率 θ 的后验众数估计 $\hat{\theta}_{\max}$ 和后验期望估计 $\hat{\theta}_E$ 分别为

$$\hat{\theta}_{\max}=\frac{\alpha+x-1}{\alpha+\beta+n-2}, \quad \hat{\theta}_E=\frac{\alpha+x}{\alpha+\beta+n}$$

这两个 Bayes 估计是不同的。作为数值例子,若选用均匀分布 $U(0,1)$ 作为 θ 的先验分布,那么上述两个估计分别为

$$\hat{\theta}_{\max}=\frac{x}{n}, \quad \hat{\theta}_E=\frac{x+1}{n+2}$$

式中第一个估计 $\hat{\theta}_{\max}$ 就是经典统计学中的极大似然估计,于是可以说,不合格品率 θ 的极大似然估计就是特定先验分布 $U(0,1)$ 下的 Bayes 估计。

2. 估计量的评价

评价一个 Bayes 估计 $\hat{\theta}$ 的好坏,最好的方法是考察 $\hat{\theta}$ 对 θ 的均方差。设参数 θ 的后验分布为 $h(\theta|x)$,θ 的 Bayes 估计为 $\hat{\theta}$,则 $(\hat{\theta}-\theta)^2$ 的后验期望

$$\mathrm{MSE}(\hat{\theta}|x)=E_{\theta|x}(\hat{\theta}-\theta)^2$$

称为 $\hat{\theta}$ 的后验均方差。当 $\hat{\theta}$ 为后验期望估计 $\hat{\theta}_E = E(\theta|x)$ 时，后验均方差即为后验方差，即

$$\text{MSE}(\hat{\theta}\mid x) = \text{Var}(\theta\mid x)$$

其平方根 $[\text{Var}(\theta|x)]^{1/2}$ 称为后验标准差。

$\hat{\theta}$ 的后验均方差有如下分解

$$\text{MSE}(\hat{\theta}\mid x) = \text{Var}(\theta\mid x) + (\hat{\theta}_E - \hat{\theta})^2$$

可见，θ 的后验期望估计 $\hat{\theta}_E = E(\theta|x)$ 是使后验均方差达到最小的估计，因此，实际中常取后验期望作为 θ 的 Bayes 估计。

例 10.6　在例 10.5 中，使用共轭先验分布所得到 θ 的后验分布为 $\beta(\alpha+x,\beta+n-x)$，其后验方差为

$$\text{Var}(\hat{\theta}\mid x) = \frac{(\alpha+x)(\beta+n-x)}{(\alpha+\beta+n)^2(\alpha+\beta+n+1)}$$

式中，n 为样本量，x 为样本中不合格品数，α,β 为超参数。若取 $\alpha=\beta=1$，则后验方差为

$$\text{Var}(\hat{\theta}\mid x) = \frac{(x+1)(n-x+1)}{(n+2)^2(n+3)}$$

它是 θ 的后验期望估计 $\hat{\theta}_E = (x+1)/(n+2)$ 的后验均方差。而后验众数估计 $\hat{\theta}_{\max} = x/n$ 的后验均方差为

$$\text{MSE}(\hat{\theta}_{\max}\mid x) = \frac{(x+1)(n-x+1)}{(n+2)^2(n+3)} + \left(\frac{x+1}{n+2} - \frac{x}{n}\right)^2$$

值得注意的是，在评价 Bayes 估计的时候不用"无偏性"，这是因为 θ 的无偏估计 $\hat{\theta}(x)$ 应满足如下等式

$$E(\hat{\theta}(x)) = \int_x \hat{\theta}(x)p(x\mid\theta)\mathrm{d}x = \theta$$

式中，平均是对 x 的样本空间中的所有可能出现的样本取平均，而实际中样本空间中的绝大多数样本没有出现过，因此，在评价 Bayes 估计好坏时不用无偏性。这一观点在 Bayes 学派中被称为"条件观点"。这种观点认为：基于后验分布的统计推断，意味着只考虑已出现的数据（样本观测值），而未出现的数据与推断无关。基于这一观点，无须寻求估计量的抽样分布及其一、二阶矩。而评价 Bayes 估计好坏，也只能从后验分布中提取信息。这在实际应用中使其计算简化，因为后验均方差或后验方差总比寻求抽样分布的方差要容易得多。

3. 区间估计

当获得参数 θ 的后验分布 $h(\theta|x)$ 之后，立即可获得 θ 的可信区间，具体定义如下：

对给定的样本 x 和概率 $1-\alpha(0<\alpha<1)$，若存在这样两个统计量 $\hat{\theta}_L = \hat{\theta}_L(x)$ 与 $\hat{\theta}_U = \hat{\theta}_U(x)$，使得

$$P(\hat{\theta}_L \leqslant \theta \leqslant \hat{\theta}_U \mid x) \geqslant 1-\alpha \tag{10.11}$$

则称区间 $[\hat{\theta}_L,\hat{\theta}_U]$ 为参数 θ 的可信水平为 $1-\alpha$ 的 Bayes 可信区间，或简称为 θ 的 $1-\alpha$ 可信区间。而满足

$$P(\theta \geqslant \hat{\theta}_{L} \mid x) \geqslant 1-\alpha \tag{10.12}$$

的 $\hat{\theta}_{L}$,称为 θ 的 $1-\alpha$（单侧）可信下限,满足

$$P(\theta \leqslant \hat{\theta}_{U} \mid x) \geqslant 1-\alpha \tag{10.13}$$

的 $\hat{\theta}_{U}$,称为 θ 的 $1-\alpha$（单侧）可信上限。

这里可信区间和可信水平与经典统计学的置信区间和置信水平是同类概念。Bayes 学派之所以用该名是为了区别其含义。置信区间是随机区间,90% 的置信区间是指在 100 次使用它时,大约有 90 次所得区间能盖住未知参数,至于 1 次使用它时没有任何解释。而 90% 的可信区间在样本 x 给定后,可通过后验分布的分位数求得,而 θ 落入可信区间的概率是 0.9。

对给定的可信水平 $1-\alpha$,从后验分布 $h(\theta|x)$ 获得的可信区间不止一个,常用的方法是把 α 平分,用 $\alpha/2$ 和 $1-\alpha/2$ 的分位数来确定 θ 的可信区间,称为等尾可信区间。等尾可信区间在实际中经常被应用,但不是最理想的,最理想的可信区间应是区间长度最短的,这只要把具有最大后验密度的点都包含在区间内,而在区间外的点上的后验密度函数值不超过区间内的后验密度函数值即可,这样的区间称为最大后验密度（HPD）可信区间,具体定义如下:

设参数 θ 的后验分布为 $h(\theta|x)$,对于给定的可信水平 $1-\alpha(0<\alpha<1)$,如果存在区域 D 满足下面两个条件:

① $P(\theta \in D \mid x) = \int_{D} h(\theta \mid x) d\theta = 1-\alpha$,

② 任给 $\theta_1 \in D, \theta_2 \notin D$,总有不等式

$$h(\theta_1 \mid x) \geqslant h(\theta_2 \mid x)$$

则称 D 是 θ 的最大后验密度区域估计。如果 D 是一个区间,则称为最大后验密度（HPD）可信区间。下面用一个正态分布的例子来说明。

设 $x_1, x_2, \cdots, x_n$ 是来自 $N(\mu, \sigma^2)$ 的一个样本,未知参数是 σ^2,求 σ^2 的区间估计。

采用 Bayes 假设,这时

$$h(\sigma^2 \mid x) \propto \sigma^{-n} e^{-\sum_{i=1}^{n}(x_i-\mu)^2/(2\sigma^2)}$$

于是,σ^2 的后验分布是逆伽玛分布。方便起见,将其密度写为如下形式

$$\gamma(\sigma^2 \mid a, b) = \frac{b^a}{\Gamma(a)(\sigma^2)^{a+1}} e^{-b/\sigma^2}$$

式中,$a = \dfrac{n}{2} - 1$,$b = \displaystyle\sum_{i=1}^{n}(x_i-\mu)^2/2$。

注意到 $\gamma(\sigma^2|a,b)$ 的密度函数是非对称的,因此,对称地截取分位点并不能得到最大后验密度区间。对于可信水平 $1-\alpha$,该区间为由满足下列等式的 c_1 和 c_2 构成的区间 $[c_1, c_2]$,即

① $P(c_1 \leqslant \sigma^2 \leqslant c_2) = \displaystyle\int_{c_1}^{c_2} \gamma(\sigma^2 \mid a, b) d\sigma^2 = 1-\alpha$,

② $\gamma(c_1 \mid a, b) = \gamma(c_2 \mid a, b)$.

应注意,这一结果与常见的经典方法置信区间并不完全相同。

10.2　可靠性评估的 Bayes 方法

Bayes 方法系统地用于可靠性评估,在 20 世纪 80 年代已有专门的著作。可靠性评估处

理的对象一般能做的试验次数少,数据得来不易,如何利用经验知识来减少试验的数量正是工程实际中十分关心的,这推动了 Bayes 方法在可靠性评估中的应用和发展。

可靠性试验获得的往往不是完全样本,因为试验的时间不可能无限地延续,到某个时刻必须终止;另一方面,样本的分布往往是指数分布、威布尔分布、极值分布等。下面以二项分布、指数分布为例介绍单元产品的可靠性 Bayes 评估,最后介绍系统可靠性 Bayes 评估的基本流程。

10.2.1 二项分布的 Bayes 估计

每次试验的成功概率 θ 是一个参数,n 次独立试验中的成功次数 X 服从二项分布,恰好成功 r 次的概率是

$$P(X=r) = \binom{n}{r}\theta^r(1-\theta)^{n-r} \tag{10.14}$$

如采用共轭先验分布 $\beta(a,b)$,则 θ 的后验分布是 $\beta(a+r,b+n-r)$,而 θ 的 $1-\alpha$ 可信区间为 $[\beta_{\alpha/2}^{-1}(a+r,b+n-r),\beta_{1-\alpha/2}^{-1}(a+r,b+n-r)]$,其中,$\beta_\alpha^{-1}(a,b)$ 指贝塔分布 $\beta(a,b)$ 的 α 分位数。

例 10.7 某一成败型产品,从历史资料算得 $a=3$,$b=2$,现在又进行了 10 次试验,9 次成功,1 次失败,试计算成功概率(可靠度)θ 的 0.95 可信区间。

解: 已知 $a=3$,$b=2$,$n=10$,$r=9$,所以 $a+r=12$,$b+n-r=3$,则 θ 的后验分布是 $\beta(12,3)$,而 θ 的 0.95 可信区间为 $[\beta_{0.025}^{-1}(12,3),\beta_{0.975}^{-1}(12,3)]=[0.5719,0.9534]$。

10.2.2 指数分布的 Bayes 估计

电子产品的使用寿命通常服从指数分布,它的分布函数

$$F(t)=1-e^{-\lambda t}, \quad \lambda > 0$$

相应的可靠度 $R=e^{-\lambda t}$。如何从试验数据中求出 R 的置信限?这是可靠性统计的典型问题。注意到寿命试验往往难以观测到全体试验样品的失效数据,如果能得到定数截尾试验的前 r 个失效时刻 $t_1 \leqslant t_2 \leqslant \cdots \leqslant t_r, t_1,t_2,\cdots,t_r$ 就是样本的前 r 个顺序统计量,似然函数

$$L(\lambda \mid t_1,t_2,\cdots,t_r) = \frac{n!}{(n-r)!}e^{-\lambda T} \cdot \lambda^r \tag{10.15}$$

式中,$T=\sum_{i=1}^{r}t_i + (n-r)t_r$。

使用不同的先验分布,可以得到不同的后验分布,根据 Jeffreys 原则,可以求出 Fisher 信息量为

$$I(\lambda) = \frac{r}{\lambda^2}$$

于是,若先验分布 $\pi(\lambda) \propto \lambda^{-1}$,则后验分布为

$$h(\lambda \mid t_1,t_2,\cdots,t_r) \propto \lambda^{r-1}e^{-\lambda T} \tag{10.16}$$

若采用共轭先验分布,则相应的先验分布是伽玛分布 $\Gamma(a,b)$,即

$$\pi(\lambda) \propto \lambda^{a-1}e^{-\lambda b}$$

此时,后验分布

$$h(\lambda \mid t_1, t_2, \cdots, t_r) \propto \lambda^{a+r-1} e^{-\lambda(T+b)} \tag{10.17}$$

这是参数为 $a+r$，$T+b$ 的伽玛分布。显然，式(10.16)是式(10.17)的特例，相应于 $a=b=0$。

从式(10.17)出发，λ 的 Bayes 估计

$$\hat{\lambda} = E(\lambda \mid t_1, t_2, \cdots, t_r) = \frac{a+r}{b+T} \tag{10.18}$$

注意到在 t 时刻的可靠度 $R = \exp(-\lambda t)$，即 $\ln R = -\lambda t$，它是 λ 的线性函数，很容易求得 R 的后验分布

$$P(R < x \mid t_1, t_2, \cdots, t_r) = P\left(\lambda > -\frac{\ln x}{t} \mid t_1, t_2, \cdots, t_r\right)$$

$$\tag{10.19}$$

$$= \int_{-\frac{\ln x}{t}}^{\infty} \frac{(T+b)^{a+r}}{\Gamma(a+r)} \lambda^{a+r-1} e^{-\lambda(T+b)} d\lambda$$

利用这个公式，就可以求出可靠度 R 的置信限。如果要求 R 的 Bayes 估计，则直接从式(10.17)中求 R 的后验期望即可得到

$$\hat{R} = E\{R \mid t_1, t_2, \cdots, t_r\} = \left(\frac{\tau}{1+\tau}\right)^{a+r} \tag{10.20}$$

式中，$\tau = (T+b)/t$。

τ 的实际意义非常明显，分子 $T+b$ 表示样本能完成任务的时间 T 和先验信息中能完成任务的时间 b 的总和，分母 t 是任务规定的完成时间，$\hat{R}$ 的值在 0 和 1 之间，因为 $\tau > 0$，$\tau < 1 + \tau$。如果 τ 很小，即实际完成的与任务要求的相差太远，则可靠度 $\hat{R}$ 就趋向于零；如果 τ 很大，即实际完成的大大超过任务规定的，那么可靠度 $\hat{R}$ 就趋向于 1。

除上面的两种情形外，对于双参数的指数分布，同样可引入共轭先验分布，但情况复杂得多，后验分布的计算也相当麻烦。对于威布尔分布，如果对形状参数有办法估计，就可以化成指数分布来处理，极值分布也有类似的性质，这里就不逐一介绍了。

10.2.3 威布尔分布的 Bayes 估计

两参数威布尔分布的分布函数为

$$F(t) = \begin{cases} 1 - e^{-(t/\eta)^m}, & t \geqslant 0 \\ 0, & t < 0 \end{cases}$$

设 n 个产品中前 r 个失效时间为 $t_1 \leqslant t_2 \leqslant \cdots \leqslant t_r$。若参数 m 已知，这时，由于 $t_1^m \leqslant t_2^m \leqslant \cdots \leqslant t_r^m$ 为来自指数分布 $\mathrm{Exp}(1/\eta)$ 的前 r 个顺序统计量，因此，威布尔分布参数的贝叶斯估计可转化为指数分布进行处理。若 m 未知(实际通常如此)，比较麻烦，相应的似然函数为

$$L(\lambda, m \mid t_1, t_2, \cdots, t_r) \propto \lambda^r m^r W^{m-1} e^{\lambda T_r(m)}$$

式中，$\lambda = (1/\eta)^m$，$W = \prod_{i=1}^{r} t_i$，$T_r(m) = \sum_{i=1}^{r} t_i^m + (n-r)t_r^m$。对于参数 λ，可选伽玛分布作为共轭先验分布；对于参数 m，则没有共轭先验分布，从实际情况出发，可考虑如下几种先验：

① 如果知道 m 的范围在区间 $[b_1, b_2]$ 内，则可使用 $[b_1, b_2]$ 上的均匀分布。

② 由于分布的失效率与 m 相对应，若知道失效率是递减的，则 $0 < m < 1$，这时可选用贝塔分布作为先验。

③ 如果知道失效率是递增的,则 $m>1$,这是可选用先验分布,使 $m'=m-1$ 服从伽玛分布。

④ 如果知道 m 只能取有限个值,例如 $b_1,b_2,\cdots,b_k$,此时,选择离散先验分布
$$\pi(b_i)=P(m=b_i)=p_i, \quad i=1,2,\cdots,k$$

这里仅讨论条款④的离散情况。取 λ 的先验为伽玛分布 $Ga(d,\tau)$,且 λ 和 m 是独立的,这时,它们的先验分布为
$$\pi(\lambda,b_i)\propto\lambda^{d-1}\mathrm{e}^{-\tau\lambda}p_i, \quad \lambda>0, \quad i=1,2,\cdots,k$$

于是 λ 和 m 的联合后验分布为

$$h(\lambda,b_i\mid t_1,t_2,\cdots,t_r)=\frac{p_ib_i^rW^{b_i-1}\lambda^{d+r-1}\mathrm{e}^{-\lambda[T_r(b_i)+\tau]}}{\sum\limits_{i=1}^{k}p_ib_i^rW^{b_i-1}\int_0^{+\infty}\lambda^{d+r-1}\mathrm{e}^{-\lambda[T_r(b_i)+\tau]}\mathrm{d}\lambda}$$

$$\propto\frac{p_ib_i^rW^{b_i-1}\lambda^{d+r-1}\mathrm{e}^{-\lambda[T_r(b_i)+\tau]}}{\sum\limits_{i=1}^{k}p_ib_i^rW^{b_i-1}/[T_r(b_i)+\tau]^{d+r}}, \quad i=1,2,\cdots,k,\lambda>0$$

由此得到 m 的后验分布为

$$h(b_i\mid t_1,t_2,\cdots,t_r)=\frac{p_ib_i^rW^{b_i-1}/[T_r(b_i)+\tau]^{d+r}}{\sum\limits_{i=1}^{k}p_ib_i^rW^{b_i-1}/[T_r(b_i)+\tau]^{d+r}}, \quad i=1,2,\cdots,k \quad (10.21)$$

而 λ 的后验分布为

$$h(\lambda\mid t_1,t_2,\cdots,t_r)=\frac{\sum\limits_{i=1}^{k}p_ib_i^rW^{b_i-1}\lambda^{d+r-1}\mathrm{e}^{-\lambda[T_r(b_i)+\tau]}}{\sum\limits_{i=1}^{k}p_ib_i^rW^{b_i-1}/[T_r(b_i)+\tau]^{d+r}}, \quad \lambda>0 \quad (10.22)$$

进而得到 m 的贝叶斯估计

$$\hat{m}=\frac{\sum\limits_{i=1}^{k}p_ib_i^{r+1}W^{b_i-1}/[T_r(b_i)+\tau]^{d+r}}{\sum\limits_{i=1}^{k}p_ib_i^rW^{b_i-1}/[T_r(b_i)+\tau]^{d+r}} \quad (10.23)$$

与 λ 的贝叶斯估计

$$\hat{\lambda}=\frac{(d+r)\sum\limits_{i=1}^{k}p_ib_i^rW^{b_i-1}/[T_r(b_i)+\tau]^{d+r+1}}{\sum\limits_{i=1}^{k}p_ib_i^rW^{b_i-1}/[T_r(b_i)+\tau]^{d+r}} \quad (10.24)$$

相应的可靠度贝叶斯估计

$$\hat{R}(t_0)=E[R(t_0)\mid t_1,t_2,\cdots,t_r]=\int R(t_0\mid\theta)h(\theta\mid t_1,t_2,\cdots,t_r)\mathrm{d}\theta \quad (10.25)$$

式中,θ 为分布参数,对于威布尔分布 $W(m,\lambda)$,上式具体表达,留给读者完成。

对于前面提到 m 的另外 3 种连续先验,甚至更为一般的先验分布,可以通过马氏链蒙特卡洛(MCMC)抽样方法计算后验分布,例如 Gibbs 抽样方法,实现威布尔分布参数和关注的可靠性指标的贝叶斯估计。

10.2.4 正态分布与对数正态分布的 Bayes 估计

对数正态分布与正态分布关系密切，即若寿命 T 服从对数正态分布 $LN(\mu,\sigma^2)$，则其对数 $X=\ln T$ 服从正态分布 $N(\mu,\sigma^2)$。又因为对数变换具有严格单调性，因此，对数正态分布的样本 $t_1,t_2,\cdots,t_n$ 的前 r 个顺序统计量 $t_{(1)}\leqslant t_{(2)}\leqslant\cdots\leqslant t_{(r)}$，取对数后所得的 $\ln t_{(1)}\leqslant\ln t_{(2)}\leqslant\cdots\leqslant\ln t_{(r)}$ 是正态分布样本的前 r 个顺序统计量。这样，对数正态分布的统计分析可以转化为正态分布来处理。本节主要介绍完全样本下正态分布参数 μ、σ^2 及可靠度的贝叶斯估计。

设 $x_1,x_2,\cdots,x_n$ 为来自正态分布 $N(\mu,\sigma^2)$ 的一组样本，记

$$\bar{x}=\frac{1}{n}\sum_{i=1}^{n}x_i, \quad s_\mu^2=\sum_{i=1}^{n}(x_i-\mu)^2, \quad s^2=\frac{1}{n-1}\sum_{i=1}^{n}(x_i-\bar{x})^2$$

下面讨论不同先验下，正态分布参数及可靠度的贝叶斯估计。

(1) σ^2 已知

按贝叶斯假设，μ 的先验取无信息先验，即 $\pi(\mu)\propto 1$。因此，得到 μ 的后验分布为

$$\mu\mid\bar{x}\sim N\left(\bar{x},\frac{\sigma^2}{n}\right)$$

得到 μ 的贝叶斯估计为 $\hat{\mu}=\bar{x}$，它与经典统计学的估计相同。

(2) σ^2 已知

选取 μ 的共轭先验为正态分布 $N(\mu_0,\sigma_0^2)$，则 μ 的后验分布函数为

$$\mu\mid\bar{x}\sim N(a,d^2)$$

式中，$a=\left(\frac{1}{\sigma_0^2}\mu+\frac{n}{\sigma^2}\bar{x}\right)\Big/\left(\frac{1}{\sigma_0^2}+\frac{n}{\sigma^2}\right)$，$\frac{1}{d^2}=\frac{1}{\sigma_0^2}+\frac{n}{\sigma^2}$。因此，$\mu$ 的贝叶斯估计 $\hat{\mu}=a$ 是先验均值与样本均值的加权平均。

(3) μ 已知

σ^2 的共轭先验为逆伽玛分布 $IGa(\alpha,\beta)$，由于似然函数与先验密度分别为

$$p(x_1,x_2,\cdots,x_n\mid\sigma^2)\propto(\sigma^2)^{-n/2}\exp\left\{-\frac{s_\mu^2}{2\sigma^2}\right\}$$

和

$$\pi(\sigma^2)\propto(\sigma^2)^{-(\alpha+1)}\exp\left\{-\frac{\beta}{\sigma^2}\right\}$$

其中，s_μ^2 为充分统计量，因此，σ^2 的后验为

$$h(\sigma^2\mid s_\mu^2)\propto(\sigma^2)^{-(\alpha+\frac{n}{2}+1)}\exp\left\{-\frac{\beta+s_\mu^2/2}{\sigma^2}\right\}$$

上式恰好是逆伽玛分布 $IGa\left(\alpha+\frac{n}{2},\beta+\frac{s_\mu^2}{2}\right)$ 的核，因此，σ^2 的贝叶斯估计为

$$\hat{\sigma}^2=\frac{2\beta+s_\mu^2}{2\alpha+n-2} \tag{10.26}$$

当 σ^2 取无信息先验时，即 $\pi(\sigma^2)\propto 1/\sigma^2$（相当于 $\alpha=0,\beta=0$ 的共轭先验），此时 σ^2 的后验分布为

$$\sigma^2\mid s_\mu^2\sim(\sigma^2)^{-(n/2+1)}\exp\left\{-\frac{s_\mu^2}{2\sigma^2}\right\}$$

这是逆伽玛分布 $IGa\left(\dfrac{n}{2}, \dfrac{s_\mu^2}{2}\right)$ 的核,由此得到 σ^2 的贝叶斯估计

$$\hat{\sigma}^2 = \frac{s_\mu^2}{n-2} \tag{10.27}$$

(4) μ 和 σ^2 均未知且独立

按 Jeffreys 原则,(μ, σ^2) 取无信息先验为

$$\pi(\mu, \sigma^2) \propto 1/\sigma^2$$

易得 μ 和 σ^2 的联合后验分布为

$$h(\mu, \sigma^2 \mid \bar{x}, s^2) \propto (\sigma^2)^{-(\frac{n}{2}+1)} \exp\left\{-\frac{1}{2\sigma^2}\left[(n-1)s^2 + n(\bar{x}-\mu)^2\right]\right\} \tag{10.28}$$

式中,$\bar{x}$ 和 s^2 为 μ 和 σ^2 的充分统计量。因此,使用边际分布,可得到 μ 和 σ^2 的边际后验。

① σ^2 的边际后验:由正态密度函数对 μ 积分得

$$h(\sigma^2 \mid \bar{x}, s^2) \propto (\sigma^2)^{-(n+1)/2} \exp\left\{-\frac{1}{2\sigma^2}(n-1)s^2\right\} \tag{10.29}$$

这是逆伽玛分布 $IGa\left(\dfrac{n-1}{2}, \dfrac{(n-1)s^2}{2}\right)$ 的核,因此,得到 σ^2 的贝叶斯估计

$$\hat{\sigma}^2 = \frac{(n-1)s^2/2}{\dfrac{n-1}{2}-1} = \frac{(n-1)s^2}{n-3} \tag{10.30}$$

② μ 的边际后验分布:对 σ^2 积分得

$$h(\mu \mid \bar{x}, s^2) = \int_0^{+\infty} h(\mu, \sigma^2 \mid \bar{x}, s^2) \mathrm{d}\sigma^2$$

做变换得 $z = \dfrac{A}{2\sigma^2}$,式中 $A = (n-1)s^2 + n(\mu-\bar{x})^2$,则

$$h(\mu \mid \bar{x}, s^2) \propto \left[1 + \frac{n(\mu-\bar{x})^2}{(n-1)s^2}\right]^{-n/2} \tag{10.31}$$

是自由度为 $n-1$、位置参数为 $\bar{x}$、刻度参数为 s^2/n 的一般 t 分布 $t(n-1, \bar{x}, s^2/n)$ 的核,故 μ 的贝叶斯估计就是 t 分布的对称中心,即 $\hat{\mu} = \bar{x}$。

将式(10.30)和式(10.31)重新改写,不难发现他们分别是卡方分布和 t 分布,即

$$\frac{(n-1)s^2}{\sigma^2} \mid (\bar{x}, s^2) \sim \chi^2(n-1) \quad 与 \quad \frac{\mu-\bar{x}}{s^2/n} \mid (\bar{x}, s^2) \sim t(n-1)$$

这两个结果表明,在无信息先验 $\pi(\mu, \sigma^2) \propto 1/\sigma^2$ 下,μ 和 σ^2 的后验分布与经典频率学派下使用枢轴量法得到的分布非常相似,因此,相应的区间估计形式也可类似得到。

(5) μ 和 σ^2 均未知且相关

其联合先验由两部分组成:一是 σ^2 的先验取逆伽玛分布;二是在 σ^2 给定下,μ 的条件先验取为正态分布,即

$$\mu \mid \sigma^2 \sim N\left(\mu_0, \frac{\sigma^2}{\kappa_0}\right), \quad \sigma^2 \sim IGa\left(\frac{\nu_0}{2}, \frac{\nu_0 \sigma_0^2}{2}\right) \tag{10.32}$$

记该联合先验分布为 $N-IGa\left(\mu_0, \dfrac{\sigma^2}{\kappa_0}; \nu_0, \sigma_0^2\right)$,其密度函数为

$$\pi(\mu,\sigma^2) \propto \sigma^{-1}(\sigma^2)^{-(\frac{\nu_0}{2}+1)} \exp\left\{-\frac{1}{2\sigma^2}[\nu_0\sigma_0^2+\kappa_0(\mu_0-\mu)^2]\right\}$$

① μ 和 σ^2 的联合后验密度:将先验分布与似然函数结合,可得

$$h(\mu,\sigma^2\mid\bar{x},s^2) \propto \sigma^{-1}(\sigma^2)^{-(\frac{\nu_n}{2}+1)} \exp\left\{-\frac{1}{2\sigma^2}[\nu_n\sigma_n^2+\kappa_n(\mu_n-\mu)^2]\right\} \tag{10.33}$$

它是分布 $N-IGa(\mu_n,\sigma_n^2/\kappa_n;\nu_n,\sigma_n^2)$ 的核,其中

$$\mu_n = \frac{\kappa_0}{\kappa_0+n}\mu_0 + \frac{n}{\kappa_0+n}\bar{x}$$

$$\kappa_n = \kappa_0+n$$

$$\nu_n = \nu_0+n$$

$$\nu_n\sigma_n^2 = \nu_0\sigma_0^2 + (n-1)s^2 + \frac{\kappa_0 n}{\kappa_0+n}(\bar{x}-\mu_0)^2$$

从这个意义上来说,式(10.33)是参数 μ 和 σ^2 的联合共轭先验。该分布的意义如下:

μ_n 为先验均值 μ_0 与样本均值 $\bar{x}$ 的加权平均,相应的权重正比于先验参数 κ_0 与样本量 n;

后验平方和 $\nu_n\sigma_n^2$ 为先验平方和 $\nu_0\sigma_0^2$、样本平方和 $(n-1)s^2$ 及由样本均值与先验均值的差异所引起的不确定性之和。

② σ^2 的边际后验密度:由 μ 和 σ^2 的联合后验密度关于 μ 积分,易得 σ^2 的边际后验,他是逆伽玛分布 $IGa\left(\frac{\nu_n}{2},\frac{\nu_n\sigma_n^2}{2}\right)$,其均值 $\frac{\nu_n\sigma_n^2}{\nu_n-2}$ 是 σ^2 的贝叶斯估计。

③ μ 的边际后验密度:与无信息先验场合的推导类似,可得

$$h(\mu\mid\bar{x},s^2) \propto \left[1+\frac{\kappa_n(\mu-\mu_n)^2}{\nu_n\sigma_n^2}\right]^{-\frac{\nu_n+1}{2}} \tag{10.34}$$

即

$$\mu\mid\bar{x},s^2 \propto t(\nu_n;\mu_n,\sigma_n^2/\kappa_n) \tag{10.35}$$

其均值 μ_n 就是 μ 的贝叶斯估计。

(6) μ 和 σ^2 均未知且独立

先验分别取为正态及逆伽玛分布,即

$$\mu \sim N(\mu_0,\tau_0^2), \quad \sigma^2 \sim IGa\left(\frac{\nu_0}{2},\frac{\nu_0\sigma_0^2}{2}\right)$$

这时,他们不再是共轭先验分布,实际上 μ 的后验分布没有解析表达式,而 σ^2 的后验分布相当复杂,相应的数据处理,可通过蒙特卡罗重抽样方法来进行。

(7) 可靠度的贝叶斯估计

设任务时间为 x_0,若 μ 和 σ^2 的联合先验按 Jeffery 原则选取,即

$$\pi(\mu,\sigma^2) \propto 1/\sigma^2$$

则由联合后验分布式(10.28),经计算得到可靠度 $R=R(x_0)=1-\Phi\left(\frac{x_0-\mu}{\sigma}\right)$ 的贝叶斯估计

$$\hat{R} = 1-\int_{-\infty}^{x_0} \frac{\Gamma\left(\frac{n}{2}\right)}{\Gamma\left(\frac{n-1}{2}\right)\sqrt{(n-1)\pi}\sigma'}\left[1+\frac{1}{n-1}\left(\frac{\bar{x}-x}{\sigma'}\right)^2\right]^{-\frac{(n-1)+1}{2}}\mathrm{d}x \tag{1.36}$$

式中，$\sigma' = \sqrt{\dfrac{n+1}{n}}\, s$，上述积分中的被积函数恰为 t 分布 $t(n-1, \bar{x}, \sigma'^2)$ 的密度函数，因此，R 的贝叶斯估计为服从 $t(n-1, \bar{x}, \sigma'^2)$ 的随机变量大于任务时间 x_0 的概率。

10.2.5　系统可靠性 Bayes 评估的基本流程

Bayes 评估方法不仅可以用于单元产品的可靠性评估，还可以应用到系统可靠性评估中，并且发展和形成了大量系统可靠性 Bayes 评估方法。不过，这些方法大多要使用 Mellin 变换、Chebyshev 多项式等复杂的数学工具，使工程人员难以掌握，因此，在工程上实际使用较少。当然，系统可靠性 Bayes 评估作为系统可靠性评估的重要组成部分，在理论和实际上确有研究和发展的必要。因此，这里扼要介绍系统可靠性 Bayes 评估的基本流程，根据这一基本流程，使用 Bayes 理论和方法，可以确定系统可靠性的后验分布，进而进行系统可靠性评估。系统可靠性 Bayes 评估的具体步骤如下：

① 根据设备的寿命分布类型及工程信息，选定设备寿命分布参数的先验分布。

② 利用设备试验数据及先验分布，计算设备寿命分布参数的后验分布。

③ 利用设备寿命分布参数的后验分布，计算设备可靠度的后验分布。

④ 利用设备可靠度后验分布，计算系统可靠度先验矩。

⑤ 利用系统可靠度先验矩，计算系统可靠度先验分布。

⑥ 利用系统可靠度先验分布及系统级试验数据，计算系统可靠度后验分布。

⑦ 根据系统可靠度后验分布，进行系统可靠性指标的评估。

其中步骤④和步骤⑤是关键步骤。实现这两个步骤的典型方法有：二阶矩方法、CF 展开方法、Chebyshev 多项式逼近方法、仿真方法等。

习题十

10.1 如何理解贝叶斯后验估计结果与先验分布和观测信息的关系。

10.2 设 θ 是一批产品的不合格率，已知它不是 0.1 就是 0.2，且其先验分布为

$$\pi(0.1) = 0.7, \qquad \pi(0.2) = 0.3$$

假如从这批产品中随机抽取 8 个进行检查，发现有 2 个不合格品，求 θ 的后验分布。

10.3 设 θ 是一批产品的不合格率，从中抽取 8 个产品进行检验，发现 3 个不合格品，假如先验分布为：

（1）$\theta \sim U(0,1)$

（2）$\theta \sim \pi(\theta) = \begin{cases} 2(1-\theta), & 0 < \theta < 1 \\ 0, & \text{其他} \end{cases}$

分别求 θ 的后验分布。

10.4 试证：泊松分布的均值 λ 的共轭先验分布是伽玛分布。

10.5 设随机变量 X 服从几何分布，即：

$$P(X = x) = \theta(1-\theta)^x, \quad x = 0, 1, \cdots$$

其中，参数 θ 的先验分布为均匀分布 $U(0,1)$。

（1）若对 X 作一次观测，观测值为 3，求 θ 的后验期望估计。

（2）若对 X 作三次观测,观测值为 3,2,5,求 θ 的后验期望估计。

10.6 设不合格品率 θ 的先验分布为贝塔分布 $Be(5,10)$,在下列顺序的抽样信息中分别计算 θ 的后验众数和后验期望估计。

（1）先随机抽检 20 个产品,发现 3 个不合格品。

（2）再随机抽检 20 个产品,没有发现不合格品。

10.7 设 $x_1,x_2,\cdots,x_n$ 是来自正态分布 $N(0,\sigma^2)$ 的一个样本,若 σ^2 的先验分布为逆伽玛分布 $IGa(\alpha,\lambda)$,求可信水平为 0.9 下 σ^2 的可信上限。

10.8 设 $x_1,x_2,\cdots,x_n$ 是来自正态分布 $N(\theta,3^2)$ 的一个样本,设参数 θ 的先验分布也是正态分布且其标准差为 1,若要使后验估计的方差不超过 0.1,试算样本量最少需要取多少?

10.9 设随机变量 X 服从均匀分布 $U(\theta-0.5,\theta+0.5)$,其中,参数 θ 的先验分布为 $U(10,20)$。

（1）若 X 的观察值为 12,求 θ 的后验分布;

（2）若 X 的观察值为 12,11.5,11.7,11.1,11.4,11.9,求 θ 的后验分布。

10.10 设 $x_1,x_2,\cdots,x_n$ 是从正态分布 $N(\theta,4)$ 中抽取的随机样本,其中,参数 θ 的先验分布为正态分布。若样本量 $n=100$,证明:不论先验标准差为多少,后验标准差一定小于 1/5。

10.11 设 $X=(x_1,x_2,\cdots,x_n)$ 服从负二项分布 $Nb(r,\theta)$,并且 θ 的先验分布是贝塔分布 $Be(\alpha,\beta)$,其中,α,β 均为已知。证明:在给定 X 的条件下,θ 的后验分布为贝塔分布 $Be(\alpha+rn,x_1+x_2+\cdots+x_n-rn+\beta)$。

10.12 某产品的失效寿命服从失效率为 λ 的指数分布,从中抽取 30 个产品进行定时截尾寿命试验,截尾时间为 100 h,得到的产品失效时间为:4.5,5.1,7.79,8.35,9.5,12.02,13.88,22.51,32.18,32.65,38.31,50.62,57.26,72.82,73.53,78.94,79.95,84.02,92.8,97.88(单位:h)。假设 λ 的先验分布为伽马分布 $Ga(8,0.01)$,求 λ 的后验众数和后验期望。

10.13 设 $x_1,x_2,\cdots,x_n$ 来自如下指数分布:
$$p(x\mid\theta)=\mathrm{e}^{-(x-\theta)},\theta\leqslant x_{(1)}=\min\{x_1,x_2,\cdots,x_n\}$$
取柯西分布作为 θ 的先验分布,即:
$$g(\theta)=\frac{1}{\pi(1+\theta^2)},-\infty<\theta<\infty$$
求 θ 的后验众数估计。

10.14 已知 BS 分布随机变量的累积分布函数为:
$$F(t)=\Phi\left[\frac{1}{\alpha}\left(\sqrt{\frac{t}{\beta}}-\sqrt{\frac{\beta}{t}}\right)\right],\quad t>0,\quad \alpha,\beta>0$$
其中,$\Phi(\cdot)$ 为标准正态分布的累积分布函数。试证明:在 β 已知的情况下,α^2 的共轭先验分布为逆伽马分布。

第11章 应用 R 语言进行可靠性统计分析

R 语言在可靠性统计分析中具有广泛应用，它提供了更加方便、直观的可靠性数据统计分析功能。本章首先分别对 R 语言的基本常用命令进行简单介绍，然后介绍 R 语言在可靠性统计分析中的应用。

11.1 R 语言的基本介绍和常用命令

R 语言是一种简便而强大的编程语言，可操纵数据的输入和输出，可实现分支、循环，用户可自定义功能。R 语言提供了一套完整的数据处理和制图系统，其功能包括：数据存储和处理系统、数组运算工具、完整连贯的统计分析工具、优秀的统计制图功能。

R 语言具有开放的统计编程环境，提供了灵活可互动的环境来分析和处理数据。R 语言提供了若干统计程序包，以及一些集成的统计工具和各种数学计算、统计计算的函数，用户只需根据统计模型，指定相应的数据库及相关的参数，便可灵活地进行数据分析工作。通过 R 语言的许多内嵌统计函数，用户可以方便地掌握 R 语言的语法，也可以编制自己的函数来扩展现有的 R 语言程序包。下面介绍 R 语言中数据分析的常用命令。

（1）均值

在 R 语言中，可用 mean()函数计算样本的均值，其常用命令为

```
mean(x)
```

其中，x 是对象（如向量、矩阵、数组或数据框），也可使用：

```
mean(x, trim = 0, na.rm = FALSE)
```

其中，trim 是计算均值前去掉与均值差较大数据的比例，缺省值为 0，即包括全部数据。当 na.rm = TRUE 时，允许数据中有缺失值。函数的返回值是对象的均值。

（2）顺序统计量

在 R 语言中，sort()可以给出观测量的顺序统计量，其常用命令如下：

```
sort(x)
```

其中，x 是数值、或字符、或逻辑型向量，也可使用：

```
sort(x, partial = NULL, na.last = NA, decreasing = FALSE)
```

其中，partial 是部分排序的指标向量。na.last 是控制缺失数据的参数，当 na.last = NA（缺省值）时，不处理缺失数据，当 na.last = TRUE 时，缺失数据排在最后，当 na.last = FALSE 时，缺失数据排在最前面。decreasing 是逻辑变量，控制数据排列的顺序，当 decreasing = FALSE（缺省值）时，给出的返回值是由小到大排序的，如果 decreasing = TRUE，则函数的返回值由大到小排列。

（3）中位数

在 R 语言中,函数 median()给出观测量的中位数,其常用命令如下:

```
median(x)
```

其中,x 是数值型向量,也可使用:

```
median(x, na.rm = FALSE)
```

其中,na.rm 是逻辑变量,当 na.rm = TRUE 时,函数可以处理带有缺失值的向量,否则(na.rm = FALSE,缺省值)不能处理带有缺失值的数据的向量。

（4）百分位数

在 R 语言中,quantile()函数可以计算观测量的百分位数,其常用格式为

```
quantile(x)
```

其中,x 是由数值构成的向量,也可使用:

```
quantile(x, probs = seq(0, 1, 0.25), na.rm = FALSE)
```

其中,probs 是指定的分位概率,缺省时是 0,0.25,0.5,0.75,1。na.rm 是逻辑变量,当 na.rm = TRUE 时,函数可以处理带有缺失值的向量,否则(na.rm = FALSE,缺省值)不能处理带有缺失值的向量。

（5）方差和标准差

方差 var()和标准差 sd()的常见使用格式为

```
var(x)
sd(x)
```

其中,x 是数值向量、矩阵或数据框,也可使用:

```
var(x, na.rm = FALSE)
sd(x, na.rm = FASLE)
```

其中,na.rm 是逻辑变量,当 na.rm = TRUE 时,函数可以处理带有缺失值的向量。

11.2　可靠性数据的预处理

（1）分布函数

R 语言可以计算常用分布的分布函数、分布律、概率密度函数、分布函数的反函数。例如,服从正态分布(μ,σ^2)的随机变量 X,其取值为 x 时分布函数值为

$$F(x) = \frac{1}{\sqrt{2\pi\sigma^2}} \int_{-\infty}^{x} \exp\left\{-\frac{(t-\mu)^2}{2\sigma^2}\right\} \mathrm{d}t = \text{pnorm}(x, \text{mu}, \text{sigma})$$

其中,函数 pnorm()是 R 语言中计算正态分布累计分布值的函数,mu 是均值 μ,sigma 是标准差 σ。相应的概率密度函数为

$$f(x) = \frac{1}{\sqrt{2\pi\sigma^2}} \exp\left\{-\frac{(x-\mu)^2}{2\sigma^2}\right\} = \text{dnorm}(x, \text{mu}, \text{sigma})$$

其中,函数 dnorm() 是 R 语言中计算正态分布概率密度值的函数。

　　R 语言中可利用累积分布函数的反函数计算分布的分位点,该函数默认计算下分位点,即 $P(X \leqslant x_a) = \alpha$,例如计算标准正态分布的 $\alpha/2(\alpha = 0.05)$ 双侧分位点,其计算公式为

$$z_{\alpha/2} = \text{qnorm}(0.025, 0, 1) = -1.959\ 964$$
$$z_{1-\alpha/2} = \text{qnorm}(1 - 0.025, 0, 1) = 1.959\ 964$$

其中,函数 qnorm() 是 R 语言中正态分布累积分布函数的反函数。

　　表 11.1 列出了各种常用的分布函数,以及 R 语言中的名称和调用函数用到的参数。

表 11.1　分布函数或分布律

分　布	R 语言中的名称	参　数
Beta	beta	shape1, shape2, ncp
Binomial	binom	size, prob
Cauchy	cauchy	location, scale
Chi－squared	chisq	df, ncp
Exponential	exp	rate
F	f	df1, df2, ncp
Gamma	gamma	shape, scale
Geometric	geom	prob
Hypergeometric	hyper	m, n, k
Log-normal	lnorm	meanlog, sdlog
Logistic	logis	location, scale
Negative Binomial	nbinom	size, prob
Normal	norm	mean, sd
Poisson	pois	lambda
Student's t	t	df, ncp
Uniform	unif	min, max
Weibull(两参数)	weibull	shape, scale
Weibull(三参数)	weibull3	shape, scale, shift
Birnbaum-Saunders (BS)	bs	alpha, beta
Inverse Gaussian	invgauss	mean, shape

（2）直方图

在 R 语言中,用 hist() 函数绘制样本的直方图,常用命令为

```
hist(x)
```

其中,x 是样本构成的向量,也可使用:

```
hist(x, breaks = "Sturges", col = NULL, main = paste("Histogram of" , xname), xlim = range
    (breaks), ylim = NULL, xlab = xname, ylab, ...)
```

其中,breaks 规定直方图的组距,由以下几种形式给出:向量(给出直方图的起点、终点与组距)、数(定义直方图的组距)、字符串(见缺省状态)、函数(计算组距的宽度)。main 是指直方图的标题,xlim、ylim 分别为 x、y 轴范围,xlab、ylab 分别为 x、y 轴标签。

(3) 经验分布

在 R 语言中,可用 ecdf()或 plot()来绘制经验分布函数,格式分别为

```
ecdf(x)
```

或

```
plot(x, ylab = "Fn(x) ", verticals = F, col.01line = "gray")
```

其中,函数 ccdf()中的 x 是由观察值得到的数值型向量。函数 plot()中的 x 是由 ecdf()生成的向量。verticals 是逻辑变量,当 verticals＝T 时表示画竖线,当 verticals＝F(缺省)时不画竖线。col.01line 为水平线 y＝0 和 y＝1 的颜色。

(4) 分位数–分位数图(quantile-quantile 图,QQ 图)

在 R 语言中,函数 qqnorm()或 qqline()提供了画正态 QQ 图的方法,格式分别为:

```
qqnorm(x)
```

或

```
qqline(x, distribution = qnorm, probs = c(0.25, 0.75), ...)
```

其中,x 是样本。distribution 表示参考分布。probs 是长度为 2 的数值向量,表示分位数。

(5) 箱线图

箱线图能够直观简洁地展现数据的主要特征,在 R 语言中,用 boxplot()函数作箱线图。

例 11.1 某批弹性元件松弛状态长度如下(单位:毫米):

144, 166, 163, 143, 152, 169, 130, 159, 160, 175, 161, 170, 146, 159, 150, 183, 165, 146, 169

绘制其箱线图。

解:R 语言程序如下:

```
h <- c(144, 166, 163, 143, 152, 169, 130, 159, 160, 175, 161, 170, 146, 159, 150, 183, 165, 146,
    169)
boxplot(h)
```

结果如图 11.1 所示。

例 11.2 某类产品在应力 A 和 B 下分别进行退化试验,各抽检 25 个样本测量退化特征参数,测试结果如下:

应力 A:2.7, 2.8, 2.9, 3.1, 3.1, 3.1, 3.2, 3.4, 3.4, 3.4, 3.4, 3.4, 3.5, 3.5, 3.5, 3.6, 3.7, 3.7, 3.7, 3.8, 3.8, 4.0, 4.1, 4.2, 4.2;

应力 B:4.1, 4.1, 4.3, 4.3, 4.5, 4.6, 4.7, 4.8, 4.8, 5.1, 5.3, 5.3, 5.3, 5.4, 5.4, 5.5, 5.6, 5.7, 5.8, 5.8, 6.0, 6.1, 6.3, 6.7, 6.7。

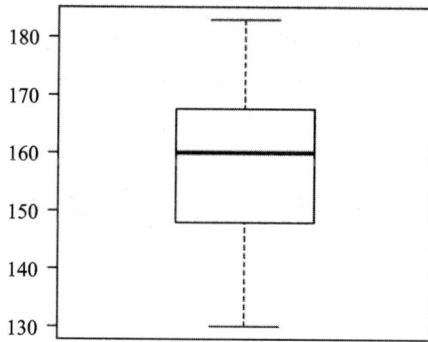

图 11.1　某弹性元件长度箱线图

画出它们的箱线图。

解:作箱线图,R 语言程序如下:

```
> F <- c(2.7, 2.8, 2.9, 3.1, 3.1, 3.1, 3.2, 3.4, 3.4, 3.4, 3.4, 3.4, 3.5, 3.5, 3.5, 3.6, 3.7, 3.7,
          3.7, 3.8, 3.8, 4.0, 4.1, 4.2, 4.2)
> M <- c(4.1, 4.1, 4.3, 4.3, 4.5, 4.6, 4.7, 4.8, 4.8, 5.1, 5.3, 5.3, 5.3, 5.4, 5.4, 5.5, 5.6, 5.7,
          5.8, 5.8, 6.0, 6.1, 6.3, 6.7, 6.7)
> boxplot(F,M,names = c('F','M'))
```

结果如图 11.2 所示。在箱线图中,上下四分位数分别确定出箱体的顶部和底部。箱体中间的粗线是中位数所在位置。由箱体向上下伸出的垂直部分称为"触须",表示数据的散布范围,最远的点为 1.5 倍四分位数间距,超出此范围的点称为异常值。

boxplot()函数的常用命令为:

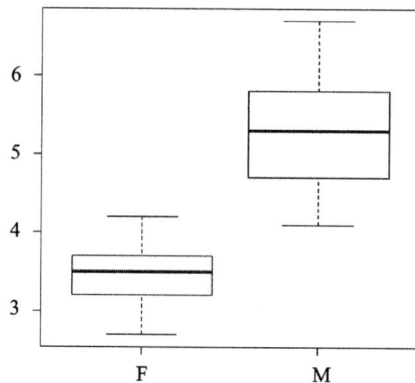

图 11.2　某类产品退化特征箱线图

```
boxplot(x,…)
```

其中,x 是由数据构成的数值型向量,或者是列表,或者是数据框。上面的例子使用的方法就是这种形式。还可以使用命令:

```
boxplot(formula, data = NULL, …, subset, na.action = NULL)
```

其中,formula 是公式,如 y~grp,这里 y 是由数据构成的数值向量,grp 是数据的分组,通常是因子,data 是数据结构。subset 表示用于绘制的子集数据。na.action 表示缺失值处理方式,默认忽略缺失值。

11.3 R 语言应用案例

本节给出 R 语言在可靠性统计分析中的常见应用案例。

(1) 指数分布置信限

例 11.3 某电子设备寿命服从指数分布,现随机抽取 5 台进行可靠性摸底试验,收集到设备的失效时间分别为:150,200,450,600,800(单位:h)。试根据枢轴量法,计算在置信度为 0.9 情形下,$t = 275$ h 的可靠度单侧置信下限。

解:根据枢轴量法得可靠度单侧置信下限为

$$R_L(t) = \exp\left(-\frac{t}{\theta_L}\right)$$

其中

$$\theta_L = \frac{2T}{\chi^2_{1-0.1}(10)}$$

其中,卡方分布的分位数通常用查表方式获取,借助 R 语言,可以直接计算单侧置信下限:

```
# Calculate T
T <- 150 + 200 + 450 + 600 + 800
# Calculate theta
X <- qchisq(0.9, df = 10)
theta <- 2 * T / X
# Calculate R
t <- 275
R <- exp(- t / theta)
# Print the results
T
theta
R
```

计算结果为

```
> T
[1] 2200
> theta
[1] 275.2205
> R
[1] 0.3681743
```

（2）威布尔分布可靠度

例 11.4　某发射管的失效时间服从威布尔分布。若其形状参数 $m = 2$，尺度参数 $\eta = 1\,000$，试确定当任务时间为 200 h 情形下，发射管的可靠度，并绘制出可靠度曲线。

解：可靠度为

$$R = \mathrm{e}^{-\left(\frac{200}{1000}\right)^2} = 0.960\,8$$

用 R 绘制可靠度曲线，代码为

```
# Define the Weibull distribution parameters
m <- 2 # Shape parameter
eta <- 1000 # Scale parameter
# Define the time range
t <- seq(0, 2000, by = 10) # Time values from 0 to 2000 with a step of 10
# Calculate the CDF of the Weibull distribution
F_t <- pweibull(t, shape = m, scale = eta)
# Calculate the reliability function R(t)
R_t <- 1 - F_t
# Plot the reliability function
plot(t, R_t, type = "l", xlab = "Time (t)", ylab = "Reliability (R)", main = "Reliability Func-
    tion", col = "blue")
```

可靠度函数绘制结果如图 11.3 所示：

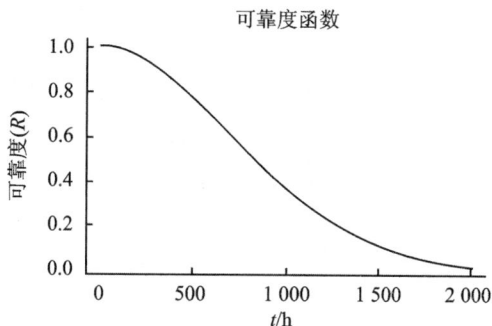

图 11.3　威布尔分布可靠度绘制结果

其中，R 代码使用 pweibull()函数计算威布尔分布的累积分布函数，将时间 t、形状参数 m 和尺度参数 η 传递给 pweibull()函数。

（3）应力-强度模型可靠度计算

例 11.5　由于温度波动等各种随机因素，某发动机零件的应力服从正态分布，其均值和标准差分别为 25\,000 kPa 和 2\,500 kPa。又已知该零件强度也服从正态分布，其均值和标准差分别为 35\,000 kPa 和 3\,500 kPa。试确定零件的可靠度。

解：零件可靠度的表达式为

$$R = \Phi\left(\frac{35\,000 - 25\,000}{\sqrt{3\,500^2 + 2\,500^2}}\right)$$

用 R 计算可靠度的值：

```
# Calculate the CDF value
x <- (35000 - 25000) / sqrt(3500^2 + 2500^2)
cdf_value <- pnorm(x)
# Print the CDF value
cdf_value
```

计算结果为:

```
cdf_value
[1] 0.9899628
```

其中,R 语言使用 pnorm()函数计算 x 处的累积概率值。pnorm()函数将 x 的值作为参数并返回累积概率分布 CDF 值。

(4) 拟合优度检验:Kolmogorov-Smirnov 检验(K - S 检验)与皮尔逊卡方检验

R 语言可使用 Kolmogorov-Smirnov 统计量或皮尔逊卡方统计量来检验分布拟合优度。

◇K - S 检验

R 语言中,ks.test()函数给出了 Kolmogorov-Smirnov 检验方法,使用方法:

```
ks.test(x, y, ..., alternative = c("two.sided", "less","greater"), exact = NULL)
```

其中,x 是待检测的样本构成的向量,y 是原假设的数据向量或是描述原假设的字符串。alternative 表示备择假设,选择范围为"two.sided"(缺省值), "less","greater",依次表示"等于","小于","大于"。exact 为逻辑值,表示 p 值是否被精确计算。

◇皮尔逊卡方检验

例 11.6　随机抽取 65 个某型产品的样品进行寿命试验,得到下表所示试验结果,试用皮尔逊卡方检验判断其是否服从正态分布 $N(45, 22^2)$,取显著性水平 $\alpha = 0.05$。

表 11.2　试验结果统计表

序　号	区间端点值	失效频数	序　号	区间端点值	失效频数
1	0～18.4	5	4	55.2～73.6	3
2	18.4～36.8	19	5	73.6～92	1
3	36.8～55.2	37			

解:由题可得,原假设为

$$H_0 : F \sim N(45, 22^2)$$

转换为标准正态分布,试验结果频率分析如表 11.3 所列。

表 11.3　试验结果频率分析表

n_i	$\hat{p}_i$	$n\hat{p}_i$	$n_i - n\hat{p}_i$	$(n_i - n\hat{p}_i)^2$	$(n_i - n\hat{p}_i)^2 / n\hat{p}_i$
5	0.113 314	6.798 838	−1.798 84	3.235 817	0.475 937
19	0.241 362	21.280 54	−2.280 54	5.200 877	0.244 396

n_i	$\hat{p}_i$	$n\hat{p}_i$	$n_i - n\hat{p}_i$	$(n_i - n\hat{p}_i)^2$	$(n_i - n\hat{p}_i)^2/n\hat{p}_i$
37	0.323 87	40.712 75	$-3.712\ 75$	13.784 52	0.338 58
3	0.224 654	54.191 97	-51.192	2 620.618	48.358 05
1	0.080 476	59.020 51	$-58.020\ 5$	3 366.379	57.037 45

取显著性水平可知 $\alpha = 0.05$,可通过 R 语言计算卡方分布的分位数如下:

```
degree_freedom <- 4
percent <- 0.95
quantile <- qchisq(percent, df = degree_freedom)
print(paste("Quantile:", quantile))
```

分位数计算结果如下:

```
[1] "Quantile: 9.48772903678115"
```

根据 R 语言的计算结果,$\chi^2_{0.95}(5-1) = 9.488$,$\chi^2 > \chi^2_{0.95}$,所以拒绝原假设,不能认为产品寿命服从正态分布。

（5）线性回归

例 11.7　将冰晶放入某容器内,维持固定的温度和湿度,观察自冰晶放入的时刻开始计算的时间 T 和晶体生长的轴向长度 A,得到冰晶生长数据(见代码中)。

（1）求线性回归方程 $\hat{A} = \hat{a} + \hat{b}T$;

（2）假设检验 $H_0: b=0$,$H_1: b \neq 0$,取 $\alpha = 0.05$;

（3）画出散点图。

解:R 语言程序如下:

```
T <- c(50, 60, 60, 70, 70, 80, 80, 90, 90, 90, 95, 100, 100, 100, 105, 105, 110, 110, 110, 115, 115,
       115, 120, 120, 120, 125, 130, 130, 135, 135, 140, 140, 145, 150, 150, 155, 155, 160, 160,
       160, 165, 170, 180)
A <- c(19, 20, 21, 17, 22, 25, 28, 21, 25, 31, 25, 30, 29, 33, 35, 32, 30, 28, 30, 31, 36, 30, 36, 25,
       28, 28, 31, 32, 34, 25, 26, 33, 31, 36, 33, 41, 33, 40, 30, 37, 32, 35, 38)
lm.reg <- lm(formula = A~T)
summary(lm.reg)
```

先将数据赋予 T 和 A,然后用函数 lm()作线性回归,最后用命令 summary(lm.reg)将结果输出如下:

```
Call:
lm(formula = A ~ T)

Residuals:
    Min      1Q Median     3Q     Max
- 7.064 - 2.026 0.051 1.955 6.859
```

```
Coefficients:
        Estimate Std. Error t value Pr(>|t|)
(Intercept)  14.4107   2.1494    6.705  4.31e-08 * * *
T        0.1308    0.0176    7.430  4.10e-09 * * *
- - -
Signif. codes: 0 '* * *' 0.001 '* *' 0.01 '*' 0.05 '.' 0.1 ' ' 1

Residual standard error: 3.722 on 41 degrees of freedom
Multiple R-squared: 0.5738, Adjusted R-squared: 0.5634
F-statistic: 55.21 on 1 and 41 DF, p-value: 4.098e-09
```

应用函数 plot()绘制散点图,应用函数 abline()绘制回归直线。

```
plot(A~T)
abline(lm.reg)
```

由上述程序计算结果可知:

(1) 回归方程为

$$\hat{A} = 14.4107 + 0.130\ 8T$$

(2) 用 R 语言计算得到 p 值远小于 0.05 拒绝 H_0,因此回归效果显著;

(3) 散点图如图 11.4 所示。

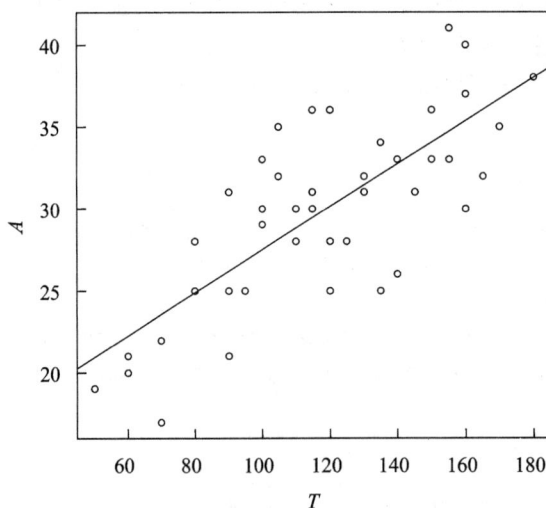

图 11.4　冰晶长度散点图和回归直线

(6) 顺序统计量

例 11.8　样本量为 3 时,求标准正态分布的顺序统计量的期望和方差?

解:若样本量为 n,第 i 个顺序统计量的概率密度为

$$f_{X_i}(t) = C_n^1 C_{n-1}^{i-1} \varphi(t) \left[\Phi(t)\right]^{i-1} \left[1 - \Phi(t)\right]^{n-i}$$

用 R 代码数值积分计算期望和方差:

```
library(ggplot2)

# Define the PDF function
pdf_function <- function(t, i) {
    choose(3, 1) * choose(2, i - 1) * dnorm(t) * pnorm(t)^(i - 1) * (1 - pnorm(t))^(3 - i)}

# Plot the PDF for i = 1, 2, and 3
t <- seq(-4, 4, 0.01)
pdf_i1 <- pdf_function(t, 1)
pdf_i2 <- pdf_function(t, 2)
pdf_i3 <- pdf_function(t, 3)
df <- data.frame(t, pdf_i1, pdf_i2, pdf_i3)
plot <- ggplot(df) +
    geom_line(aes(t, pdf_i1, color = "i = 1"), size = 1) +
    geom_line(aes(t, pdf_i2, color = "i = 2"), size = 1) +
    geom_line(aes(t, pdf_i3, color = "i = 3"), size = 1) +
    labs(title = "PDF for different values of i", x = "t", y = "PDF") +
    scale_color_manual(values = c("i = 1" = "red", "i = 2" = "blue", "i = 3" = "green"))
print(plot)

# Calculate the expectation and variance for i = 1, 2, and 3
expectation <- c()
variance <- c()
for (i in 1:3) {
    expectation[i] <- integrate(function(t) t * pdf_function(t, i), -Inf, Inf)$value
    variance[i] <- integrate(function(t) (t - expectation[i])^2 * pdf_function(t, i), -Inf,
Inf)$value}
results <- data.frame(i = 1:3, expectation, variance)
print(results)
```

计算结果如图 11.5 所示。

（7）Bootstrap 置信限

➤ 非参数 bootstrap 方法

例 11.9　某种橡胶材料的寿命是具有分布函数 F 的连续型随机变量，F 未知，F 的中位数 θ 为未知数。现有以下原始样本（单位：年）：

9.5, 21.1, 12.0, 10.2, 12.0, 21.1, 10.2, 18.2, 12.0, 9.5, 18.0, 10.2, 18.2

试求 F 的中位数的标准误差的 bootstrap 估计。

解： 先键入原始数据 x，并得出 x 的中位数 median(x) 和长度 n。确定循环数 $N=10\ 000$，将计数器 k 清零。用 numeric(N) 确定 θ 的容量。在第一个循环中，用 sample() 函数产生 xB。在 x 中作放回抽样，抽 n 个，将 xB 的中位数存入 theta[i]，累加 N 个中位数后计算平均值 thetabar。做第二个循环前，先将 squ 清零，然后计算 theta[i] 和 thetabar 之差的平方，N 个这样的数累加之后除以 $(N-1)$，再开平方，得到结果。R 语言程序如下：

不同 i 对应的概率密度函数曲线

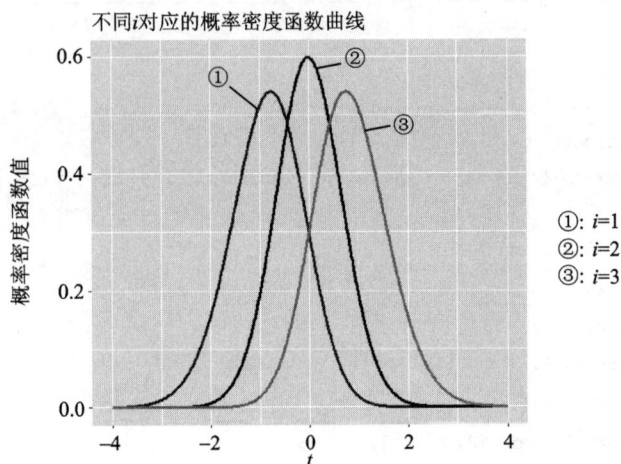

图 11.5　顺序统计量概率密度绘制结果

```
> x <- c(9.5, 21.1, 12.0, 10.2, 12.0, 21.1, 10.2, 18.2, 12.0, 9.5, 18.0, 10.2, 18.2)
> median(x)
[1] 12
> n = length(x); n
[2] 13
> N = 10000; k = 0;
> theta <- numeric(N)
> for (I in 1:N){
+ Xb <- sample(x, n, replace = TRUE)
+ theta[i] <- median(xB)
+ k <- k + median(xB)}
> thetabar = k/N; thetabar
[1] 12.8523
> squ <- 0.0
> for (i in 1:N){
+ squ <- squ(theta[i] - thetabar)^2}
> sigma.theta <- sqrt(squ/9999); sigma.theta
[1] 2.694361
```

因此,F 的中位数的标准误差为 2.69。

➤ 参数 bootstrap 方法

例 11.10　某种类型的泵管的寿命 X(单位:年)服从指数分布,且知总体具有样本:

0.4, 0.6, 0.7, 0.9, 1.0, 1.3, 1.9, 2.0, 4.8, 5.1, 5.3, 5.3, 6.0, 12.2, 15.8

求总体 X 均值 μ 的置信度为 0.95 的 bootstrap 置信区间。

解:先键入原始数据 x,算得 x 的均值 4.22,接着确定 N=10 000,并用 numeric(N)确定向量 m 的长度。在循环中,用函数 rexp()产生 15 个参数为 4.22 的指数分布随机数 xi,计算 xi 的均值,存入 m[i]。循环完成,用 quantile()函数输出结果。具体代码为

```
> x <- c(0.4, 0.6, 0.7, 0.9, 1.0, 1.3, 1.9, 2.0, 4.8, 5.1, 5.3, 5.3, 6.0, 12.2, 15.8)
> mean(x)
[1] 4.22
> N = 10000; m <- numeric(N)
> for (i in 1:N){
+ xi <- rexp(15, 1/4.22)
+ m[i] = mean(xi)}
> quantile(m, prob = c(0.025, 0.05, 0.10, 0.90, 0.95, 0.975))
```

输出结果如下：

2.5 %	5 %	10 %	90 %	95 %	97.5 %
2.387195	2.596327	2.887504	5.640755	6.147429	6.600707

因此，总体均值的置信度为 0.95 的 bootstrap 置信区间为(2.387,6.601)。

（8）贝叶斯

例 11.11　某产品寿命服从威布尔分布，形状参数为 2，尺度参数为 3。开展试验之前试验人员对产品寿命分布信息未知，根据经验知识假设其寿命服从形状参数为 1，尺度参数为 1 的威布尔分布。通过加速试验得到了 100 个产品的失效寿命，在此试验数据基础上，基于贝叶斯方法更新产品的后验分布。（提示：采用蒙特卡洛 MCMC 采样方法）

解：采用 MCMC 采样方法计算产品寿命的后验分布，抽样过程如图 11.6 所示，R 代码如下：

```
# Generate synthetic data from a Weibull distribution
set.seed(123)
n <- 100
shape <- 2
scale <- 3
data <- rweibull(n, shape, scale)
# Define the log-likelihood function for the Weibull distribution
log_likelihood <- function(data, shape, scale) {
    loglik <- sum(dweibull(data, shape, scale, log = TRUE))
    return(loglik)
}
# Define the log-prior function for the parameters
log_prior <- function(shape, scale) {
    if (shape > 0 && scale > 0) {
        return(0)
    } else {
        return(-Inf)
```

```
        }
}
# Define the log-posterior function as the sum of log-prior and log-likelihood
log_posterior <- function(data, shape, scale) {
    return(log_prior(shape, scale) + log_likelihood(data, shape, scale))
}
# Implement Metropolis-Hastings MCMC algorithm
n_iter <- 10000 # Number of iterations
shape_current <- 1 # Initial shape parameter
scale_current <- 1 # Initial scale parameter
proposal_sd <- 0.1 # Standard deviation of the proposal distribution
samples <- matrix(NA, nrow = n_iter, ncol = 2) # Matrix to store samples
for (i in 1:n_iter) {
    # Propose new parameter values
    shape_proposed <- rnorm(1, shape_current, proposal_sd)
    scale_proposed <- rnorm(1, scale_current, proposal_sd)
    # Calculate acceptance ratio
    log_acceptance_ratio <- log_posterior(data, shape_proposed, scale_proposed) - log_posterior
(data, shape_current, scale_current)
    acceptance_ratio <- exp(log_acceptance_ratio)
    # Accept or reject the proposal
    if (runif(1) < acceptance_ratio) {
        shape_current <- shape_proposed
        scale_current <- scale_proposed
    }
    # Save the samples
    samples[i, ] <- c(shape_current, scale_current)
}
# Discard burn-in samples
burn_in <- 1000
samples <- samples[(burn_in + 1):n_iter, ]
# Calculate posterior mean estimates
posterior_mean <- colMeans(samples)
# Print posterior mean estimates
cat("Posterior Mean Estimates:\n")
cat("Shape:", posterior_mean[1], "\n")
cat("Scale:", posterior_mean[2], "\n")
# Plot MCMC trace
plot(samples[, 1], type = "l", xlab = "Iteration", ylab = "Shape", main = "MCMC Trace")
legend("topright", legend = c("Shape"), col = c("black"), lty = 1)
```

输出形状参数和尺度参数的后验均值估计结果分别为

```
> # Print posterior mean estimates
> cat("Posterior Mean Estimates:\n")
Posterior Mean Estimates:
> cat("Shape:", posterior_mean[1], "\n")
Shape: 2.039337
> cat("Scale:", posterior_mean[2], "\n")
Scale: 3.021193
```

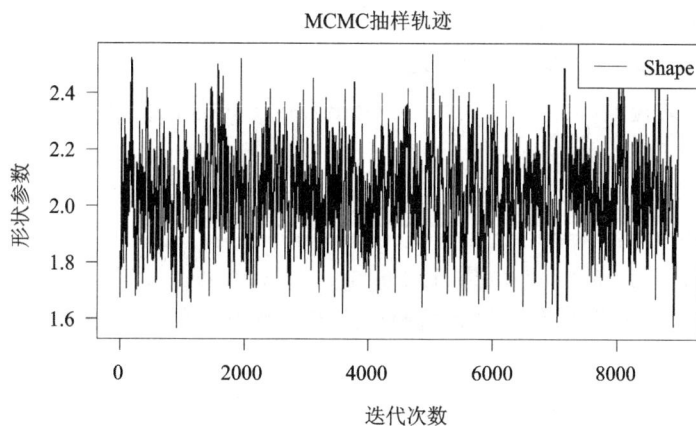

图 11.6　贝叶斯方法估计威布尔分布形状参数:MCMC 采样

习题十一

11.1 某单位对 20 件陀螺仪展开加速寿命试验,得到陀螺仪加速寿命数据如表 11.4 所列(单位:d):

表 11.4　陀螺仪加速寿命数据

序　号	1	2	3	4	5	6	7	8	9	10
数　据	74.3	78.8	68.8	78.0	70.4	80.5	69.7	71.2	73.5	80.5
序　号	1	2	3	4	5	6	7	8	9	10
数　据	79.5	75.6	75.0	78.8	72.0	72.1	74.3	71.2	72.0	73.2

请分别用 R 语言计算均值、方差、标准差、极差、变异系数、偏度、峰度。

11.2 请分别用 R 语言绘出习题 11.1 的直方图、密度估计曲线、经验分布图和 QQ 图,并将密度估计曲线与正态密度曲线相比较,将经验分布曲线与正态分布曲线相比较(其中正态曲线的均值和标准差取习题 11.1 计算出的值)。

11.3 试用 K-S 检验方法检验习题 11.1 的数据是否服从正态分布。

11.4 为研究某复合材料在高温条件下的演化规律,针对 10 批复合材料样本开展了不同温度条件下的强度试验,不同批次的强度测试均值数据如表 11.5 所列:

表 11.5　某复合材料高温强度测试数据

序　号	T(K)	S(MPa)	序　号	T(K)	S(MPa)
1	500	652	6	800	598
2	560	645	7	850	590
3	620	631	8	900	580
4	680	619	9	950	566
5	740	605	10	1000	550

(1) 试画出相应的散点图,判断温度 T 与强度 S 是否线性相关;

(2) 求出 S 关于 T 的一元线性回归方程;

(3) 若某次强度试验温度为 T=1 100 K,给出强度 S 的预测值和相应的区间估计(显著性水平为 $\alpha = 0.05$)。

11.5 某机床正常工作时,切割金属棒的长度服从正态分布 $N(100,4)$,从该机床切割的一批金属棒中抽取 15 根,测得它们的长度(单位:mm)如下:

99 101 96 103 100 98 102 95 97 104 101 99 102 97 100

假设总体方差不变,试分别用 R 语言检验机床工作是否正常,即总体均值是否为 100? 取显著性水平 $\alpha = 0.05$。

11.6 设某批次产品的寿命服从正态分布,从中随机地抽取 36 件产品进行寿命试验,算得平均寿命为 66.5 个月,标准差为 15 个月,问在显著性水平 $\alpha = 0.05$ 下,是否可以认为这批次产品的平均寿命为 70 个月? 用 R 语言求解。

附　录　统计学的基本知识

1. 总体、样本、简单随机样本

在统计学中,总体与样本是两个重要概念。通常把研究对象的全体称为总体(或母体),而把组成总体的基本单元称为个体(样品或样本点)。例如,要研究某产品的故障发生时间,则所有这种产品型号的故障发生时间就是一个总体,它是一个随机变量 X,而其中每一件产品的故障发生时间就是一个个体。因此,如果表征总体的随机变量 X 的分布函数为 $F(x)$,通常称总体 $F(x)$。

显然,从进行统计分析的目的来说,重要的是获取总体的性质或者总体的分布。由于总体的性质由多个个体确定,但不可能将总体中的每一个个体加以研究,因此必须对总体进行抽样观测。一个抽样观测,就是做一个随机试验,并记录其试验结果。如果进行 n 次抽样观测,就得到总体 X 的一组观测值 $(x_1,x_2,\cdots,x_n)$,其中 x_i 是第 i 次抽样观测的结果。如果总体中每个个体被抽到的机会均等,并且在抽取一个个体后总体的性质和组成不变,那么,抽得的个体就能很好地反映总体的性质。符合这种原则的抽样方法称为简单随机抽样。

设随机变量 X 的分布函数为 $F(x)$,若 $X_1,X_2,\cdots,X_n$ 为来自总体 $F(x)$ 的相互独立的随机变量,则称 $(X_1,X_2,\cdots,X_n)$ 为来自总体 X 的样本量为 n 的简单随机样本,简称样本(或子样),它们的一组观测值 $(x_1,x_2,\cdots,x_n)$ 称为来自总体 X 的一组样本观测值。

若 $(X_1,X_2,\cdots,X_n)$ 是来自总体 X 的简单随机样本,且 X 的分布函数为 $F(x)$,则 $(X_1,X_2,\cdots,X_n)$ 的联合分布函数为

$$F^*(x_1,x_2,\cdots,x_n) = \prod_{i=1}^{n} F(x_i) \tag{1}$$

若 X 具有概率密度函数 $f(x)$,则 $(X_1,X_2,\cdots,X_n)$ 的联合概率密度函数为

$$f^*(x_1,x_2,\cdots,x_n) = \prod_{i=1}^{n} f(x_i) \tag{2}$$

2. 统计量和样本矩

样本是总体性质的反映,但要想由一组样本观测值来推断总体的性质,还必须对所抽取的样本进行"加工"和"提炼",把样本构造成某种函数,而该函数反映总体的某种性质就体现了这种"加工"和"提炼"的过程。这种函数被称为统计量,具体定义如下:

设 $(X_1,X_2,\cdots,X_n)$ 为总体 X 的一个样本,$g(X_1,X_2,\cdots,X_n)$ 为一连续函数,如果 g 中不

包括任何未知参数,则称 $g(X_1,X_2,\cdots,X_n)$ 为一个统计量。

样本矩是最常用的统计量。例如,

样本均值 $\qquad \bar{X}=\dfrac{1}{n}\sum\limits_{i=1}^{n}X_i$

样本方差 $\qquad s^2=\dfrac{1}{n-1}\sum\limits_{i=1}^{n}(X_i-\bar{X})^2$

样本 k 阶原点矩 $\qquad M_k=\dfrac{1}{n}\sum\limits_{i=1}^{n}X_i^k,\quad k=1,2,\cdots$

样本 k 阶中心矩 $\qquad M'_k=\dfrac{1}{n}\sum\limits_{i=1}^{n}(X_i-\bar{X})^k,k=1,2,\cdots$

3. 加权最小二乘估计

在 $(\boldsymbol{Y},\boldsymbol{X\beta},\sigma^2\boldsymbol{I}_n)$ 中,如果将条件 $\mathrm{Var}(\boldsymbol{Y})=\sigma^2\boldsymbol{I}_n$ 改为 $\mathrm{Var}(\boldsymbol{Y})=\sigma^2\boldsymbol{G}$,$\boldsymbol{G}$ 为已知正定阵,则形成所谓的广义高斯—马尔可夫模型,对该模型,因为 $\boldsymbol{G}>0$,则存在 n 阶非奇异对称阵 $\boldsymbol{B}$,使得 $\boldsymbol{G}=\boldsymbol{B}^2$。令 $\widetilde{\boldsymbol{Y}}=\boldsymbol{B}^{-1}\boldsymbol{Y}$,$\widetilde{\boldsymbol{X}}=\boldsymbol{B}^{-1}\boldsymbol{X}$,则

$$E\widetilde{\boldsymbol{Y}}=\boldsymbol{B}^{-1}E\boldsymbol{Y}=\boldsymbol{B}^{-1}\boldsymbol{X\beta}=\widetilde{\boldsymbol{X}}\boldsymbol{\beta}$$

$$\mathrm{Var}(\widetilde{\boldsymbol{Y}})=\boldsymbol{B}^{-1}\mathrm{Var}(\boldsymbol{Y})\boldsymbol{B}^{-1}=\sigma^2\boldsymbol{I}_n$$

由此,$(\widetilde{\boldsymbol{Y}},\widetilde{\boldsymbol{X}}\boldsymbol{\beta},\sigma^2\boldsymbol{I}_n)$ 是一个高斯—马尔可夫模型,容易得到 $\boldsymbol{\beta}$ 的最小二乘估计

$$\widetilde{\boldsymbol{\beta}}_{WLS}=(\widetilde{\boldsymbol{X}}^{\mathrm{T}}\widetilde{\boldsymbol{X}})^{-1}\widetilde{\boldsymbol{X}}^{\mathrm{T}}\widetilde{\boldsymbol{Y}}=(\boldsymbol{X}^{\mathrm{T}}\boldsymbol{G}^{-1}\boldsymbol{X})^{-1}\boldsymbol{X}^{\mathrm{T}}\boldsymbol{G}^{-1}\boldsymbol{Y} \qquad (3)$$

称之为 $\boldsymbol{\beta}$ 的加权最小二乘估计,它也是 $\boldsymbol{\beta}$ 的最优线性无偏估计。

加权最小二乘估计应用很广,尤其对截尾样本情形。

考虑一类常用的位置—刻度分布族,其分布函数形式为 $F((y-\mu)/\sigma)$,密度函数形式为 $\dfrac{1}{\sigma}f((y-\mu)/\sigma)$,其中 $\mu(-\infty<\mu<\infty)$ 称为位置参数,$\sigma>0$ 称为刻度(尺度)参数。设 $Y_1,Y_2,\cdots,Y_n$ 来自 $F((y-\mu)/\sigma)$ 的一个样本,$F(\cdot)$ 为已知的分布函数且二阶矩存在,要估计 μ 和 σ $(\sigma>0)$。这里考虑一类估计,它们是顺序统计量的线性函数。

设 $Y_{(1)}\leqslant Y_{(2)}\leqslant\cdots\leqslant Y_{(r)}$ 为观测值的前 r 个顺序统计量。令 $X_{(i)}=(Y_{(i)}-\mu)/\sigma$,$i=1,2,\cdots,r$,则 $X_{(1)}\leqslant X_{(2)}\leqslant\cdots\leqslant X_{(r)}$ 相当于来自 $F(x)$ 的样本量为 n 的样本的前 r 个顺序统计量。记

$$EX_{(i)}=\alpha_i,\qquad\qquad i=1,2,\cdots,r$$

$$\mathrm{Cov}(X_{(i)},X_{(j)})=v_{ij},\qquad 1\leqslant i,j\leqslant r$$

式中,α_i,v_{ij} 只依赖于 n,r 和 F,与 μ,σ 无关。由于

$$Y_{(i)}=\mu+\sigma X_{(i)}=\mu+\sigma\alpha_i+\varepsilon_i$$

式中,$\varepsilon_i=\sigma(X_{(i)}-\alpha_i)$。记 $Y^{\mathrm{T}}=(Y_{(1)},Y_{(2)},\cdots,Y_{(r)})$,$\alpha^{\mathrm{T}}=(\alpha_1,\alpha_2,\cdots,\alpha_r)$,用矩阵表示为

$$E(\boldsymbol{Y}) = (\boldsymbol{1}_r, \boldsymbol{\alpha}) \begin{pmatrix} \mu \\ \sigma \end{pmatrix}, \quad \mathrm{Var}(\boldsymbol{Y}) = \sigma^2 \boldsymbol{V} = \sigma^2 (v_{ij})_{r \times r}$$

式中，1_r 表示全部由元素 1 组成的 r 维列向量。这是一个广义高斯—马尔可夫模型，利用式（3）可求出 μ, σ 的最优线性无偏估计为

$$\begin{pmatrix} \hat{\mu} \\ \hat{\sigma} \end{pmatrix} = \begin{pmatrix} \boldsymbol{1}_r^{\mathrm{T}} V^{-1} \boldsymbol{1}_r & \boldsymbol{\alpha}^{\mathrm{T}} V^{-1} \boldsymbol{1}_r \\ \boldsymbol{\alpha}^{\mathrm{T}} \boldsymbol{V}^{-1} \boldsymbol{1}_r & \boldsymbol{\alpha}^{\mathrm{T}} \boldsymbol{V}^{-1} \boldsymbol{\alpha} \end{pmatrix}^{-1} \begin{pmatrix} \boldsymbol{1}_r^{\mathrm{T}} \\ \boldsymbol{\alpha}^{\mathrm{T}} \end{pmatrix} \boldsymbol{V}^{-1} \boldsymbol{Y} = \begin{pmatrix} \boldsymbol{L}_1^{\mathrm{T}} \boldsymbol{Y} \\ \boldsymbol{L}_2^{\mathrm{T}} \boldsymbol{Y} \end{pmatrix} \tag{4}$$

其协方差阵为

$$\mathrm{Var} \begin{pmatrix} \hat{\mu} \\ \hat{\sigma} \end{pmatrix} = \sigma^2 \begin{pmatrix} \boldsymbol{L}_1^{\mathrm{T}} \boldsymbol{V} \boldsymbol{L}_1 & \boldsymbol{L}_1^{\mathrm{T}} \boldsymbol{V} \boldsymbol{L}_2 \\ \boldsymbol{L}_1^{\mathrm{T}} \boldsymbol{V} \boldsymbol{L}_2 & \boldsymbol{L}_2^{\mathrm{T}} \boldsymbol{V} \boldsymbol{L}_2 \end{pmatrix} = \sigma^2 \begin{pmatrix} A & B \\ B & C \end{pmatrix} \tag{5}$$

式中，A, B, C 的值只依赖于 n, r 和 F，与 μ, σ 无关，其值可查附表一、附表三或附表之附表一、附表五。

该估计方法有一个明显的优点：不论 n 个样本点中被观测的个数是多少，上述过程均可类似进行。这一性质使它在可靠性统计分析中有着广泛的应用。

4. 最优线性不变估计

设 $\hat{\theta}(X_1, X_2, \cdots, X_n)$ 是参数 θ 的一个估计量，如果在样本作某种特定变换下，估计量 $\hat{\theta}$ 具有某种相应的性质，则称 $\hat{\theta}$ 是在该变换下 θ 的不变估计（也称同变估计），简称不变估计。

设 $\hat{\theta}$ 是某种特定变换下 θ 的不变估计，如果对此种变换下 θ 的任一不变估计 $\tilde{\theta}$，有

$$\mathrm{MSE}_\theta(\hat{\theta}) \leqslant \mathrm{MSE}_\theta(\tilde{\theta}), \quad \forall \tilde{\theta} \in \Theta$$

则称 $\hat{\theta}$ 是此变换下 θ 的最优不变估计，简称最优不变估计。

设 $X_1, X_2, \cdots, X_n$ 是来自某个分布的一个样本，如果参数 θ 的估计 $\hat{\theta} = \hat{\theta}(X_1, X_2, \cdots, X_n)$ 是样本的线性函数，且 $\hat{\theta}$ 是 θ 在某一变换下的不变估计，则称 $\hat{\theta}$ 是在该变换下 θ 的线性不变估计。假如对 θ 任一线性不变估计 $\tilde{\theta}$，还有

$$\mathrm{MSE}_\theta(\hat{\theta}) \leqslant \mathrm{MSE}_\theta(\tilde{\theta}), \quad \forall \tilde{\theta} \in \Theta$$

则称 $\hat{\theta}$ 是 θ 的最优线性不变估计（Best Linear Invariant Estimate），简称 BLIE。

设 $X_1, X_2, \cdots, X_n$ 是来自密度函数为 $\dfrac{1}{\sigma} f((x - \mu) / \sigma)$ 的一个样本，记 $\theta = l_1 \mu + l_2 \sigma$，想要估计 θ，可假设 $\hat{\theta} = l_1 \hat{\mu} + l_2 \hat{\sigma} = l_1 \hat{\mu}(X_1, X_2, \cdots, X_n) + l_2 \hat{\sigma}(X_1, X_2, \cdots, X_n)$ 是 θ 的线性不变估计，则对任意的 $a > 0$ 和任意的 c，应有

$$\hat{\mu}(aX_1 + c, aX_2 + c, \cdots, aX_n + c) = a\hat{\mu}(X_1, X_2, \cdots, X_n) + c$$

$$\hat{\sigma}(aX_1 + c, aX_2 + c, \cdots, aX_n + c) = a\hat{\sigma}(X_1, X_2, \cdots, X_n)$$

从而使

$$\hat{\theta}(aX_1+c,aX_2+c,\cdots,aX_n+c)=a\hat{\theta}(X_1,X_2,\cdots,X_n)+l_1c \qquad (6)$$

由前面介绍过的 μ 和 σ 的最优线性无偏估计,令 $\hat{\mu}$ 和 $\hat{\sigma}$ 分别表示为由式(4)给出的 μ 和 σ 的最优线性无偏估计,其协方差称由式(5)给出。在式(6)中取 $a=1/\hat{\sigma},c=-\hat{\mu}/\hat{\sigma}$,则有

$$\frac{\hat{\theta}(X_1,X_2,\cdots,X_n)}{\hat{\delta}}-\frac{l_1\hat{\mu}}{\hat{\delta}}=\hat{\theta}\left(\left(\frac{X_1-\hat{\mu}}{\hat{\delta}}\right),\left(\frac{X_2-\hat{\mu}}{\hat{\delta}}\right),\cdots,\left(\frac{X_n-\hat{\mu}}{\hat{\delta}}\right)\right)$$

记 $h=h(\hat{\mu},\hat{\sigma},X)=\hat{\theta}\left(\left(\frac{X_1-\hat{\mu}}{\hat{\delta}}\right),\left(\frac{X_2-\hat{\mu}}{\hat{\delta}}\right),\cdots,\left(\frac{X_n-\hat{\mu}}{\hat{\delta}}\right)\right)$,得到 $\hat{\theta}$ 的一般形式为

$$\hat{\theta}_h=l_1\hat{\mu}+l_2\hat{\sigma} \qquad (7)$$

其均方误差为

$$E(\hat{\theta}_h-\theta)^2=\sigma^2[Ch^2+Al_1^2+(h-l_2)^2+2hl_1B]$$

对本式求导并令导数等于 0 可知,当 $h=(l_2-l_1B)/(1+C)$ 时,$\mathrm{MSE}_\theta(\hat{\theta}_h)$ 达最小,从而给出 θ 的最优线性不变估计为

$$\hat{\theta}=l_1\hat{\mu}+\frac{l_2-l_1B}{1+C}\hat{\sigma} \qquad (8)$$

特别地,若取 $l_1=0,l_2=1$ 和 $l_1=1,l_2=0$,则分别给出 σ 和 μ 的 BLIE 为

$$\hat{\sigma}_I=\frac{1}{1+C}\hat{\sigma},\hat{\mu}_I=\hat{\mu}-\frac{B}{1+C}\hat{\sigma} \qquad (9)$$

5. 简单线性无偏估计

对于分布函数 $F((y-\mu)/\sigma)$ 中的参数 μ 和 σ,在样本量 $n\leqslant25$ 时,用最优线性无偏估计和最优线性不变估计,可以得到精度较高的估计。下面讨论当 $n\geqslant25$ 时,μ 和 σ 的简单线性无偏估计的构造。

设从分布为 $F((y-\mu)/\sigma)$ 的总体中,随机抽取样本量为 n 的样本,按从小到大的顺序排列所得截尾子样的前 r 个观测值为 $X_{(1)}\leqslant X_{(2)}\leqslant\cdots\leqslant X_{(r)},(r\geqslant2)$。利用这些数据,可以构造尺度参数 σ 和位置参数 μ 的简单线性无偏估计 $\hat{\sigma}_s$ 和 $\hat{\mu}_s$。

(1) 尺度参数 σ 的简单线性无偏估计

对 σ 的估计,构造如下统计量为

$$\hat{\sigma}_s=\sum_{i=1}^r|X_{(s)}-X_{(i)}|/(nk_{s,r,n}) \qquad (10)$$

或者

$$\hat{\sigma}_s=\left[(2s-r-1)X_{(s)}-\sum_{i=1}^{s-1}X_{(i)}+\sum_{i=s+1}^r X_{(i)}\right]/(nk_{s,r,n}) \qquad (11)$$

式中，$k_{s,r,n}$ 称为无偏性系数，它依赖于样本量 n、截尾数 $n-r$ 和 $s(2 \leqslant s \leqslant r)$ 三个参数，其值可根据 $\hat{\sigma}_s$ 的无偏性求得，即由

$$E(\hat{\sigma}_s) = E\left(\sum_{i=1}^{r} \mid X_{(s)} - X_{(i)} \mid /(nk_{s,r,n})\right) = \sigma$$

求得

$$k_{s,r,n} = \frac{1}{n}\left[(2s-r-1)E(Z_{(s)}) - \sum_{i=1}^{s-1}E(Z_{(i)}) + \sum_{i=s+1}^{r}E(Z_{(i)})\right] \tag{12}$$

式中，$Z_{(i)}$ 为标准分布 $F(z)$ 的第 i 个顺序统计量；对极值分布和威布尔分布而言，标准分布 $F(z)$ 为标准极值分布；对正态分布和对数正态分布而言，标准分布 $F(z)$ 为标准正态分布。对于给定样本量 n，$E(Z_{(i)})$ 可计算，由此得到 $k_{s,r,n}$ 的数值。

至于式（10）和式（11）中 s 的选择，要考虑估计量 $\hat{\sigma}_s$ 的有效性，也就是使 $\hat{\sigma}_s$ 的方差尽量小。特别对极值分布，Engelhardt 和 Bain（1973 年）得到对 s 的选择方案如下：

$$s = \begin{cases} r, & \text{当 } 2 \leqslant r \leqslant 0.9n \\ n, & \text{当 } r = n, \quad n \leqslant 15 \\ n-1, & \text{当 } r = n, \quad 16 \leqslant n \leqslant 24 \\ [0.892n] + 1, & \text{当 } r = n, \quad n > 25 \end{cases} \tag{13}$$

式（13）表明，在截尾样本情形下，取 $s = r$（当 $2 \leqslant r \leqslant 0.9n$），这时式（10）可简化为

$$\hat{\sigma}_s = \sum_{i=1}^{r}(X_{(r)} - X_{(i)})/nk_{r,n} = \frac{(r-1)X_{(r)} - \sum_{i=1}^{r-1}X_{(i)}}{nk_{r,n}} \tag{14}$$

对完全样本情形，分以下三种情况：

① 当 $n \leqslant 15$ 时，s 取为 n，σ 的估计采用（10）；

② 当 $16 \leqslant n \leqslant 24$ 时，s 取为 $n-1$，σ 的估计为

$$\hat{\sigma}_s = \sum_{i=1}^{n} \mid X_{(n-1)} - X_{(i)} \mid /nk_{n-1,n} \tag{15}$$

③ 当 $n > 25$ 时，将式（10）中的 s 取为 $[0.892n] + 1$ 即可。

（2）位置参数 μ 的简单线性无偏估计

由于 $Z_{(s)} = (X_{(s)} - \mu)/\sigma$，于是

$$E(X_{(s)}) = \mu + \sigma E(Z_{(s)}) \tag{16}$$

根据 σ 的简单线性无偏估计 $\hat{\sigma}_s$ 和式（16），构造 μ 的简单线性无偏估计如下

$$\hat{\mu}_s = X_{(s)} - \hat{\sigma}_s E(Z_{(s)}) \tag{17}$$

由式（17）可知，当 $2 \leqslant r \leqslant 0.9n$ 时，取 $s = r$，式（17）改写成

$$\hat{\mu}_s = X_{(r)} - \hat{\sigma}_s E(Z_{(r)}) \tag{18}$$

显然，$\hat{\mu}_s$ 是 μ 的无偏估计，而 $\hat{\sigma}_s$ 和 $\hat{\mu}_s$ 的方差与协方差分别为

$$\mathrm{Var}(\hat{\sigma}_s) = l_{s,r,n}\sigma^2$$

$$\mathrm{Var}(\hat{\mu}_s) = A_{s,r,n}\sigma^2 \tag{19}$$

$$\mathrm{Cov}(\hat{\mu}_s, \hat{\sigma}_s) = B_{s,r,n}\sigma^2$$

式中 $l_{s,r,n}$，$A_{s,r,n}$，$B_{s,r,n}$ 可以用标准分布 $F(z)$ 的顺序统计量 $Z_{(i)}(i=1,2,\cdots,r)$ 的期望、方差和协方差表示,可查附表二、附表四或附表之附表二、附表六。

6. 简单线性不变估计

这里以极值分布参数的简单线性不变估计为例介绍。设 $\hat{\mu}_s$，$\hat{\sigma}_s$ 分别是极值分布参数 μ，σ 的简单线性无偏估计,用不变估计的方法由 $\hat{\mu}_s$，$\hat{\sigma}_s$ 得到 μ，σ 的简单线性不变估计为

$$\bar{\sigma}_s = \frac{\hat{\sigma}_s}{1 + l_{s,r,n}} = \frac{\sum_{i=1}^{r} |X_{(s)} - X_{(i)}|}{n k_{s,r,n}(1 + l_{s,r,n})} \tag{20}$$

$$\tilde{\mu}_s = \hat{\mu}_s - \frac{B_{s,r,n}}{1 + l_{s,r,n}}\hat{\sigma}_s$$

当 $2 \leqslant r \leqslant 0.9n$ 时,可将式(20)改写为

$$\bar{\sigma}_s = \frac{\hat{\sigma}_s}{1 + l_{r,n}} = \frac{\sum_{i=1}^{r} |X_{(r)} - X_{(i)}|}{n k_{r,n}(1 + l_{r,n})} \tag{21}$$

$$\tilde{\mu}_s = \hat{\mu}_s - \frac{B_{r,n}}{1 + l_{r,n}}\hat{\sigma}_s$$

相应地,还可以得到 $\tilde{\mu}_s$，$\bar{\sigma}_s$ 的均方误差

$$\mathrm{MSE}(\tilde{\mu}_s) = \left(A_{r,n} - \frac{B_{r,n}^2}{1 + l_{r,n}}\right)\sigma^2 \tag{22}$$

$$\mathrm{MSE}(\bar{\sigma}_s) = \frac{l_{r,n}}{1 + l_{r,n}}\sigma^2$$

并且简单线性不变估计的均方误差比简单线性无偏估计的均方误差小。

附　表

附表一　最优线性估计用表
（极值分布、威布尔分布）

（A）　最优线性无偏估计和最好线性不变估计系数表

n	r	j	$C(n,r,j)$	$D(n,r,j)$	$C_I(n,r,j)$	$D_I(n,r,j)$
5	2	1	$-0.896\,3$	$-0.959\,9$	$-0.473\,0$	$-0.481\,4$
5	2	2	$0.896\,3$	$1.959\,9$	$0.473\,0$	$1.481\,4$
5	3	1	$-0.434\,3$	$-0.210\,1$	$-0.306\,6$	$-0.138\,0$
5	3	2	$-0.364\,2$	$-0.086\,0$	$-0.257\,1$	$-0.025\,5$
5	3	3	$0.798\,6$	$1.296\,1$	$0.563\,7$	$1.163\,5$
5	4	1	$-0.273\,0$	$-0.015\,4$	$-0.217\,8$	$-0.007\,0$
5	4	2	$-0.249\,9$	$0.052\,0$	$-0.199\,4$	$0.059\,7$
5	4	3	$-0.149\,1$	$0.152\,1$	$-0.118\,9$	$0.156\,7$
5	4	4	$0.672\,1.$	$0.811\,3$	$0.536\,0$	$0.790\,7$
5	5	1	$-0.184\,5$	$0.058\,4$	$-0.158\,1$	$0.053\,0$
5	5	2	$-0.181\,7$	$0.108\,8$	$-0.155\,7$	$0.103\,5$
5	5	3	$-0.130\,5$	$0.167\,6$	$-0.111\,8$	$0.163\,8$
5	5	4	$-0.006\,5$	$0.246\,3$	$-0.005\,6$	$0.246\,1$
5	5	5	$0.503\,1$	$0.418\,9$	$0.431\,3$	$0.433\,6$
6	2	1	$-0.914\,1$	$-1.165\,6$	$-0.477\,8$	$-0.588\,3$
6	2	2	$0.914\,1$	$2.165\,6$	$+0.477\,8$	$1.588\,3$
6	3	1	$-0.446\,6$	$-0.315\,4$	$-0.311\,8$	$-0.211\,5$
6	3	2	$-0.388\,6$	$-0.203\,4$	$-0.271\,4$	$-0.113\,0$
6	3	3	$0.835\,3$	$1.518\,8$	$0.583\,2$	$1.324\,5$
6	4	1	$-0.285\,9$	$-0.086\,5$	$-0.225\,1$	$-0.063\,6$
6	4	2	$-0.265\,5$	$-0.028\,1$	$-0.209\,1$	$-0.006\,7$
6	4	3	$-0.185\,9$	$0.064\,9$	$-0.146\,4$	$0.079\,9$
6	4	4	$0.737\,2$	$1.049\,6$	$+0.580\,6$	$0.990\,4$
6	5	1	$-0.201\,5$	$0.005\,7$	$-0.169\,9$	$0.007\,5$
6	5	2	$-0.197\,3$	$0.0\,466$	$-0.166\,3$	$0.048\,3$
6	5	3	$-0.153\,6$	$0.100\,2$	$-0.129\,5$	$0.101\,6$
6	5	4	$-0.064\,6$	$0.172\,3$	$-0.054\,5$	$0.172\,9$
6	5	5	$0.617\,0$	$0.675\,2$	$0.520\,2$	$0.669\,7$
6	6	1	$-0.145\,8$	$0.048\,9$	$-0.128\,8$	$0.044\,8$
6	6	2	$-0.149\,5$	$0.083\,5$	$-0.132\,1$	$0.0\,794$
6	6	3	$-0.126\,7$	$0.121\,1$	$-0.112\,0$	$0.117\,5$

n	r	j	$C(n,r,j)$	$D(n,r,j)$	$C_I(n,r,j)$	$D_I(n,r,j)$
6	6	4	−0.073 2	0.165 6	−0.064 7	0.163 6
6	6	5	0.036 0	0.225 5	0.031 8	0.226 5
6	6	6	0.459 3	0.355 4	0.405 7	0.368 2
7	2	1	−0.926 7	−1.338 3	−0.481 1	−0.676 9
7	2	2	0.926 7	2.338 3	0.481 1	1.676 9
7	3	1	−0.455 0	−0.403 6	−0.315 4	−0.272 2
7	3	2	−0.405 6	−0.301 2	−0.281 1	−0.184 1
7	3	3	0.860 5	1.704 8	0.596 5	1.456 3
7	4	1	−0.294 0	−0.146 3	−0.229 7	−0.110 3
7	4	2	−0.276 0	−0.094 1	−0.215 6	−0.060 2
7	4	3	−0.210 2	−0.007 1	−0.164 2	0.018 7
7	4	4	0.780 2	1.247 5	0.609 5	1.151 8
7	5	1	−0.211 0	−0.039 3	−0.176 2	−0.030 4
7	5	2	−0.206 5	−0.004 4	−0.172 4	0.004 3
7	5	3	−0.169 1	0.045 8	−0.141 2	0.053 0
7	5	4	−0.099 2	0.113 4	−0.082 8	0.117 6
7	5	5	0.685 8	0.884 4	0.572 6	0.855 5
7	6	1	−0.158 7	0.013 7	−0.138 4	0.044 8
7	6	2	−0.160 9	0.041 8	−0.140 3	0.079 4
7	6	3	−0.139 6	0.075 7	−0.121 8	0.117 5
7	6	4	−0.095 1	0.117 6	−0.082 9	0.163 6
7	6	5	−0.017 6	0.172 1	−0.015 4	0.226 5
7	6	6	0.571 9	0.579 1	0.498 9	0.368 2
7	7	1	−0.120 1	0.041 8	−0.108 3	0.038 7
7	7	2	−0.125 9	0.067 3	−0.113 5	0.064 1
7	7	3	−0.114 9	0.093 7	−0.103 6	0.090 8
7	7	4	−0.087 3	0.123 2	−0.078 7	0.121 0
7	7	5	−0.036 2	0.158 6	−0.032 6	0.157 7
7	7	6	0.060 7	0.206 3	0.054 7	0.207 8
7	7	7	0.423 7	0.309 0	0.382 0	0.319 9
8	2	1	−0.936 1	−1.486 9	−0.483 6	−0.752 5
8	2	2	0.936 1	2.486 9	0.483 6	1.752 5
8	3	1	−0.461 0	−0.479 4	−0.317 9	−0.323 9
8	3	2	−0.418 0	−0.384 8	−0.288 2	−0.243 8
8	3	3	0.879 0	1.864 2	0.606 1	1.567 7

n	r	j	$C(n,r,j)$	$D(n,r,j)$	$C_I(n,r,j)$	$D_I(n,r,j)$
8	4	1	$-0.299\ 8$	$-0.197\ 7$	$-0.232\ 8$	$-0.150\ 0$
8	4	2	$-0.283\ 7$	$-0.150\ 2$	$-0.220\ 3$	$-0.105\ 0$
8	4	3	$-0.227\ 5$	$-0.068\ 5$	$-0.176\ 7$	$-0.032\ 3$
8	4	4	$0.810\ 9$	$1.416\ 4$	$0.629\ 8$	$1.287\ 2$
8	5	1	$-0.217\ 2$	$-0.078\ 1$	$-0.180\ 2$	$-0.062\ 7$
8	5	2	$-0.212\ 8$	$-0.047\ 4$	$-0.176\ 5$	$-0.032\ 2$
8	5	3	$-0.180\ 3$	$-0.000\ 1$	$-0.149\ 6$	$0.012\ 8$
8	5	4	$0.122\ 5$	$0.063\ 7$	$-0.101\ 6$	$0.072\ 4$
8	5	5	$0.732\ 8$	$1.061\ 9$	$0.607\ 9$	$1.009\ 7$
8	6	1	$-0.166\ 1$	$-0.017\ 2$	$-0.143\ 8$	$-0.013\ 5$
8	6	2	$-0.167\ 5$	$0.006\ 5$	$-0.145\ 0$	$0.010\ 3$
8	6	3	$-0.148\ 3$	$0.038\ 0$	$-0.128\ 4$	$0.041\ 4$
8	6	4	$-0.110\ 5$	$0.078\ 0$	$-0.095\ 7$	$0.080\ 5$
8	6	5	$-0.050\ 0$	$0.129\ 2$	$-0.043\ 3$	$0.130\ 3$
8	6	6	$0.642\ 4$	$0.765\ 5$	$0.556\ 2$	$0.751\ 1$
8	7	1	$-0.130\ 3$	$0.016\ 8$	$-0.116\ 3$	$0.016\ 0$
8	7	2	$-0.134\ 8$	$0.037\ 6$	$-0.120\ 3$	$0.036\ 7$
8	7	3	$-0.123\ 8$	$0.061\ 2$	$-0.110\ 6$	$0.060\ 4$
8	7	4	$-0.099\ 1$	$0.088\ 8$	$-0.088\ 5$	$0.088\ 2$
8	7	5	$-0.057\ 1$	$0.122\ 5$	$-0.051\ 0$	$0.122\ 1$
8	7	6	$0.010\ 9$	$0.165\ 5$	$0.009\ 7$	$0.165\ 5$
8	7	7	$0.534\ 3$	$0.507\ 6$	$0.477\ 0$	$0.511\ 0$
8	8	1	$-0.101\ 9$	$0.036\ 5$	$0.093\ 3$	$0.034\ 1$
8	8	2	$-0.108\ 1$	$0.056\ 1$	$-0.098\ 9$	$0.053\ 6$
8	8	3	$-0.102\ 7$	$0.075\ 9$	$-0.094\ 0$	$0.073\ 5$
8	8	4	$-0.087\ 2$	$0.097\ 1$	$-0.079\ 8$	$0.095\ 1$
8	8	5	$-0.058\ 9$	$0.121\ 2$	$-0.053\ 9$	$0.119\ 8$
8	8	6	$-0.011\ 1$	$0.150\ 2$	$-0.010\ 2$	$0.149\ 9$
8	8	7	$0.075\ 8$	$0.189\ 4$	$0.069\ 3$	$0.191\ 2$
8	8	8	$0.394\ 2$	$0.273\ 5$	$0.360\ 7$	$0.282\ 9$
9	2	1	$-0.943\ 4$	$-1.617\ 3$	$-0.485\ 5$	$-0.818\ 4$
9	2	2	$0.943\ 4$	$2.617\ 3$	$0.485\ 5$	$0.818\ 4$
9	3	1	$-0.465\ 6$	$-0.545\ 8$	$-0.319\ 8$	$-0.368\ 8$
9	3	2	$-0.427\ 5$	$-0.457\ 7$	$-0.293\ 6$	$-0.295\ 3$
9	3	3	$0.893\ 2$	$2.003\ 5$	$0.613\ 4$	$1.664\ 1$
9	4	1	$-0.304\ 0$	$-0.242\ 7$	$-0.235\ 1$	$-0.184\ 5$

n	r	j	$C(n,r,j)$	$D(n,r,j)$	$C_I(n,r,j)$	$D_I(n,r,j)$
9	4	2	−0.289 5	−0.199 0	−0.223 9	−0.143 5
9	4	3	−0.240 5	−0.121 9	−0.186 0	−0.075 8
9	4	4	0.834 0	1.563 6	0.644 9	1.403 8
9	5	1	−0.221 7	−0.112 3	−0.183 1	−0.090 7
9	5	2	−0.217 4	−0.084 7	−0.179 5	−0.063 5
9	5	3	−0.188 7	−0.039 8	−0.155 8	−0.021 5
9	5	4	−0.139 4	0.020 6	−0.115 1	0.034 2
9	5	5	0.767 3	1.216 1	0.633 5	1.141 6
9	6	1	−0.171 2	−0.044 6	0.147 4	−0.037 1
9	6	2	−0.172 0	−0.023 9	−0.148 2	−0.016 4
9	6	3	−0.154 7	0.005 7	−0.133 2	0.012 5
9	6	4	−0.122 0	0.044 0	−0.105 1	0.049 3
9	6	5	−0.072 1	0.092 5	−0.062 1	0.095 6
9	6	6	0.692 0	0.926 4	0.595 9	0.896 1
9	7	1	−0.036 4	−0.005 8	−0.121 0	−0.004 2
9	7	2	−0.140 0	0.011 8	−0.124 2	0.013 4
9	7	3	−0.129 7	0.033 6	−0.115 1	0.035 1
9	7	4	−0.107 6	0.060 0	−0.095 5	0.061 2
9	7	5	−0.072 3	0.092 2	−0.064 2	0.093 0
9	7	6	−0.019 4	0.132 5	−0.017 2	0.132 7
9	7	7	0.605 5	0.675 7	0.537 2	0.668 8
9	8	1	−0.110 2	0.017 8	−0.100 0	0.016 8
9	8	2	−0.115 4	0.034 0	−0.104 7	0.032 9
9	8	3	−0.109 7	0.051 6	−0.099 6	0.050 6
9	8	4	−0.095 0	0.071 4	−0.086 2	0.070 5
9	8	5	−0.070 0	0.094 3	−0.063 5	0.093 6
9	8	6	−0.031 2	0.121 8	−0.028 3	0.121 6
9	8	7	0.029 2	0.156 9	0.026 5	0.157 2
9	8	8	0.502 4	0.452 3	0.456 0	0.456 8
9	9	1	−0.088 4	0.032 3	−0.081 8	0.030 3
9	9	2	−0.094 4	0.048 0	−0.087 3	0.045 9
9	9	3	−0.092 0	0.063 4	−0.085 1	0.061 4
9	9	4	−0.082 7	0.079 6	−0.007 65	0.077 7
9	9	5	−0.065 6	0.097 2	−0.060 7	0.095 8
9	9	6	−0.038 0	0.117 4	−0.035 1	0.116 5
9	9	7	0.006 5	0.141 8	0.006 0	0.141 9
9	9	8	0.085 2	0.174 9	0.078 8	0.176 8
9	9	9	0.369 2	0.245 5	0.341 6	0.253 7

（B）　最好线性无偏估计有关数值表

n	r	$E(Z_{r,n})$	$l_{r,n}^{-1}$	$A_{r,n}^{-1}$	$g_{r,n}$
2	1	−1.270 4			
2	2	0.115 9	1.404 8	1.516 2	0.288 2
3	1	−1.675 8			
3	2	−0.459 4	1.221 9	1.091 7	0.181 6
3	3	0.403 6	2.901 0	2.482 2	0.655 3
4	1	−1.963 5			
4	2	−0.812 8	1.153 4	0.749 6	0.133 0
4	3	−0.106 1	2.549 5	2.308 6	0.607 8
4	4	0.573 5	4.438 9	3.407 6	0.774 7
5	1	−2.186 7			
5	2	−1.070 9	1.117 3	0.558 9	0.105 0
5	3	−0.425 6	2.399 1	1.888 9	0.583 2
5	4	0.106 9	3.940 2	3.426 8	0.746 2
5	5	0.690 2	6.000 7	4.321 6	0.833 4
6	1	−2.369 0			
6	2	−1.275 0	1.094 9	0.445 6	0.086 7
6	3	−0.662 7	2.314 2	1.531 5	0.567 9
6	4	−0.188 4	3.707 6	3.089 1	0.730 3
6	5	0.254 5	5.373 3	4.472 1	0.813 9
6	6	0.777 3	7.578 0	5.230 8	0.868 0
7	1	−2.523 1			
7	2	−1.444 1	1.079 8	0.372 3	0.073 9
7	3	−0.852 5	2.259 3	1.269 1	0.557 4
7	4	−0.409 7	3.569 4	2.683 5	0.719 8
7	5	−0.022 4	5.061 6	4.250 0	0.822 4
7	6	0.365 3	6.836 6	5.473 4	0.853 7
7	7	0.846 0	9.166 2	6.137 7	0.890 4
8	1	−2.656 7			
8	2	−1.588 4	1.068 8	0.321 5	0.064 4
8	3	−1.011 1	2.220 9	1.078 7	0.549 7
8	4	−0.588 2	3.477 1	2.321 7	0.712 4

n	r	$E(Z_{r,n})$	$l_{r,n}^{-1}$	$A_{r,n}^{-1}$	$g_{r,n}$
8	5	−0.231 2	4.869 3	3.875 3	0.794 6
8	6	0.102 9	6.450 2	5.359 6	0.845 0
8	7	0.452 8	8.322 8	6.447 5	0.879 8
8	8	0.902 1	10.762 4	7.043 1	0.907 1
9	1	−2.774 4			
9	2	−1.714 4	1.060 5	0.284 4	0.057 0
9	3	−1.147 5	2.192 4	0.937 7	0.543 9
9	4	−0.738 3	3.410 9	2.025 4	0.706 8
9	5	−0.400 5	4.737 4	3.478 5	0.788 9
9	6	−0.095 8	6.204 5	5.050 0	0.838 8
9	7	0.202 2	7.866 2	6.426 0	0.872 9
9	8	0.524 4	9.826 8	7.404 2	0.898 2
9	9	0.949 3	12.364 7	7.947 7	0.919 1

附表二　简单线性无偏估计表
（极值分布、威布尔分布）

1. 样本量为 26 时($n=26$)简单线性无偏估计的系数

r	s	$E(Z_{r,n})$	$n \cdot k_{r,n}$	$l_{r,n}$	$A_{r,n}^{-1}$	$g_{r,n}$
1	1	−3.835 3				
2	2	−2.815 6	1.019 7	1.016 0	0.117 5	0.015 8
3	3	−2.295 2	2.060 6	2.045 1	0.329 5	0.511 0
4	4	−1.940 7	3.124 0	3.121 1	0.656 8	0.679 6
5	5	−1.668 7	4.211 8	4.153 1	1.089 2	0.759 2
6	6	−1.445 9	5.325 7	5.255 8	1.637 6	0.809 7
7	7	−1.255 6	6.468 1	6.346 5	2.324 6	0.842 4
8	8	−1.088 0	7.641 3	7.636 2	3.207 0	0.869 0
9	9	−0.937 1	8.848 2	8.729 1	4.175 7	0.885 4
10	10	−0.798 9	10.092 1	10.001 6	5.383 7	0.900 0
11	11	−0.670 4	11.376 9	11.183 3	6.629 0	0.910 6
12	12	−0.549 5	12.707 0	12.363 1	7.971 4	0.919 1
13	13	−0.434 4	14.087 8	13.767 7	9.375 5	0.927 4
14	14	−0.323 8	15.525 9	15.149 2	10.754 6	0.934 0
15	15	−0.216 4	17.029 2	16.603 4	12.199 0	0.939 8
16	16	−0.111 2	18.607 7	17.984 2	13.672 4	0.944 4

r	s	$E(Z_{r,n})$	$n \cdot k_{r,n}$	$l_{r,n}$	$A_{r,n}^{-1}$	$g_{r,n}$
17	17	−0.007 1	20.273 7	19.250 4	14.962 8	0.948 1
18	18	0.097 1	22.043 7	20.970 7	16.318 1	0.952 3
19	19	0.202 4	23.939 2	22.595 9	17.418 4	0.955 7
20	20	0.310 3	25.990 2	24.594 7	18.225 3	0.959 3
21	21	0.422 8	28.240 1	25.977 5	18.945 2	0.961 5
22	22	0.542 6	30.754 9	27.467 8	19.700 2	0.963 6
23	23	0.673 9	33.644 4	28.499 6	20.375 7	0.964 9
24	24	0.824 8	37.113 9	30.336 8	22.415 4	0.967 0
25	24	1.013 0	37.302 2	30.806 0	22.261 9	0.967 5
26	24	1.299 3	37.776 7	31.910 8	21.911 7	0.968 7

2. 样本量为 28 时 $(n=28)$ 简单线性无偏估计的系数

r	s	$E(Z_{r,n})$	$n \cdot k_{r,n}$	$l_{r,n}$	$A_{r,n}^{-1}$	$g_{r,n}$
1	1	−3.909 4				
2	2	−2.891 1	1.018 3	1.016 1	0.111 8	0.015 8
3	3	−2.372 3	2.056 0	2.044 4	0.312 1	0.510 9
4	4	−2.019 4	3.114 5	3.121 5	0.614 7	0.679 6
5	5	1.749 3	4.195 2	4.189 5	1.000 8	0.761 3
6	6	−1.528 4	5.299 6	5.303 6	1.508 7	0.811 5
7	7	−1.340 0	6.429 6	6.377 1	2.115 2	0.843 2
8	8	−1.174 7	7.587 1	7.660 0	2.936 2	0.869 3
9	9	−1.026 3	8.774 5	8.936 7	3.888 0	0.888 1
10	10	−0.890 7	9.994 4	10.122 5	4.900 4	0.901 2
11	11	−0.765 2	11.249 7	11.367 5	6.040 3	0.912 0
12	12	−0.647 5	12.543 9	12.715 0	7.399 5	0.921 4
13	13	−0.536 1	13.881 2	13.936 0	8.707 2	0.928 2
14	14	−0.429 6	15.266 1	15.466 6	10.074 9	0.935 3
15	15	−0.326 8	16.704 6	16.812 2	11.490 1	0.940 5
16	16	−0.226 9	18.203 3	18.034 4	12.926 9	0.944 6
17	17	−0.128 9	19.770 8	19.411 7.	14.305 6	0.948 5
18	18	−0.032 1	21.417 4	20.944 0	15.887 1	0.952 3
19	19	0.064 5	23.156 5	22.169 0	17.213 3	0.954 9
20	20	0.161 8	25.005 1	23.969 9	18.455 9	0.958 3
21	21	0.260 9	26.986 2	25.677 6	19.325 2	0.961 1

r	s	$E(Z_{r,n})$	$n \cdot k_{r,n}$	$l_{r,n}$	$A_{r,n}^{-1}$	$g_{r,n}$
22	22	0.363 1	29.131 6	27.507 8	20.156 6	0.963 6
23	23	0.470 1	31.486 9	29.304 3	20.998 7	0.965 9
24	24	0.584 7	34.122 3	31.172 2	21.683 3	0.967 9
25	25	0.711 0	37.154 0	32.371 5	22.281 5	0.969 1
26	25	0.856 9	37.299 8	32.731 3	22.177 3	0.969 4
27	25	1.039 8	37.628 6	33.489 6	21.963 9	0.970 1
28	25	1.319 8	38.237 3	34.882 1	21.635 7	0.971 3

3. 样本量为30时($n=30$)简单线性无偏估计的系数

r	s	$E(Z_{r,n})$	$n \cdot k_{r,n}$	$l_{r,n}$	$A_{r,n}^{-1}$	$g_{r,n}$
1	1	$-3.978\ 4$				
2	2	$-2.961\ 4$	1.017 0	1.014 5	0.106 7	0.014 3
3	3	$-2.443\ 8$	2.052 1	2.046 4	0.295 4	0.511 3
4	4	$-2.092\ 4$	3.106 4	3.116 9	0.576 7	0.679 2
5	5	$-1.823\ 7$	4.181 0	4.187 2	0.949 3	0.761 2
6	6	$-1.604\ 5$	5.277 4	5.284 0	1.426 1	0.810 7
7	7	$-1.417\ 9$	6.397 0	6.424 9	2.020 0	0.844 4
8	8	$-1.254\ 4$	7.541 4	7.587 4	2.751 9	0.868 2
9	9	$-1.108\ 0$	8.712 7	8.787 5	3.607 1	0.886 2
10	10	$-0.974\ 6$	9.912 8	9.921 4	4.554 7	0.899 2
11	11	$-0.851\ 5$	11.144 3	11.081 4	5.636 3	0.909 8
12	12	$-0.736\ 4$	12.409 8	12.303 9	6.832 7	0.918 7
13	13	$-0.627\ 9$	13.712 4	13.593 4	8.184 2	0.926 4
14	14	$-0.524\ 5$	15.055 9	14.826 3	9.570 8	0.932 6
15	15	$-0.425\ 3$	16.444 5	16.173 2	10.898 3	0.938 2
16	16	$-0.329\ 4$	17.883 3	17.556 1	12.416 4	0.943 0
17	17	$-0.236\ 0$	19.378 1	19.001 7	13.863 2	0.947 4
18	18	$-0.144\ 3$	20.936 2	20.444 5	15.236 9	0.951 1
19	19	$-0.053\ 8$	22.566 6	21.792 5	16.708 7	0.954 1
20	20	0.036 4	24.280 0	23.299 0	18.092 6	0.957 1
21	21	0.126 9	26.090 6	24.839 9	19.391 2	0.959 7
22	22	0.218 6	28.016 4	26.312 4	20.601 7	0.962 0
23	23	0.312 5	30.081 5	28.046 5	21.416 5	0.964 3
24	24	0.409 8	32.319 4	29.631 8	22.320 3	0.966 3

r	s	$E(Z_{r,n})$	$n \cdot k_{r,n}$	$l_{r,n}$	$A_{r,n}^{-1}$	$g_{r,n}$
25	25	0.512 3	34.778 4	31.181 4	23.096 1	0.967 9
26	26	0.622 4	37.532 2	32.799 4	23.725 6	0.969 5
27	27	0.744 4	40.703 7	34.461 5	24.083 0	0.971 0
28	27	0.885 8	40.845 1	34.810 4	23.982 3	0.971 3
29	27	1.064 1	41.164 8	35.578 8	23.772 4	0.971 9
30	27	1.338 5	41.758 9	36.948 1	23.430 9	0.972 9

附表三　最好线性无偏估计表
（正态分布、对数正态分布）

（A）　最好线性无偏估计系数表

n	r	j	$C'(n,r,j)$	$D'(n,r,j)$	n	r	j	$C'(n,r,j)$	$D'(n,r,j)$
2	2	1	−0.886 2	0.500 0	4	3	1	−0.697 1	0.116 1
2	2	2	0.886 2	0.500 0	4	3	2	−0.126 8	0.240 8
					4	3	3	0.823 9	0.643 1
3	2	1	−1.181 6	0.000 0					
3	2	2	1.181 6	1.000 0	4	4	1	−0.453 9	0.250 0
					4	4	2	−0.110 2	0.250 0
3	3	1	−0.590 8	0.333 3	4	4	3	0.110 2	0.250 0
3	3	2	0.000 0	0.333 3	4	4	4	0.453 9	0.250 0
3	3	3	0.590 8	0.333 3					
					5	2	1	−1.497 1	−0.741 1
4	2	1	−1.365 4	−0.405 6	5	2	2	1.497 1	1.741 1
4	2	2	1.365 4	1.405 6					
					5	3	1	−0.769 6	−0.063 8
5	3	2	−0.212 1	0.149 8	7	3	2	−0.326 9	−0.013 5
5	3	3	0.981 7	0.914 0	7	3	3	1.195 1	1.360 9
5	4	1	−0.511 7	0.125 2					
5	4	2	−0.166 8	0.183 0	7	4	1	−0.584 8	−0.073 8
5	4	3	0.027 4	0.214 7	7	4	2	−0.242 8	0.067 7
5	4	4	0.651 1	0.477 1	7	4	3	−0.071 7	0.137 5
5	5	1	−0.372 4	0.200 0	7	4	4	0.899 4	0.868 6

n	r	j	$C'(n,r,j)$	$D'(n,r,j)$	n	r	j	$C'(n,r,j)$	$D'(n,r,j)$
5	5	2	−0.135 2	0.200 0					
5	5	3	0.000 0	0.200 0	7	5	1	−0.437 0	0.046 5
5	5	4	0.135 2	0.200 0	7	5	2	−0.194 3	0.107 2
5	5	5	0.372 4	0.200 0	7	5	3	−0.071 8	0.137 5
					7	5	4	0.031 2	0.162 6
n	r	j	$C'(n,r,j)$	$D'(n,r,j)$	n	r	j	$C'(n,r,j)$	$D'(n,r,j)$
6	2	1	−1.598 8	−1.026 1	7	5	5	0.670 9	0.546 2
6	2	2	1.598 8	2.026 1					
					7	6	1	−0.344 0	0.108 8
6	3	1	−0.824 4	−0.215 9	7	6	2	−0.161 0	0.129 5
6	3	2	−0.276 0	0.064 9	7	6	3	−0.068 1	0.140 0
6	3	3	1.100 4	1.151 1	7	6	4	0.011 4	0.148 7
					7	6	5	0.090 1	0.157 1
6	4	1	−0.552 8	0.018 5	7	6	6	0.471 6	0.315 9
6	4	2	−0.209 1	0.122 6					
6	4	3	−0.029 0	0.176 1	7	7	1	−0.277 8	0.142 9
6	4	4	0.790 9	0.682 8	7	7	2	−0.135 1	0.142 9
					7	7	3	−0.062 5	0.142 9
6	5	1	−0.409 7	0.118 3	7	7	4	0.000 0	0.142 9
6	5	2	−0.168 5	0.151 0	7	7	5	0.062 5	0.142 9
6	5	3	−0.040 6	0.168 0	7	7	6	0.135 1	0.142 9
6	5	4	0.074 0	0.182 8	7	7	7	0.277 8	0.142 9
6	5	5	0.544 8	0.379 9					
					8	2	1	−1.750 2	−1.491 5
6	6	1	−0.317 5	0.166 7	8	2	2	1.750 2	2.491 5
6	6	2	−0.138 6	0.166 7					
6	6	3	−0.043 2	0.166 7	8	3	1	−0.904 5	−0.463 2
6	6	4	0.043 2	0.166 7	8	3	2	−0.369 0	−0.085 5
6	6	5	0.138 6	0.166 7	8	3	3	1.273 5	1.548 7
6	6	6	0.317 5	0.166 7					
					8	4	1	−0.611 0	−0.154 9
7	2	1	−1.681 2	−1.273 3	8	4	2	−0.270 7	0.017 6

n	r	j	$C'(n,r,j)$	$D'(n,r,j)$	n	r	j	$C'(n,r,j)$	$D'(n,r,j)$
7	2	2	1.681 2	2.273 3	8	4	3	−0.106 1	0.100 1
					8	4	4	0.987 8	1.037 2
7	3	1	−0.868 2	−0.347 4					
8	5	1	−0.458 6	−0.016 7	9	5	1	−0.476 6	−0.073 1
8	5	2	−0.215 6	0.067 7	9	5	2	−0.233 5	0.031 6
8	5	3	−0.097 0	0.108 4	9	5	3	−0.118 1	0.080 9
8	5	4	0.000 2	0.141 3	9	5	4	−0.025 6	0.119 9
8	5	5	0.770 9	0.699 3	9	5	5	0.853 7	0.840 8
8	6	1	−0.363 8	0.056 9	9	6	1	−0.379 7	0.010 4
8	6	2	−0.178 8	0.096 2	9	6	2	−0.193 6	0.066 0
8	6	3	−0.088 1	0.115 3	9	6	3	−0.104 8	0.092 3
8	6	4	−0.013 2	0.130 9	9	6	4	−0.033 3	0.113 3
8	6	5	0.057 0	0.145 1	9	6	5	0.031 7	0.132 0
8	6	6	0.586 8	0.455 5	9	6	6	0.679 7	0.586 0
8	7	1	−0.297 8	0.099 7	9	7	1	−0.312 9	0.060 2
8	7	2	−0.151 5	0.113 9	9	7	2	−0.164 7	0.087 6
8	7	3	−0.079 6	0.120 8	9	7	3	−0.093 8	0.100 6
8	7	4	−0.020 0	0.126 5	9	7	4	−0.036 4	0.111 0
8	7	5	0.036 4	0.131 8	9	7	5	0.016 0	0.120 4
8	7	6	0.095 1	0.137 0	9	7	6	0.067 8	0.129 4
8	7	7	0.417 5	0.270 4	9	7	7	0.523 9	0.393 9
8	8	1	−0.247 6	0.125 0	9	8	1	−0.263 3	0.091 5
8	8	2	−0.129 4	0.125 0	9	8	2	−0.142 1	0.101 8
8	8	3	−0.071 3	0.125 0	9	8	3	−0.084 1	0.106 7
8	8	4	−0.023 0	0.125 0	9	8	4	−0.037 0	0.110 6
8	8	5	0.023 0	0.125 0	9	8	5	0.006 2	0.114 2
8	8	6	0.071 3	0.125 0	9	8	6	0.049 2	0.117 7
8	8	7	0.129 4	0.125 0	9	8	7	0.095 4	0.121 2
8	8	8	0.247 6	0.125 0	9	8	8	0.375 7	0.236 5

n	r	j	$C'(n,r,j)$	$D'(n,r,j)$	n	r	j	$C'(n,r,j)$	$D'(n,r,j)$
9	2	1	$-1.809\,2$	$-1.686\,8$	9	9	1	$-0.223\,7$	$0.111\,1$
9	2	2	$1.809\,2$	$2.686\,8$	9	9	2	$-0.123\,3$	$0.111\,1$
					9	9	3	$-0.075\,1$	$0.111\,1$
9	3	1	$-0.935\,5$	$-0.566\,4$	9	9	4	$-0.036\,0$	$0.111\,1$
9	3	2	$-0.404\,7$	$-0.152\,1$	9	9	5	$0.000\,0$	$0.111\,1$
9	3	3	$1.340\,2$	$1.718\,5$	9	9	6	$0.036\,0$	$0.111\,1$
					9	9	7	$0.075\,1$	$0.111\,1$
9	4	1	$-0.633\,0$	$-0.227\,2$	9	9	8	$0.123\,3$	$0.111\,1$
9	4	2	$-0.294\,4$	$-0.028\,4$	9	9	9	$0.223\,7$	$0.111\,1$
9	4	3	$-0.134\,8$	$0.064\,4$					
9	4	4	$1.062\,2$	$1.191\,2$	10	2	1	$-1.860\,8$	$-1.863\,4$
10	2	2	$1.860\,8$	$2.863\,4$	10	8	1	$-0.275\,3$	$0.060\,5$
					10	8	2	$-0.152\,3$	$0.080\,4$
10	3	1	$-0.962\,5$	$-0.569\,6$	10	8	3	$-0.094\,7$	$0.089\,8$
10	3	2	$-0.435\,7$	$-0.213\,8$	10	8	4	$-0.048\,8$	$0.097\,2$
10	3	3	$1.398\,1$	$1.873\,4$	10	8	5	$-0.007\,7$	$0.103\,7$
					10	8	6	$0.031\,9$	$0.109\,9$
10	4	1	$-0.652\,0$	$-0.292\,3$	10	8	7	$0.072\,2$	$0.116\,1$
10	4	2	$-0.315\,0$	$-0.070\,9$	10	8	8	$0.474\,6$	$0.342\,4$
10	4	3	$-0.159\,3$	$0.030\,5$					
10	4	4	$1.126\,3$	$1.332\,7$	10	9	1	$-0.236\,4$	$0.084\,3$
					10	9	2	$-0.133\,4$	$0.092\,1$
10	5	1	$-0.491\,9$	$-0.124\,0$	10	9	3	$-0.085\,1$	$0.095\,7$
10	5	2	$-0.249\,1$	$-0.001\,6$	10	9	4	$-0.046\,5$	$0.098\,6$
10	5	3	$-0.136\,2$	$0.054\,9$	10	9	5	$-0.011\,9$	$0.101\,1$
10	5	4	$-0.047\,2$	$0.099\,0$	10	9	6	$0.021\,5$	$0.103\,6$
10	5	5	$0.924\,3$	$0.971\,8$	10	9	7	$0.055\,9$	$0.106\,0$
					10	9	8	$0.093\,9$	$0.108\,5$
10	6	1	$-0.393\,0$	$-0.031\,6$	10	9	9	$0.342\,3$	$0.210\,1$

n	r	j	$C'(n,r,j)$	$D'(n,r,j)$	n	r	j	$C'(n,r,j)$	$D'(n,r,j)$
10	6	2	$-0.206\ 3$	$0.038\ 3$					
10	6	3	$-0.119\ 2$	$0.070\ 7$	10	10	1	$-0.204\ 4$	$0.100\ 0$
10	6	4	$-0.050\ 1$	$0.096\ 2$	10	10	2	$-0.117\ 2$	$0.100\ 0$
10	6	5	$0.011\ 1$	$0.118\ 5$	10	10	3	$-0.076\ 3$	$0.100\ 0$
10	6	6	$0.757\ 6$	$0.707\ 8$	10	10	4	$0.043\ 6$	$0.100\ 0$
					10	10	5	$-0.014\ 2$	$0.100\ 0$
10	7	1	$-0.325\ 2$	$0.024\ 4$	10	10	6	$0.014\ 2$	$0.100\ 0$
10	7	2	$-0.175\ 8$	$0.063\ 6$	10	10	7	$0.043\ 6$	$0.100\ 0$
10	7	3	$-0.105\ 8$	$0.081\ 8$	10	10	8	$0.076\ 3$	$0.100\ 0$
10	7	4	$-0.050\ 2$	$0.096\ 2$	10	10	9	$0.117\ 2$	$0.100\ 0$
10	7	5	$-0.000\ 6$	$0.108\ 9$	10	10	10	$0.204\ 4$	$0.100\ 0$
10	7	6	$0.046\ 9$	$0.120\ 7$					
10	7	7	$0.610\ 7$	$0.504\ 5$					

（B） 最好线性无偏估计有关数值表

n	r	$E(Z_{r,n})$	$L'_{r,n}$	$A'_{r,n}$	$B'_{r,n}$
2	1	$-0.564\ 2$			
	2	$0.564\ 2$	$0.570\ 8$	$0.500\ 0$	$0.000\ 0$
3	1	$-0.846\ 3$			
	2	$0.000\ 0$	$0.637\ 8$	$0.448\ 7$	$0.204\ 4$
	3	$0.846\ 3$	$0.275\ 5$	$0.333\ 3$	$0.000\ 0$
4	1	$-1.029\ 4$			
	2	$-0.297\ 0$	$0.673\ 0$	$0.513\ 0$	$0.356\ 7$
	3	$0.297\ 0$	$0.302\ 1$	$0.287\ 0$	$0.067\ 2$
	4	$1.029\ 4$	$0.180\ 0$	$0.250\ 0$	$0.000\ 0$
5	1	$-1.163\ 0$			
	2	$-0.495\ 0$	$0.695\ 7$	$0.611\ 2$	$0.474\ 9$
	3	$0.000\ 0$	$0.318\ 1$	$0.283\ 9$	$0.123\ 4$
	4	$0.495\ 0$	$0.194\ 8$	$0.217\ 7$	$0.033\ 0$
	5	$1.163\ 0$	$0.133\ 3$	$0.200\ 0$	$0.000\ 0$
6	1	$-1.267\ 2$			
	2	$-0.641\ 8$	$0.711\ 9$	$0.718\ 6$	$0.570\ 5$
	3	$-0.201\ 5$	$0.329\ 2$	$0.299\ 9$	$0.170\ 2$

n	r	$E(Z_{r,n})$	$L'_{r,n}$	$A'_{r,n}$	$B'_{r,n}$
	4	0.201 5	0.204 4	0.206 8	0.062 4
	5	0.641 8	0.142 8	0.176 9	0.194 6
	6	1.267 2	0.105 7	0.166 7	0.000 0
7	1	−1.352 2			
	2	−0.757 4	0.724 3	0.826 4	0.826 4
	3	−0.352 7	0.337 5	0.324 8	0.324 8
	4	0.000 0	0.211 4	0.207 1	0.207 1
	5	0.352 7	0.149 3	0.166 0	0.166 0
	6	0.757 4	0.112 3	0.149 4	0.149 4
	7	1.352 2	0.087 5	0.142 9	0.142 9
8	1	−1.423 6			
	2	−0.852 2	0.734 2	0.931 0	0.718 6
	3	−0.472 8	0.344 1	0.354 1	0.244 2
	4	−0.152 5	0.216 8	0.213 8	0.110 6
	5	0.152 5	0.154 2	0.162 7	0.053 8
	6	0.472 8	0.117 1	0.139 9	0.025 0
	7	0.852 2	0.092 4	0.129 4	0.009 0
	8	1.423 6	0.074 6	0.125 0	0.000 0
9	1	−1.485 0			
	2	−0.932 3	0.742 3	1.031 3	0.778 1
	3	−0.572 0	0.349 4	0.385 3	0.274 3
	4	−0.274 5	0.221 2	0.224 1	0.130 5
	5	0.000 0	0.158 1	0.162 9	0.068 4
	6	0.274 5	0.120 7	0.135 2	0.036 2
	7	0.572 0	0.096 0	0.121 4	0.017 8
	8	0.932 3	0.078 4	0.114 4	0.006 7
	9	1.485 0	0.065 0	0.111 1	0.000 0

附表四　简单线性无偏估计表
（正态分布、对数正态分布）

1. 样本量为 21 时 $(n=21)$ 简单线性无偏估计的系数

r	s	$E(Z_{r,n})$	$nk_{r,n}$	$l_{r,n}$	$A_{r,n}$
1	1	$-1.889\,2$			
2	2	$-1.433\,6$	0.455 6	0.788 5	1.929 3
3	3	$-1.160\,5$	1.001 8	0.385 9	0.741 2
4	4	$-0.953\,8$	1.621 9	0.253 1	0.406 6
5	5	$-0.781\,5$	2.311 1	0.187 3	0.262 4
6	6	$-0.629\,8$	3.069 4	0.148 2	0.186 8
7	7	$-0.491\,5$	3.899 5	0.122 4	0.142 4
8	8	$-0.362\,0$	4.805 7	0.104 1	0.114 3
9	9	$-0.238\,4$	5.794 6	0.090 6	0.095 6
10	10	$-0.118\,4$	6.875 1	0.080 2	0.082 6
11	11	$0.000\,0$	8.058 6	0.072 0	0.073 3
12	12	$0.118\,4$	9.360 6	0.065 5	0.066 5
13	13	$0.238\,4$	10.801 2	0.060 2	0.061 4
14	14	$0.362\,0$	12.408 2	0.055 9	0.057 6
15	15	$0.491\,5$	14.220 6	0.052 5	0.054 7
16	16	$0.629\,8$	16.295 7	0.049 9	0.052 6
17	17	$0.781\,5$	18.722 5	0.048 0	0.050 9
18	18	$0.953\,8$	21.651 7	0.047 0	0.049 6
19	19	$1.160\,5$	25.371 7	0.047 4	0.048 7
20	19	$1.433\,6$	25.644 9	0.046 0	0.049 5
21	19	$1.889\,2$	26.373 6	0.042 9	0.051 6

2. 样本量为 22 时 $(n=22)$ 简单线性无偏估计的系数

r	s	$E(Z_{r,n})$	$nk_{r,n}$	$l_{r,n}$	$A_{r,n}$
1	1	$-1.909\,7$			
2	2	$-1.458\,2$	0.451 5	0.790 5	1.986 3
3	3	$-1.188\,2$	0.991 4	0.387 1	0.765 2
4	4	$-0.984\,6$	1.602 3	0.253 9	0.420 3
5	5	$-0.815\,3$	2.279 6	0.187 9	0.271 1

r	s	$E(Z_{r,n})$	$nk_{r,n}$	$l_{r,n}$	$A_{r,n}$
6	6	−0.666 7	3.022 6	0.148 7	0.192 7
7	7	−0.631 6	3.833 6	0.122 8	0.146 5
8	8	−0.405 6	4.715 0	0.104 4	0.117 1
9	9	−0.285 8	5.673 5	0.090 8	0.097 4
10	10	−0.170 0	6.715 8	0.080 4	0.083 7
11	11	−0.056 4	7.851 4	0.072 1	0.073 9
12	12	0.056 4	9.092 5	0.065 5	0.066 7
13	13	0.170 0	10.455 2	0.065 1	0.061 2
14	14	0.285 8	11.960 8	0.055 7	0.057 2
15	15	0.405 6	13.638 1	0.052 2	0.054 0
16	16	0.531 6	15.527 7	0.049 3	0.057 6
17	17	0.666 7	17.689 3	0.047 1	0.049 8
18	18	0.815 3	20.215 5	0.045 6	0.048 3
19	19	0.984 6	23.263 5	0.044 9	0.047 2
20	20	1.188 2	27.132 7	0.045 5	0.046 4
21	20	1.458 2	27.402 6	0.044 3	0.047 1
22	20	1.909 7	28.124 1	0.041 5	0.049

3. 样本量为 23 时 $(n=23)$ 简单线性无偏估计的系数

r	s	$E(Z_{r,n})$	$nk_{r,n}$	$l_{r,n}$	$A_{r,n}$
1	1	−1.929 2			
2	2	−1.481 4	0.447 8	0.792 4	2.041 0
3	3	−1.214 4	0.981 6	0.388 1	0.788 5
4	4	−1.013 6	1.584 3	0.254 7	0.433 7
5	5	−0.847 0	2.250 7	0.188 5	0.279 8
6	6	−0.701 2	2.979 8	0.165 4	0.225 9
7	7	−0.569 0	3.772 9	0.123 1	0.150 6
8	8	−0.446 1	4.633 0	0.104 7	0.120 0
9	9	−0.329 7	5.564 5	0.091 1	0.099 4
10	10	−0.217 5	6.573 4	0.080 5	0.085 0
11	11	−0.108 1	7.667 6	0.072 3	0.074 7
12	12	0.000 0	8.857 0	0.065 6	0.067 0
13	13	0.108 1	10.154 6	0.060 1	0.061 3
14	14	0.217 5	11.577 0	0.055 6	0.056 9

r	s	$E(Z_{r,n})$	$nk_{r,n}$	$l_{r,n}$	$A_{r,n}$
15	15	0.329 7	13.146 5	0.051 9	0.053 5
16	16	0.446 1	14.893 1	0.048 9	0.050 9
17	17	0.569 0	16.859 0	0.046 5	0.048 8
18	18	0.701 2	19.106 2	0.049 2	0.048 1
19	19	0.847 0	21.730 9	0.043 4	0.046 0
20	20	1.013 6	24.896 1	0.043 0	0.045 1
21	21	1.214 4	28.913 9	0.043 8	0.044 3
22	21	1.481 4	29.180 8	0.042 6	0.044 9
23	21	1.929 2	29.895 5	0.040 1	0.046 7

4. 样本量为 24 时($n=24$)简单线性无偏估计的系数

r	s	$E(Z_{r,n})$	$nk_{r,n}$	$l_{r,n}$	$A_{r,n}$
1	1	$-1.947\ 7$			
2	2	$-1.503\ 4$	0.444 3	0.794 2	2.093 8
3	3	$-1.239\ 2$	0.972 6	0.389 1	0.811 2
4	4	$-1.040\ 9$	1.567 6	0.255 3	0.446 8
5	5	$-0.876\ 8$	2.223 9	0.189 0	0.288 3
6	6	$-0.733\ 5$	2.940 3	0.149 6	0.204 5
7	7	$-0.604\ 0$	3.717 6	0.123 5	0.154 8
8	8	$-0.483\ 9$	4.558 2	0.105 0	0.123 0
9	9	$-0.370\ 5$	5.465 7	0.091 3	0.101 5
10	10	$-0.261\ 6$	6.445 2	0.081 2	0.086 6
11	11	$-0.155\ 8$	7.503 2	0.072 4	0.075 6
12	12	$-0.051\ 8$	8.648 1	0.065 6	0.067 5
13	13	$-0.051\ 8$	9.890 2	0.060 1	0.061 4
14	14	0.155 8	11.243 2	0.055 6	0.056 8
15	15	0.261 6	12.724 4	0.051 8	0.053 2
16	16	0.370 5	14.356 9	0.048 6	0.050 3
17	17	0.483 9	16.171 9	0.046 0	0.048 1
18	18	0.604 0	18.213 3	0.044 0	0.046 4
19	19	0.733 5	20.545 2	0.042 4	0.045 0
20	20	0.876 8	23.267 6	0.041 4	0.043 9
21	21	1.040 9	26.549 3	0.041 2	0.043 1
22	22	1.239 2	30.714 3	0.422	0.042 4
23	22	1.503 4	30.978 4	0.041 2	0.043 0
24	22	1.947 7	31.686 8	0.038 9	0.044 5

5. 样本量为 25 时 $(n=25)$ 简单线性无偏估计的系数

r	s	$E(Z_{r,n})$	$nk_{r,n}$	$l_{r,n}$	$A_{r,n}$
1	1	$-1.965\ 3$			
2	2	$-1.524\ 3$	0.441 0	0.795 9	2.145 0
3	3	$-1.262\ 8$	0.964 1	0.390 1	0.833 3
4	4	$-1.066\ 8$	1.552 0	0.256 0	0.459 6
5	5	$-0.905\ 0$	2.199 1	0.189 6	0.296 7
6	6	$-0.764\ 1$	2.903 9	0.150 0	0.210 3
7	7	$-0.636\ 9$	3.666 8	0.123 9	0.158 9
8	8	$-0.519\ 3$	4.489 7	0.105 3	0.126 0
9	9	$-0.408\ 6$	5.375 7	0.091 6	0.103 7
10	10	$-0.302\ 7$	6.329 0	0.080 9	0.088 0
11	11	$-0.200\ 1$	7.355 1	0.072 5	0.076 6
12	12	$-0.099\ 5$	8.461 0	0.065 8	0.068 2
13	13	0.000	9.655 3	0.060 2	0.061 7
14	14	$0.099\ 5$	10.949 2	0.055 6	0.056 8
15	15	$0.200\ 1$	12.356 7	0.051 7	0.053 0
16	16	$0.302\ 7$	13.895 9	0.048 5	0.050 0
17	17	$0.408\ 6$	15.590 6	0.045 8	0.047 6
18	18	$0.519\ 3$	17.473 3	0.043 6	0.045 7
19	19	$0.636\ 9$	19.589 4	0.041 8	0.044 2
20	20	$0.764\ 1$	22.005 2	0.040 5	0.043 0
21	21	$0.905\ 0$	24.824 3	0.039 7	0.042 0
22	22	$1.066\ 8$	28.221 8	0.039 6	0.041 3
23	23	$1.262\ 8$	32.532 9	0.040 7	0.040 7
24	23	$1.524\ 3$	32.794 4	0.039 8	0.041 2
25	23	$1.965\ 3$	33.497 0	0.037 7	0.042 6

附表五　W 分布的分位数表

n	r	0.02	0.05	0.10	0.25	0.40	0.50	0.60	0.75	0.90	0.95	0.98
3	3	0.11	0.17	0.25	0.42	0.57	0.67	0.78	0.99	1.33	1.56	1.86
4	3	0.10	0.15	0.22	0.39	0.53	0.64	0.75	0.96	1.32	1.56	1.90

续表

	4	0.20	0.28	0.37	0.54	0.68	0.77	0.86	1.05	1.33	1.53	1.77
5	3	0.09	0.14	0.21	0.37	0.51	0.61	0.73	0.94	1.32	1.59	1.93
	4	0.18	0.26	0.34	0.50	0.64	0.74	0.84	1.03	1.35	1.55	1.82
	5	0.28	0.36	0.44	0.60	0.73	0.82	0.91	1.07	1.33	1.50	1.70
6	3	0.09	0.14	0.21	0.36	0.50	0.61	0.72	0.93	1.32	1.59	1.92
	4	0.18	0.25	0.32	0.49	0.62	0.72	0.82	1.01	1.33	1.55	1.84
	5	0.25	0.33	0.42	0.58	0.71	0.79	0.89	1.05	1.33	1.51	1.73
	6	0.33	0.41	0.50	0.65	0.77	0.85	0.93	1.07	1.31	1.46	1.64
7	3	0.08	0.14	0.20	0.35	0.49	0.59	0.71	0.92	1.30	1.56	1.92
	4	0.17	0.24	0.31	0.48	0.62	0.71	0.81	1.01	1.32	1.54	1.82
	5	0.25	0.32	0.40	0.56	0.70	0.78	0.88	1.05	1.33	1.52	1.75
	6	0.32	0.39	0.47	0.63	0.75	0.84	0.92	1.07	1.32	1.48	1.67
	7	0.38	0.46	0.54	0.69	0.80	0.87	0.95	1.08	1.30	1.43	1.60
8	3	0.08	0.13	0.19	0.35	0.49	0.59	0.70	0.92	1.31	1.58	1.95
	4	0.16	0.23	0.31	0.47	0.61	0.70	0.81	1.00	1.33	1.55	1.83
	5	0.23	0.31	0.39	0.55	0.68	0.77	0.87	1.05	1.33	1.52	1.76
	6	0.30	0.38	0.46	0.62	0.74	0.82	0.91	1.06	1.32	1.49	1.69
	7	0.36	0.44	0.52	0.67	0.78	0.86	0.94	1.08	1.30	1.45	1.62
	8	0.42	0.50	0.58	0.71	0.82	0.89	0.96	1.09	1.28	1.41	1.56
9	3	0.08	0.13	0.19	0.34	0.49	0.59	0.70	0.92	1.31	1.58	1.92
	4	0.16	0.23	0.31	0.47	0.60	0.70	0.80	1.00	1.33	1.55	1.84
	5	0.23	0.31	0.39	0.54	0.68	0.77	0.86	1.04	1.33	1.52	1.76
	6	0.30	0.38	0.45	0.60	0.73	0.81	0.90	1.06	1.31	1.48	1.70
	7	0.35	0.43	0.50	0.66	0.77	0.85	0.93	1.07	1.30	1.46	1.65
	8	0.40	0.48	0.55	0.70	0.81	0.88	0.95	1.08	1.28	1.42	1.59
	9	0.45	0.53	0.60	0.74	0.84	0.90	0.97	1.08	1.27	1.39	1.53

10	3	0.08	0.13	0.19	0.34	0.48	0.59	0.71	0.93	1.31	1.59	1.92
	4	0.16	0.23	0.30	0.46	0.60	0.70	0.80	1.00	1.33	1.57	1.86
	5	0.23	0.30	0.38	0.54	0.68	0.77	0.86	1.04	1.32	1.53	1.77
	6	0.29	0.37	0.45	0.60	0.73	0.81	0.90	1.06	1.31	1.49	1.71
	7	0.34	0.42	0.50	0.65	0.77	0.84	0.92	1.07	1.29	1.46	1.66
	8	0.39	0.47	0.54	0.69	0.80	0.87	0.95	1.08	1.28	1.43	1.60
	9	0.43	0.51	0.59	0.73	0.83	0.89	0.96	1.08	1.26	1.40	1.55
	10	0.48	0.55	0.62	0.76	0.85	0.91	0.98	1.09	1.31	1.38	1.51
11	3	0.08	0.13	0.19	0.34	0.48	0.59	0.71	0.92	1.34	1.60	1.97
	4	0.15	0.22	0.30	0.46	0.60	0.70	0.80	1.00	1.34	1.58	1.87
	5	0.22	0.30	0.38	0.54	0.67	0.76	0.86	1.04	1.34	1.54	1.82
	6	0.28	0.36	0.44	0.60	0.73	0.81	0.90	1.07	1.33	1.52	1.73
	7	0.33	0.41	0.49	0.65	0.76	0.84	0.92	1.08	1.32	1.48	1.67
	8	0.38	0.46	0.54	0.68	0.80	0.87	0.95	1.08	1.32	1.45	1.62
	9	0.42	0.50	0.57	0.71	0.82	0.89	0.96	1.09	1.29	1.42	1.58
	10	0.46	0.54	0.61	0.74	0.85	0.90	0.98	1.09	1.27	1.38	1.53
	11	0.50	0.57	0.64	0.77	0.87	0.93	0.99	1.09	1.25	1.36	1.49
12	3	0.08	0.13	0.19	0.34	0.48	0.58	0.70	0.92	1.30	1.56	1.87
	4	0.16	0.22	0.30	0.46	0.60	0.70	0.80	1.00	1.33	1.55	1.82
	5	0.23	0.30	0.38	0.54	0.67	0.76	0.86	1.04	1.33	1.53	1.78
	6	0.29	0.36	0.44	0.60	0.72	0.81	0.90	1.06	1.33	1.49	1.72
	7	0.34	0.41	0.50	0.65	0.76	0.84	0.93	1.08	1.31	1.47	1.66
	8	0.38	0.46	0.54	0.68	0.79	0.87	0.95	1.08	1.30	1.45	1.61
	9	0.42	0.50	0.57	0.71	0.82	0.89	0.96	1.09	1.29	1.43	1.58
	10	0.45	0.53	0.61	0.74	0.84	0.90	0.97	1.09	1.28	1.40	1.55
	11	0.49	0.56	0.64	0.76	0.86	0.92	0.98	1.09	1.27	1.37	1.51
	12	0.53	0.60	0.66	0.78	0.87	0.93	0.99	1.09	1.24	1.35	1.46

附表六　Ｖ分布的分位数表

n	r	0.02	0.05	0.10	0.25	0.40	0.50	0.60	0.75	0.90	0.95	0.98
3	3	−4.47	−2.54	−1.49	−0.52	−0.10	0.10	0.31	0.69	1.46	2.12	3.39
4	3	−6.92	−3.85	−2.32	−0.84	−0.29	−0.04	−0.18	0.50	1.06	1.55	2.43
	4	−2.37	−1.50	−0.96	−0.37	−0.08	−0.09	0.25	0.55	1.07	1.49	2.15
5	3	−9.35	−5.22	−3.04	−1.22	−0.50	−0.19	0.06	0.40	0.86	1.20	1.76
	4	−3.13	−1.94	−1.24	−0.50	−0.16	0.02	0.18	0.45	0.88	1.22	1.74
	5	−1.63	−1.08	−0.73	−0.31	−0.06	0.08	0.22	0.47	0.89	1.20	1.64
6	3	−10.54	−6.12	−3.72	−1.56	−0.69	−0.32	−0.04	0.33	0.75	1.02	1.39
	4	−3.69	−2.39	−1.59	−0.67	−0.25	−0.05	0.12	0.38	0.76	1.03	1.42
	5	−2.05	−1.36	−0.91	−0.38	−0.11	0.04	0.17	0.40	0.77	1.04	1.41
	6	−1.29	−1.36	−0.19	−0.38	−0.11	0.04	0.17	0.40	0.77	1.04	1.39
7	3	−13.00	−7.39	−4.45	−1.87	−0.89	−0.48	−0.16	0.26	0.68	0.90	1.20
	4	−4.67	−2.95	−1.94	−0.84	−0.36	−0.13	0.05	0.32	0.66	0.89	1.20
	5	−2.48	−1.59	−1.10	−0.48	−0.17	−0.02	0.12	0.34	0.66	0.89	1.21
	6	−1.54	−1.04	−0.73	−0.32	−0.10	0.03	0.15	0.35	0.67	0.90	1.20
7	7	−1.09	−0.79	−0.56	−0.26	−0.06	0.05	0.17	0.36	0.68	0.90	1.18
8	3	−14.36	−8.15	−5.01	−2.14	−1.04	−0.58	−0.21	0.24	0.67	0.88	1.12
	4	−5.34	−3.30	−2.18	−0.99	−0.43	−0.19	0.02	0.30	0.64	0.83	1.07
	5	−2.78	−1.86	−1.25	−0.56	−0.22	−0.05	0.10	0.32	0.62	0.82	1.07
	6	−1.80	−1.20	−0.83	−0.36	−0.12	0.01	0.13	0.33	0.63	0.82	1.08
	7	−1.28	−0.88	−0.61	−0.27	−0.07	0.04	0.15	0.33	0.63	0.82	1.08
	8	−0.97	−0.70	−0.50	−0.22	−0.05	0.06	0.16	0.34	0.63	0.82	1.07
9	3	−15.68	−9.12	−5.64	−2.38	−1.17	−0.66	−0.28	0.20	0.66	0.86	1.06
	4	−6.31	−3.78	−2.47	−1.08	−0.50	−0.24	−0.01	0.28	0.61	0.79	1.00
	5	−3.19	−2.10	−1.40	−0.63	−0.26	−0.08	0.08	0.30	0.58	0.76	0.98
	6	−2.01	−1.38	−0.94	−0.41	−0.15	−0.01	0.11	0.30	0.57	0.76	0.99

	7	−1.43	−0.99	−0.70	−0.31	−0.10	0.02	0.13	0.31	0.57	0.76	0.99
	8	−1.08	−0.76	−0.55	−0.25	−0.07	0.04	0.14	0.32	0.58	0.76	0.99
		−0.87	−0.64	−0.47	−0.21	−0.05	0.05	0.15	0.17	0.58	0.76	0.98
	9											
10	3	−17.45	−9.98	−6.05	−2.58	−1.29	−0.76	−0.34	0.27	0.66	0.87	1.07
	4	−6.54	−4.17	−2.70	−1.22	−0.58	−0.28	−0.04	0.28	0.60	0.77	0.96
	5	−3.56	−2.37	−1.56	−0.73	−0.31	−0.12	0.05	0.28	0.56	0.72	0.93
	6	−2.21	−1.51	−1.03	−0.48	−0.19	−0.04	0.09	0.28	0.54	0.71	0.92
	7	−1.56	−1.08	0.77	−0.35	−0.12	0.00	0.11	0.28	0.54	0.70	0.93
	8	−1.20	−0.86	−0.62	−0.27	−0.08	−0.02	0.12	0.28	0.53	0.71	0.93
	9	−0.97	−0.70	−0.50	−0.23	−0.06	0.04	0.13	0.29	0.54	0.71	0.93
	10	−0.80	−0.60	−0.44	−0.20	−0.04	0.04	0.14	0.29	0.54	0.71	0.92
11	3	−18.52	−10.68	−6.42	−2.76	−1.41	−0.85	−0.42	0.13	0.65	0.87	1.07
	4	−7.26	−4.57	−2.95	−1.37	−0.66	−0.36	−0.10	0.24	0.58	0.75	0.92
	5	−0.40	−2.58	−1.75	−0.81	−0.37	−0.16	0.01	0.26	0.54	0.69	0.88
	6	−2.45	−1.67	−1.16	−0.53	−0.22	−0.07	0.06	0.26	0.52	0.66	0.85
	7	−1.70	−1.21	−0.85	−0.40	−0.15	−0.02	0.09	0.26	0.50	0.65	0.86
	8	−1.30	−0.92	−0.66	−0.30	−0.11	0.00	0.10	0.26	0.50	0.65	0.86
	9	−1.06	−0.76	−0.54	−0.25	−0.08	0.02	0.11	0.26	0.50	0.65	0.86
	10	−0.87	−0.63	−0.46	−0.21	−0.06	0.03	0.12	0.27	0.50	0.65	0.86
	11	−0.75	−0.55	−0.42	−0.19	−0.05	0.03	0.12	0.27	0.50	0.65	0.85
12	3	−19.08	−11.23	−6.92	−3.03	−1.58	−0.97	−0.49	0.10	0.64	0.88	1.10
	4	−7.44	−4.81	−3.17	−1.47	−0.74	−0.40	−0.14	0.21	0.58	0.75	0.92
	5	−4.17	−2.72	−1.88	−0.89	−0.42	−0.20	−0.01	0.24	0.53	0.68	0.84
	6	−2.63	−1.83	−1.27	−0.60	−0.26	−0.10	−0.05	0.25	0.50	0.64	0.81
	7	−1.91	−1.32	−0.92	−0.42	−0.17	−0.04	0.08	0.25	0.48	0.62	0.80
	8	−1.41	−1.00	−0.71	−0.33	−0.12	−0.01	0.09	0.25	0.48	0.62	0.79
	9	−1.15	−0.80	−0.58	−0.27	−0.09	0.01	0.10	0.25	0.47	0.62	0.80
	10	−0.91	−0.67	−0.48	−0.23	−0.07	0.02	0.11	0.25	0.47	0.62	0.80
	11	−0.78	−0.58	−0.43	−0.20	−0.06	0.03	0.11	0.25	0.47	0.62	0.80
	12	−0.69	−0.53	−0.39	−0.19	−0.05	0.03	0.11	0.25	0.47	0.62	0.79

附表七　超几何分布单侧置信下限表

n/γ	0.5	0.6	0.7	0.8	0.85	0.9	0.95	0.99
				$N=300$ $r=1$				
30	0.945 7	0.935 3	0.922 8	0.906 5	0.895 5	0.880 8	0.857 0	0.806 7
32	0.949 1	0.939 4	0.927 7	0.912 4	0.902 1	0.888 2	0.865 8	0.818 2
35	0.953 5	0.944 6	0.934 0	0.920 0	0.910 5	0.897 8	0.877 2	0.833 4
40	0.959 4	0.951 7	0.942 4	0.930 1	0.921 9	0.910 7	0.892 6	0.853 9
45	0.964 0	0.957 2	0.948 9	0.938 1	0.930 8	0.920 9	0.904 7	0.870 2
50	0.967 7	0.961 6	0.954 2	0.944 5	0.937 9	0.929 0	0.914 5	0.883 3
55	0.970 7	0.965 2	0.958 5	0.949 8	0.438 0	0.935 8	0.922 6	0.894 2
59	0.972 8	0.967 6	0.961 5	0.953 4	0.947 8	0.940 4	0.928 1	0.901 7
65	0.975 4	0.970 8	0.965 2	0.957 9	0.953 0	0.946 2	0.935 2	0.911 3
70	0.977 2	0.973 0	0.967 8	0.961 1	0.956 6	0.950 3	0.940 2	0.918 0
75	0.978 8	0.974 9	0.970 2	0.963 9	0.959 7	0.953 9	0.944 5	0.924 0
80	0.980 2	0.976 6	0.972 1	0.966 4	0.962 4	0.957 1	0.948 3	0.929 2
85	0.981 4	0.978 0	0.973 9	0.968 5	0.964 8	0.959 9	0.951 6	0.933 8
90	0.982 5	0.979 3	0.975 5	0.970 5	0.967 0	0.963 0	0.954 6	0.937 9
95	0.983 5	0.980 5	0.977 0	0.972 1	0.968 9	0.964 5	0.957 4	0.941 6
100	0.984 3	0.981 5	0.978 2	0.973 8	0.970 7	0.966 7	0.959 9	0.944 9
120	0.987 2	0.984 9	0.982 2	0.978 6	0.976 3	0.973 0	0.967 5	0.955 7
125	0.987 7	0.985 6	0.983 1	0.979 7	0.977 4	0.974 2	0.969 1	0.957 8
140	0.989 1	0.987 3	0.985 1	0.982 2	0.980 3	0.977 6	0.973 3	0.963 6
150	0.990 0	0.988 2	0.986 4	0.983 7	0.981 8	0.979 5	0.975 4	0.966 8
160	0.990 6	0.989 1	0.987 3	0.984 9	0.983 4	0.981 0	0.977 4	0.969 5
180	0.991 7	0.990 6	0.989 0	0.987 1	0.985 7	0.983 9	0.980 8	0.974 1
200	0.992 7	0.991 6	0.990 5	0.988 7	0.987 6	0.986 2	0.983 6	0.977 8
220	0.993 6	0.992 6	0.991 5	0.990 3	0.989 3	0.987 8	0.985 9	0.981 1
230	0.993 8	0.993 2	0.992	0.990 8	0.990 2	0.988 7	0.987	0.982 8
240	0.994 1	0.993 5	0.992 6	0.991 3	0.990 6	0.988 9	0.987 7	0.984 0
250	0.994 3	0.993 8	0.993 2	0.991 8	0.991 1	0.990 4	0.887 0	0.985 2
260	0.994 4	0.994 0	0.993 6	0.992 5	0.991 7	0.990 9	0.990 0	0.986 8
280	0.994 8	0.994 4	0.994 0	0.993 6	0.993 4	0.992 5	0.991 1	0.989 4

附表八　泊松分布均值的置信区间

X	$1-\alpha=0.95$		$1-\alpha=0.99$		X	$1-\alpha=0.95$		$1-\alpha=0.99$	
0	0	3.285	0	4.771	41	28.97	54.99	25.99	60.39
1	0.051	5.323	0.01	6.914	42	30.02	55.51	27.72	60.59
2	0.355	6.686	0.149	8.727	43	31.67	56.99	27.72	62.13
3	0.818	8.102	0.436	10.473	44	31.67	58.72	28.85	63.63
4	1.366	9.598	0.823	12.347	45	32.28	58.84	29.9	64.26
5	0.97	11.177	1.273	13.793	46	34.05	60.24	29.9	65.96
6	2.613	12.817	1.785	15.277	47	34.66	61.9	31.84	66.81
7	3.285	13.765	2.33	16.801	48	34.66	62.81	31.84	67.92
8	3.285	14.921	2.906	18.362	49	36.03	63.49	32.55	69.83
9	4.46	16.768	3.507	19.462	50	37.67	64.95	34.18	70.05
10	5.323	17.633	4.13	20.676	51	37.67	66.76	34.18	71.56
11	5.323	19.05	4.771	22.042	52	38.16	66.76	35.2	73.2
12	6.686	20.335	4.771	23.765	53	39.76	68.1	36.54	73.62
13	6.686	21.364	5.829	24.925	54	40.94	69.62	36.54	75.16
14	8.102	22.945	6.668	25.992	55	40.94	71.09	37.82	76.61
15	8.102	23.762	6.914	27.718	56	41.75	71.28	38.94	77.15
16	9.598	25.4	7.756	28.852	57	43.45	72.66	40.37	78.71
17	9.598	26.306	8.727	29.9	58	44.26	74.22	41.39	80.06
18	11.177	27.735	8.727	31.839	59	44.26	75.49	41.39	80.65
19	11.177	28.966	10.009	32.547	60	46.28	75.78	41.39	82.21
20	12.817	30.017	10.473	34.183	61	47.02	77.16	42.85	83.56
21	12.817	31.675	11.242	35.204	62	47.69	78.73	43.91	84.12
22	13.765	32.277	12.347	36.544	63	47.69	79.98	43.91	85.65
23	14.921	34.048	12.347	37.819	64	48.74	80.25	45.26	87.12
24	14.921	34.665	13.793	38.939	65	50.42	81.61	46.5	87.55
25	16.768	36.03	13.793	40.373	66	51.29	83.14	46.5	89.05
26	16.77	37.67	15.28	41.39	67	51.29	84.57	47.62	90.72
27	17.63	38.16	15.28	42.85	68	52.15	84.67	49.13	90.96
28	19.05	39.76	16.8	43.91	69	53.72	86.01	49.13	92.42
29	19.05	40.94	16.8	45.26	70	54.99	87.48	49.96	94.34
30	20.33	41.75	18.36	46.5	71	54.99	89.23	51.78	94.35

续表

X	$1-\alpha=0.95$		$1-\alpha=0.99$		X	$1-\alpha=0.95$		$1-\alpha=0.99$	
31	21.36	43.45	18.36	47.62	72	55.51	89.23	51.78	95.76
32	21.36	44.26	19.46	49.13	73	56.99	90.37	52.28	97.42
33	22.94	45.28	20.28	49.96	74	58.72	91.78	54.03	98.36
34	23.76	47.02	20.68	51.78	75	58.72	93.48	54.74	99.09
35	23.76	47.69	22.04	52.28	76	58.84	94.23	54.74	100.61
36	25.4	48.74	22.04	54.03	77	60.24	94.7	56.14	102.16
37	26.31	50.42	23.76	54.74	78	61.9	96.06	57.61	102.42
38	26.31	51.29	23.76	56.14	79	62.81	97.54	57.61	103.84
39	27.73	52.15	24.92	57.61	80	62.81	99.17	58.35	105.66

附表九　　柯尔莫哥洛夫检验的临界值表

（A）　检验的临界值（$d_{n,\alpha}$）表

n ＼ α	0.2	0.1	0.05	0.02	0.01
1	0.900 00	0.950 00	0.975 00	0.990 00	0.995 00
2	0.683 77	0.776 39	0.841 89	0.900 00	0.929 29
3	0.564 81	0.636 04	0.707 60	0.784 56	0.829 00
4	0.492 65	0.565 22	0.623 94	0.688 87	0.734 24
5	0.446 98	0.509 45	0.563 28	0.627 18	0.668 53
6	0.410 37	0.467 99	0.519 26	0.577 41	0.616 61
7	0.381 48	0.436 07	0.483 42	0.538 44	0.575 81
8	0.358 31	0.409 62	0.454 27	0.506 54	0.541 79
9	0.339 10	0.387 46	0.430 01	0.479 60	0.513 32
10	0.322 60	0.368 66	0.409 25	0.456 62	0.488 93
11	0.308 29	0.352 42	0.391 22	0.436 70	0.467 70
12	0.295 77	0.338 15	0.375 43	0.419 18	0.449 05
13	0.284 70	0.325 49	0.361 43	0.403 62	0.432 47
14	0.274 81	0.314 17	0.348 90	0.389 70	0.417 62
15	0.265 88	0.303 97	0.337 60	0.377 13	0.404 20
16	0.257 78	0.294 72	0.327 33	0.365 71	0.392 01
17	0.250 39	0.286 27	0.317 96	0.355 28	0.380 86
18	0.243 60	0.278 51	0.309 36	0.345 69	0.370 62

n \ α	0.2	0.1	0.05	0.02	0.01
19	0.237 35	0.271 36	0.301 43	0.336 85	0.361 17
20	0.231 56	0.264 73	0.294 08	0.328 66	0.352 41
21	0.226 17	0.258 58	0.287 24	0.321 04	0.344 27
22	0.221 15	0.252 83	0.280 87	0.313 94	0.336 66
23	0.216 45	0.247 46	0.274 90	0.307 28	0.329 54
24	0.212 05	0.242 42	0.269 31	0.301 04	0.322 86
25	0.207 90	0.237 68	0.264 04	0.295 16	0.316 57
26	0.203 99	0.233 20	0.259 07	0.289 62	0.310 64
27	0.200 30	0.228 98	0.254 38	0.284 38	0.305 02
28	0.196 80	0.224 97	0.249 93	0.279 42	0.299 71
29	0.193 48	0.221 17	0.245 71	0.274 71	0.294 66
30	0.190 32	0.217 56	0.241 70	0.270 23	0.289 87
31	0.187 32	0.214 12	0.237 88	0.265 96	0.285 30
32	0.184 45	0.210 85	0.234 24	0.261 89	0.280 94
33	0.181 71	0.207 71	0.230 76	0.258 01	0.276 77
34	0.179 09	0.204 72	0.227 43	0.254 29	0.272 79
35	0.176 59	0.201 85	0.224 25	0.250 73	0.268 97
36	0.174 18	0.199 10	0.221 19	0.247 32	0.265 32
37	0.171 88	0.196 46	0.218 26	0.244 04	0.261 80
38	0.169 66	0.193 92	0.215 44	0.240 89	0.258 43
39	0.167 53	0.191 48	0.212 73	0.237 86	0.255 18
40	0.165 47	0.189 13	0.210 12	0.234 94	0.252 05
41	0.163 49	0.186 87	0.207 60	0.232 13	0.249 04
42	0.161 58	0.184 68	0.205 17	0.229 41	0.246 13
43	0.159 74	0.182 57	0.202 83	0.226 79	0.243 32
44	0.157 96	0.180 53	0.200 56	0.224 26	0.240 60
45	0.156 23	0.178 56	0.198 37	0.221 81	0.237 98
46	0.154 57	0.176 65	0.196 25	0.219 44	0.235 44
47	0.152 95	0.174 81	0.194 20	0.217 15	0.232 98
48	0.151 39	0.173 02	0.192 21	0.214 93	0.230 59
49	0.149 87	0.171 28	0.190 28	0.212 77	0.228 28
50	0.148 40	0.169 59	0.188 41	0.210 68	0.226 04
55	0.141 64	0.161 86	0.179 81	0.201 07	0.215 74

续表

n \ α	0.2	0.1	0.05	0.02	0.01
60	0.135 73	0.155 11	0.172 31	0.192 67	0.206 73
65	0.130 52	0.149 13	0.165 67	0.185 25	0.198 77
70	0.125 86	0.143 81	0.159 75	0.178 63	0.191 67
75	0.121 67	0.139 01	0.154 42	0.172 68	0.185 28
80	0.117 87	0.134 67	0.149 60	0.167 28	0.179 49
85	0.114 42	0.130 72	0.145 20	0.162 36	0.174 21
90	0.111 25	0.127 09	0.141 17	0.157 86	0.169 38
95	0.108 33	0.123 75	0.137 46	0.153 71	0.164 93
100	0.105 63	0.120 67	0.134 03	0.149 87	0.160 81

（B） 定数截尾寿命试验临界值表

1. 样本量为 5 时（$n = 5$）的检验临界值

r \ k	1	2	3	4	5
1	0.67232	0.92224	0.98976	0.99967	0.99999
2	0.28000	0.87104	0.98496	0.99968	1.00000
3	0.12160	0.78752	0.96496	0.99968	1.00000
4	0.05760	0.72960	0.97824	0.99968	1.00000
5	0.03840	0.69120	0.96992	0.99936	1.00000

2. 样本量为 10 时（$n = 10$）的检验临界值

r \ k	1	6	2	7	3	8	4	9	5	10
1	0.651 32	0.999 89	0.892 62	0.999 99	0.971 75	1.000	0.993 95	1.000	0.999 02	1.000
2	0.253 20	0.999 77	0.811 92	0.999 99	0.941 52	1.000	0.986 14	1.000	0.997 71	1.000
3	0.099 11	0.999 72	0.681 26	0.999 99	0.915 15	1.000	0.979 06	1.000	0.996 68	1.000
4	0.039 14	0.999 71	0.559 47	0.999 99	0.881 12	1.000	0.973 92	1.000	0.996 18	1.000
5	0.015 64	0.999 71	0.461 68	0.999 99	0.839 88	1.000	0.969 53	1.000	0.996 11	1.000
6	0.006 35	0.999 71	0.385 56	0.999 99	0.802 82	1.000	0.963 31	1.000	0.995 96	1.000
7	0.002 65	0.999 70	0.328 27	0.999 99	0.774 38	1.000	0.955 96	1.000	0.995 16	1.000
8	0.001 15	0.999 63	0.288 42	0.999 99	0.753 68	1.000	0.948 95	1.000	0.993 91	1.000
9	0.000 54	0.999 51	0.265 63	0.999 98	0.738 21	1.000	0.943 68	1.000	0.992 79	1.000
10	0.000 36	0.999 43	0.251 28	0.999 98	0.729 46	1.000	0.941 01	1.000	0.992 22	1.000

3. 样本量为 15 时(n＝15)的检验临界值

r \ k	1	6	2	7	3	8	4	9	5	10
1	0.644 73	0.999 52	0.883 10	0.999 91	0.964 81	0.999 98	0.990 45	0.999 99	0.997 71	0.999 99
2	0.245 76	0.998 62	0.795 14	0.999 75	0.925 78	0.999 96	0.976 75	0.999 99	0.993 79	0.999 99
3	0.093 94	0.997 50	0.655 14	0.999 55	0.889 82	0.999 93	0.962 12	0.999 98	0.989 18	0.999 99
4	0.036 02	0.996 40	0.524 60	0.999 37	0.843 26	0.999 92	0.948 13	0.999 98	0.984 57	0.999 99
5	0.013 86	0.995 49	0.419 16	0.999 25	0.785 20	0.999 91	0.933 26	0.999 98	0.980 45	0.999 99
6	0.005 36	0.994 86	0.335 62	0.999 19	0.727 83	0.999 91	0.914 12	0.999 98	0.976 84	0.999 99
7	0.002 08	0.994 50	0.269 85	0.999 18	0.675 30	0.999 91	0.893 08	0.999 99	0.972 77	0.999 99
8	0.000 82	0.994 13	0.218 22	0.999 17	0.628 79	0.999 91	0.872 70	0.999 98	0.968 10	0.999 99
9	0.000 32	0.993 47	0.177 79	0.999 14	0.588 61	0.999 91	0.854 55	0.999 99	0.963 31	0.999 99
10	0.000 13	0.992 50	0.146 31	0.999 05	0.554 94	0.999 91	0.839 46	0.999 99	0.958 70	0.999 99
11	0.000 05	0.991 40	0.122 06	0.998 88	0.528 06	0.999 90	0.827 55	0.999 99	0.954 38	0.999 99
12	0.000 02	0.990 35	0.103 88	0.998 69	0.508 27	0.999 88	0.817 93	0.999 99	0.950 64	0.999 99
13	0.000 01	0.989 53	0.091 25	0.998 52	0.494 15	0.999 86	0.810 38	0.999 99	0.947 77	0.999 99
14	0.000 00	0.989 02	0.084 04	0.998 41	0.482 77	0.999 84	0.805 23	0.999 99	0.945 94	1.000 00
15	0.000 00	0.988 82	0.079 50	0.998 37	0.477 95	0.999 83	0.802 75	0.999 99	0.945 17	1.000 00

4. 样本量为 20 时(n＝20)的检验临界值

r \ k	1	6	2	7	3	8	4	9	5	10
1	0.641 51	0.999 19	0.878 42	0.999 80	0.961 23	0.999 94	0.988 46	0.999 97	0.996 81	0.999 98
2	0.242 27	0.997 51	0.787 22	0.999 37	0.917 99	0.999 85	0.971 55	0.999 96	0.991 12	0.999 98
3	0.091 63	0.995 20	0.643 28	0.998 74	0.877 83	0.999 71	0.952 98	0.999 93	0.983 98	0.999 97
4	0.034 71	0.992 53	0.509 56	0.997 98	0.826 12	0.999 53	0.934 55	0.999 90	0.978 27	0.999 97
5	0.018 17	0.989 75	0.402 00	0.997 18	0.761 63	0.999 35	0.914 43	0.999 87	0.963 53	0.999 96
6	0.008 01	0.987 08	0.312 10	0.996 43	0.697 32	0.999 19	0.893 35	0.999 84	0.960 00	0.999 96
7	0.001 91	0.984 62	0.250 53	0.995 77	0.637 57	0.999 06	0.859 35	0.999 83	0.951 80	0.999 96
8	0.000 73	0.982 15	0.198 36	0.995 26	0.583 34	0.998 98	0.829 44	0.999 82	0.941 23	0.999 96
9	0.000 28	0.979 40	0.157 48	0.994 85	0.584 68	0.998 94	0.800 48	0.999 82	0.929 96	0.999 96
10	0.000 11	0.976 41	0.125 44	0.994 43	0.491 30	0.998 92	0.773 37	0.999 82	0.918 63	0.999 96
11	0.000 04	0.973 33	0.100 32	0.993 92	0.452 87	0.998 88	0.748 59	0.999 82	0.907 89	0.999 96
12	0.000 02	0.970 33	0.080 63	0.993 29	0.419 06	0.998 80	0.726 46	0.999 81	0.898 18	0.999 96
13	0.000 01	0.967 51	0.065 19	0.992 55	0.389 64	0.998 67	0.707 20	0.999 80	0.889 76	0.999 96
14	0.000 00	0.964 88	0.053 11	0.991 77	0.364 43	0.998 50	0.691 00	0.999 78	0.882 63	0.999 96

r \ k	1	6	2	7	3	8	4	9	5	10
15	0.000 00	0.962 51	0.043 70	0.991 01	0.343 40	0.998 33	0.677 95	0.999 75	0.876 80	0.999 96
16	0.000 00	0.960 49	0.036 46	0.990 36	0.326 65	0.998 15	0.667 83	0.999 72	0.871 84	0.999 96
17	0.000 00	0.958 90	0.031 03	0.989 84	0.314 34	0.998 03	0.659 79	0.999 70	0.867 85	0.999 96
18	0.000 00	0.957 80	0.027 26	0.989 49	0.997 94	0.997 94	0.653 54	0.999 68	0.864 93	0.999 96
19	0.000 00	0.957 16	0.025 10	0.989 30	0.997 89	0.997 89	0.649 31	0.999 67	0.863 12	0.999 96
20	0.000 00	0.956 93	0.023 74	0.989 24	0.997 87	0.997 87	0.647 28	0.999 67	0.862 37	0.999 96

5. 样本量为 25 时（$n = 25$）的检验临界值

r \ k	1	6	2	7	3	8	4	9	5	10
1	0.639 60	0.998 93	0.875 63	0.999 70	0.959 06	0.999 91	0.987 19	0.999 96	0.996 20	0.999 97
2	0.240 23	0.996 67	0.782 60	0.999 03	0.913 37	0.999 73	0.968 30	0.999 91	0.989 31	0.999 96
3	0.090 31	0.993 43	0.636 50	0.997 98	0.870 87	0.999 43	0.947 40	0.999 84	0.980 52	0.999 94
4	0.033 99	0.989 54	0.501 16	0.996 63	0.816 39	0.999 02	0.926 44	0.999 73	0.970 79	0.999 92
5	0.012 80	0.985 28	0.392 69	0.995 07	0.748 56	0.998 53	0.903 51	0.999 60	0.960 75	0.999 89
6	0.004 83	0.980 88	0.307 42	0.993 42	0.680 88	0.998 01	0.873 99	0.999 46	0.950 43	0.999 85
7	0.001 82	0.976 49	0.240 78	0.991 77	0.617 85	0.997 48	0.840 46	0.999 33	0.938 29	0.999 83
8	0.000 69	0.971 81	0.188 78	0.990 18	0.560 49	0.996 99	0.805 79	0.999 20	0.923 97	0.999 80
9	0.000 26	0.966 52	0.148 22	0.988 64	0.508 76	0.996 55	0.771 66	0.999 10	0.908 20	0.999 79
10	0.000 10	0.960 60	0.116 56	0.987 04	0.462 31	0.996 18	0.738 93	0.999 03	0.891 81	0.999 78
11	0.000 04	0.954 28	0.091 84	0.985 32	0.420 71	0.995 84	0.708 06	0.998 97	0.875 46	0.999 77
12	0.000 01	0.947 85	0.072 52	0.983 48	0.383 52	0.995 50	0.679 24	0.998 93	0.859 63	0.999 77
13	0.000 01	0.941 55	0.057 40	0.981 58	0.350 34	0.995 13	0.652 56	0.998 90	0.844 65	0.999 77
14	0.000 00	0.935 60	0.045 57	0.979 69	0.320 81	0.994 70	0.628 08	0.998 83	0.830 78	0.999 76
15	0.000 00	0.930 14	0.036 30	0.977 86	0.294 61	0.994 23	0.605 82	0.998 74	0.818 18	0.999 75
16	0.000 00	0.925 28	0.029 03	0.976 13	0.271 46	0.993 73	0.585 82	0.998 63	0.806 99	0.999 74
17	0.000 00	0.921 04	0.023 33	0.974 52	0.251 13	0.993 20	0.568 13	0.998 50	0.797 29	0.999 71
18	0.000 00	0.917 38	0.018 86	0.973 03	0.233 46	0.992 70	0.552 83	0.998 36	0.789 11	0.999 69
19	0.000 00	0.914 23	0.015 37	0.971 71	0.218 33	0.992 24	0.540 00	0.998 24	0.782 38	0.999 66
20	0.000 00	0.911 53	0.012 65	0.970 59	0.205 72	0.991 84	0.529 69	0.998 12	0.776 86	0.999 64
21	0.000 00	0.909 33	0.010 55	0.969 68	0.195 68	0.991 53	0.521 70	0.998 03	0.772 29	0.999 62
22	0.000 00	0.907 66	0.008 98	0.969 03	0.188 30	0.991 31	0.515 36	0.997 97	0.768 64	0.999 60
23	0.000 00	0.906 25	0.007 89	0.968 61	0.183 04	0.991 18	0.510 45	0.997 93	0.765 98	0.999 59
24	0.000 00	0.905 87	0.007 26	0.968 39	0.179 18	0.991 11	0.507 13	0.997 92	0.764 35	0.999 59
25	0.000 00	0.905 64	0.006 87	0.968 32	0.177 02	0.991 09	0.505 53	0.997 91	0.763 67	0.999 59

(C)　定时截尾寿命试验临界值表

1. 样本量为 5 时 $(n=5)$ 的检验临界值

R_c	1	2	3	4	5
1	0.409 60	0.942 08	0.993 28	0.999 68	1.000 00
2	0.172 80	0.806 40	0.984 96	0.999 68	1.000 00
3	0.076 80	0.716 80	0.974 72	0.999 68	1.000 00
4	0.038 40	0.691 20	0.969 92	0.999 36	1.000 00
5	0.038 40	0.691 20	0.969 92	0.999 36	1.000 00

2. 样本量为 10 时 $(n=10)$ 的检验临界值

R_c	1	6	2	7	3	8	4	9	5	10
1	0.387 42	0.999 99	0.929 81	1.000 00	0.987 20	1.000 00	0.998 36	1.000 00	0.999 85	1.000 00
2	0.150 99	0.999 91	0.746 58	0.999 99	0.961 70	1.000 00	0.992 80	1.000 00	0.999 05	1.000 00
3	0.059 30	0.999 79	0.602 83	0.999 99	0.906 26	1.000 00	0.985 45	1.000 00	0.997 80	1.000 00
4	0.023 51	0.999 71	0.491 85	0.999 99	0.851 26	1.000 00	0.972 40	1.000 00	0.996 68	1.000 00
5	0.009 45	0.999 71	0.406 09	0.999 99	0.804 19	1.000 00	0.959 32	1.000 00	0.995 13	1.000 00
6	0.003 87	0.999 61	0.340 54	0.999 99	0.767 48	1.000 00	0.949 57	1.000 00	0.993 82	1.000 00
7	0.001 63	0.999 49	0.292 15	0.999 98	0.743 00	1.000 00	0.944 42	1.000 00	0.992 79	1.000 00
8	0.000 73	0.999 44	0.260 34	0.999 98	0.733 14	1.000 00	0.941 67	1.000 00	0.992 30	1.000 00
9	0.000 36	0.999 43	0.251 28	0.999 98	0.729 46	1.000 00	0.941 01	1.000 00	0.992 22	1.000 00
10	0.000 36	0.999 43	0.251 28	0.999 98	0.729 46	1.000 00	0.941 01	1.000 00	0.992 22	1.000 00

3. 样本量为 15 时 $(n=15)$ 的检验临界值

R_c	1	6	2	7	3	8	4	9	5	10
1	0.380 64	0.999 97	0.926 22	0.999 99	0.985 13	1.000 00	0.997 75	1.000 00	0.999 74	1.000 00
2	0.145 25	0.999 72	0.729 70	0.999 96	0.954 60	0.999 99	0.989 49	0.999 99	0.998 07	0.999 99
3	0.055 59	0.999 06	0.575 82	0.999 86	0.885 73	0.999 98	0.977 38	0.999 99	0.994 84	0.999 99
4	0.021 34	0.998 09	0.456 84	0.999 70	0.814 33	0.999 96	0.954 28	0.999 99	0.990 64	0.999 99
5	0.008 23	0.996 99	0.364 13	0.999 50	0.748 65	0.999 94	0.927 02	0.999 99	0.983 83	1.000 00
6	0.003 19	0.995 47	0.291 60	0.999 33	0.690 25	0.999 92	0.899 68	0.999 99	0.975 59	0.999 99
7	0.001 24	0.993 75	0.234 77	0.999 14	0.639 10	0.999 91	0.874 33	0.999 99	0.967 24	0.999 99
8	0.000 49	0.992 12	0.190 26	0.998 94	0.594 86	0.999 90	0.852 09	0.999 99	0.959 77	0.999 99
9	0.000 19	0.990 82	0.155 46	0.998 74	0.557 30	0.999 88	0.833 66	0.999 99	0.953 82	1.000 00
10	0.000 08	0.989 91	0.128 43	0.998 56	0.526 39	0.999 86	0.819 58	0.999 99	0.949 69	1.000 00

R_c	1	6	2	7	3	8	4	9	5	10
11	0.000 03	0.989 27	0.107 72	0.998 44	0.502 53	0.999 84	0.810 28	0.999 99	0.947 28	0.999 99
12	0.000 01	0.988 94	0.092 42	0.998 38	0.486 66	0.999 83	0.805 68	0.999 99	0.945 84	0.999 99
13	0.000 01	0.988 83	0.082 36	0.998 37	0.480 32	0.999 83	0.803 31	0.999 99	0.945 25	1.000 00
14	0.000 00	0.988 82	0.079 50	0.998 37	0.477 95	0.999 83	0.802 75	0.999 99	0.945 17	1.000 00
15	0.000 00	0.988 82	0.079 50	0.998 37	0.477 95	0.999 83	0.802 75	0.999 99	0.945 17	1.000 00

4. 样本量为 20 时 ($n=20$) 的检验临界值

R_c	1	6	2	7	3	8	4	9	5	10
1	0.377 35	0.999 96	0.924 51	0.999 99	0.984 09	0.999 99	0.997 42	0.999 99	0.999 66	0.999 99
2	0.142 59	0.999 56	0.721 70	0.999 93	0.951 21	0.999 98	0.987 74	0.999 99	0.997 47	0.999 99
3	0.053 96	0.998 47	0.563 60	0.999 71	0.876 02	0.999 95	0.973 28	0.999 99	0.993 02	0.999 99
4	0.020 46	0.996 68	0.441 91	0.999 29	0.795 75	0.999 87	0.945 14	0.999 97	0.986 92	0.999 99
5	0.007 77	0.994 36	0.347 49	0.998 67	0.724 80	0.999 74	0.911 08	0.999 95	0.976 69	0.999 99
6	0.002 96	0.990 95	0.273 92	0.997 94	0.659 32	0.999 57	0.875 68	0.999 92	0.963 56	0.999 98
7	0.001 13	0.986 57	0.216 45	0.996 97	0.600 93	0.999 30	0.841 20	0.999 89	0.949 03	0.999 98
8	0.000 43	0.981 64	0.171 50	0.995 79	0.549 02	0.999 19	0.808 69	0.999 86	0.934 23	0.999 97
9	0.000 17	0.976 59	0.136 30	0.994 50	0.502 95	0.998 96	0.778 66	0.999 84	0.919 97	0.999 97
10	0.000 06	0.971 80	0.108 71	0.993 22	0.462 19	0.998 72	0.751 33	0.999 81	0.906 77	0.999 97
11	0.000 02	0.967 54	0.087 08	0.992 07	0.426 28	0.998 50	0.726 87	0.999 78	0.895 00	0.999 97
12	0.000 01	0.964 00	0.070 12	0.991 12	0.394 84	0.998 30	0.705 40	0.999 75	0.884 94	0.999 97
13	0.000 00	0.961 29	0.056 83	0.990 41	0.367 62	0.998 14	0.687 06	0.999 72	0.876 80	0.999 96
14	0.000 00	0.959 40	0.046 43	0.989 90	0.344 48	0.998 02	0.672 09	0.999 69	0.870 70	0.999 96
15	0.000 00	0.958 20	0.038 36	0.989 55	0.325 42	0.997 94	0.660 73	0.999 68	0.866 65	0.999 96
16	0.000 00	0.957 44	0.032 18	0.989 35	0.310 70	0.997 89	0.653 28	0.999 67	0.864 34	0.999 96
17	0.000 00	0.957 05	0.027 61	0.989 26	0.300 91	0.997 88	0.649 62	0.999 67	0.862 99	0.999 95
18	0.000 00	0.959 64	0.024 60	0.989 24	0.297 00	0.997 87	0.647 72	0.999 67	0.862 45	0.999 96
19	0.000 00	0.956 93	0.023 74	0.989 24	0.295 53	0.997 87	0.647 28	0.999 67	0.862 37	0.999 96
20	0.000 00	0.956 93	0.023 74	0.989 24	0.295 53	0.997 87	0.647 28	0.999 67	0.862 37	0.999 96

5. 样本量为 25 时 ($n=25$) 的检验临界值

R_c	1	6	2	7	3	8	4	9	5	10
1	0.375 41	0.999 95	0.923 51	0.999 99	0.983 47	0.999 99	0.997 21	0.999 99	0.999 62	0.999 99
2	0.141 05	0.999 45	0.717 03	0.999 91	0.949 23	0.999 98	0.986 67	0.999 99	0.997 07	0.999 99
3	0.053 05	0.998 04	0.556 63	0.999 59	0.870 36	0.999 92	0.970 82	0.999 98	0.991 84	0.999 99

R_c	1	6	2	7	3	8	4	9	5	10
4	0.019 97	0.995 66	0.433 62	0.998 94	0.787 99	0.999 77	0.939 71	0.999 95	0.984 55	0.999 98
5	0.007 53	0.992 47	0.338 53	0.997 95	0.711 53	0.999 51	0.901 75	0.999 89	0.972 18	0.999 97
6	0.002 84	0.987 66	0.264 73	0.996 68	0.642 63	0.999 15	0.861 93	0.999 81	0.956 00	0.999 96
7	0.001 07	0.981 29	0.207 31	0.994 92	0.581 04	0.998 70	0.822 69	0.999 69	0.937 69	0.999 93
8	0.000 41	0.973 79	0.162 59	0.992 65	0.526 09	0.998 13	0.785 13	0.999 56	0.918 49	0.999 90
9	0.000 15	0.965 65	0.127 72	0.989 97	0.477 06	0.997 43	0.749 74	0.999 41	0.899 24	0.999 87
10	0.000 06	0.957 27	0.100 50	0.987 02	0.433 33	0.996 62	0.716 69	0.999 23	0.880 51	0.999 84
11	0.000 02	0.949 01	0.079 25	0.983 98	0.394 32	0.995 74	0.686 02	0.999 04	0.862 65	0.999 81
12	0.000 01	0.941 11	0.062 63	0.981 00	0.359 56	0.994 86	0.657 70	0.998 84	0.845 90	0.999 78
13	0.000 00	0.933 79	0.049 62	0.978 22	0.328 61	0.994 02	0.631 72	0.998 64	0.830 43	0.999 74
14	0.000 00	0.927 20	0.039 44	0.975 74	0.301 12	0.993 27	0.608 03	0.998 46	0.816 38	0.999 71
15	0.000 00	0.921 46	0.031 46	0.973 62	0.276 76	0.992 64	0.586 63	0.998 31	0.803 86	0.999 68
16	0.000 00	0.916 66	0.025 20	0.971 91	0.255 29	0.992 14	0.567 53	0.998 18	0.792 98	0.999 65
17	0.000 00	0.912 85	0.020 29	0.970 62	0.236 48	0.991 76	0.550 79	0.998 08	0.783 82	0.999 63
18	0.000 00	0.910 01	0.016 44	0.969 69	0.220 19	0.991 48	0.536 51	0.998 00	0.776 49	0.999 61
19	0.000 00	0.908 09	0.013 44	0.969 07	0.206 33	0.991 29	0.524 84	0.997 95	0.771 05	0.999 60
20	0.000 00	0.906 88	0.011 10	0.968 66	0.194 92	0.991 17	0.516 00	0.997 93	0.767 45	0.999 59
21	0.000 00	0.906 13	0.009 31	0.968 43	0.186 11	0.991 11	0.510 20	0.997 91	0.765 41	0.999 59
22	0.000 00	0.905 76	0.007 99	0.968 34	0.180 24	0.991 09	0.507 36	0.997 91	0.764 22	0.999 59
23	0.000 00	0.905 65	0.007 12	0.968 32	0.177 90	0.991 09	0.505 88	0.997 91	0.763 74	0.999 59
24	0.000 00	0.905 64	0.006 87	0.968 32	0.177 02	0.991 09	0.505 53	0.997 91	0.763 67	0.999 59
25	0.000 00	0.905 64	0.006 87	0.968 32	0.177 02	0.991 09	0.505 53	0.997 91	0.763 67	0.999 59

(D)　截尾寿命试验中 $D_{n,T}$ 的极限分布

$$\lim_{n \to \infty} P\left[\sqrt{n} D_{n,T} < d\right] = G_T(d)$$

$G_T(d)$	$F(T)$									
	0.10	0.20	0.30	0.40	0.50	0.60	0.70	0.80	0.90	1.00
0.010	0.158 7	0.223 2	0.271 7	0.311 5	0.345 4	0.374 7	0.399 9	0.420 9	0.436 2	0.441 0
0.025	0.176 1	0.247 3	0.300 6	0.344 1	0.381 0	0.412 5	0.439 4	0.461 2	0.476 4	0.480 6
0.050	0.193 8	0.271 8	0.329 9	0.377 1	0.416 8	0.450 4	0.478 6	0.501 1	0.516 0	0.519 6
0.100	0.218 2	0.305 4	0.370 0	0.421 9	0.465 2	0.501 4	0.531 1	0.554 0	0.568 3	0.571 2
0.150	0.237 6	0.332 1	0.401 5	0.457 1	0.502 9	0.540 9	0.571 6	0.594 6	0.608 2	0.610 6
0.200	0.255 0	0.355 9	0.429 7	0.488 3	0.536 3	0.575 6	0.606 9	0.630 0	0.642 8	0.644 8

$G_T(d)$	$F(T)$									
	0.10	0.20	0.30	0.40	0.50	0.60	0.70	0.80	0.90	1.00
0.250	0.271 6	0.378 5	0.456 2	0.517 6	0.567 5	0.607 9	0.639 8	0.662 6	0.674 8	0.676 4
0.300	0.287 8	0.400 5	0.482 0	0.546 0	0.597 6	0.639 1	0.671 3	0.693 8	0.705 4	0.706 7
0.350	0.304 1	0.422 5	0.507 8	0.574 3	0.627 5	0.669 9	0.702 3	0.724 5	0.735 3	0.736 5
0.40	0.320 7	0.444 9	0.533 9	0.602 9	0.657 6	0.700 8	0.733 3	0.755 1	0.765 2	0.766 2
0.450	0.337 9	0.468 1	0.560 8	0.632 2	0.688 5	0.732 3	0.764 9	0.786 3	0.795 6	0.796 4
0.500	0.355 9	0.492 3	0.588 9	0.662 7	0.720 4	0.764 9	0.797 5	0.818 3	0.827 0	0.827 6
0.550	0.375 0	0.518 0	0.618 5	0.694 9	0.754 1	0.799 2	0.831 6	0.851 8	0.859 7	0.860 2
0.600	0.395 6	0.545 5	0.650 3	0.729 3	0.789 9	0.835 6	0.867 8	0.887 2	0.894 4	0.894 8
0.650	0.418 1	0.575 5	0.684 9	0.766 6	0.828 7	0.874 8	0.906 8	0.925 4	0.931 8	0.932 1
0.700	0.443 1	0.608 8	0.723 1	0.807 8	0.871 5	0.918 0	0.949 6	0.967 3	0.972 9	0.973 1
0.750	0.471 4	0.646 5	0.766 3	0.854 4	0.919 6	0.966 6	0.997 6	1.014 2	1.019 0	1.019 2
0.800	0.504 5	0.690 5	0.816 8	0.908 5	0.975 6	1.022 9	1.053 3	1.068 7	1.072 7	1.072 7
0.850	0.544 9	0.744 3	0.878 4	0.974 6	1.043 8	1.091 4	1.120 8	1.134 8	1.137 9	1.137 9
0.900	0.598 5	0.815 5	0.959 7	1.061 6	1.133 4	1.181 3	1.209 4	0.221 6	1.223 8	1.223 8
0.950	0.682 5	0.926 8	1.086 8	1.197 5	1.273 1	1.321 1	1.347 1	0.356 8	1.358 1	1.358 1
0.975	0.758 9	1.028 2	1.202 4	1.320 9	1.399 7	1.447 6	1.471 7	0.479 4	1.480 2	1.480 2
0.990	0.851 2	1.150 5	1.341 9	1.469 6	1.552	1.599 6	1.621 4	0.627 2	1.627 6	1.627 6
0.995	0.915 7	1.236 1	1.439 4	1.573 5	1.658 3	1.705 6	1.725 8	0.730 6	1.730 8	1.730 8
0.999	1.052 3	1.417 1	1.645 6	1.793 1	1.882 8	1.929 2	1.946 4	0.949 4	1.949 5	1.949 5

附表十　经验分布 $F_n(t_i)$ 的置信限

（A）　$F_n(t_i)$ 的 5% 置信限

秩 i	样本容量 n									
	1	2	3	4	5	6	7	8	9	10
1	0.050 0	0.025 3	0.017 0	0.012 7	0.010 2	0.008 5	0.007 4	0.006 5	0.005 7	0.005 1
2		0.223 6	0.135 4	0.097 6	0.076 4	0.062 9	0.053 4	0.046 8	0.041 0	0.036 8
3			0.368 4	0.248 6	0.189 3	0.153 2	0.128 7	0.111 1	0.097 8	0.087 3
4				0.472 9	0.342 6	0.271 3	0.225 3	0.192 9	0.168 8	0.150 0
5					0.549 3	0.418 2	0.341 3	0.289 2	0.251 4	0.222 4
6						0.607 0	0.479 3	0.400 3	0.344 9	0.303 5

秩 i	样本容量 n									
	1	2	3	4	5	6	7	8	9	10
7							0.651 8	0.529 3	0.450 4	0.393 4
8								0.687 7	0.570 9	0.493 1
9									0.716 9	0.605 8
10										0.741 1

秩 i	样本容量 n									
	11	12	13	14	15	16	17	18	19	20
1	0.004 7	0.004 3	0.004 0	0.003 7	0.003 4	0.003 2	0.003 0	0.020 9	0.002 8	0.002 6
2	0.033 3	0.030 7	0.028 1	0.026 3	0.024 5	0.022 7	0.021 6	0.020 5	0.019 4	0.018 3
3	0.080 0	0.071 9	0.066 5	0.061 1	0.057 4	0.053 6	0.049 9	0.047 6	0.045 2	0.042 9
4	0.136 3	0.124 5	0.112 7	0.104 7	0.096 7	0.091 0	0.085 4	0.079 7	0.076 1	0.072 5
5	0.200 7	0.182 4	0.167 1	0.152 7	0.142 4	0.132 1	0.124 7	0.117 3	0.109 0	0.105 1
6	0.271 3	0.246 5	0.225 5	0.208 2	0.190 9	0.178 6	0.166 4	0.157 5	0.148 5	0.139 6
7	0.349 8	0.315 2	0.288 3	0.265 2	0.245 9	0.226 7	0.212 8	0.199 0	0.188 7	0.178 5
8	0.435 6	0.390 9	0.354 8	0.326 3	0.301 6	0.280 5	0.260 1	0.244 9	0.229 8	0.218 3
9	0.529 9	0.472 7	0.427 4	0.390 4	0.360 8	0.335 0	0.313 1	0.291 2	0.274 9	0.258 7
10	0.635 6	0.561 9	0.505 4	0.460 0	0.422 6	0.392 2	0.354 2	0.342 9	0.320 1	0.302 9
11	0.761 6	0.661 3	0.589 9	0.534 3	0.489 3	0.451 7	0.420 8	0.393 7	0.370 3	0.346 9
12		0.779 1	0.683 7	0.614 6	0.560 2	0.515 6	0.478 1	0.446 0	0.419 6	0.395 7
13			0.794 2	0.703 3	0.636 6	0.583 4	0.539 5	0.502 2	0.471 1	0.443 4
14				0.807 4	0.720 6	0.656 2	0.604 4	0.561 1	0.524 2	0.493 2
15					0.819 0	0.736 0	0.673 8	0.623 3	0.580 9	0.544 4
16						0.827 4	0.747 5	0.687 1	0.637 9	0.596 4
17							0.835 8	0.758 9	0.700 5	0.652 5
18								0.844 1	0.770 4	0.713 8
19									0.852 5	0.781 8
20										0.860 9

(B)　$F_n(t_i)$的95%置信限

秩 i	样本容量 n									
	1	2	3	4	5	6	7	8	9	10
1	0.950 0	0.776 4	0.631 6	0.527 1	0.450 7	0.393 0	0.348 2	0.312 3	0.283 1	0.258 9
2		0.974 7	0.864 6	0.751 4	0.657 4	0.581 8	0.520 7	0.470 7	0.429 1	0.394 2

续表

秩 i	样本容量 n									
	1	2	3	4	5	6	7	8	9	10
3			0.983 0	0.902 4	0.810 7	0.728 7	0.658 7	0.599 7	0.549 6	0.506 9
4				0.987 3	0.923 6	0.846 8	0.774 7	0.710 8	0.655 1	0.607 6
5					0.989 8	0.937 1	0.871 3	0.807 1	0.743 6	0.696 5
6						0.991 5	0.946 6	0.888 9	0.831 2	0.777 6
7							0.992 6	0.953 2	0.903 2	0.850 0
8								0.993 5	0.959 0	0.912 7
9									0.994 3	0.963 2
10										0.994 9

秩 i	样本容量 n									
	11	12	13	14	15	16	17	18	19	20
1	0.238 4	0.220 9	0.205 8	0.192 6	0.181 0	0.172 6	0.164 2	0.155 9	0.147 5	0.139 1
2	0.364 4	0.338 7	0.316 3	0.296 7	0.279 4	0.264 0	0.252 5	0.241 1	0.229 6	0.218 2
3	0.470 1	0.438 1	0.410 1	0.385 4	0.363 4	0.343 8	0.326 2	0.312 9	0.299 5	0.286 2
4	0.564 4	0.527 3	0.494 6	0.465 7	0.439 8	0.416 6	0.395 6	0.376 7	0.362 1	0.347 5
5	0.650 2	0.609 1	0.572 6	0.540 0	0.510 7	0.484 4	0.460 5	0.438 9	0.419 1	0.403 6
6	0.728 7	0.684 8	0.645 2	0.609 6	0.577 4	0.548 3	0.521 9	0.497 8	0.475 8	0.455 6
7	0.799 3	0.753 5	0.711 7	0.673 7	0.639 2	0.607 8	0.579 2	0.554 0	0.528 9	0.506 8
8	0.863 7	0.817 6	0.774 5	0.734 8	0.698 4	0.665 0	0.645 8	0.606 3	0.580 4	0.656 6
9	0.920 0	0.875 5	0.832 9	0.791 8	0.754 1	0.719 5	0.686 9	0.657 1	0.629 7	0.604 3
10	0.966 7	0.928 1	0.887 3	0.847 3	0.809 1	0.773 3	0.739 9	0.708 8	0.679 9	0.653 1
11	0.995 3	0.969 3	0.933 5	0.895 3	0.857 6	0.821 4	0.787 2	0.755 1	0.725 1	0.697 1
12		0.995 7	0.971 9	0.938 9	0.903 3	0.867 9	0.833 6	0.801 0	0.770 2	0.741 3
13			0.996 0	0.973 7	0.942 6	0.909 0	0.875 3	0.842 5	0.811 3	0.781 7
14				0.996 3	0.975 5	0.946 4	0.914 6	0.882 7	0.852 5	0.821 5
15					0.996 6	0.977 3	0.950 1	0.920 3	0.890 1	0.860 4
16						0.996 8	0.978 4	0.953 4	0.923 9	0.894 9
17							0.997 0	0.979 5	0.954 8	0.927 5
18								0.997 1	0.980 6	0.957 1
19									0.997 2	0.981 7
20										0.997 4

(C)　$F_n(t_i)$ 的 10% 置信限

秩 i	样本容量 n									
	1	2	3	4	5	6	7	8	9	10
1	10.00	5.13	3.45	2.60	2.09	1.74	1.49	1.31	1.16	1.05
2		31.62	19.58	14.26	11.22	9.26	7.88	6.86	6.08	5.45
3			46.42	32.05	24.66	20.09	16.96	14.69	12.95	11.58
4				56.23	41.61	33.32	27.86	23.97	21.04	18.76
5					63.10	48.97	40.38	34.46	30.10	26.73
6						68.13	54.74	46.18	40.06	35.42
7							71.97	59.38	50.99	44.83
8								74.99	63.16	55.04
9									77.43	66.23
10										79.43

秩 i	样本容量 n									
	11	12	13	14	15	16	17	18	19	20
1	0.95	0.87	0.81	0.75	0.70	0.66	0.62	0.58	0.55	0.53
2	4.95	4.52	4.17	3.87	3.60	3.37	3.17	2.99	2.83	2.69
3	10.48	9.57	8.80	8.15	7.59	7.10	6.67	6.29	5.95	5.64
4	16.92	15.42	14.16	13.09	12.18	11.38	10.68	10.06	9.51	0.90
5	24.05	21.87	20.05	18.51	17.20	16.06	15.06	14.18	13.39	12.69
6	31.77	28.82	26.37	24.32	22.56	21.04	19.72	18.55	17.51	16.59
7	40.05	36.32	33.09	30.46	28.22	26.29	24.61	23.14	21.83	20.67
8	48.92	44.10	40.18	36.91	34.15	31.78	29.73	27.92	26.33	24.91
9	58.48	52.47	47.66	43.69	40.35	37.50	35.04	32.88	30.98	29.29
10	68.98	61.45	55.57	50.80	46.83	43.46	40.55	38.02	35.79	33.82
11	81.11	71.25	64.02	58.30	53.60	49.65	46.26	43.33	40.75	38.48
12		82.54	73.22	66.28	60.72	56.11	52.19	48.82	45.87	43.27
13			83.77	74.93	67.27	62.88	58.36	54.50	51.14	48.20
14				84.83	76.44	70.04	64.81	60.40	56.60	53.27
15					85.77	77.78	71.63	66.56	62.25	58.51
16						86.60	78.98	73.06	68.14	63.93
17							87.33	80.05	74.35	69.58
18								87.99	81.02	75.52
19									88.59	81.90
20										89.13

（D） $F_n(t_i)$ 的 90% 置信限

秩 i	样本容量 n									
	1	2	3	4	5	6	7	8	9	10
1	90.00	68.38	53.58	43.77	36.90	31.78	28.03	25.01	22.57	20.57
2		94.87	80.42	67.95	58.39	51.03	45.26	40.62	36.84	33.68
3			96.55	85.74	75.34	66.68	59.62	53.82	49.01	44.96
4				97.40	88.78	79.91	72.14	65.54	59.94	55.17
5					97.91	90.74	83.04	76.03	69.90	64.58
6						98.26	92.12	85.31	78.96	73.27
7							98.51	93.14	87.05	81.24
8								98.69	93.92	88.42
9									98.84	94.55
10										98.95

秩 i	样本容量 n									
	11	12	13	14	15	16	17	18	19	20
1	13.89	17.46	16.23	15.17	14.23	13.40	12.67	12.01	11.41	10.87
2	31.02	28.75	26.78	25.07	23.56	22.22	21.02	19.95	18.98	18.10
3	41.52	38.55	35.98	33.72	31.73	29.96	28.37	26.94	25.65	24.48
4	51.08	47.53	44.43	41.70	39.23	37.12	35.19	33.44	31.86	30.42
5	59.95	55.90	52.34	49.20	46.40	43.89	41.64	39.60	37.75	36.07
6	68.23	63.77	59.82	56.31	53.17	50.35	47.81	45.50	43.40	41.49
7	75.95	71.18	66.91	63.09	59.65	56.54	53.74	51.18	48.86	46.73
8	83.08	78.13	73.63	66.54	65.85	62.50	59.45	56.67	54.13	51.80
9	89.52	84.58	79.95	75.68	71.78	68.22	64.96	61.98	59.25	56.73
10	95.05	90.43	85.84	81.49	77.44	73.71	70.27	67.12	64.21	61.52
11	99.05	95.48	91.20	86.91	82.80	78.96	75.39	72.08	69.02	66.18
12		99.13	95.83	91.85	87.82	83.94	80.28	76.86	73.67	70.71
13			99.19	96.13	92.41	88.62	84.94	81.45	78.13	75.09
14				99.25	96.40	92.90	89.32	85.82	82.49	79.33
15					99.30	96.63	93.33	89.94	86.61	83.41
16						99.34	96.83	93.71	90.49	87.31
17							99.38	97.01	94.05	90.98
18								99.42	97.17	94.36
19									99.45	97.31
20										99.45

附表十一　计算统计量 Z 必需的系数 $\alpha_{k,n}$

k \ n	3	4	5	6	7	8	9	10	
1	0.707 1	0.687 2	0.664 6	0.643 1	0.623 3	0.605 2	0.588 8	0.573 9	
2	——	0.167 7	0.241 3	0.280 6	0.303 1	0.316 4	0.324 4	0.329 1	
3	——	——		0.087 5	0.140 1	0.174 3	0.197 6	0.214 1	
4	——	——		——	——	0.056 1	0.094 7	0.124 4	
5	——	——						0.039 9	

k	11	12	13	14	15	16	17	18	19	20
1	0.560 1	0.547 5	0.535 9	0.525 1	0.515 0	0.505 6	0.469 8	0.488 6	0.480 8	0.473 4
2	0.331 5	0.332 5	0.332 5	0.331 8	0.330 6	0.329 0	0.327 3	0.325 3	0.323 2	0.321 1
3	0.226 0	0.234 7	0.241 2	0.246 0	0.249 5	0.252 1	0.254 0	0.255 3	0.256 1	0.256 5
4	0.142 9	0.158 6	0.170 7	0.180 2	0.187 8	0.193 9	0.198 8	0.202 7	0.205 9	0.208 5
5	0.069 5	0.092 2	0.109 9	0.124 0	0.135 3	0.144 7	0.152 4	0.158 7	0.164 1	0.168 6
6	——	0.030 3	0.053 9	0.072 7	0.088 0	0.100 5	0.110 9	0.119 7	0.127 1	0.133 4
7	——	——	——	0.024 0	0.043 3	0.059 3	0.072 5	0.083 7	0.093 2	0.101 3
8	——	——	——	——		0.019 6	0.035 9	0.049 6	0.061 2	0.071 1
9	——	——	——				——	0.016 3	0.030 3	0.042 2
10	——	——	——					——		0.014 0

k	21	22	23	24	25	26	27	28	29	30
1	0.464 3	0.459 0	0.454 2	0.449 3	0.445 0	0.440 7	0.436 6	0.432 8	0.429 1	0.425 4
2	0.318 5	0.315 6	0.312 6	0.309 8	0.306 9	0.304 3	0.301 8	0.299 2	0.296 8	0.294 4
3	0.257 8	0.257 1	0.256 3	0.255 4	0.254 3	0.253 3	0.252 2	0.251 0	0.249 9	0.248 7
4	0.211 9	0.213 1	0.213 9	0.214 5	0.214 8	0.215 1	0.215 2	0.215 1	0.215 0	0.214 8
5	0.173 6	0.176 4	0.178 7	0.180 7	0.182 2	0.183 6	0.184 8	0.185 7	0.186 4	0.187 0
6	0.139 9	0.144 3	0.148 0	0.151 2	0.153 9	0.156 3	0.158 4	0.160 1	0.161 6	0.163 0
7	0.109 2	0.115 0	0.120 1	0.124 5	0.128 3	0.131 6	0.134 6	0.137 2	0.139 5	0.141 5
8	0.080 4	0.087 8	0.094 1	0.099 7	0.104 6	0.108 9	0.122 8	0.116 2	0.119 2	0.121 0
9	0.053 0	0.061 8	0.069 6	0.076 4	0.082 2	0.087 6	0.092 3	0.096 5	0.100 2	0.103 6
10	0.026 3	0.036 8	0.045 9	0.053 9	0.061 0	0.067 2	0.072 8	0.077 8	0.082 2	0.086 2
11	——	0.012 2	0.022 8	0.032 1	0.040 3	0.047 6	0.054 0	0.059 8	0.065 0	0.066 7
12	——	——	——	0.010 7	0.020 0	0.028 4	0.035 8	0.042 4	0.048 3	0.053 7
13	——	——	——	——	0.009 4	0.017 8	0.025 3	0.032 0	0.038 1	
14	——	——	——			0.008 4	0.015 9	0.022 7		
15	——	——	——			——	0.007 6			

续表

k \ n	3	4	5	6	7	8	9	10	
	31	32	33	34	35	36	37	38	39	40
1	0.422	0.418 8	0.415 6	0.412 7	0.409 6	0.406 8	0.404	0.401 5	0.398	0.396 4
2	0.259 1	0.289 8	0.287 6	0.285 4	0.283 4	0.281 3	0.279 4	0.277 4	0.275 5	0.273 7
3	0.247 5	0.246 3	0.245 1	0.243 9	0.242 7	0.241 5	0.240 3	0.239 1	0.238	0.236 8
4	0.214 5	0.214 1	0.213 7	0.213 2	0.212 7	0.212 1	0.211 6	0.211	0.210 4	0.209 8
5	0.187 4	0.187 8	0.188	0.188 2	0.188 3	0.188 3	0.188 3	0.188 1	0.188	0.209 8
6	0.164 1	0.165 1	0.166	0.166 7	0.167 3	0.167 8	0.168 3	0.168 6	0.168 9	0.169 1
7	0.143 3	0.144 9	0.146 3	0.147 5	0.148 7	0.149 6	0.150 5	0.151 3	0.152	0.152 6
8	0.124 3	0.126 5	0.128 4	0.130 1	0.131 7	0.133 1	0.134 4	0.135 6	0.136 6	0.137 6
9	0.106 6	0.109 3	0.111 8	0.114	0.116	0.117 9	0.119 6	0.121 1	0.122 5	0.123 7
10	0.089 9	0.093 1	0.096 1	0.098 8	0.101 3	0.103 6	0.105 6	0.107 5	0.109 2	0.110 8
11	0.073 9	0.077 7	0.081 2	0.084 4	0.087 3	0.09	0.092 4	0.094 7	0.096 7	0.098 6
12	0.058 5	0.062 9	0.066 9	0.070 6	0.073 9	0.077	0.079 8	0.082 4	0.084 8	0.087
13	0.043 5	0.048 5	0.053	0.057 2	0.061	0.064 5	0.067 7	0.070 6	0.073 3	0.075 9
14	0.028 9	0.034 4	0.039 5	0.044 1	0.048 4	0.052 3	0.055 9	0.059 2	0.062 2	0.065 1
15	0.014 4	0.020 6	0.026 2	0.031 4	0.036 1	0.040 4	0.041 4	0.048 1	0.051 5	0.054 6
16	——	0.006 8	0.013 1	0.018 7	0.023 9	0.028 7	0.033 1	0.037 2	0.040 9	0.044 4
17	——	——	——	0.006 2	0.011 9	0.017 2	0.022	0.026 4	0.030 5	0.034 3
18	——	——	——	——	——	0.005 7	0.011	0.015 8	0.020 3	0.024 4
19	——	——	——	——	——	——	——	0.005 3	0.010 1	0.014 6
20	——	——	——	——	——	——	——	——	——	0.004 9
	41	42	43	44	45	46	47	48	49	50
1	0.394 0	0.391 7	0.389 4	0.387 2	0.385 0	0.383 0	0.380 8	0.378 9	0.377 0	0.375 1
2	0.271 9	0.270 1	0.268 4	0.266 7	0.265 1	0.263 5	0.262 0	0.260 4	0.258 9	0.257 4
3	0.235 7	0.234 5	0.233 4	0.232 3	0.231 3	0.230 2	0.229 1	0.228 1	0.227 1	0.226 0
4	0.209 1	0.208 5	0.207 8	0.207 2	0.206 5	0.205 8	0.205 2	0.204 5	0.203 8	0.203 2
5	0.187 6	0.187 4	0.187 1	0.186 8	0.186 5	0.186 2	0.185 9	0.185 5	0.185 1	0.184 7
6	0.169 3	0.169 4	0.169 5	0.169 5	0.169 5	0.169 5	0.169 5	0.169 3	0.169 2	0.169 1
7	0.153 1	0.153 5	0.153 9	0.154 2	0.154 9	0.154 8	0.155 0	0.155 1	0.155 3	0.155 4
8	0.138 4	0.139 2	0.139 8	0.140 5	0.141 0	0.141 5	0.142 0	0.142 3	0.142 7	0.143 0
9	0.124 9	0.125 9	0.126 9	0.127 8	0.128 6	0.129 3	0.130 0	0.130 6	0.131 2	0.131 7
10	0.112 3	0.113 6	0.114 9	0.116 0	0.117 0	0.118 0	0.118 9	0.119 7	0.120 5	0.121 2

k＼n		3	4	5	6	7	8	9	10	
11	0.100 4	0.102 0	0.103 5	0.104 9	0.106 2	0.107 2	0.108 5	0.109 5	0.110 5	0.111 3
12	0.089 1	0.090 9	0.092 7	0.094 3	0.095 9	0.097 2	0.098 6	0.099 8	0.101 0	0.102 0
13	0.078 2	0.080 4	0.082 4	0.084 2	0.086 0	0.087 6	0.089 2	0.090 6	0.091 9	0.093 2
14	0.067 7	0.070 1	0.072 4	0.074 5	0.076 5	0.078 3	0.080 1	0.081 7	0.083 2	0.084 6
15	0.057 5	0.060 2	0.062 8	0.065 1	0.067 3	0.069 4	0.071 3	0.073 1	0.074 8	0.076 4
16	0.047 6	0.050 6	0.053 4	0.056 0	0.058 4	0.060 7	0.062 8	0.064 8	0.066 7	0.068 5
17	0.037 9	0.041 1	0.044 2	0.047 1	0.049 7	0.052 2	0.054 6	0.056 8	0.058 8	0.060 8
18	0.028 3	0.031 8	0.035 2	0.038 3	0.041 2	0.043 9	0.046 5	0.048 9	0.051 1	0.053 2
19	0.018 8	0.022 7	0.026 3	0.029 6	0.032 8	0.035 7	0.038 5	0.041 1	0.043 6	0.045 9
20	0.009 4	0.013 6	0.017 5	0.021 1	0.024 5	0.027 7	0.030 7	0.033 5	0.036 1	0.038 6
21	——	0.004 5	0.008 7	0.012 6	0.016 3	0.019 7	0.022 9	0.025 9	0.028 8	0.031 4
22	——	——	0.004 2	0.008 1	0.011 8	0.015 3	0.018 5	0.021 5	0.024 4
23	——	——	——	——	0.003 9	0.007 6	0.011 1	0.014 3	0.017 4
24	——	——	——	——	——	——	0.003 7	0.007 1	0.010 4
25	——	——	——	——	——	——	——	——	0.003 5

附表十二　统计量 Z 的 p 分位数 Z_p

n＼p	0.01	0.05	0.10	n＼p	0.01	0.05	0.10
3	0.753	0.767	0.789	27	0.894	0.923	0.935
4	0.687	0.748	0.792	28	0.896	0.924	0.936
5	0.686	0.762	0.806	29	0.898	0.926	0.937
6	0.713	0.788	0.826	30	0.900	0.927	0.939
7	0.730	0.803	0.838	31	0.902	0.929	0.940
8	0.749	0.818	0.851	32	0.904	0.930	0.941
9	0.764	0.829	0.859	33	0.906	0.931	0.942
10	0.781	0.842	0.869	34	0.908	0.933	0.943
11	0.792	0.850	0.876	35	0.910	0.934	0.944
12	0.805	0.859	0.883	36	0.912	0.935	0.945
13	0.814	0.866	0.889	37	0.914	0.936	0.946
14	0.825	0.874	0.895	38	0.916	0.938	0.947
15	0.835	0.881	0.901	39	0.917	0.939	0.948

n \ p	0.01	0.05	0.10	n \ p	0.01	0.05	0.10
16	0.844	0.887	0.906	40	0.919	0.940	0.949
17	0.851	0.892	0.910	41	0.920	0.941	0.950
18	0.858	0.897	0.914	42	0.922	0.942	0.951
19	0.863	0.901	0.917	43	0.923	0.943	0.951
20	0.868	0.905	0.920	44	0.924	0.944	0.952
21	0.873	0.908	0.923	45	0.926	0.945	0.953
22	0.878	0.911	0.926	46	0.927	0.945	0.953
23	0.881	0.914	0.928	47	0.928	0.946	0.954
24	0.884	0.916	0.930	48	0.929	0.947	0.954
25	0.888	0.918	0.913	49	0.929	0.947	0.955
26	0.891	0.920	0.933	50	0.930	0.947	0.955

附表十三　经验修正系数 K, K_0, K_1 表

1. $n=2, m=2$ 的经验修正系数

$R\%$	K_i \ α	0.1	0.2	0.3	0.4	$R\%$	K_i \ α	0.1	0.2	0.3	0.4
0.9	K	3.31	2.76	2.39	2.09	0.7	K	1.80	1.50	1.30	1.13
	K_0	3.55	2.94	2.55	2.28		K_0	1.93	1.6	1.39	1.24
	K_1	4.05	3.54	3.24	2.93		K_1	2.24	1.95	1.74	1.60
0.8	K	2.27	1.90	1.64	1.43	0.6	K	1.50	1.26	1.09	0.95
	K_0	2.44	2.02	1.77	1.57		K_0	1.62	1.38	1.17	1.04
	K_1	2.24	1.95	1.74	2.00		K_1	1.85	1.65	1.45	1.33

2. $n=2, m=2.5$ 的经验修正系数

$R\%$	K_i \ α	0.1	0.2	0.3	0.4	$R\%$	K_i \ α	0.1	0.2	0.3	0.4
0.9	K	2.60	2.26	2.20	1.80	0.7	K	1.60	1.39	1.23	1.11
	K_0	2.76	2.35	2.10	1.90		K_0	1.70	1.44	1.30	1.17
	K_1	3.08	2.75	2.51	2.32		K_1	1.91	1.68	1.56	1.44
0.8	K	1.93	1.67	1.49	1.33	0.6	K	1.38	1.20	1.07	0.96
	K_0	2.04	1.79	1.57	1.40		K_0	1.47	1.26	1.13	1.02
	K_1	2.28	2.06	1.85	1.71		K_1	1.65	1.46	1.33	1.26

3. $n=2, m=3$ 的经验修正系数

R%	K_i \ α	0.1	0.2	0.3	0.4
0.9	K	2.22	1.97	1.79	1.63
0.9	K_0	2.33	2.03	1.85	1.70
0.9	K_1	2.55	2.30	2.15	2.00
0.8	K	1.73	1.53	1.39	1.27
0.8	K_0	1.81	1.59	1.43	1.32
0.8	K_1	1.96	1.79	1.66	1.57

R%	K_i \ α	0.1	0.2	0.3	0.4
0.7	K	1.48	1.31	1.19	1.09
0.7	K_0	1.53	1.36	1.23	1.14
0.7	K_1	1.68	1.54	1.42	1.34
0.6	K	1.31	1.16	1.06	0.96
0.6	K_0	1.37	1.20	1.10	1.00
0.6	K_1	1.50	1.36	1.27	1.19

4. $n=2, m=4$ 的经验修正系数

R%	K_i \ α	0.1	0.2	0.3	0.4
0.9	K	1.82	1.66	1.55	1.44
0.9	K_0	1.90	1.71	1.58	1.48
0.9	K_1	2.03	1.86	1.78	1.68
0.8	K	1.51	1.38	1.28	1.20
0.8	K_0	1.57	1.42	1.31	1.22
0.8	K_1	1.68	1.55	1.47	1.40

R%	K_i \ α	0.1	0.2	0.3	0.4
0.7	K	1.34	1.23	1.14	1.07
0.7	K_0	1.39	1.27	1.17	1.09
0.7	K_1	1.48	1.38	1.30	1.25
0.6	K	1.23	1.12	1.04	0.97
0.6	K_0	1.26	1.15	1.07	1.00
0.6	K_1	1.35	1.26	1.20	1.13

注：上表中 n 指受试子样数；R% 为规定可靠度；m 为威布尔分布形状参数；α 为显著性水平；而 K, K_0, K_1 为公式中系数。

附表十四　相关系数 $\rho=0$ 时，
经验相关系数 $\hat{\rho}$ 的临界值 $\hat{\rho}_\alpha$

$n-2$ \ α	0.1	0.05	0.02	0.01	0.001
1	0.987 69	0.996 92	0.999 507	0.999 877	0.999 999
2	0.900 0	0.950 00	0.980 00	0.990 00	0.999 00
3	0.805 4	0.878 3	0.934 33	0.958 73	0.991 16
4	0.729 3	0.811 4	0.882 2	0.917 2	0.974 06
5	0.669 4	0.754 5	0.832 9	0.874 5	0.950 74
6	0.621 5	0.706 7	0.788 7	0.834 3	0.924 93
7	0.582 2	0.666 4	0.749 8	0.797 7	0.898 2
8	0.549 4	0.631 9	0.715 5	0.764 6	0.872 1

α \ $n-2$	0.1	0.05	0.02	0.01	0.001
9	0.521 4	0.602 1	0.685 1	0.734 8	0.847 1
10	0.497 3	0.576 0	0.658 1	0.707 9	0.823 3
11	0.476 2	0.552 9	0.633 9	0.683 5	0.801 0
12	0.457 5	0.532 4	0.612 0	0.661 4	0.780 0
13	0.440 9	0.513 9	0.592 3	0.641 1	0.760 3
14	0.425 9	0.497 3	0.574 2	0.622 6	0.742 0
15	0.412 4	0.482 1	0.557 7	0.605 5	0.724 6
16	0.400 0	0.468 3	0.542 5	0.589 7	0.708 4
17	0.388 7	0.455 5	0.528 5	0.575 1	0.693 2
18	0.378 3	0.443 8	0.515 5	0.561 4	0.678 7
19	0.368 7	0.432 9	0.503 4	0.548 7	0.665 2
20	0.359 8	0.422 7	0.492 1	0.536 8	0.652 4
25	0.323 3	0.380 9	0.445 1	0.486 9	0.597 4
30	0.296 0	0.349 4	0.409 3	0.448 7	0.554 1
35	0.274 6	0.324 6	0.381 0	0.418 2	0.518 9
40	0.257 3	0.304 4	0.357 8	0.393 2	0.489 6
45	0.242 8	0.287 5	0.338 4	0.372 1	0.464 8
50	0.230 6	0.272 3	0.321 8	0.354 1	0.443 3
60	0.210 8	0.250 0	0.249 8	0.324 8	0.407 8
70	0.195 4	0.231 9	0.273 7	0.301 7	0.379 9
80	0.182 9	0.217 2	0.256 5	0.283 0	0.356 8
90	0.172 6	0.205 0	0.242 2	0.267 3	0.337 5
100	0.163 8	0.194 6	0.230 1	0.254 0	0.321 1

注:n 为样本大小,α 为显著水平。

参考文献

[1] 国家标准 GB 2689.1～4—81.寿命试验与加速寿命试验方法[S].北京:标准技术出版社,1982.

[2] 电子技术标准化研究所.可靠性试验用表[M].北京:国防工业出版社,1987.

[3] 曹晋华,程侃.可靠性数学引论(修订版)[M].北京:高等教育出版社,2006.

[4] 程侃.寿命分布类与可靠性数学理论[M].北京:科学出版社,1999.

[5] 陈家鼎.样本空间中的序与参数的置信限[J].数学进展 542-552,1993.

[6] 陈家鼎,李季,等.两部件组成系统的可靠度置信下限[J].数学进展 729-738,2004.

[7] 陈家鼎,孙万龙,李补喜.关于无失效数据情形下的置信限[J].应用数学学报 90-100,1995.

[8] 陈家鼎.生存分析与可靠性[M].北京:北京大学出版社,2005.

[9] 陈希孺.数理统计引论[M].北京:科学出版社,1981.

[10] 戴树森,等.可靠性试验及其统计分析[M].北京:国防工业出版社,1989.

[11] 方开泰,许建伦.统计分布[M].北京:科学出版社,1987.

[12] 郭波,武小悦等.系统可靠性分析[M].北京:国防科技大学出版社,2002.

[13] 郭奎,于丹.系统可靠性综合 L－M 法的推广[J].北京:可靠性工程,2003(4).

[14] 郭奎.多种试验信息情形下的系统可靠性综合评估[D].中国科学院数学与系统科学研究院博士论文,2004.

[15] 贺国芳.可靠性数据处理与寿命评估[M].北京:北京航空航天大学十四系,1991.

[16] 贺国芳,许海宝.可靠性数据的收集与分析[M].北京:北京:国防工业出版社,1995.

[17] 何国伟.可信性工程[M].北京:中国标准出版社,1997.

[18] 金碧辉.系统可靠性工程[M].北京:国防工业出版社,2004.

[19] 胡昌寿,何国伟.可靠性工程—设计、试验、分析与管理[M].北京:宇航出版社,1988.

[20] 黄柏琴,金振宏,范大茵.成败型系统可靠性经典精确置信限的研究[C].航天部一院十四所:系统可靠性评定方法论文集,pp:135-144,1987.

[21] 茆诗松,汤银才,王玲玲.可靠性统计[M].北京:高等教育出版社,2008.

[22] 茆诗松,王玲玲.加速寿命试验[M].北京:科学出版社,1997.

[23] 茆诗松,王静龙,濮晓龙.高等数理统计[M].北京:高等教育出版社,2006.

[24] 茆诗松.贝叶斯统计[M].北京:中国统计出版社,1999.

[25] 茆诗松.统计手册[M].北京:科学出版社,2003.

[26] 梅文华.可靠性增长试验[M].北京:国防工业出版社,2003.

[27] 孙山泽.非参数统计讲义[M].北京:北京大学出版社,2000.

[28] 王静龙.可靠性增长模型的检验[R].上海:华东师范大学技术报告,1989.

[29] 吴和成. 系统可靠性评定方法研究[M]. 北京:科学出版社,2006.

[30] 徐利治. 现代数学手册·随机数学卷[M]. 武汉:华中科技大学出版社,2000.

[31] 徐兴忠. 信仰分布,博士后出站报告[D]. 中国科学院数学与系统科学研究院,2001.

[32] 徐兴忠,李国英. 枢轴分布簇中的 Fiducial 推断[J]. 中国科学(A 辑),36(3):340-360,2006.

[33] 闫霞. 可修系统存储可靠性的统计评定[D]. 中国科学院数学与系统科学研究院博士论文,2003.

[34] 杨为民,屠庆慈,陆廷孝. 对工程经验法的理论分析[J]. 航空学报,1988(8):366-374.

[35] 杨为民,阮镰,屠庆慈. 可靠性系统工程——理论与实践[J]. 航空学报,1995(S1):1-8.

[36] 杨振海. 拟合优度检验[M]. 合肥:安徽教育出版社,1994.

[37] 叶尔骅,杨纪龙. 威布尔过程的检验及其在可靠性中的应用[J]. 数理统计与应用概率,(1)3:31-35,1988.

[38] 于丹,戴树森. 复杂系统可靠性综合评估方法研究[R]. 中国科学院系统所技术报告,1996.

[39] 于丹,郭奎. 导弹系统存储可靠性评估方法[R]. 中国科学院系统所技术报告,2001.

[40] 张志华. 加速寿命试验及其统计分析[M]. 北京:北京工业大学出版社,2002.

[41] 张尧庭. 数据的统计处理和解释[M]. 北京:中国标准出版社,1997.

[42] 郑忠国,蒋继明. L-M 法置信下限的渐近特性[J]. 应用概率统计,18(4):403-410,1992.

[43] 郑忠国,金华. 串联系统可靠性的两层数据虚拟系统法置信下限[J]. 北京大学学报,29(1):26-33,1993.

[44] 周源泉,翁朝曦. 可靠性增长[M]. 北京:科学出版社,1992.

[45] 周源泉,翁朝曦. 可靠性评定[M]. 北京:科学出版社,1990.

[46] 赵宇,杨军,马小兵,可靠性统计分析[M]. 北京:国防工业出版社,2011.

[47] 赵宇,杨军,马小兵,可靠性数据分析教程[M]. 北京:北京航空航天大学出版社,2009.

[48] Breipohl A. M. Prairie R. R. and Zimmer W. J. A Consideration of the Bayesian Approach in Reliability Evaluation[J]. IEEE Trans. on Reliability, R-14:107-113 ,1965.

[49] Buehler R J. Confidence Intervals for the Product of Two Binomial Parameters. Journal of Americans Statistical Association[J]. 52:482~493,1957.

[50] Chang, E. Y. and W. E. Thompson. Bayes Confidence Limits for Reliability of Redundant Systems[J]. Technometrics,17:89-93,1975.

[51] Chang E. Y. and Thompson W. E. Bayes analysis of reliability of complex systems[J]. Operations Research, 24:156-168,1976.

[52] Cornish E. A. and Fisher R. A. The Percentile Points of Distributions Having Known cumulants[J]. Technometrics,209-225,1960.

[53] Crow L. H. On Tracking Reliability Growth, Proc. of the 1975 Annual Reliability and Maintainability Symposium[C]. 438-443,1975.

[54] Crow L. H. Confidence Interval Procedure for Reliability Growth Analysis [R].

ADA044788,1977.

[55] Crow L. H. Confidence Interval Procedure for the Weibull Process with Applications to Reliability Growth[J]. Technometrics,24:67-72,1982 .

[56] Dawid A. P. and Stone M. The functional model basis of fiducial inference[J]. The Annals of Statistics, pp:1054-1067,1982.

[57] Duane. J. T. Learning Curve Approach to Reliability Monitoring[J]. IEEE Trans. on Aerospace. pp:563-566, 1964.

[58] Easterling R. G. Approximate Confidence Limits for System Reliability[J]. JASA,67: 220-222,1972.

[59] Efron B. The Jackknife, the Bootstrap and other Resampling Plans[R]. Society for In dustrial and Applied Mathmatics,1982.

[60] El Mawaring A. H. andBuehler R. J. Confidence limits for the reliability of series systems[J]. JASA,62:1452-1459,1967.

[61] Engelhardt M. and L. J. Bain. some complete and censored sampling results for the Weibull or extreme-value distribution[J]. Technometrics,15:541-549,1973.

[62] Engelman L. , Roach H. H. and Schick G. J. A computer program for the exact confidence intervals [J]. Space Technology Laboratories TR-59-0000-0075, pp: 495-498, 1959.

[63] Fang X. and Chen J. A method to compute confidence limits with EM[R]. Research Report of School of Mathematics Sciences, Peking University,1999.

[64] Fisher R. A. Inverse probability[J]. Proc Cambridge Philos Soc, 26:525-535,1930.

[65] Fisher R. A. and Cornish E. A. Cornish-Fisher expansions for confidence limits[J]. J. R. Statist. Soc. B41:69-75,1967.

[66] Grubbs F. E. Approximately fiducial bounds for the reliability of a series system for which each component has the exponential time-to-fail distribution[J]. Technometrics, 13(4):865-873,1971.

[67] IEC/TC56/164: Reliability Improvement and Growth in Equipment and Component Parts[S]. 1983.

[68] IEC/TC56: Draft, Reliability Growth Models and Estimation Methods[S]. 1989.

[69] Kempthorne, O. and Folks, L. Probability. Statistics and Data Analysis[M]. the Iowa State University Press, 1971.

[70] Lawless J. E. 著,茆诗松等译. 寿命数据中的统计模型与方法[M]. 北京:中国统计出版社,1998.

[71] Lee L. and Lee S. K. Some results on Inference for the Weibull Process[J]. Technometrics,20:41-45,1978.

[72] Levenbach G. J. Accelerated life testing of capacitors IRA-trans on reliability and quality control[J]. PGRQC, 10(1):9-20,1957.

[73] Lipow M. and Riley J. Tables of upper confidence limits on failure probability of 1,2 & 3 components series system[M]. AD 609100,AD 636718, 1960.

[74] Lloyd D. K. and Lipow Madden. Reliability: Management, Methods and Mathematics [M]. Prentice-Hall, 1962.

[75] Mann N. R. and Grubbs F. E. Approximately optimum confidence bounds on series system reliability for exponential time to fail data[J]. Biometrika, 59:191-204,1972.

[76] Mann N. R. Approximately optimum confidence bounds on series and parallel system reliability for systems with binomial subsystem data[J]. IEEE Trans. Rel. , 295-304,1974.

[77] MIL-STD-781C: Reliability Design Qualification and Production Acceptance Tests: Exponential Distribution[S]. 1977.

[78] MIL-STD-1635(EC): Reliability Growth Testing[S]. 1978.

[79] MIL-STD-785B: Reliability Program for Systems and Equipment Development and Production[S]. 1980.

[80] MIL-HDBK-189: Reliability Growth Management[S].1981.

[81] MIL-HDBK-781: Reliability Test Methods, Plans and Environments for Engineering Development[S]. Qualification and Production,1987.

[82] Preston P. F. Confidence Limits for System Reliability[R]. AD/A-C47533,1976.

[83] Samuel Kotz,吴喜之. 现代贝叶斯统计学[M].北京:中国统计出版社,2000.

[84] Smith D. R. and Springer M. D. Bayesian limits for the reliability of pass/fail parallel units[J]. IEEE Trans. Rel. , 213-216,1976.

[85] Spencer F. W. and Easterling R. G. Lower confidence bounds on system reliability using component data: Maximus methodology [R]. SAND-84-1199C, DE84-012813, CONF-8406135-1,1986.

[86] Springer M. D. and Thompson W. E. Bayesian confidence limits for the product of N binomial parameters[J]. Biometrika, 53:611-613, 1966.

[87] Springer M. D. and Thompson W. E. Bayesian confidence limits for the reliability of cascade exponential subsystem[J]. IEEE Trans. Rel. , No. 2,86-89,1967.

[88] Springer M. D. and Thompson W. E. Bayesian confidence limits of reliability of redundant systems when tests are terminated at first failure[J]. Technometrics,10(1):27-36,1968.

[89] Stephenson A. R. , Mardo J. G. , Cole P. V. Z. and Seibel G. A tri-service Bayesian approach to a nuclear weapons reliability assessment[R]. AD746260, 1972.

[90] Thompson W. E. and Haynes R. D. On the reliability, availability and Bayes confidence intervals for multicomponent systems [J]. Naval Res. Log. Quart. , 345-358,1980.

[91] Winterbottom A. Lower Confidence Limits for Series System Reliability from Binomial

subsystem data[J]. JASA, 69:782-788, 1974.

[92] Winterbottom, A. Cornishi-Fisher Expansions for Confidence Limits[J]. J. R. Statist. Soc. B, 41:69-75,1979.

[93] 93 Winterbottom, A. Asymptotic Expansions to Improve Large Sample Confidence Intervals for System Reliability[J]. Biometrika,67:351-357,1980.

[94] Lindstrom D L, Madden J H. In: Lloyd D K, Lipow M. Reliability: Management, Methods and Mathematics[M]. New York: Prentice-Hall, 1962, pp. 226-229.

[95] Easterling R G. Approximate Confidence Limits for System Reliability[J]. Journal of the American Statistical Association, 1972, 67(337): 220-222.

[96] Rao C R. Advanced Statistical Methods in Biometric Research[M]. John Wiley and Sons, 1952.